Mathematik der Quanteninformatik

Wolfgang Scherer

Mathematik der Quanteninformatik

Eine Einführung

Springer Spektrum

Wolfgang Scherer
Kingston Upon Thames, Großbritannien

ISBN 978-3-662-49079-2   ISBN 978-3-662-49080-8 (eBook)
DOI 10.1007/978-3-662-49080-8

Die Deutsche Nationalbibliothek verzeichnet diese Publikation in der Deutschen Nationalbibliografie;
detaillierte bibliografische Daten sind im Internet über http://dnb.d-nb.de abrufbar.

Springer Spektrum

Planung: Margit Maly

Gedruckt auf säurefreiem und chlorfrei gebleichtem Papier.

Springer-Verlag GmbH Berlin Heidelberg ist Teil der Fachverlagsgruppe Springer Science+Business
Media
(www.springer.com)

In memoriam
Elisabeth et Heinz-Werner Scherer,
qui dixit: Scio me nihil scire.

Y para Negri, Matthias y Sebastian

Vorwort

Die Vorgeschichte dieses Buches begann mit einer Einführungsvorlesung zur Quanteninformatik im Jahre 1998 an der TU Clausthal. Seitdem hat die Digitalisierung unseres täglichen Lebens weiter rapide Fahrt aufgenommen und ist auf dem besten Weg allumfassend zu werden. Enorme Datenmengen und deren Verarbeitung erfordern immer neuere Technologien mit immer größeren Speicherkapazitäten und immer effizienteren Algorithmen. Dabei schreitet die Miniaturisierung der Speicherträger stetig voran. Folglich begann man sich bereits in den 80er-Jahren des vergangenen Jahrhunderts zu fragen, wie Information mit atomaren Bausteinen gespeichert und verarbeitet werden kann. Solcherart Bausteine folgen den Gesetzen der Quantenmechanik, und die Quanteninformatik entstand als ein Forschungszweig, in dem Grundlagenfragen ganz nahe bei potenziell revolutionären Anwendungen stehen.

In den darauf folgenden Dekaden wurde die diesbezügliche Theorie entwickelt. Es zeigte sich, dass die Speicherung und Bearbeitung von Information nach den Regeln der Quantenmechanik in der Tat neuartige und effizientere Methoden als die bisherigen verspricht. Mithilfe des massiven Quantenparallelismus könnten Faktorisierungs- und Suchalgorithmen mit einem Quantencomputer erheblich beschleunigt werden. Außerdem erlauben quantenmechanische Phänomene neuartige Kryptografieprotokolle, deren Abhörsicherheit durch die Naturgesetze der Quantenmechanik garantiert wird.

Die Theorie der Quanteninformatik hat mittlerweile einen fortgeschrittenen Reifegrad erreicht. Dabei wird von einer Vielzahl mathematischer Resultate hauptsächlich aus Linearer Algebra und Zahlentheorie Gebrauch gemacht. Dennoch gibt es kaum umfassende Darstellungen, die die Quanteninformatik durch eine streng mathematisch geprägte Brille betrachten. Dieses Buch möchte da etwas Abhilfe schaffen. Ausgehend von den physikalischen Grundlagen wird hier alle für die Quanteninformatik erforderliche Mathematik eingeführt und erklärt. Die wesentlichen Aspekte der Quanteninformatik werden mathematisch formuliert. Alle gemachten Aussagen werden auch im Buch bewiesen. Insofern kann der mathematisch geneigte Leser hier einen umfassenden Einblick in die Mathematik der Quanteninformatik bekommen, ohne das Buch aus der Hand zu legen.

Derzeit wird mit Nachdruck an verschiedenen möglichen physikalischen Realisierungen eines Quantencomputers gearbeitet. Nach der Lektüre dieses Buches sollten die Leserinnen und Leser auf eine erfolgreiche physikalische Implementierung eines Quantencomputers bestens vorbereitet sein. Aber vielleicht können sie ja als Folge der Lektüre selbst auch noch zur Theorie beitragen.

Danksagungen Auf dem Weg hierher haben mich viele Menschen und etliche Institutionen in meiner wissenschaftlichen Leidenschaft und Neugier begleitet, ermuntert und gefördert. Ihnen allen gilt mein aufrichtiger Dank.

Ganz herzlich danke ich auch dem Team vom Springer-Verlag, das mich im letzten Jahr des Projekts geduldig und hilfreich unterstützt hat.

Am allermeisten danke ich meiner Familie, Maria-Eugenia, Matthias und Sebastian, die über all die Jahre meine oft gedankliche und physische Abwesenheit hingenommen haben, aber dennoch immerzu den nötigen Rückhalt geboten und den Enthusiasmus mit mir geteilt haben. Ein besonderer Dank gebührt dabei Sebastian für sein akribisches Korrekturlesen des Manuskripts. Seine Durchsicht hat viele Fehler behoben, und seine Vorschläge haben an etlichen Stellen die Darstellung genauer, stringenter und klarer gemacht. Die Diskussionen mit ihm waren nicht nur sehr hilfreich, sondern haben auch viel Spaß gemacht. Aber selbst sein detailliertes Redigieren wird sicher nicht alle Unzulänglichkeiten des Manuskripts ausgebügelt haben. Diese sind natürlich immer noch vom Autor verursacht.

Kingston Upon Thames, im November 2015   Wolfgang Scherer

Symbolverzeichnis

$:=$	definierende Gleichheit, d. h. in $a := b$ wird a durch b definiert
$\mathbb{N}$	die Menge der natürlichen Zahlen $1, 2, 3, \ldots$
$\mathbb{P}$	die Menge der Primzahlen $\{2, 3, 5, 7, 11, \ldots\} \subset \mathbb{N}$
$\mathbb{N}_0$	die Menge der natürlichen Zahlen inklusive der Null $0, 1, 2, 3, \ldots$
$\mathbb{Z}$	die Menge der ganzen Zahlen $0, \pm 1, \pm 2, \pm 3, \ldots$
$\mathbb{Q}$	die Menge der rationalen Zahlen $\frac{q}{p}$ mit $q \in \mathbb{Z}, p \in \mathbb{N}$; $\mathbb{Q}_+$ bezeichnet die positiven rationalen Zahlen
$\mathbb{R}$	die Menge der reellen Zahlen; $\mathbb{R}_+$ bezeichnet die positiven reellen Zahlen
$\mathbb{C}$	die Menge der komplexen Zahlen $a + ib$ mit $a, b \in \mathbb{R}$ und $i^2 = -1$
$|z|$	Betrag der komplexen Zahl $z = a + ib$ mit $a, b \in \mathbb{R}$, d. h. $|z| = \sqrt{z\bar{z}} = \sqrt{a^2 + b^2}$
$\bar{z}$	die komplexkonjugierte der komplexen Zahl $z = a + ib$ mit $a, b \in \mathbb{R}$, d. h. $\bar{z} = a - ib$
$\mathbf{a}$	Vektor in $\mathbb{R}^n$, meist für den Fall $n = 3$
$\mathbf{a} \cdot \mathbf{b}$	Skalarprodukt der Vektoren $\mathbf{a}, \mathbf{b} \in \mathbb{R}^n$
$|\mathbf{a}|$	Norm des Vektors $\mathbf{a} \in \mathbb{R}^n$, d. h. $|\mathbf{a}| = \sqrt{\mathbf{a} \cdot \mathbf{a}}$
$\mathbb{H}$	Hilbert-Raum, d. h. ein komplexer Vektorraum mit einem Skalarprodukt, das die Norm induziert
$^{\mathsf{I}}\mathbb{H}$	Qbit-Hilbert-Raum, d. h. der Hilbert-Raum $^{\mathsf{I}}\mathbb{H} \simeq \mathbb{C}^2$
$|\psi\rangle$	„Ket"-Schreibweise für einen Vektor in einem Hilbert-Raum
$\langle\psi|$	„Bra"-Schreibweise für einen Vektor im Dualraum zu einem Hilbert-Raum
$\langle\varphi|\psi\rangle$	Skalarprodukt der Vektoren $|\varphi\rangle, |\psi\rangle \in \mathbb{H}$
$||\psi||$	Norm des Vektors $|\psi\rangle \in \mathbb{H}$, d. h. $||\psi|| = \sqrt{\langle\psi|\psi\rangle}$
δ_{xy}	Kronecker-Delta

$$\delta_{xy} = \begin{cases} 1, & \text{falls } x = y \\ 0, & \text{sonst} \end{cases}$$

1   der Identitätsoperator oder Einheitsmatrix, d. h. $\mathbf{1}\psi = \psi$ für alle
                         $\psi \in \mathbb{H}$. Für speziell ausgezeichnete $\mathbb{H}^A$ schreiben wir zur Ver-
                         deutlichung für den Identitätsoperator auch $\mathbf{1}^A$, und für $\mathbb{H} = {}^{\P}\mathbb{H}^{\otimes n}$
                         schreiben wir für den Identitätsoperator auch $\mathbf{1}^{\otimes n}$

A^* der zu A adjungierte Operator, d. h. $\langle\varphi|A\psi\rangle = \langle A^*\varphi|\psi\rangle$ für alle
                         $\varphi, \psi \in \mathbb{H}$

$[A, B]$ der Kommutator der Operatoren A, B, d. h. $[A, B] := AB - BA$

$|\varphi\rangle \otimes |\psi\rangle$ Tensorprodukt zweier Vektoren

${}^{\P}\mathbb{H}^{\otimes n}$ n-faches Tensorprodukt des Qbit-Hilbert-Raums ${}^{\P}\mathbb{H}$

$B_{\mathbb{V}}^r$ die Menge der Vektoren $\mathbf{v} \in \mathbb{V}$ mit $||\mathbf{v}|| = r$, d. h. die „Kugel mit
                         Radius r" im normierten Vektorraum $\mathbb{V}$. Zum Beispiel bezeichnet
                         $B_{\mathbb{R}^3}^1$ die Einheitsvektoren im $\mathbb{R}^3$

$|x\rangle$ Element der Rechenbasis in ${}^{\P}\mathbb{H}^{\otimes n}$; für jedes $x \in \mathbb{N}_0$ mit $x =$
                         $\sum_{j=0}^{n-1} x_j 2^j < 2^n$ und $x_j \in \{0, 1\}$ gegeben durch

$$|x\rangle := |x\rangle^n := \bigotimes_{j=n-1}^{0} |x_j\rangle = |x_{n-1}\rangle \otimes \cdots \otimes |x_0\rangle = |x_{n-1} \ldots x_0\rangle$$

$\neg A$ Verneinung der Aussage A

$\lfloor u \rfloor$ der ganze Anteil einer Zahl $u \in \mathbb{R}$, d. h.

$$\lfloor u \rfloor := \max\{z \in \mathbb{Z} | z \le u\}$$

$a \bmod n$ der Rest von $a \in \mathbb{Z}$ nach der Division durch $n \in \mathbb{N}$, d. h.

$$a \bmod n := a - \left\lfloor \frac{a}{n} \right\rfloor n$$

$\overset{2}{\oplus}$ binäre Addition $a \overset{2}{\oplus} b := a + b \mod 2$

$\oplus$ faktorweise Binäraddition; für Vektoren der Rechenbasis
                         $|x\rangle, |y\rangle \in {}^{\P}\mathbb{H}^{\otimes n}$ definiert durch

$$|x \oplus y\rangle := \bigotimes_{j=n-1}^{0} \left| x_j \overset{2}{\oplus} y_j \right\rangle$$

$ggT(a_1, \ldots, a_n)$ der größte gemeinsame Teiler für $a_i \in \mathbb{Z}, i = 1, \ldots, n$ mit
$\sum_{i=1}^{n} |a_i| \ne 0$, d. h.

$$ggT(a_1, \ldots, a_n) := \max\{k \in \mathbb{N} | \forall a_i \exists b_i \in \mathbb{Z} : a_i = kb_i\}$$

$kgV(a_1, \ldots, a_n)$ das kleinste gemeinsame Vielfache für $a_i \in \mathbb{Z}, i = 1, \ldots, n$ mit
$\prod_{i=1}^{n} |a_i| \ne 0$, d. h.

$$kgV(a_1, \ldots, a_n) := \min\{k \in \mathbb{N} | \forall a_i : a_i | k\}$$

$\mathbb{P}(n)$ die Menge der Primzahlen in der Primfaktorzerlegung von n

$n = \prod\limits_{p\in\mathbb{P}} p^{v_p}$ die Primfaktorzerlegung von $n \in \mathbb{N}$, wobei die Exponenten von Primzahlen $p \in \mathbb{P}$, die kein Primfaktor sind, gleich null gesetzt werden, d. h. etwa $v_p = 0$, falls $p \notin \mathbb{P}(n)$. Für $a \in \mathbb{Z}\backslash\{0\}$ definieren wir die Primfaktorzerlegung für $|a| \in \mathbb{N}$ und setzen $a = sign(a) \prod_{p\in\mathbb{P}(|a|)} p^{|a|_p}$

$\phi(n)$ Euler-Funktion

$$\phi : \mathbb{N} \longrightarrow \mathbb{N}$$
$$n \longmapsto \phi(n) := \text{Anzahl aller } r \in \mathbb{N}, 1 \leq r < n,$$
$$\text{die mit } n \text{ teilerfremd sind, d. h.}$$
$$ggT(n,r) = 1 \text{ erfüllen}$$

$ord_N(b)$ die *Ordnung von b modulo N* definiert für $b, N \in \mathbb{N}$ mit der Eigenschaft $ggT(b, N) = 1$ als

$$ord_N(b) := \min\{n \in \mathbb{N} | b^n \mod N = 1\}$$

$a \mid b$ a teilt b, d. h. es gibt ein $z \in \mathbb{Z}$ für das gilt $b = az$

$a \nmid b$ a teilt b nicht, d. h. für alle $z \in \mathbb{Z}$ gilt $b \neq za$

id_A die Identitätsabbildung auf der Menge A, d. h. $id_A : A \rightarrow A$ mit $id_A(a) = a$

$o(\cdot)$ das kleine Landau-Symbol, definiert hier für Funktionen auf $\mathbb{N}$ im Limit $n \rightarrow \infty$ als

$$f(n) \in o(g(n)) \text{ für } (n \rightarrow \infty)$$
$$:\Leftrightarrow \quad \forall \varepsilon \in \mathbb{R}_+, \exists M \in \mathbb{N} : \forall n > M : |f(n)| \leq \varepsilon |g(n)|$$

$O(\cdot)$ das große Landau-Symbol, definiert hier für Funktionen auf $\mathbb{N}$ im Limit $n \rightarrow \infty$ als

$$f(n) \in O(g(n)) \text{ für } (n \rightarrow \infty)$$
$$:\Leftrightarrow \quad \exists C \in \mathbb{R}, M \in \mathbb{N} \; \forall n > M : |f(n)| \leq C |g(n)|$$

Abkürzungsverzeichnis

ONB   steht als Abkürzung für Orthonormalbasis, die maximale Menge linear unabhängiger Einheitsvektoren in einem Vektorraum mit Skalarprodukt, die paarweise orthogonal sind.

EPR   Einstein-Podolsky-Rosen, drei Autoren eines Artikels [1] aus dem Jahre 1935, in dem kontraintuitive Effekte der Quantenmechanik als Argument für die Unvollständigkeit derselben angeführt werden.

CHSH   Clauser-Horne-Shimony-Holt, vier Autoren einer in [2] gezeigten Verallgemeinerung der Bell'schen Ungleichung.

RSA   steht als Abkürzung für ein von Rivest, Shamir und Adleman in 1978 entwickeltes Chiffrierverfahren, das mit *öffentlichem Schlüsselaustausch* funktioniert.

BB84   ist die Abkürzung für eine quantenmechanische Methode der kryptografischen Schlüsselverteilung, die 1984 von Bennett und Brassard in [3] vorgeschlagen wurde.

EK91   ist die Abkürzung für ein von Artur Ekert in 1991 in [4] vorgeschlagenes Protokoll zur kryptografischen Schlüsselverteilung, welches die CHSH-Version der Bell'schen Ungleichung ausnutzt, um Lauschangriffe festzustellen.

oBdA   steht für ohne Beschränkung der Allgemeinheit.

Inhaltsverzeichnis

1   **Einführung** 1
1.1   Historisches 1
1.2   Motivation und Inhalt 4
1.3   Was in diesem Buch nicht behandelt wird 7
1.4   Anmerkungen zur Notation und Literatur 8

2   **Grundbegriffe der Quantenmechanik** 9
2.1   Allgemeines 9
2.2   Mathematisches: Hilbert-Raum und Operatoren 11
2.3   Physikalisches: Zustände und Observable 20
2.3.1   Reine Zustände 20
2.3.2   Gemischte Zustände 31
2.4   Qbits 40
2.5   Operatoren auf Qbits 46

3   **Zusammengesetzte Systeme und Tensorprodukte** 57
3.1   Auf dem Weg zum Qbyte 57
3.2   Tensorprodukte von Hilbert-Räumen 58
3.2.1   Definition 58
3.2.2   Die Rechenbasis 63
3.3   Zustände und Observable für zusammengesetzte Systeme 67
3.4   Schmidt-Zerlegung 76

4   **Verschränkung** 79
4.1   Allgemeines 79
4.2   Definition und Charakterisierung 81
4.3   Erzeugung verschränkter Zustände ohne Wechselwirkung 84
4.4   Das Einstein-Podolsky-Rosen-Paradoxon 86
4.5   Bell'sche Ungleichungen 91
4.5.1   Die ursprüngliche Bell'sche Ungleichung 91
4.5.2   Die CHSH-Verallgemeinerung der Bell'schen Ungleichung   97

4.6   Zwei unmögliche Apparate 104
    4.6.1   Bell'sches Telefon 104
    4.6.2   Der perfekte Quantenkopierer 107

5   Quantengatter und Schaltkreise für elementare Rechenoperationen 111
    5.1   Klassische Gatter 111
    5.2   Quantengatter. 116
        5.2.1   Unäre Quantengatter 117
        5.2.2   Binäre Quantengatter. 122
        5.2.3   Allgemeine Quantengatter 123
    5.3   Zum Ablauf von Quantenalgorithmen 147
        5.3.1   Vorbereitung des Input- und Nutzung des Arbeitsregisters . 148
        5.3.2   Implementierung von Funktionen und Quantenparallelismus 151
        5.3.3   Auslesen des Outputregisters 155
    5.4   Schaltkreise für elementare Rechenoperationen 156
        5.4.1   Quantenaddierer. 156
        5.4.2   Quantenaddierer modulo N 168
        5.4.3   Quantenmultiplikator modulo N 172
        5.4.4   Quantenschaltkreis für Exponentiation modulo N 176
        5.4.5   Quanten-Fourier-Transformation 180

6   Vom Nutzen der Verschränkung 189
    6.1   Dichte Quantenkodierung 189
    6.2   Teleportation 191
    6.3   Quantenkryptografie 193
        6.3.1   Allgemeines zur Kryptografie 193
        6.3.2   Schlüsselverteilung ohne Verschränkung. 195
        6.3.3   Schlüsselverteilung mit verschränkten Zuständen 198
        6.3.4   Öffentliche Schlüsselverteilung nach RSA 201
    6.4   Shors Algorithmus zur Faktorisierung großer Zahlen 206
        6.4.1   Allgemeines 206
        6.4.2   Der Algorithmus 207
        6.4.3   Schritt 1: Auswahl von b und Berechnung von $ggT(b, N)$. 210
        6.4.4   Schritt 2: Periodenbestimmung mit Quantencomputern . . . 211
        6.4.5   Schritt 3: Wahrscheinlichkeit der Auswahl
                 eines geeigneten b 224
        6.4.6   Bilanzierung der Schritte 230
    6.5   Grovers Suchalgorithmus 235
        6.5.1   Suchalgorithmus bei bekannter Anzahl von gesuchten
                 Objekten 235
        6.5.2   Suchalgorithmus bei unbekannter Anzahl von gesuchten
                 Objekten 246

7   Nachwort 253

8   Anhang A – Elementare Wahrscheinlichkeitstheorie 255

9   Anhang B – Elementare Rechenoperationen 259

10   Anhang C – Landau-Symbole 267

11   Anhang D – Modulare Arithmetik 269

12   Anhang E – Kettenbrüche 297

13   Anhang F – Lösungen 309
   13.1 Lösungen zu Übungen aus Kap. 2 309
   13.2 Lösungen zu Übungen aus Kap. 3 322
   13.3 Lösungen zu Übungen aus Kap. 4 324
   13.4 Lösungen zu Übungen aus Kap. 5 329
   13.5 Lösungen zu Übungen aus Kap. 6 335
   13.6 Lösungen zu Übungen aus Kap. 9 341
   13.7 Lösungen zu Übungen aus Kap. 10 341
   13.8 Lösungen zu Übungen aus Kap. 11 342

Literatur 345

Sachverzeichnis 349

Abbildungsverzeichnis

Abb. 4.1   CHSH-Spinmessrichtungen 99

Abb. 4.2   EPR-Experiment 100

Abb. 5.1   Generische klassische Gatter 112

Abb. 5.2   Klassische Gatter 114

Abb. 5.3   Generisches Quantengatter 117

Abb. 5.4   Unäre Quantengatter 118

Abb. 5.5   Binäre Quantengatter 1 120

Abb. 5.6   Binäre Quantengatter 2 121

Abb. 5.7   Kontrolliertes V-Gatter 126

Abb. 5.8   Kontrolliertes n_a, n_b-Gatter 129

Abb. 5.9   Binäradditionsoperator 152

Abb. 5.10   Implementierung f 154

Abb. 5.11   Binärsumme 157

Abb. 5.12   Additionsübertrag 158

Abb. 5.13   Quantenaddierer 161

Abb. 5.14   Teil 1 des Quantenaddierers 163

Abb. 5.15   Teil 2 des Quantenaddierers 163

Abb. 5.16   Teil 3 des Quantenaddierers 164

Abb. 5.17   Teil 1 des Quantensubtrahierers 166

Abb. 5.18   Teil 2 des Quantensubtrahierers 167

Abb. 5.19   Teil 3 des Quantensubtrahierers 167

Abb. 5.20   Quantenaddierer modulo N 170

Abb. 5.21   Quantenmutiplikator modulo N 173

Abb. 5.22   Exponentiation modulo N 177

Abb. 5.23   Quanten-Fourier-Transformation 188

Abb. 6.1   Dichte Quantenkodierung 191
Abb. 6.2   Teleportation 193
Abb. 6.3   Auswahl l 220
Abb. 6.4   Shor-Beobachtungswahrscheinlichkeit 234
Abb. 6.5   Grover-Iteration 242
Abb. 13.1 Orthogonaler Vektor 310
Abb. 13.2 Spiegelung an Vektor 340

Einführung 1

1.1 Historisches

Bereits zu Beginn des 20. Jahrhunderts postulierte Max Planck bei der Herleitung seiner Strahlungsformel [5] die Existenz eines minimalen „Quantums" an Energie. Auch Albert Einstein verwendete diese Annahme wenige Jahre später bei der Theorie des fotoelektrischen Effekts [6]. Insofern sind diese Arbeiten die Ursprünge der Namensgebung für alles, was später das Präfix „Quanten" bekommen sollte. Der Name *Quanten*mechanik stammt ja nicht zuletzt von der Präsenz sogenannter Licht*quanten* in diesen Theorien. Trotz dieser früheren Ursprünge nimmt die Geschichte der Quantenmechanik eigentlich erst gut zwanzig Jahre später in den „golden twenties" mit den Arbeiten von Niels Bohr, Erwin Schrödinger, Werner Heisenberg, Wolfgang Pauli, Max Born und vielen mehr richtig Fahrt auf.

Die Quantenmechanik beschreibt sogenannte mikroskopische Systeme mit einem mathematischen Formalismus, der in der Regel nur Aussagen über *Wahrscheinlichkeiten* zulässt. Das, was man über das System wissen kann, d. h. sein *Zustand*, wird mathematisch durch ein Element eines linearen Raumes beschrieben. Damit ist es möglich, dass das System sich in einem Zustand befindet, der mathematisch eine *Linearkombination* mehrerer anderer Zustände ist. Außerdem liefert die mathematische Theorie der Quantenmechanik auch eine Aussage darüber, welche physikalische Größen – sogenannte *Observablen* – gleichzeitig mit welcher maximalen, d. h. prinzipiell möglichen, Genauigkeit an einem System gemessen werden können. Die Heisenberg'sche Unschärferelation ist der hierzu wohl bekannteste Begriff. Durch all diese Eigenschaften der Quantenmechanik ergeben sich teilweise mit der üblichen Vorstellung – oder besser gesagt Intuition – schwer vereinbare Aussagen, gern auch Paradoxa genannt. Prominente Beispiele für solche Paradoxa sind das *Einstein-Podolsky-Rosen(EPR)-Paradoxon* [1] und die viel zitierte *Schrödinger'sche Katze*, die Schrödinger der Welt in einem Übersichtsartikel [7] präsentierte, der auch durch das EPR-Paradoxon motiviert war. In diesem Artikel führte Schrödinger auch den Begriff der *Verschränkung* ein, der ein quanten-

© Springer-Verlag Berlin Heidelberg 2016
W. Scherer, *Mathematik der Quanteninformatik*, DOI 10.1007/978-3-662-49080-8_1

mechanisches Phänomen beschreibt, das gleichzeitig unsere Intuition über Realität auf eine harte Probe stellt und eine zentrale Rolle in der Quanteninformatik spielt.

Ebenso ist die Verschränkung wesentlich im Zusammenhang mit einer Ungleichung für Korrelationen, die John Stewart Bell [8] unter der Annahme der Existenz sogenannter versteckter Variablen in den 60er-Jahren herleitete und die seitdem seinen Namen trägt. Eine von Clauser et al. [2] in 1969 gegebene verallgemeinerte Version der *Bell'schen Ungleichung* wurde dann von Alan Aspect et al. [9] in einem Experiment falsifiziert. Mit anderen Worten: Die Vorhersage der Quantenmechanik, dass verschränkte Zustände die Bell'sche Ungleichung verletzen, wurde experimentell bestätigt.

Genau wie die Vorhersage zu der Bell'schen Ungleichung haben bisher nicht nur alle von der Quantenmechanik gemachten Aussagen jeder experimentellen Überprüfung standgehalten, sondern darüber hinaus hat die Quantenmechanik zu einer Vielzahl von Anwendungen, wie Laser, Transistor, Atomenergie, Kernspintomografie etc., geführt, die unser tägliches Leben grundlegend verändert haben und auch weiterhin verändern werden. Insofern ist es vermutlich nicht übertrieben, die Quantenmechanik als eine der erfolgreichsten naturwissenschaftlichen Theorien überhaupt zu bezeichnen.

Die Geschichte der *Information*stheorie nimmt ihren Anfang mit Norbert Wiener [10] und Claude Shannon [11] etwa in den 40er-Jahren des vergangenen Jahrhunderts. Hier wird Information in Form klar trennbarer, *binärer* Zustände gespeichert und verarbeitet. Der Erfolg dieser Darstellung von Information beruht nun gerade darauf, dass eine Überlagerung zweier Zustände ausgeschlossen wird und sich das System immer in einem klar definierten Zustand befindet. Mit der Realisierung von Maschinen, die Informationen dieser Art benutzen konnten, begann die Erfolgsstory der Digitalisierung, die derzeit allumfassend zu werden droht.

Eine erste Erwähnung der möglicherweise gesteigerten Leistungsfähigkeiten eines *„Quantencomputers"* gegenüber dem klassischen Rechenprozess wird Richard Feynman [12] zugeschrieben. Motiviert von der Schwierigkeit klassischer Computer, quantenmechanische Systeme effizient zu simulieren, beschäftigte er sich Anfang der 80er-Jahre mit der Frage, inwiefern ein Computer, dessen Rechenoperationen explizit von den Gesetzen der Quantenmechanik Gebrauch machen, klassischen Prozessoren überlegen sei. Dabei stellte er fest, dass ein „quantenmechanischer Computer" wesentlich effizienter quantenmechanische Systeme simulieren könne als ein klassischer Computer.

Eine Analyse der Kombination der Quantenmechanik mit der Theorie der *Rechenprozesse* à la Alan Turing [13] von Paul Benioff [14] erschien bereits zeitgleich mit Feynmans Artikel. Im gleichen Jahr 1982 erschien auch das vielfach zitierte *Quanten-No-Cloning-Theorem* [15] von William Wootters und Wojciech Zurek, das die Unmöglichkeit eines perfekten Quantenkopierers konstatierte.

Die Kombination der Quantenmechanik mit der Informationstheorie nahm dann im weiteren Verlauf der 80er-Jahre mit den Arbeiten von David Deutsch, der quantenmechanische Rechenprozesse [16] und Schaltkreise [17] formalisierte, weiter Fahrt auf.

Einerseits motiviert von der bis dahin oft übersehenen Tatsache, dass Information physikalischen Ursprung hat, begann man, sich dann auch etwa folgende hypothetische Fragen zu stellen: Welche physikalischen Möglichkeiten ergeben sich für die Speicherung und die Verarbeitung von Information mittels quantenmechanischer Systeme? Tauchen dabei neue informationstheoretische Phänomene auf? Gibt es Effizienzgewinne?

Andererseits rückten diese Fragen mit der zunehmenden Miniaturisierung der Chips und Prozessoren immer näher an die Realität heran und waren nicht länger nur von hypothetischem, sondern von ganz praktischem Interesse. Dies auch, weil die bewusste Steuerung mikroskopischer Systeme in den letzten Jahrzehnten enorme Fortschritte gemacht hat. Zu dieser Klasse von Systemen gehören mittlerweile etwa Atome, Elektronen und Photonen, die theoretisch durch die Quantenmechanik beschrieben werden und die man heutzutage im Labor zum Teil bereits manipulieren kann.

Der grundlegende Gedanke bei der Kombination von Informatik und Quantentheorie ist daher die Benutzung quantenmechanischer Zustände zur Speicherung und die Gesetze der Quantenmechanik zur Verarbeitung von Information. Gegenüber der üblichen binären Darstellung von Information bringt hier insbesondere die Möglichkeit der Überlagerung zweier Zustände und die wahrscheinlichkeitstheoretische Natur der Quantenmechanik neue und interessante Möglichkeiten hervor.

In den 90er-Jahren kam dann zunächst die kuriose *Teleportation* von Quantenzuständen von Charles Bennett et al. [18] hinzu, bevor dann Peter Shor mit dem nach ihm benannten *Faktorisierungsalgorithmus* [19, 20] und Lov Grover mit dem ebenso nach ihm benannten *Suchalgorithmus* [21, 22] erstmals die potenzielle Überlegenheit von Quantencomputern in der Lösung anwendungsrelevanter Probleme demonstrierten. Diese drei Verfahren trugen dann auch wesentlich dazu bei, das Interesse an Quantencomputern zu steigern. Nacheinander wurden dann auch alle experimentell realisiert. Zunächst in 1997 die Teleportation durch Dik Bouwmester et al. [23]; danach in 1998 der Suchalgorithmus durch Chuang et al. [24] und in 2001 die Faktorisierung der Zahl 15 durch L. M. Vandersypen et al. [25]. Während die beiden Algorithmen Quantencomputer erfordern und daher experimentell lediglich zur Verifikation des Prinzips im Labor in minimalsten Anwendungen demonstriert werden konnten, hat man bei der Teleportation größere Fortschritte gemacht und ist mittlerweile bei einer experimentell realisierten Übertragung von Photonen über 143 km angelangt [26].

Die den Algorithmen unterliegenden Methoden wurden zwar noch weiter verallgemeinert, aber wie Shor [27] dann in 2003 konstatierte, sind seither keine wesentlich neuen Algorithmen zur effizienteren Lösung klassisch schwer lösbarer Probleme hinzugekommen. Aber selbst wenn keine weiteren Algorithmen mehr gefunden werden sollten, so ist die bereits von Feynman gezeigte erhöhte Effizienz bei der Simulation quantenmechanischer Systeme Grund genug, die Entwicklung von Quantencomputern intensiv weiterzuverfolgen. Mit solcherart wesentlich verbesserten Simulationen könnten viele Anwendungen der Quantenmechanik, wie z. B. in der Nanotechnologie, besser gestaltet werden.

In den Neunzigern gab es aber auch noch weitere wichtige Beiträge zum Rechenprozess selbst, wie z. B. die Fähigkeit, *Fehlerkorrekturen* durchzuführen. Dies ist angesichts der Schwierigkeit, herkömmliche Quantensysteme außerhalb des Labors gegen unerwünschte Außenwirkungen abzuschirmen, sehr wichtig. Dies wurde 1997 von Calderbank und Shor [28] sowie von Andrew Steane [29] formalisiert. Außerdem wurden die Eigenschaften von Quantengattern, insbesondere *Universalität* für eine kleine Menge an Gattern, von Adriano Barenco et al. [30] sowie David DiVincenzo [31] bewiesen.

Parallel zu den Fortschritten rund um Rechenprozesse, Gatter und Algorithmen gab es auch neue Protokolle zum öffentlichen *Austausch kryptografischer Schlüssel*, die es ermöglicht festzustellen, ob der Austausch abgehört wurde. Dies sind kein quantenmechanischen Rechenprozesse, erfordern daher auch keinen Quantencomputer und sind physikalisch bereits realisierbar. Wir erwähnen sie dennoch hier und behandeln sie auch später in diesem Buch, weil diese Protokolle Beispiele dafür sind, wie quantenmechanische Phänomene genutzt werden können, klassische Aufgaben auf neue Art und Weise zu lösen. Das erste dieser Protokolle wurde 1984 von Charles Bennett und Gilles Brassard [3] präsentiert. Anfang der 90er-Jahre stellte dann Artur Ekert [4] ein weiteres Protokoll vor. Anders als das von Bennett und Brassard vorgeschlagene Protokoll macht dieses Verfahren Gebrauch von der Verschränkung.

In der ersten Dekade dieses Millenniums begann sich dann die Theorie des *topologischen Quantencomputers* zu entwickeln. Maßgeblich beeinflusst durch die Arbeiten von Michael Freedman et al. [32] und Alexei Kitaev [33] hat sich dieser Zweig, der von topologischen Eigenschaften von Quantensystemen in zwei Raumdimensionen Gebrauch macht, zu einem Weg zum Quantencomputer entwickelt, der wesentlich größere Fehlerstabilität als der herkömmliche Quantencomputer verspricht.

Das letzte Kapitel der Geschichte der Quanteninformatik ist also noch lange nicht geschrieben, und dieses Buch ist auch als Einladung gemeint, sich auf den Weg zu machen, um vielleicht ein Paar Zeilen dazu beizutragen.

1.2 Motivation und Inhalt

Dieses Buch soll die elementaren mathematischen Aspekte in der Quanteninformatik in relativ strenger mathematischer Form darstellen. Es ist „alleinstehend" in dem Sinn, dass mit Ausnahme zweier Sätze für alle in ihm gemachten Aussagen auch der Beweis geliefert wird. Dies gilt sowohl für die Mathematik der Hilbert-Räume als auch für die Modulare Arithmetik und Kettenbrüche, die für Kryptografie und Faktorisierungsalgorithmus wichtig sind. Zur erfolgreichen Lektüre braucht der Leser keinerlei zusätzliche Referenzen zu Hilfe zu nehmen. Insofern sollte es auch gut zum Selbststudium geeignet sein.

Studenten der Mathematik, Physik oder Informatik ab etwa dem dritten Semester sollten das Material gut bewältigen können, aber auch Mathematikliebhaber mit weniger Vorkenntnissen mögen von dem hier Gebotenen profitieren. Nach Lektüre dieses Buchs sollte der Leser in der Lage sein, sich in wissenschaftliche Artikel zum Thema Quanteninformatik einzuarbeiten und diese zu verstehen.

Die Form der hier gewählten Darstellung ist eine Kombination von motivierendem Fließtext mit eingebetteter Definition-Satz-Beweis-Abfolge. Dadurch wird zunächst die Definition und auch die Aussage (der Satz) motiviert und dann mathematisch streng dargelegt und bewiesen. Letzteres ermöglicht eine klare Darlegung und Abgrenzung der gemachten Voraussetzungen sowie eine mathematische strenge Formulierung der bewiesenen Aussagen. Auf die Sätze wird oft mithilfe etlicher Lemmata hingearbeitet, sodass das Material verdaulicher paketiert ist. Eine Vielzahl von im Argumentationsfluss eingebetteten Übungen, deren Lösungen im Anhang dargeboten werden, gibt dem Leser Gelegenheit, sein Verständnis zu überprüfen und an der Argumentationskette teilzuhaben. Dennoch ist Etliches an Mathematik in Anhänge ausgelagert worden, damit der Argumentationsfluss nicht zu lange durch Definition, Satz und Beweis für die benötigten mathematischen Zwischenergebnisse unterbrochen wird.

Mit dieser Motivation und dem in Abschn. 1.1 Gesagten ist also zunächst eine kurze Einführung in die mathematische Formulierung der Quantenmechanik notwendig. Diese wird in *Kap.* 2 gegeben. Dem Leser wird zunächst das mathematische Grundwissen, das zum Verstehen der Quanteninformatik nötig ist, in Abschn. 2.2 bereitgestellt. Obwohl der mathematische Apparat der Quantenmechanik insgesamt mit einer Aufwendigkeit $\to \infty$ betrieben werden kann, genügt für unsere Zwecke rudimentäre, ja sogar endlichdimensionale Hilbert-Raumtheorie. Danach werden in Abschn. 2.3 mithilfe der nun verfügbar gemachten Mathematik die Grundprinzipien (Postulate) der Quantenmechanik vorgestellt und einige Ergebnisse (wie z. B. Unschärferelationen) abgeleitet. Dabei betrachten wir in Abschn. 2.3.1 sowohl reine als auch in Abschn. 2.3.2 gemischte Zustände, bevor wir dann in Abschn. 2.4 Qbits einführen. Am Ende dieses Kapitels werden dann in Abschn. 2.5 Operatoren auf Qbits präsentiert, die für die später betrachteten Quantengatter wichtig sind.

In *Kap.* 3 folgt die Beschreibung zweier oder mehrerer „Teilchen[1]" mit Tensorprodukten. Dazu definieren wir in Abschn. 3.2.1 Tensorprodukte und führen die in der Quanteninformatik sehr nützliche Rechenbasis in Abschn. 3.2.2 ein, bevor wir uns in Abschn. 3.3 nochmals Zuständen und Observablen für zusammengesetzte Systeme widmen. Das Kapitel endet dann mit der Vorstellung der Schmidt-Zerlegung in Abschn. 3.4.

Der für die Quanteninformatik ganz wesentliche Begriff der Verschränkung wird in *Kap.* 4 ausführlich betrachtet. Dazu geben wir in Abschn. 4.2 zunächst eine allgemeine, auch für gemischte Zustände gültige Definition, bevor wir dann spezielle Kriterien für reine Zustände angeben. Im darauf folgenden Abschn. 4.3 zeigen wir die kuriose Möglichkeit, zwei Systeme zu verschränken, ohne dass diese vorher miteinander in Wechselwirkung getreten sind. In Abschn. 4.4 wird dann das Einstein-Podolski-Rosen-Paradoxon, das auch als EPR-Paradoxon bekannt ist,

---

[1] In diesem Buch wird der Begriff Teilchen als Synonym für Objekte gebraucht, deren Physik mithilfe der Quantenmechanik zu beschreiben ist, wie z. B. Elektronen oder Lichtquanten (Photonen).

ausführlich diskutiert. Danach wenden wir uns in Abschn. 4.5 der Bell'schen Ungleichung zu, die wir zunächst in der ursprünglich von Bell gegebenen Form in Abschn. 4.5.1 vorstellen, bevor wir dann in Abschn. 4.5.2 die von Clauser, Horne, Shimony und Holt abgeleitete Variante präsentieren. Die Abschnitte über EPR und die Bell'sche Ungleichung enthalten keine Ergebnisse, die für die Quanteninformatik erforderlich sind. Dennoch werden sie hier ausführlich diskutiert, weil sie die kontraintuitiven Aspekte der Verschränkung beleuchten und weil die Bell'sche Ungleichung in einem der später vorgestellten kryptografischen Protokolle benutzt wird. Zum Abschluss dieses Kapitels beleuchten wir in Abschn. 4.6 noch zwei Apparate, die nach den Gesetzen der Quantenmechanik nicht möglich sind. Da ist zum einen der Vorschlag, verschränkte Zustände zur potenziell instantanen Signalübertragung zu nutzen, was unter dem Namen Bell'sches Telefon bekannt geworden ist. In Abschn. 4.6.1 zeigen wir, dass das nicht funktioniert. Genauso wenig gelingt es, einen Apparat zu bauen, der beliebige Qbits kopieren kann, was sich hinter dem Quanten-No-Cloning-Theorem verbirgt, das wir in Abschn. 4.6.2 beweisen.

In *Kap.* 5 widmen wir uns dann Quantengattern und Schaltkreisen. Hier geht es im Wesentlichen darum, wie allgemeine Gatter aus wenigen Gattern aufgebaut und elementare Rechenprozesse in einem Quantenprozessor implementiert werden können. Wer mehr an den Effekten der Verschränkung und den Algorithmen interessiert ist, mag dieses Kapitel auch überspringen. Nach einer kurzen Erinnerung an klassische Gatter in Abschn. 5.1 betrachten wir in Abschn. 5.2 Quantengatter. Dabei zeigen wir in Abschn. 5.2.3, dass beliebige unitäre Transformationen mithilfe weniger Gatter erzeugt werden können. Anschließend legen wir in Abschn. 5.4 dar, wie elementare Rechenoperationen, wie z. B. modulare Exponentiation und die Quanten-Fourier-Transformation, die beide für den Faktorisierungsalgorithmus wichtig sind, mithilfe elementarer Gatter implementiert werden können.

In *Kap.* 6 kehren wir zur Verschränkung zurück und schauen uns an einigen prominenten Beispielen an, welchen Nutzen sie bringt. Als eine wesentliche quantenmechanische Zutat erlaubt sie Effekte, die mit klassischen Bits nicht möglich wären. Da ist zunächst die dichte Quantenkodierung, die wir in Abschn. 6.1 behandeln. Des Weiteren stellen wir in Abschn. 6.2 die Teleportation vor. Danach wenden wir uns in Abschn. 6.3 der Quantenkryptografie zu und stellen zwei Protokolle vor, bei denen aufgrund quantenmechanischer Naturgesetze festgestellt werden kann, ob abgehört wurde. Das in Abschn. 6.3.2 vorgestellte Protokoll macht allerdings nicht von der Verschränkung Gebrauch und erfordert den Transport von Teilchen vom Sender zum Empfänger. Dennoch wird es hier dargestellt, da es als eine gute Illustration dienen mag, wie die Nutzung quantenmechanischer Prinzipien in bisher davon unberührten Anwendungen Letztere verbessern können. Das dann in Abschn. 6.3.3 vorgestellte Protokoll vermeidet das Senden von Teilchen, falls Sender und Empfänger über einen Vorrat an verschränkten Zuständen verfügen. In den Abschn. 6.4 und 6.5 werden wir uns schließlich Shors und Grovers Algorithmen als Beispiele von Quantenalgorithmen ausführlich ansehen und die entsprechenden Aussagen beweisen.

In *Kap.* 8 werden einige Definitionen aus der Wahrscheinlichkeitstheorie in Erinnerung gerufen. Die in *Kap.* 9 vorgestellten Algorithmen sind formalisierte Binärversionen der üblichen Addition und Subtraktion. Mithilfe dieser formalisierten Versionen können wir dann verifizieren, dass die in Abschn. 5.4 definierten Quantenschaltkreise tatsächlich die elementaren Rechenoperationen implementieren. Alle Elemente der Modularen Arithmetik, die für unsere Betrachtung der Kryptografie und des Faktorisierungsalgorithmus erforderlich sind, werden in *Kap.* 11 definiert und bewiesen. Gleiches gilt für die im Faktorisierungsalgorithmus benötigten Ergebnisse aus der Theorie der Kettenbrüche, die in *Kap.* 12 behandelt werden.

Schließlich kann der Leser die Lösungen zu allen Übungen im *Kapitel* zu den *Lösungen* finden.

1.3   Was in diesem Buch nicht behandelt wird

Da es sich bei dem vorliegenden Buch um eine Einführung handelt, können nicht alle Aspekte rund um Quantencomputer hier vorgestellt oder gar diskutiert werden. Nachfolgend eine Liste von Themen, die in diesem Buch *nicht behandelt* werden.

Anwendungen der Quantenmechanik
Wer etwas über die vielfachen Anwendungen der Quantenmechanik auf physikalische Systeme, wie z. B. Atomspektren, Symmetriegruppen und Darstellungen, Störungstheorie, Streutheorie oder gar relativistische Wellengleichungen etc. lernen möchte, sollte besser eines der gängigen Quantenmechaniklehrbücher [34, 35] konsultieren.

Interpretationen der Quantenmechanik
Obwohl wir durchaus im Zusammenhang mit dem EPR-Paradoxon und der Bell'schen Ungleichung auf die Schwierigkeiten, einige Phänomene der Quantenmechanik mit unserer Intuition in Einklang zu bringen, eingehen, halten wir uns doch hier von Diskussionen über die Grundlagen, verschiedenen Interpretationen und anderen philosophischen Fragen der Quantenmechanik fern.

Physikalische Implementierungen
Aspekte, die mit der Hardware und der physikalischen Realisierung zu tun haben, werden ebenfalls nicht besprochen. Es gibt etliche Versuche, elementare Quantengatter physikalisch zu implementieren. Die Darstellung einer jeder von ihnen würde wesentlich mehr Kenntnisse von Anwendungen der Quantenmechanik (wie z. B. Atom- Molekular- oder Festkörperphysik) erfordern, als wir hier erbringen können. Einen ersten Einblick in diesen Bereich kann man sich in dem Sammelband von Bouwmeester et al. [36] verschaffen.

Komplexitätstheorie
Eine ausführliche Einordnung in die informationstheoretischen Grundlagen und Komplexitätstheorie würde ebenfalls den intendierten Rahmen dieses Buches sprengen. Mehrere Ausführungen hierzu findet man im Abschnitt „Quantum Information Science" in [37].

Topologische Quantenrechner
Ein Teil dieses Themas fällt unter das oben bereits genannte Ausschlusskriteri-
um „Physikalische Implementierungen". Dieses Thema ist aber auch mathematisch
und theoretisch hochinteressant und spannend. Allerdings ist die dazu erforderliche
Mathematik umfangreich und anspruchsvoll und würde vermutlich mehrere Bände
füllen. Einen guten Überblick bietet hier der Übersichtsartikel von Nayak et al. [38].

Diese Aspekte sind durchaus wichtig und interessant. Sie wären aber in einem
Buch, das den Anspruch hat, in die Mathematik der Quanteninformatik einzuführen,
deplatziert. Wer sich über diese Themen informieren möchte, wird daher in diesem
Buch nicht fündig werden.

1.4   Anmerkungen zur Notation und Literatur

Eine detaillierte Liste der meisten in diesem Buch gebrauchten Symbole findet sich
im Symbolverzeichnis vor diesem Kapitel. Nachfolgend noch einige allgemeine
Anmerkungen zur Notation.

Allgemeine Hilbert-Räume werden mit $\mathbb{H}$ bezeichnet. Für die zweidimensionalen Hilbert-Räume der Qbits verwenden wir das Symbol $^{\P}\mathbb{H}$. Die n-fache Tensorprodukte werden mit $\mathbb{H}^{\otimes n}$ bzw. $^{\P}\mathbb{H}^{\otimes n}$ bezeichnet.

Für Vektoren in Hilbert-Räumen verwenden wir anfänglich die Symbole $\psi, \varphi, \dots$
Nachdem das Konzept des Dualraums eingeführt wurde, nutzen wir von da
an die Dirac'sche Bra- und Ket-Schreibweise $|\psi\rangle, |\varphi\rangle, \dots$ Dabei bezeichnen
$|\Psi\rangle, |\Phi\rangle$ meist Vektoren in zusammengesetzten Mehrteilchen-Hilbert-Räumen.
Mit $|x\rangle, |y\rangle, \dots$ bezeichnen wir Vektoren der Rechenbasis in $^{\P}\mathbb{H}^{\otimes n}$, wobei x, y
natürliche Zahlen kleiner als 2^n sind.

Zur Bezeichnung von Operatoren auf Hilbert-Räumen benutzen wir im Allgemeinen lateinische Großbuchstaben wie A, B, C, D, F etc. Ausnahmen bilden hier
N, das meist eine natürliche Zahl bezeichnet, und L, das meist als natürliche Zahl
die Bitlänge einer anderen Zahl – etwa N – bezeichnet.

Für Indices werden meist die Buchstaben i, j, k, l verwendet. Für Symbole mit
zwei oder mehr Indices wie z. B. eine Matrix A_{jk} fügen wir manchmal zur besseren
Lesbarkeit und Verdeutlichung ein Komma zwischen die Indices ein, ohne dass
damit eine Änderung der Bedeutung beabsichtigt ist. So ist z. B. $A_{l-3,l-2}$ genau das
Gleiche wie A_{l-3l-2}, Ersteres aber sicher unmissverständlicher.

Was die Literatur angeht, wurde versucht, in der Einführung in etwa der histo-
rischen Beiträge gerecht zu werden. Im weiteren Verlauf des Buches werden wir
aber eher sparsam mit Literaturhinweisen umgehen. Dies geschieht aber nicht mit
der Absicht, Autoren das Ursprungsrecht zu verleugnen. Vielmehr möchten wir im
Sinne einer Einführung den Leser nicht mit Literatur überladen. Insbesondere auch
deshalb, weil alles notwendige Material hier bereitgestellt wird.

Grundbegriffe der Quantenmechanik

2

Zusammenfassung

In diesem Kapitel werden zunächst die für die Quantenmechanik erforderlichen elementaren mathematischen Objekte wie Hilbert-Räume und Operatoren und deren Eigenschaften vorgestellt. Danach wird die Beschreibung physikalischer Phänomene der Quantenmechanik durch die vorher eingeführten mathematischen Objekte mithilfe von fünf Postulaten formuliert. Dabei werden bereits einige Folgerungen, wie z. B. Unschärferelationen, hergeleitet. Die hier gegebene Beschreibung physikalischer Phänomene beschränkt sich nicht nur auf reine Zustände, sondern auch gemischte Zustände werden ausführlich vorgestellt. Schließlich werden Qbits definiert und ihre Eigenschaften, wie z. B. Bloch-Darstellung, erörtert. Außerdem wird eine ganze Reihe von Operatoren auf Qbits, wie z. B. Spindrehungen und die Hadamard-Transformation, vorgestellt und deren Eigenschaften beleuchtet.

2.1 Allgemeines

Die Quantenmechanik ist eine Theorie, die Vorhersagen über die Statistik mikroskopischer Objekte (z. B. Elektronen, Protonen, Atome etc.) macht. Bei Experimenten mit solchen Objekten stellt man bei Messungen an immer gleich präparierten Objekten fest, dass Messergebnisse nur mit einer bestimmten **relativen Häufigkeit** auftreten und in der Regel um einen **Mittelwert** gestreut sind. Dabei definiert man die relative Häufigkeit als

$$\text{relative Häufigkeit des Ergebnisses } a := \frac{\text{Anzahl der Messungen mit Ergebnis } a}{\text{Gesamtanzahl } N \text{ der Messungen}}$$
$$(2.1)$$

© Springer-Verlag Berlin Heidelberg 2016
W. Scherer, *Mathematik der Quanteninformatik*, DOI 10.1007/978-3-662-49080-8_2

und den Mittelwert als

$$\text{Mittelwert} := \sum_{a \in \text{Menge aller Ergebnisse}} a \times \left(\begin{array}{c} \text{relative Häufigkeit} \\ \text{des Ergebnisses } a \end{array} \right). \tag{2.2}$$

Bei diesen Messungen müssen die betrachteten Objekte natürlich immer in gleicher Weise präpariert worden sein. Für ein Experiment werden also folgende Schritte ausgeführt:

$$\text{Präparation} \longrightarrow \text{Messungen} \longrightarrow \begin{array}{c} \text{Berechnung von z. B. Mittelwert} \\ \text{und relativer Häufigkeit} \end{array} \tag{2.3}$$

Die Quantenmechanik ist nun eine Theorie, die für diese Schritte ein mathematisches Modell liefert und somit Vorhersagen über die gemessenen relativen Häufigkeiten und Mittelwerte ermöglicht. Dabei gilt folgender Sprachgebrauch im Zusammenhang mit der Quantenmechanik:

- Eine messbare physikalische Größe heißt **Observable**.
- Die quantenmechanische Vorhersage für den Mittelwert einer messbaren physikalischen Größe in einer Messreihe heißt **Erwartungswert**.
- Die quantenmechanische Vorhersage für die relative Häufigkeit eines Messergebnisses heißt **Wahrscheinlichkeit** des Messergebnisses.
- Man nennt die Präparation bzw. die statistische Gesamtheit von Objekten, die bestimmte Mittelwerte und Häufigkeitsverteilungen ergeben, **Zustand**.

Eine spezielle Klasse von Präparationen, sogenannte reine Zustände, lassen sich in der Quantenmechanik mathematisch durch einen Vektor im Hilbert-Raum darstellen. In ihrer allgemeinsten Form, für sogenannte gemischte Zustände, werden Präparationen durch positive, selbstadjungierte Operatoren mit Spur 1, die auf einem Hilbert-Raum wirken, dargestellt. Die Observablen der Zustände (d. h. der präparierten Objekte) werden mathematisch durch selbstadjungierte Operatoren auf diesem Hilbert-Raum dargestellt. Zusammen mit den Zuständen erhält man dann eine Vorschrift zur Berechnung der Mittelwerte und Wahrscheinlichkeiten.

Wir werden uns also zunächst in Abschn. 2.2 etwas mit dem mathematischen Instrumentarium dieser Theorie befassen und die notwendigen mathematischen Objekte und Begrifflichkeiten behandeln.

In Abschn. 2.3 wenden wir uns dann den physikalischen Anwendungen dieser mathematischen Objekte in der Quantenmechanik zu. Dabei beginnen wir zunächst mit der Beschreibung reiner Zustände in Abschn. 2.3.1, bevor wir uns in Abschn. 2.3.2 dem allgemeineren Fall der gemischten Zustände zuwenden. Wie wir dort auch sehen werden, lassen sich natürlich reine Zustände als Spezialfall auch durch den Formalismus der gemischten Zustände beschreiben, aber da der überwiegende Teil des Buches sich mit reinen Zuständen beschäftigt, ist es dennoch nützlich und sinnvoll, den speziell für solche Zustände anwendbaren Formalismus etwas ausführlicher zu behandeln.

2.2 Mathematisches: Hilbert-Raum und Operatoren

Definition 2.1
Ein **Hilbert-Raum** $\mathbb{H}$ ist ein

1. komplexer Vektorraum, d. h.

$$\forall \psi, \varphi \in \mathbb{H}, a, b \in \mathbb{C} \;\Rightarrow\; a\psi + b\varphi \in \mathbb{H}, \tag{2.4}$$

2. mit einem (positiv definiten) **Skalarprodukt**

$$\langle \cdot | \cdot \rangle : \mathbb{H} \times \mathbb{H} \longrightarrow \mathbb{C}$$
$$(\psi, \varphi) \longmapsto \langle \psi | \varphi \rangle \tag{2.5}$$

mit den Eigenschaften

$$\langle \psi | \varphi \rangle = \overline{\langle \varphi | \psi \rangle} \tag{2.6}$$
$$\langle \psi | \psi \rangle \geq 0 \tag{2.7}$$
$$\langle \psi | \psi \rangle = 0 \Leftrightarrow \psi = 0 \tag{2.8}$$
$$\langle \psi | a\varphi_1 + b\varphi_2 \rangle = a \langle \psi | \varphi_1 \rangle + b \langle \psi | \varphi_2 \rangle, \tag{2.9}$$

welches eine **Norm**

$$\| \cdot \| : \mathbb{H} \longrightarrow \mathbb{R}$$
$$\psi \longmapsto \sqrt{\langle \psi | \psi \rangle} \tag{2.10}$$

induziert, in der $\mathbb{H}$ vollständig ist.

In der hier gegebenen Definition ist das Skalarprodukt linear im zweiten Argument und *antilinear* (siehe Übung 2.1) im ersten Argument. In manchen Büchern wird die umgekehrte Konvention benutzt.

Wegen (2.6) ist $\langle \psi | \psi \rangle \in \mathbb{R}$, und wegen (2.7) ist dann auch die Norm wohldefiniert.

Übung 2.1 Man zeige:

1. Mit unserer Definition des Skalarproduktes gilt für alle $a \in \mathbb{C}$:

$$\langle a\psi | \varphi \rangle = \overline{a} \langle \psi | \varphi \rangle \tag{2.11}$$

2.

$$\langle \psi | \varphi \rangle = 0 \quad \forall \varphi \in \mathbb{H} \qquad \Leftrightarrow \qquad \psi = 0 \tag{2.12}$$

3.

$$\langle \psi | \varphi \rangle = \frac{1}{4} \Big[||\psi + \varphi||^2 - ||\psi - \varphi||^2 + \mathrm{i}\, ||\psi - \mathrm{i}\varphi||^2 - \mathrm{i}\, ||\psi + \mathrm{i}\varphi||^2 \Big]. \tag{2.13}$$

Zur Lösung siehe 2.1 im Kap. 13 Lösungen.   ◀

Vollständigkeit von $\mathbb{H}$ in der Norm $||\cdot||$ bedeutet, dass jede in $\mathbb{H}$ Cauchy-konvergente Folge $\{\varphi_n\}_{n \in \mathbb{N}} \subset \mathbb{H}$ (d. h. eine Folge mit der Eigenschaft, dass für alle $\varepsilon > 0$ ein $N(\varepsilon)$ existiert, sodass für alle $m, n \geq N(\varepsilon)$ gilt $||\varphi_m - \varphi_n|| < \varepsilon$) auch einen Grenzwert $\varphi \in \mathbb{H}$ besitzt: $\lim_{n \to \infty} \varphi_n = \varphi$. Dieser Teil der Definition ist für endlichdimensionale Vektorräume trivialerweise erfüllt (und dies sind die für uns relevanten Fälle).

Definition 2.2
Ein Vektor $\psi \in \mathbb{H}$ heißt **normiert** oder **Einheitsvektor**, falls $||\psi|| = 1$.
Zwei Vektoren $\psi, \varphi \in \mathbb{H}$ heißen **orthogonal** zueinander, falls $\langle \psi | \varphi \rangle = 0$.
Den Raum der in $\mathbb{H}$ zu ψ orthogonalen Vektoren bezeichnen wir mit

$$\mathbb{H}_{\psi^\perp} := \{ \varphi \in \mathbb{H} | \langle \psi | \varphi \rangle = 0 \}. \tag{2.14}$$

Übung 2.2 Sei $\psi, \varphi \in \mathbb{H}$ mit $||\psi|| \neq 0$. Man zeige

$$\varphi - \frac{\langle \psi | \varphi \rangle}{||\psi||^2} \psi \in \mathbb{H}_{\psi^\perp} \tag{2.15}$$

und veranschauliche dies grafisch. Weiterhin zeige man $||a\varphi|| = |a|\, ||\varphi||$ für alle $a \in \mathbb{C}$.

Zur Lösung siehe 2.2 im Kap. 13 Lösungen.   ◀

Definition 2.3
Eine Menge $\{\varphi_1, \varphi_2, \ldots, \varphi_n\}$ von Vektoren heißt **linear unabhängig**, falls

$$a_1 \varphi_1 + a_2 \varphi_2 + \cdots + a_n \varphi_n = 0 \tag{2.16}$$

nur für $a_1 = a_2 = \cdots = a_n = 0$ erfüllt ist. Eine unendliche Menge $\{\varphi_j\}_{j \in J}$ von Vektoren heißt linear unabhängig, falls jede endliche Teilmenge linear unabhängig ist. Man sagt $\mathbb{H}$ ist **endlichdimensional** ($n := \dim \mathbb{H} < \infty$), falls $\mathbb{H}$ maximal n linear unabhängige Vektoren enthält; $\mathbb{H}$ ist *unendlichdimensional* ($\dim \mathbb{H} = \infty$), falls $\mathbb{H}$ für jedes $m \in \mathbb{N}$ m linear unabhängige Vektoren enthält. Falls für eine linear unabhängige Menge $\{e_j\}_{j \in J} \subset \mathbb{H}$ auch noch

$$\langle e_j | e_k \rangle = \delta_{jk} := \begin{cases} 0 & \text{falls} \quad j \neq k \\ 1 & \text{falls} \quad j = k \end{cases} \tag{2.17}$$

gilt, heißen die e_j orthonormiert. Falls es eine *abzählbare* Menge $e_1, e_2, \ldots$ orthonormierter Vektoren mit der Mächtigkeit $\dim \mathbb{H}$ gibt, heißt $\mathbb{H}$ *separabel*. Die Elemente $e_1, e_2, \ldots$ einer solchen Menge bilden eine **Orthonormalbasis** **(ONB)** des Hilbert-Raumes.

Beispiel 2.1

$$\mathbb{H} = \mathbb{C}^n := \left\{ z = \begin{pmatrix} z_1 \\ \vdots \\ z_n \end{pmatrix} \middle| z_j \in \mathbb{C} \right\} \tag{2.18}$$

mit dem üblichen Skalarprodukt

$$\langle z | w \rangle := \sum_{j=1}^n \overline{z_j} w_j \tag{2.19}$$

ist ein Hilbert-Raum der Dimension n. Eine ONB ist durch die Vektoren

$$\left\{ e_1 = \begin{pmatrix} 1 \\ 0 \\ 0 \\ \vdots \\ 0 \end{pmatrix}, e_2 = \begin{pmatrix} 0 \\ 1 \\ 0 \\ \vdots \\ 0 \end{pmatrix}, \ldots, e_n = \begin{pmatrix} 0 \\ 0 \\ 0 \\ \vdots \\ 1 \end{pmatrix} \right\} \tag{2.20}$$

gegeben.

Hilbert-Räume können unendlichdimensional sein. Allgemein werden in der Quantenmechanik auch unendlichdimensionale Hilbert-Räume benötigt. Um die Effekte der Quanteninformatik zu verstehen, genügt es allerdings, *lediglich endlichdimensionale* Hilbert-Räume zu betrachten, die dann notwendigerweise separabel sind. Wir werden zwar die weiteren Begriffe in möglichst allgemeiner Form unabhängig von der Dimension von $\mathbb{H}$ einführen, dabei aber im Folgenden auf die mathematischen Feinheiten, die für unendlichdimensionale $\mathbb{H}$ nötig sind, nicht eingehen.

Jeder Vektor $\psi \in \mathbb{H}$ lässt sich mithilfe einer Basis $\{e_j\}$ und komplexer Zahlen $\{a_j\}$ darstellen

$$\psi = \sum_j a_j e_j . \tag{2.21}$$

Falls $\{e_j\}$ ONB ist, so gilt $a_j = \langle e_j | \psi \rangle$, d. h.

$$\psi = \sum_j \langle e_j | \psi \rangle e_j \tag{2.22}$$

und

$$\|\psi\|^2 = \sum_j |\langle e_j | \psi \rangle|^2 . \tag{2.23}$$

Übung 2.3 Sei $\psi \in \mathbb{H}$, $\{e_j\}$ ONB. Man zeige:

1.
$$\psi = \sum_j \langle e_j | \psi \rangle e_j \tag{2.24}$$

2.
$$\|\psi\|^2 = \sum_j |\langle e_j | \psi \rangle|^2 \tag{2.25}$$

3. Falls $\varphi \in \mathbb{H}_{\psi^\perp}$, so gilt

$$\|\varphi + \psi\|^2 = \|\varphi\|^2 + \|\psi\|^2 . \tag{2.26}$$

Dies ist eine verallgemeinerte Version des **Satzes von Pythagoras**.

Zur Lösung siehe 2.3 im Kap. 13 Lösungen.   ◄

Eine weitere nützliche Relation ist die **Schwarz'sche Ungleichung**

$$|\langle \psi | \varphi \rangle| \leq \|\psi\| \, \|\varphi\| , \tag{2.27}$$

welche als Übung 2.4 bewiesen werden soll.

Übung 2.4 Man zeige

$$|\langle \psi | \varphi \rangle| \leq \|\psi\| \, \|\varphi\| \qquad \forall \varphi, \psi \in \mathbb{H} . \tag{2.28}$$

Dazu betrachte man zunächst den Fall $\psi = 0$ oder $\varphi = 0$. Für den Fall $\psi \neq 0 \neq \varphi$ benutze man die Übungen 2.2 und 2.3 und schätze geeignet ab.

Zur Lösung siehe 2.4 im Kap. 13 Lösungen.   ◄

Mithilfe des Skalarproduktes ergibt jeder Vektor $\psi \in \mathbb{H}$ auch eine *lineare Abbildung* von $\mathbb{H}$ nach $\mathbb{C}$, bezeichnet mit $\langle\varphi|$

$$\langle\varphi| : \mathbb{H} \longrightarrow \mathbb{C}$$
$$\psi \longmapsto \langle\varphi|\psi\rangle \qquad (2.29)$$

Umgekehrt kann man zeigen (siehe **Darstellungssatz von Riesz** [39]), dass jede lineare und stetige[1] Abbildung von $\mathbb{H}$ nach $\mathbb{C}$ durch ein $\varphi \in \mathbb{H}$ in der obigen Form durch $\langle\varphi|$ ausgedrückt werden kann. Dies bedeutet, dass es eine Bijektion zwischen $\mathbb{H}$ und seinem **Dualraum**

$$\mathbb{H}^* := \{ f : \mathbb{H} \to \mathbb{C} \,|\, f \text{ linear und stetig} \} \qquad (2.30)$$

gibt. Diese Bijektion besagt im Wesentlichen, dass jede lineare und stetige Abbildung von $\mathbb{H}$ nach $\mathbb{C}$ eineindeutig durch ein Skalarprodukt mit einem geeigneten Vektor in $\mathbb{H}$ dargestellt werden kann.

Der Dualraum ist ebenfalls ein Vektorraum mit der gleichen Dimension wie $\mathbb{H}$. Diese Identifikation[2] von $\mathbb{H}$ mit $\mathbb{H}^*$ motiviert die von Dirac eingeführte „*bra*" und „*ket*" Notation, die von „bracket" (= Klammer) abgeleitet wurde. **Bra-Vektoren** sind Elemente von $\mathbb{H}^*$ und werden als $\langle\varphi|$ geschrieben. **Ket-Vektoren** sind Elemente von $\mathbb{H}$ und werden als $|\psi\rangle$ geschrieben. Wegen der oben erwähnten Bijektion zwischen dem Hilbert-Raum $\mathbb{H}$ und seinem Dualraum $\mathbb{H}^*$ entspricht jedem Vektor $|\varphi\rangle \in \mathbb{H}$ ein Vektor in $\mathbb{H}^*$, der dann mit $\langle\varphi|$ bezeichnet wird.

Die Anwendung des Bra (der linearen Abbildung) $\langle\varphi|$ auf den Ket (den Vektor) $|\psi\rangle$ ist dann die „Bracket" $\langle\varphi|\psi\rangle \in \mathbb{C}$. Man schreibt dann für (2.22)

$$|\psi\rangle = \sum_j |e_j\rangle\langle e_j|\psi\rangle. \qquad (2.31)$$

Im Folgenden werden wir die Bra-Ket-Notation benutzen. Um allerdings die Notation nicht zu überladen, werden wir bei Funktionsargumenten oft diese Schreibweise nicht verwenden. So schreiben wir z. B. anstelle von $|| |\psi\rangle ||$ einfach nur $\|\psi\|$. Dabei bezeichnen natürlich ψ und $|\psi\rangle$ den gleichen Vektor in $\mathbb{H}$.

Definition 2.4
Eine lineare Abbildung $A : \mathbb{H} \to \mathbb{H}$ bezeichnet man als **Operator**. Der zu A **adjungierte** Operator $A^* : \mathbb{H} \to \mathbb{H}$ ist derjenige Operator, der

$$\langle A^*\psi|\varphi\rangle = \langle\psi|A\varphi\rangle \qquad \forall |\psi\rangle, |\varphi\rangle \in \mathbb{H} \qquad (2.32)$$

erfüllt. Falls $A^* = A$ ist, heißt A **selbstadjungiert**.

---

[1] Wichtig nur im unendlichdimensionalen Fall; im endlichdimensionalen ist jede lineare Abbildung stetig.
[2] Identifiziert werden hier die Mengen, nicht aber die linearen Vektorraumstrukturen, da die Bijektion $\mathbb{H} \ni |\varphi\rangle \to \langle\varphi| \in \mathbb{H}^*$ *antilinear* ist.

Dies bedeutet im unendlichdimensionalen Fall, dass A und A^* dicht definiert sind und den gleichen Definitionsbereich haben, auf dem sie übereinstimmen. Im für uns relevanten endlichdimensionalen Fall ist selbstadjungiert auch gleichbedeutend mit **Hermitisch**.

Genau genommen ist $A^* : \mathbb{H}^* \to \mathbb{H}^*$, aber wir können ja $\mathbb{H}^*$ mit $\mathbb{H}$ identifizieren. Mit (2.31) und der Notation $A|\psi\rangle = |A\psi\rangle$ hat man dann

$$A|\psi\rangle = |A\psi\rangle = \sum_j |e_j\rangle\langle e_j|A\psi\rangle \tag{2.33}$$

$$= \sum_{j,k} |e_j\rangle\langle e_j|Ae_k\rangle\langle e_k|\psi\rangle \tag{2.34}$$

und schreibt daher

$$A = \sum_{j,k} |e_j\rangle\langle e_j|Ae_k\rangle\langle e_k| = \sum_{j,k} |e_j\rangle\, A_{jk}\,\langle e_k|, \tag{2.35}$$

wobei $A_{jk} := \langle e_j|Ae_k\rangle$. Dies motiviert die folgende Definition.

Definition 2.5

Für einen Operator A auf $\mathbb{H}$ und eine ONB $\{|e_j\rangle\}$ in $\mathbb{H}$ definiert man

$$A_{jk} := \langle e_j|Ae_k\rangle \tag{2.36}$$

als das (j,k) **Matrixelement** von A in der Basis $\{|e_j\rangle\}$. Die Matrix $(A_{jk})_{j,k=1,\dots,\dim \mathbb{H}}$ wird als **Matrixdarstellung** oder einfach als **Matrix** des Operators A in der Basis $\{|e_j\rangle\}$ bezeichnet. Man verwendet sowohl für den Operator als auch die Matrix das gleiche Symbol.

Schließlich kann man noch zeigen, dass A genau dann selbstadjungiert ist, wenn für die Matrixelemente $\overline{A_{kj}} = A_{jk}$ gilt.

Übung 2.5 Man zeige

1.

$$(A^*)^* = A \tag{2.37}$$

2.

$$\langle A\psi| = \langle\psi|A^* \tag{2.38}$$

3.

$$A^* = A \quad\Leftrightarrow\quad \overline{A_{kj}} = A_{jk}. \tag{2.39}$$

Zur Lösung siehe 2.5 im Kap. 13 Lösungen.   ◄

Definition 2.6
Ein Operator U auf $\mathbb{H}$ heißt **unitär**, falls

$$\langle U\psi | U\varphi \rangle = \langle \psi | \varphi \rangle \quad \forall |\psi\rangle, |\varphi\rangle \in \mathbb{H}. \qquad (2.40)$$

Unitäre Operatoren haben ihren adjungierten Operator als Inverses und erhalten die Norm.

Übung 2.6 Man zeige

$$U \text{ unitär} \quad \Leftrightarrow \quad U^*U = \mathbf{1} \quad \Leftrightarrow \quad ||U\psi|| = ||\psi|| \quad \forall |\psi\rangle \in \mathbb{H}, \qquad (2.41)$$

wobei $\mathbf{1}$ der Identitätsoperator auf $\mathbb{H}$ ist.
Zur Lösung siehe 2.6 im Kap. 13 Lösungen.   ◄

Definition 2.7
Ein Vektor $|\psi\rangle \in \mathbb{H}\backslash\{0\}$ heißt **Eigenvektor** eines Operators A zum **Eigenwert** $\lambda \in \mathbb{C}$, falls

$$A|\psi\rangle = \lambda|\psi\rangle. \qquad (2.42)$$

Der lineare Unterraum, der von allen Eigenvektoren zu λ aufgespannt wird, heißt **Eigenraum** zu λ. Ein Eigenwert λ heißt **nichtentartet**, falls der zugehörige Eigenraum eindimensional ist. Andernfalls heißt λ **entartet**.
    Die Menge der Zahlen $\lambda \in \mathbb{C}$, für die $(A - \lambda\mathbf{1})^{-1}$ *nicht existiert*, heißt **Spektrum** des Operators A.

Eigenwerte von A sind somit per Definition im Spektrum von A enthalten. In unendlichdimensionalen Hilbert-Räumen kann das Spektrum zusätzlich zu den Eigenwerten auch einen sogenannten kontinuierlichen Anteil haben. Da wir uns hier ausschließlich mit endlichdimensionalen Hilbert-Räumen befassen, ist in unseren Anwendungen das Spektrum eines Operators mit der Menge seiner Eigenwerte identisch.
    Die Eigenwerte selbstadjungierter Operatoren sind immer reell und die Eigenwerte unitärer Operatoren immer vom Betrag 1.

Übung 2.7 Sei $A|\psi\rangle = \lambda|\psi\rangle$. Man zeige

1. dass dann $\langle\psi|A^* = \overline{\lambda}\langle\psi|$
2. und folgere daraus, dass die Eigenwerte eines selbstadjungierten Operators immer reell sind
3. und die Eigenwerte eines unitären Operators immer den Betrag 1 haben.

    Zur Lösung siehe 2.7 im Kap. 13 Lösungen.   ◄

Selbstadjungierte Operatoren sind **diagonalisierbar**, d. h. für jeden selbstadjungierten Operator A gibt es eine aus Eigenvektoren bestehende ONB $\{|e_j\rangle\}$, sodass

$$A = \sum_j |e_j\rangle \lambda_j \langle e_j| \tag{2.43}$$

gilt, wobei λ_j der Eigenwert zu $|e_j\rangle$ ist.

Definition 2.8
Ein Operator P mit $P^* = P$ und $P^2 = P$ heißt **Projektor**.

Für solche Projektoren gibt es immer eine Menge $\{|\psi_j\rangle\}$, sodass

$$P = \sum_j |\psi_j\rangle\langle\psi_j| . \tag{2.44}$$

Falls die Menge nur aus einem normierten $|\psi\rangle$ besteht, heißt P Projektion auf $|\psi\rangle$ und wird auch P_ψ geschrieben, d. h. für ein $|\psi\rangle$ mit $||\psi|| = 1$ ist

$$P_\psi := |\psi\rangle\langle\psi| \tag{2.45}$$

die Projektion auf $|\psi\rangle$.

Übung 2.8 Sei P Projektor. Man zeige, dass es dann eine Menge $\{|\psi_j\rangle\} \subset \mathbb{H}$ orthonormierter Vektoren (d. h. eine Untermenge einer ONB) gibt, sodass

$$P = \sum_j |\psi_j\rangle\langle\psi_j| . \tag{2.46}$$

Hinweis: Aus $P^2 = P = P^*$ bestimme man die möglichen Eigenwerte von P und benutze (2.43).
    Zur Lösung siehe 2.8 im Kap. 13 Lösungen.   ◄

Definition 2.9
Ein Operator heißt **beschränkt**, falls

$$||A|| := \sup\{||A\psi|| \mid |\psi\rangle \in \mathbb{H}, ||\psi|| = 1\} < \infty \tag{2.47}$$

und man nennt dann $||A||$ die **Norm des Operators**.
    Ein selbstadjungierter Operator A heißt **positiv**, falls für alle $|\psi\rangle \in \mathbb{H}$

$$\langle\psi|A\psi\rangle \geq 0 \tag{2.48}$$

und man schreibt dann $A \geq 0$. Für zwei Operatoren A, B schreibt man $A \geq B$ genau dann, wenn $A - B \geq 0$. Weiterhin definiert man den **Kommutator** zweier Operatoren A, B durch

$$[A, B] := AB - BA \tag{2.49}$$

und sagt A und B *vertauschen*, wenn ihr Kommutator verschwindet, d.h. wenn $[A, B] = 0$.

Sei $\{|e_j\rangle\}$ ONB und A ein Operator. Man definiert die **Spur** von A durch

$$\mathrm{Tr}(A) := \sum_j \langle e_j | A e_j \rangle . \tag{2.50}$$

Für unendlichdimensionale $\mathbb{H}$ müssen diese Definitionen leicht modifiziert werden. Da wir aber hier nur endlichdimensionale $\mathbb{H}$ betrachten, reichen die in Definition 2.9 gegebenen Festlegungen der Begrifflichkeiten für unsere Zwecke aus. Gleichermaßen werden wegen der Einschränkung auf endlichdimensionale Systeme in dieser Abhandlung *nur beschränkte* Operatoren vorkommen.

Die Spur ist also die Summe der diagonalen Matrixelemente. Sie hängt aber nicht von der Wahl der ONB ab, denn es gilt

$$\sum_j \langle e_j | A e_j \rangle = \sum_k \langle \widetilde{e_k} | A \widetilde{e_k} \rangle \tag{2.51}$$

für jede andere ONB $\{|\widetilde{e_j}\rangle\}$. Weiterhin gilt für beliebige Operatoren A, B

$$\mathrm{Tr}(AB) = \mathrm{Tr}(BA) . \tag{2.52}$$

Wir zeigen die vorgenannten Eigenschaften als Übung 2.9.

Übung 2.9 Seien $\{|e_j\rangle\}$ und $\{|\widetilde{e_j}\rangle\}$ ONBs, A, B, U Operatoren und U definiert durch $U|e_j\rangle = |\widetilde{e_j}\rangle$. Man zeige:

1. U ist unitär.
2.
$$\mathrm{Tr}(AB) = \mathrm{Tr}(BA) . \tag{2.53}$$

3.
$$\sum_j \langle e_j | A e_j \rangle = \sum_j \langle \widetilde{e_j} | A \widetilde{e_j} \rangle . \tag{2.54}$$

4.
$$\forall A : \mathrm{Tr}(AB) = 0 \Rightarrow B = 0 . \tag{2.55}$$

Zur Lösung siehe 2.9 im Kap. 13 Lösungen. ◀

2.3 Physikalisches: Zustände und Observable

Wie bereits erwähnt, ist die Quantenmechanik eine Theorie, die im Allgemeinen lediglich statistische Aussagen erlaubt. Die Aussage „ein Teilchen ist in einem bestimmten quantenmechanischen Zustand" bedeutet daher nur, dass das Teilchen so präpariert wurde bzw. ein Teilchen in einer statistischen Gesamtheit von Teilchen ist, deren beobachtbare Statistik mithilfe eines den Zustand repräsentierenden mathematischen Objekts berechnet werden kann. Daher werden wir von nun an „Präparation" und „statistische Gesamtheit" als Synonyme verwenden.

Bei den Zuständen unterscheidet man den vielleicht etwas einfacheren und spezielleren Fall der *reinen Zustände*, den wir zunächst betrachten wollen, vom allgemeinen Fall der *gemischten Zustände*, denen wir uns in Abschn. 2.3.2 widmen werden.

Dabei präsentieren wir im Einklang mit üblichen Darstellungen der Quantenmechanik die allgemeine Zuordnung physikalischer Sachverhalte und Objekte zu ihren mathematischen Repräsentanten in der Form von insgesamt fünf *Postulaten*. Weitere mathematische Objekte, die eventuell auch speziellen physikalischen Größen zugeordnet sind, werden weiterhin in Form von Definitionen eingeführt. Aussagen über mathematische Zusammenhänge werden dann ebenso weiterhin in Form von Lemmata und Sätzen formuliert.

2.3.1 Reine Zustände

Postulat 2.1 (Observable und Zustände)
Eine Observable, d. h. eine physikalische Messgröße, wird in der Quantenmechanik durch einen selbstadjungierten Operator dargestellt. Falls die Präparation der statistischen Gesamtheit so ist, dass sich für jede beliebige Observable, dargestellt durch den ihr zugeordneten selbstadjungierten Operator A, der Mittelwert mithilfe eines Vektors $|\psi\rangle \in \mathbb{H}$ mit $||\psi|| = 1$ durch

$$\langle A \rangle_\psi := \langle \psi | A\psi \rangle \qquad (2.56)$$

*gut (d. h. im Allgemeinen bei hinreichend großer Statistik) berechnen lässt, sagt man, dass die Präparation einen **reinen Zustand** erzeugt und stellt diesen durch den Vektor $|\psi\rangle \in \mathbb{H}$ mathematisch dar. Man nennt $|\psi\rangle$ den **Zustandsvektor** oder auch einfach den Zustand, und $\langle A \rangle_\psi$ heißt (quantenmechanischer) **Erwartungswert** der Observable A im reinen Zustand $|\psi\rangle$.*

Anschaulich ist auch

$$\langle \mathbf{1} \rangle_\psi = ||\psi||^2 = 1, \qquad (2.57)$$

da der **1**-Operator der Observable: „ist überhaupt etwas vorhanden" entspricht und diese Observable für nichtleere Systeme immer den Erwartungswert 1 haben sollte. Mit $A = \sum_j |e_j\rangle \lambda_j \langle e_j|$ wird aus dem Erwartungswert (2.56)

$$\langle A \rangle_\psi = \sum_j \langle \psi | e_j \rangle \lambda_j \langle e_j | \psi \rangle$$

$$= \sum_j \lambda_j \left| \langle \psi | e_j \rangle \right|^2 . \tag{2.58}$$

Tatsächlich wird bei Einzelmessungen auch immer irgendein Element des Spektrums (siehe Definition 2.7) des zugeordneten Operators als Messergebnis beobachtet. Im Unendlichdimensionalen können dabei auch Elemente des sogenannten kontinuierlichen Spektrums als Messwerte auftreten. Wie bereits mehrfach betont, beschränken wir uns hier aber ausschließlich auf endlichdimensionale Systeme. Daher können wir die Menge $\{\lambda_j\}$ der Eigenwerte des Operators A als die Menge der möglichen Messergebnisse der zugehörigen Observable auffassen und die positiven Zahlen $\left| \langle e_j | \psi \rangle \right|^2$ als die Wahrscheinlichkeiten, mit denen jeweils λ_j gemessen wird.

Postulat 2.2 (Messwertwahrscheinlichkeit)
Die möglichen Messwerte einer Observablen sind durch das Spektrum des zugeordneten Operators A gegeben. Wenn das Quantensystem im Zustand $|\psi\rangle$ ist, λ ein Eigenwert von A und P_λ der Projektor auf den Eigenraum von λ, dann ist die Wahrscheinlichkeit $\mathbf{P}_\psi(\lambda)$ dafür, dass eine Messung von A den Wert λ ergibt, durch

$$\mathbf{P}_\psi(\lambda) = ||P_\lambda |\psi\rangle||^2 \tag{2.59}$$

gegeben.

Dass mit (2.59) in der Tat ein Wahrscheinlichkeitsmaß (siehe Definition 8.2) auf dem Spektrum von A definiert wird, erfordert für den allgemeinen Fall einen technisch aufwendigen und anspruchsvollen Beweis [40]. Hier veranschaulichen wir uns dies für den Fall des rein diskreten Spektrums mit nichtentarteten Eigenwerten λ_j von A und einer ONB von zughörigen Eigenvektoren $|e_j\rangle$. Dann ist zunächst $P_{\lambda_j} = |e_j\rangle\langle e_j|$ und somit

$$||P_\lambda |\psi\rangle||^2 = \left| \langle e_j | \psi \rangle \right|^2 . \tag{2.60}$$

Offensichtlich folgt bereits aus (2.59), dass $\mathbf{P}_\psi(\lambda_j) \geq 0$. Dass sich diese Wahrscheinlichkeiten zu 1 aufsummieren, ergibt sich dann folgendermaßen aus der für

Zustände $|\psi\rangle$ per Postulat 2.1 geforderten Normierung

$$\sum_j \mathbf{P}_\psi(\lambda_j) \underbrace{=}_{(2.59)} \sum_j \left\| P_{\lambda_j} |\psi\rangle \right\|^2$$

$$\underbrace{=}_{(2.60)} \sum_j \left| \langle e_j | \psi \rangle \right|^2 \qquad (2.61)$$

$$\underbrace{=}_{(2.23)} \||\psi\|^2 = 1 .$$

Aus (2.56) folgt noch, dass für beliebige Observable A und Zahlen $e^{i\alpha} \in \mathbb{C}$, $\alpha \in \mathbb{R}$ gilt

$$\langle A \rangle_{e^{i\alpha}\psi} = \langle A \rangle_\psi , \qquad (2.62)$$

weil $|\langle e^{i\alpha}\psi | e_j \rangle|^2 = |\langle \psi | e_j \rangle|^2$. Das heißt physikalisch sind $e^{i\alpha}|\psi\rangle \in \mathbb{H}$ und $|\psi\rangle \in \mathbb{H}$ nicht zu unterscheiden, denn beide Vektoren liefern für beliebige Observable die gleichen Wahrscheinlichkeiten und Erwartungswerte. Daher beschreiben $e^{i\alpha}|\psi\rangle$ und $|\psi\rangle$ den gleichen Zustand.

Definition 2.10
Man nennt die durch ein $|\psi\rangle \in \mathbb{H}$ gegebene Menge

$$S_\psi := \{ e^{i\alpha} |\psi\rangle \mid \alpha \in \mathbb{R} \} \qquad (2.63)$$

einen **Strahl** in $\mathbb{H}$ mit $|\psi\rangle$ als einen Repräsentanten.

Jedes Element eines Strahls S_ψ beschreibt die gleiche physikalische Situation. Man sagt: Die Phase ist frei wählbar. Reine Zustände werden daher genau genommen durch einen Repräsentanten $|\psi\rangle$ eines Strahls S_ψ im Hilbert-Raum beschrieben. Man benutzt aber immer nur das Symbol $|\psi\rangle$ eines Repräsentanten und behält dabei in Erinnerung, dass $|\psi\rangle$ und $e^{i\alpha}|\psi\rangle$ physikalisch nicht unterscheidbar sind. Davon werden wir gelegentlich explizit Gebrauch machen.

Umgekehrt soll jeder Vektor im Hilbert-Raum einem physikalischen Zustand entsprechen, d.h. eine Gesamtheit von Objekten mit einer gewissen Statistik beschreiben. Mit den Zuständen $|\varphi\rangle, |\psi\rangle \in \mathbb{H}$ ist dann auch $a|\varphi\rangle + b|\psi\rangle \in \mathbb{H}$ für $a, b \in \mathbb{C}$ mit $\|a\varphi + b\psi\| = 1$ ein Zustand. Dies ist das quantenmechanische **Superpositionsprinzip**: Beliebige auf eins normierte Linearkombinationen von Zuständen sind wieder Zustände und damit (im Prinzip) physikalisch realisierbare Präparationen.

Aber Vorsicht: Während die globale Phase einer Linearkombination auch physikalisch irrelevant ist, gilt dies nicht mehr für die relativen Phasen der Zustände in der Linearkombination. Seien etwa $|\varphi\rangle, |\psi\rangle \in \mathbb{H}$ zwei Zustände mit $\langle \varphi | \psi \rangle = 0$. Dann sind sowohl $\frac{1}{\sqrt{2}}(|\varphi\rangle + |\psi\rangle)$ als auch $\frac{1}{\sqrt{2}}(|\varphi\rangle + e^{i\alpha}|\psi\rangle)$ normierte Zustandsvektoren, aber während $|\psi\rangle$ und $e^{i\alpha}|\psi\rangle$ den gleichen Zustand, d. h. die gleiche physikalische Situation, beschreiben, unterscheiden sich die Zustände $\frac{1}{\sqrt{2}}(|\varphi\rangle + |\psi\rangle)$ und $\frac{1}{\sqrt{2}}(|\varphi\rangle + e^{i\alpha}|\psi\rangle)$ sehr wohl voneinander, denn

$$
\begin{aligned}
\langle A \rangle_{(|\varphi\rangle+|\psi\rangle)/\sqrt{2}} &= \frac{1}{2}\big(\langle \varphi + \psi | A(\varphi + \psi)\rangle\big) \\
&= \frac{1}{2}\big(\langle\varphi|A\varphi\rangle + \langle\psi|A\psi\rangle + \langle\varphi|A\psi\rangle + \langle\psi|A\varphi\rangle\big) \\
&= \frac{1}{2}\big(\langle A\rangle_\varphi + \langle A\rangle_\psi\big) + \mathrm{Re}\big(\langle\varphi|A\psi\rangle\big),
\end{aligned}
\tag{2.64}
$$

wobei der Term mit dem Realteil $\mathrm{Re}\big(\langle\varphi|A\psi\rangle\big)$ die sogenannten **Interferenzterme** enthält. Eben diese sind im Zustand $\frac{1}{\sqrt{2}}(|\varphi\rangle + e^{i\alpha}|\psi\rangle)$ anders, denn

$$
\begin{aligned}
\langle A \rangle_{(|\varphi\rangle+e^{i\alpha}|\psi\rangle)/\sqrt{2}} &= \frac{1}{2}\langle \varphi + e^{i\alpha}\psi | A(\varphi + e^{i\alpha}\psi)\rangle \\
&= \frac{1}{2}\big(\langle\varphi|A\varphi\rangle + \langle e^{i\alpha}\psi|Ae^{i\alpha}\psi\rangle + e^{i\alpha}\langle\varphi|A\psi\rangle + e^{-i\alpha}\langle\psi|A\varphi\rangle\big) \\
&= \frac{1}{2}\big(\langle A\rangle_\varphi + \langle A\rangle_\psi\big) + \mathrm{Re}\big(e^{i\alpha}\langle\varphi|A\psi\rangle\big),
\end{aligned}
\tag{2.65}
$$

und für $\langle\varphi|A\psi\rangle \neq 0$ sind der Realteil von $\langle\varphi|A\psi\rangle$ und der von $e^{i\alpha}\langle\varphi|A\psi\rangle$ im Allgemeinen verschieden. Bei Linearkombinationen haben also die *relativen* Phasen beobachtbare Konsequenzen.

Wie weit sind nun die Messergebnisse um den Erwartungswert gestreut? Eine Aussage hierfür liefert die sogenannte Streuung, die der Standardabweichung in der klassischen Wahrscheinlichkeitstheorie (siehe Kap. 8) entspricht.

Definition 2.11

Die **Streuung** einer Observable A im Zustand $|\psi\rangle$ ist definiert als

$$
\Delta_\psi(A) := \sqrt{\langle\psi|\big(A - \langle A\rangle_\psi \mathbf{1}\big)^2 \psi\rangle} = \sqrt{\big\langle\big(A - \langle A\rangle_\psi \mathbf{1}\big)^2\big\rangle_\psi}.
\tag{2.66}
$$

Falls die Streuung verschwindet, d. h. falls $\Delta_\psi(A) = 0$, sagt man, der Wert der Observable A im Zustand $|\psi\rangle$ ist **scharf**.

Ein scharfer Wert bedeutet, dass man bei allen Einzelmessungen immer den gleichen Wert misst. Dies ist genau dann der Fall, wenn $|\psi\rangle$ Eigenzustand von A ist, d. h. es gilt

Proposition 2.12
Für eine Observable A und ein Zustand $|\psi\rangle$ gilt

$$\Delta_\psi(A) = 0 \quad \Leftrightarrow \quad A|\psi\rangle = \lambda|\psi\rangle. \tag{2.67}$$

Beweis Wir zeigen zunächst $\Leftarrow$. Sei $A|\psi\rangle = \lambda|\psi\rangle$, dann folgt $\langle A\rangle_\psi = \lambda \in \mathbb{R}$ und somit

$$\begin{aligned}
\left(\Delta_\psi(A)\right)^2 &= \langle\psi|\left(A - \langle A\rangle_\psi \mathbf{1}\right)^2\psi\rangle \\
&= \langle\psi|\left(A^2 - \langle A\rangle_\psi^2 \mathbf{1}\right)\psi\rangle \\
&= \langle\psi|A^2\psi\rangle - \langle\psi|\lambda^2\psi\rangle \\
&= 0.
\end{aligned} \tag{2.68}$$

Sei nun andererseits $\left(\Delta_\psi(A)\right)^2 = 0$. Dann folgt

$$\begin{aligned}
0 = \left(\Delta_\psi(A)\right)^2 &= \langle\psi|\left(A - \langle A\rangle_\psi \mathbf{1}\right)^2\psi\rangle \\
&= \langle(A - \langle A\rangle_\psi \mathbf{1})\psi|(A - \langle A\rangle_\psi \mathbf{1})\psi\rangle \\
&= \left\|(A - \langle A\rangle_\psi \mathbf{1})\psi\right\|^2
\end{aligned} \tag{2.69}$$

und somit $A|\psi\rangle = \langle A\rangle_\psi |\psi\rangle$, d. h. $|\psi\rangle$ ist Eigenzustand von A. $\qquad\square$

Eine Präparation im Eigenzustand hat also zur Folge, dass alle Messungen von A immer den zugehörigen Eigenwert messen, der somit auch Erwartungswert von A ist. Die Umkehrung gilt ebenfalls: Wenn bei einer gegebenen Präparation die Streuung von A verschwindet, entspricht die Präparation einem Eigenzustand.

Definition 2.13
Zwei Observable A, B heißen **kompatibel**, wenn die zugehörigen Operatoren vertauschen, d. h. genau dann, wenn $[A, B] = 0$. Falls $[A, B] \neq 0$, heißen sie **inkompatibel**.

Aus der Linearen Algebra wissen wir, dass A, B selbstadjungiert und $[A, B] = 0$ impliziert: Es gibt eine ONB $\{|e_j\rangle\}$, in der A *und* B diagonal sind

$$A = \sum_j |e_j\rangle a_j \langle e_j| \tag{2.70}$$

$$B = \sum_j |e_j\rangle b_j \langle e_j|. \tag{2.71}$$

Eine Präparation im Zustand $|e_k\rangle$ ist dann Eigenzustand von A und B. Somit ergeben die Messungen kompatibler Operatoren A *und* B in diesem Zustand scharfe Werte (hier a_k und b_k) und zeigen *keine Streuung*.

Das Produkt der Streuungen inkompatibler Observablen ist dagegen nach unten beschränkt:

Proposition 2.14
Es gilt die **Unschärferelation**

$$\Delta_\psi(A)\,\Delta_\psi(B) \geq \left|\left\langle \frac{1}{2i}[A,B]\right\rangle_\psi\right|. \qquad (2.72)$$

Beweis Die Relation ergibt sich als Implikationen folgender Abschätzungen:

$$\left(\Delta_\psi(A)\right)^2 \left(\Delta_\psi(B)\right)^2$$

$$\underset{(2.69)}{=} \left\|\left(A - \langle A\rangle_\psi\,\mathbf{1}\right)\psi\right\|^2 \left\|\left(B - \langle B\rangle_\psi\,\mathbf{1}\right)\psi\right\|^2$$

$$\underset{(2.27)}{\geq} \left|\langle (A - \langle A\rangle_\psi\,\mathbf{1})\psi | (B - \langle B\rangle_\psi\,\mathbf{1})\psi\rangle\right|^2$$

$$\geq \left(\mathrm{Im}\langle (A - \langle A\rangle_\psi\,\mathbf{1})\psi | (B - \langle B\rangle_\psi\,\mathbf{1})\psi\rangle\right)^2$$

$$= \Big(\frac{1}{2i}\langle (A - \langle A\rangle_\psi\,\mathbf{1})\psi | (B - \langle B\rangle_\psi\,\mathbf{1})\psi\rangle$$

$$\overline{\quad - \overline{\langle (A - \langle A\rangle_\psi\,\mathbf{1})\psi | (B - \langle B\rangle_\psi\,\mathbf{1})\psi\rangle}}\Big)^2$$

$$= \left(\frac{1}{2i}\big\langle [A - \langle A\rangle_\psi\,\mathbf{1}\,,\, B - \langle B\rangle_\psi\,\mathbf{1}]\big\rangle_\psi\right)^2 \qquad (2.73)$$

$$= \left(\left\langle \frac{1}{2i}[A,B]\right\rangle_\psi\right)^2 \qquad\qquad \square$$

Aus (2.72) sieht man, dass die Messung inkompatibler Observablen A, B im gleichen Zustand $|\psi\rangle$ im Allgemeinen nicht beide scharfe Werte ergeben können. Wenn in einem Zustand $|\langle [A,B]\rangle_\psi| > 0$, so ist das Produkt der Streuungen der Observablen A, B in diesem Zustand $|\psi\rangle$ nach unten begrenzt: Je schärfer die Kenntnis (je geringer die Streuung) von A, desto unschärfer muss notwendigerweise die Kenntnis (desto größer die Streuung) von B sein.

Die **Heisenberg'sche Unschärferelation** ist ein Spezialfall von (2.72) mit $A =$ Ortsoperator, $B =$ Impulsoperator. Für diese beiden Operatoren gilt $[A, B] = i\hbar\mathbf{1}$. Somit ergibt sich in diesem Fall

$$\Delta_\psi (A)\, \Delta_\psi (B) \geq \frac{\hbar}{2}\,. \tag{2.74}$$

Eine Einzelmessung einer Observable $A = \sum_j |e_j\rangle \lambda_j \langle e_j|$ an einem Objekt, dessen Präparation durch den Zustand $|\psi\rangle = \sum_j |e_j\rangle\langle e_j|\psi\rangle$ beschrieben wird, ergibt einen Eigenwert $\lambda_k \in \{\lambda_j\}$. Für das System wurde aus der Menge $\{\lambda_j\}$ der möglichen Messwerte für A ein Wert λ_k beobachtet. In einem System, bei dem λ_k gemessen wurde, stellt man unmittelbar danach bei einer erneuten Messung von A immer wieder den Wert λ_k fest. Betrachten wir nun alle derart präparierten Systeme, d. h. ursprünglich im Zustand $|\psi\rangle$ präparierte Systeme, welche bei einer Messung von A den Wert λ_k ergeben, so handelt es sich um eine Präparation, in der A scharf mit dem Wert λ_k vorliegt. Der Zustand dieses Systems sollte also durch den Eigenvektor $|e_k\rangle$ beschrieben werden. Dementsprechend kann eine Einzelmessung einer Observable A, bei welcher der Wert $\lambda_k \in \{\lambda_j\}$ gemessen wurde, als Präparation eines Objektes im Zustand $|e_k\rangle \in \mathbb{H}$ angesehen werden. Man sagt: Die Messung „zwingt" das Objekt aus einer Gesamtheit, welche durch $|\psi\rangle$ beschrieben wurde, mit Wahrscheinlichkeit $|\langle e_k|\psi\rangle|^2$ in einen Eigenzustand $|e_k\rangle$ der gemessenen Observable. Falls wir alle Objekte mit dem Messergebnis λ_k betrachten, wurde eine Gesamtheit präpariert, die durch $|e_k\rangle$ beschrieben wird. Dieses physikalische Phänomen formuliert man als Projektionspostulat.

Postulat 2.3 (Projektionspostulat)
Falls an einem quantenmechanischen System, das durch den reinen Zustand $|\psi\rangle$ beschrieben wird, die Messung der Observablen A den Eigenwert λ ergeben hat und P_λ der Projektor auf den Eigenraum von λ ist, bewirkt die Messung folgende Zustandsänderung:

$$|\psi\rangle = Zustand\ vor\ Messung \xrightarrow{\ Messung\ } \frac{P_\lambda|\psi\rangle}{||P_\lambda|\psi\rangle||} = Zustand\ nach\ Messung.$$
$$\tag{2.75}$$

Da der Zustand $|\psi\rangle$ eines quantenmechanischen Systems historisch auch als **Wellenfunktion** bezeichnet wird, ist das Projektionspostulat auch unter dem Synonym **Kollaps der Wellenfunktion** bekannt.

Ein Zustand kann sich auch ohne Messung zeitlich verändern. Zustandsveränderungen, die nicht durch Messungen verursacht werden, werden durch unitäre Operatoren dargestellt. Dies wird in folgendem Postulat 2.4 formuliert.

Postulat 2.4 (Zeitentwicklung)
Für jede zeitliche Veränderung, die nicht durch eine Messung verursacht wurde, wird diese Veränderung

$$|\psi(t_0)\rangle = \textit{Zustand zur Zeit } t_0 \longrightarrow |\psi(t)\rangle = \textit{Zustand zur Zeit } t \qquad (2.76)$$

durch einen unitären, von t und t_0 abhängigen Operator $U(t, t_0)$ beschrieben:

$$|\psi(t)\rangle = U(t, t_0)|\psi(t_0)\rangle. \qquad (2.77)$$

Der Zeitentwicklungsoperator $U(t, t_0)$ ist Lösung des Anfangswertproblems

$$i\hbar\frac{d}{dt}U(t, t_0) = \mathcal{H}U(t, t_0) \qquad (2.78)$$

$$U(t_0, t_0) = 1, \qquad (2.79)$$

*wobei $\mathcal{H}$ der selbstadjungierte **Hamilton-Operator** ist.*

Die in Postulat 2.4 gegebene operatorwertige Beschreibung ist vollkommen äquivalent zur üblichen **Schrödinger-Gleichung**

$$i\hbar\frac{d}{dt}|\psi(t)\rangle = \mathcal{H}|\psi(t)\rangle, \qquad (2.80)$$

die die Zeitentwicklung direkt auf den reinen Zuständen beschreibt. So ergibt die Anwendung von (2.78) auf (2.77) die Schrödinger-Gleichung (2.80). Umgekehrt ist eine Lösung der Schrödinger-Gleichung für beliebige Anfangszustände $|\psi(t_0)\rangle$ gleichbedeutend mit der Lösung für $U(t, t_0)$. Die in Postulat 2.4 gegebene Beschreibung hat aber gegenüber der Schrödinger-Gleichung den Vorteil, dass sie unverändert auch für gemischte Zustände (siehe Postulat 2.5) übernommen werden kann.

Die die Zeitentwicklung determinierenden Hamilton-Operatoren ergeben sich aus den Wechselwirkungen, denen das Quantensystem ausgesetzt ist. Wie wir in Kap. 5 sehen werden, lassen sich Schaltkreise in Quantencomputern aus elementaren Gattern bilden, die als unitäre Operatoren auf Zuständen wirken. Um solche Gatter physikalisch zu implementieren, kann man also versuchen, Wechselwirkungen einzurichten, deren Hamilton-Operatoren geeignete unitäre Operatoren entsprechend (2.78) erzeugen.

Dass die Zeitentwicklung als lineare Transformation auf dem Zustandsraum wirkt, ergibt sich aus dem Superpositionsprinzip. Dass diese Transformationen unitär sein sollen, erhält man aus der Forderung, dass sie die Norm erhalten sollen (siehe Übung 2.6), was wiederum eine Konsequenz der Wahrscheinlichkeitsinterpretation (siehe (2.57)) ist.

Als für die Quanteninformatik wichtiges Beispiel von Observablen betrachten wir den internen Drehimpuls, den sogenannten **Spin** eines Elektrons, bestehend aus drei Observablen, die üblicherweise als Drehimpulsvektor mit drei Komponenten $\mathbf{S} = (S_x, S_y, S_z)$ zusammengefasst werden. Da wir uns nur für diese Observable und nicht etwa den Ort oder den Impuls des Elektrons interessieren, genügt als Hilbert-Raum hier $\mathbb{H} \simeq \mathbb{C}^2$. Die zu den Drehimpulsobservablen $\mathbf{S}$ gehörigen Operatoren sind

$$S_j = \frac{\hbar}{2}\sigma_j, \qquad j = x, y, z, \tag{2.81}$$

wobei $\hbar = \frac{h}{2\pi}$ die durch 2π dividierte Planck'sche Konstante ist und die

$$\sigma_x := \sigma_1 := \begin{pmatrix} 0 & 1 \\ 1 & 0 \end{pmatrix}, \quad \sigma_y := \sigma_2 := \begin{pmatrix} 0 & -i \\ i & 0 \end{pmatrix}, \quad \sigma_z := \sigma_3 := \begin{pmatrix} 1 & 0 \\ 0 & -1 \end{pmatrix},$$
$$\tag{2.82}$$

die **Pauli-Matrizen** sind.

Übung 2.10 Man verifiziere folgende Beziehungen zwischen den Pauli-Matrizen:

1.
$$\sigma_j\sigma_k = \delta_{jk}\mathbf{1} + i\varepsilon_{jkl}\sigma_l \tag{2.83}$$

2. Die Vertauschungs-(oder Kommutator-)Beziehungen

$$[\sigma_j, \sigma_k] := \sigma_j\sigma_k - \sigma_k\sigma_j = 2i\varepsilon_{jkl}\sigma_l \tag{2.84}$$

3. Die Antivertauschungs-(oder Antikommutator-)Beziehungen

$$\{\sigma_j, \sigma_k\} := \sigma_j\sigma_k + \sigma_k\sigma_j = 2\delta_{jk}\mathbf{1} \tag{2.85}$$

Hier ist ε_{jkl} der *vollständig antisymmetrische* Tensor mit

$$\varepsilon_{123} = \varepsilon_{231} = \varepsilon_{312} = 1 = -\varepsilon_{213} = -\varepsilon_{132} = -\varepsilon_{321} \tag{2.86}$$

und $\varepsilon_{jkl} = 0$ sonst.

Zur Lösung siehe 2.10 im Kap. 13 Lösungen.   ◄

Wir betrachten die Zustände

$$|\uparrow_z\rangle := |0\rangle := \begin{pmatrix} 1 \\ 0 \end{pmatrix}, \qquad |\downarrow_z\rangle := |1\rangle := \begin{pmatrix} 0 \\ 1 \end{pmatrix}, \tag{2.87}$$

für welche gilt

$$S_z|\uparrow_z\rangle = \frac{\hbar}{2}|\uparrow_z\rangle, \qquad S_z|\downarrow_z\rangle = -\frac{\hbar}{2}|\downarrow_z\rangle, \tag{2.88}$$

d. h. S_z hat die Eigenwerte $\{\pm\frac{\hbar}{2}\}$ mit den Eigenvektoren $\{|\uparrow_z\rangle, |\downarrow_z\rangle\}$ (Spin-up,Spin-down in z-Richtung). Die S_j sind physikalische Observable, die z. B. mit einem Stern-Gerlach-Versuch gemessen werden können. Der Einfachheit halber werden wir hier aber $\sigma_j = \frac{2}{\hbar}S_j$ als Observable benutzen, um somit die unhandlichen Faktoren $\frac{\hbar}{2}$ zu vermeiden, d. h. σ_j entspricht S_j in Einheiten von $\frac{\hbar}{2}$.

Die in (2.87) eingeführte Bezeichnung $|0\rangle, |1\rangle$ für die Eigenvektoren $\{|\uparrow_z\rangle, |\downarrow_z\rangle\}$ mag zunächst ungewöhnlich erscheinen. Der Grund für diese Notation liegt in der Identifikation dieser Zustände mit den klassischen Bitwerten 0 und 1. Diese Bezeichnung $|0\rangle, |1\rangle$ für Eigenvektoren von σ_z hat sich mittlerweile auch in der Quanteninformatik eingebürgert, und wir werden sie von nun an benutzen. Hier sei aber schon einmal darauf hingewiesen, dass auch $a|0\rangle + b|1\rangle$ mit $|a|^2 + |b|^2 = 1$ ein möglicher Zustand ist (mehr dazu in Abschn. 2.4). Dagegen macht ein klassischer Bitwert $a0 + b1$ keinen Sinn. Zur Vermeidung von Missverständnissen beachte man auch, dass $|0\rangle$ *nicht der Nullvektor* im Hilbert-Raum ist. Dieser wird weiterhin auch mit dem gleichen Symbol 0 bezeichnet, das wir für die Null in $\mathbb{N}_0$, $\mathbb{R}$ und $\mathbb{C}$ benutzen.

Die Observable σ_z hat also die Eigenwerte ± 1 und die Eigenvektoren $|0\rangle = |\uparrow_z\rangle$, $|1\rangle = |\downarrow_z\rangle$ sowie die Erwartungswerte

$$\langle\sigma_z\rangle_{|0\rangle} = \langle 0|\sigma_z|0\rangle = \langle 0|0\rangle = 1, \qquad \langle\sigma_z\rangle_{|1\rangle} = \langle 1|\sigma_z|1\rangle = -\langle 1|1\rangle = -1. \quad (2.89)$$

Zur Illustration zeigen wir, dass in der Tat auch im Zustand $|0\rangle$ die Streuung verschwindet. Zunächst hat man

$$\sigma_z - \langle\sigma_z\rangle_{|0\rangle}\mathbf{1} = \begin{pmatrix} 1 & 0 \\ 0 & -1 \end{pmatrix} - \begin{pmatrix} 1 & 0 \\ 0 & 1 \end{pmatrix} = \begin{pmatrix} 0 & 0 \\ 0 & -2 \end{pmatrix} \quad (2.90)$$

und somit

$$\langle 0|\left(\sigma_z - \langle\sigma_z\rangle_{|0\rangle}\mathbf{1}\right)^2|0\rangle = \begin{pmatrix} 1 & 0 \end{pmatrix}\begin{pmatrix} 0 & 0 \\ 0 & 4 \end{pmatrix}\begin{pmatrix} 1 \\ 0 \end{pmatrix} = 0, \quad (2.91)$$

was impliziert (siehe (2.66)), dass

$$\Delta_{|0\rangle}(\sigma_z) = 0. \quad (2.92)$$

Ebenso zeigt man $\Delta_{|1\rangle}(\sigma_z) = 0$, was ja auch aus der allgemeinen Theorie folgt, da $|0\rangle, |1\rangle$ Eigenzustände von σ_z sind und somit die Messung der Observable σ_z notwendig in diesen Zuständen keine Streuung haben kann.

Andererseits sind σ_x und σ_z inkompatibel, denn

$$[\sigma_x, \sigma_z] = -2\mathrm{i}\sigma_y \neq 0, \quad (2.93)$$

und man findet

$$\langle \sigma_x \rangle_{|0\rangle} = \begin{pmatrix} 1 & 0 \end{pmatrix} \begin{pmatrix} 0 & 1 \\ 1 & 0 \end{pmatrix} \begin{pmatrix} 1 \\ 0 \end{pmatrix} = 0 \qquad (2.94)$$

$$\sigma_x - \langle \sigma_x \rangle_{|0\rangle} \mathbf{1} = \begin{pmatrix} 0 & 1 \\ 1 & 0 \end{pmatrix} \qquad (2.95)$$

$$\langle 0 | \left(\sigma_x - \langle \sigma_x \rangle_{|0\rangle} \mathbf{1} \right)^2 |0\rangle = \begin{pmatrix} 1 & 0 \end{pmatrix} \begin{pmatrix} 1 & 0 \\ 0 & 1 \end{pmatrix} \begin{pmatrix} 1 \\ 0 \end{pmatrix} = 1, \qquad (2.96)$$

was zur Folge hat, dass

$$\Delta_{|0\rangle}(\sigma_x) = 1, \qquad (2.97)$$

d. h. σ_x kann im Zustand $|0\rangle$ *nicht scharf* gemessen werden. Ebenso zeigt man $\Delta_{|1\rangle}(\sigma_x) = 1$. Daher gilt: σ_z und σ_x können nie beide im gleichen Zustand gemeinsam mit verschwindender Streuung, d. h. scharf, gemessen werden. Gleiches gilt für σ_z und σ_y sowie das Paar σ_x und σ_y.

Übung 2.11 Finde Eigenwerte und Eigenzustände von σ_x. Man schreibe die auf 1 normierten Eigenzustände $|\uparrow_x\rangle, |\downarrow_x\rangle$ als Linearkombination von $|0\rangle, |1\rangle$. Schließlich berechne man die Wahrscheinlichkeiten $|\langle \uparrow_x |0\rangle|^2, |\langle \downarrow_x |0\rangle|^2$, die Eigenwerte von σ_x im Zustand $|0\rangle = |\uparrow_z\rangle$ zu messen.
Zur Lösung siehe 2.11 im Kap. 13 Lösungen.   ◄

Mit dem in (2.19) gegebenen Skalarprodukt folgt allgemein für $\mathbb{H} \simeq \mathbb{C}^n$

$$|\psi\rangle = \begin{pmatrix} a_1 \\ \vdots \\ a_n \end{pmatrix} \qquad \Leftrightarrow \qquad \langle \psi | = (\overline{a_1}, \dots, \overline{a_n}) \qquad (2.98)$$

und somit für ein

$$|\varphi\rangle = \begin{pmatrix} b_1 \\ \vdots \\ b_n \end{pmatrix} \qquad (2.99)$$

und ein $\lambda \in \mathbb{C}$ dann

$$|\psi\rangle \lambda \langle \varphi | := \lambda |\psi\rangle \langle \varphi | = \begin{pmatrix} a_1 \\ \vdots \\ a_n \end{pmatrix} \lambda (\overline{b_1}, \dots, \overline{b_n}) = \begin{pmatrix} a_1 \lambda \overline{b_1} & \dots & a_1 \lambda \overline{b_n} \\ \vdots & & \vdots \\ a_n \lambda \overline{b_1} & \dots & a_n \lambda \overline{b_n} \end{pmatrix}.$$

$$(2.100)$$

Beispiel 2.2 Als einfache Illustration berechnen wir die **Diagonaldarstellung** (2.43) von σ_z durch seine Eigenvektoren und Eigenwerte:

$$\sigma_z = |0\rangle(+1)\langle 0| + |1\rangle(-1)\langle 1| = \begin{pmatrix} 1 \\ 0 \end{pmatrix}(1,0) - \begin{pmatrix} 0 \\ 1 \end{pmatrix}(0,1) \qquad (2.101)$$

$$= \begin{pmatrix} 1 & 0 \\ 0 & 0 \end{pmatrix} - \begin{pmatrix} 0 & 0 \\ 0 & 1 \end{pmatrix} = \begin{pmatrix} 1 & 0 \\ 0 & -1 \end{pmatrix}. \qquad (2.102)$$

Analog berechnet man für

$$|\psi\rangle = a_0|0\rangle + a_1|1\rangle \qquad (2.103)$$

mit $|a_0|^2 + |a_1|^2 = 1$ den Projektor

$$P_\psi = |\psi\rangle\langle\psi| = \begin{pmatrix} a_0 \\ a_1 \end{pmatrix}(\overline{a_0},\overline{a_1}) = \begin{pmatrix} |a_0|^2 & a_0\overline{a_1} \\ \overline{a_0}a_1 & |a_1|^2 \end{pmatrix}. \qquad (2.104)$$

Übung 2.12 Man verifiziere die Diagonaldarstellung von

$$\sigma_x = \sum_j |e_j\rangle\lambda_j\langle e_j|, \qquad (2.105)$$

d. h. mit den Ergebnissen von Übung 2.11 berechne man die rechte Seite dieser Gleichung.

Zur Lösung siehe 2.12 im Kap. 13 Lösungen.   ◄

Schließlich noch eine einfache Illustration des Projektionspostulats. Ein Elektron sei im Zustand $|0\rangle$ präpariert. An ihm werde dann eine Messung von σ_x vorgenommen. Aus Übung 2.11 wissen wir, dass dabei der Messwert $+1$ oder -1 je mit einer Wahrscheinlichkeit $\frac{1}{2}$ gefunden wird. Diejenigen Elektronen, bei denen $+1$ gemessen wurde, bilden dann eine Gesamtheit, deren Zustand nun durch den Eigenvektor $|\uparrow_x\rangle$ von σ_x zum Eigenwert $+1$ beschrieben wird. Durch die Selektion nach der Messung hat man so den Zustand $|\uparrow_x\rangle$ präpariert.

2.3.2 Gemischte Zustände

Allerdings sind die im vorigen Abschnitt behandelten reinen Zustände nicht die allgemeinste Form, in der quantenmechanische Systeme vorkommen können. Letztere können auch in sogenannten gemischten Zuständen auftreten. Die mathematische umfassende Beschreibung quantenmechanischer Systeme geschieht durch sogenannte Dichteoperatoren, die auch den speziellen Fall reiner Zustände einschließt.

Postulat 2.5 (Gemischte Zustände)
Im Allgemeinen wird ein quantenmechanisches System mathematisch darge-stellt durch einen Operator ρ auf einem Hilbert-Raum $\mathbb{H}$ mit den Eigenschaf-ten:

1. *ρ ist selbstadjungiert*

$$\rho^* = \rho.\tag{2.106}$$

2. *ρ ist positiv*

$$\rho \geq 0.\tag{2.107}$$

3. *ρ hat Spur 1*

$$\mathrm{Tr}(\rho) = 1.\tag{2.108}$$

*Man nennt ρ den **Dichteoperator**.*
Die Postulate 2.1–2.4 werden für gemischte Zustände folgendermaßen ver-allgemeinert.

- **Postulat 2.1 (Observable und Zustände)** *Der quantenmechanische **Er-wartungswert** der Observablen A im Zustand ρ ist gegeben durch*

$$\langle A \rangle_\rho := \mathrm{Tr}(\rho A).\tag{2.109}$$

- **Postulat 2.2 (Messwertwahrscheinlichkeit)** *Wenn das Quantensystem im Zustand ρ ist, λ ein Eigenwert von A und P_λ der Projektor auf den Eigenraum von λ, dann ist die Wahrscheinlichkeit $\mathbf{P}_\rho(\lambda)$ dafür, dass eine Messung von A den Wert λ ergibt, durch*

$$\mathbf{P}_\rho(\lambda) = \mathrm{Tr}(\rho P_\lambda)\tag{2.110}$$

gegeben.
- **Postulat 2.3 (Projektionspostulat)** *Falls an einem quantenmechani-schen System, das durch den Zustand ρ beschrieben wird, die Messung der Observablen A den Eigenwert λ ergeben hat und P_λ der Projektor auf den Eigenraum zu λ ist, bewirkt die Messung folgende Zustandsänderung:*

$$\rho = Zustand\ vor\ Messung \overset{Messung}{\longrightarrow} \frac{P_\lambda \rho P_\lambda}{\mathrm{Tr}(\rho P_\lambda)} = Zustand\ nach\ Messung.$$
$$\tag{2.111}$$

- **Postulat 2.4 (Zeitentwicklung)** *Für jede zeitliche Veränderung, die nicht durch eine Messung verursacht wurde, wird diese Veränderung*

$$\rho(t_0) = Zustand\ zur\ Zeit\ t_0 \longrightarrow \rho(t) = Zustand\ zur\ Zeit\ t\tag{2.112}$$

durch einen unitären, von t und t_0 abhängigen Operator $U(t, t_0)$ beschrieben:

$$\rho(t) = U(t, t_0)\rho(t_0)U(t, t_0)^* . \qquad (2.113)$$

Dabei ist der Zeitentwicklungsoperator $U(t, t_0)$ genau wie bei reinen Zuständen als Lösung des Anfangswertproblems (2.78)–(2.79) gegeben.

Die Streuung wird analog zu (2.66) durch

$$\Delta_\rho(A) := \sqrt{\left\langle \left(A - \langle A \rangle_\rho \mathbf{1} \right)^2 \right\rangle_\rho} \qquad (2.114)$$

berechnet.
Falls es einen normierten Vektor $|\psi\rangle \in \mathbb{H}$ gibt, sodass

$$\rho = |\psi\rangle\langle\psi| \qquad (2.115)$$

ist, befindet sich das System in einem reinen Zustand. Andernfalls befindet sich das System in einem (echt) **gemischten Zustand**.

Der übliche Sprachgebrauch ist hier nicht immer ganz exakt. Sobald ein Dichteoperator zur Zustandsbeschreibung angegeben wird, spricht man oft von einem gemischten Zustand oder einer Mischung, obwohl es sich vielleicht um einen reinen Zustand handelt. Die tatsächlich nichtreinen Zustände bezeichnet man dann als echte Mischung. Dass die in Postulat 2.5 gegebenen Verallgemeinerungen für den speziellen Fall eines reinen Zustandes $\rho = |\psi\rangle\langle\psi|$ mit den Postulaten 2.1–2.4 für reine Zustände übereinstimmen, sei als Übung 2.13 bewiesen.

Übung 2.13 Man verifiziere, dass die in Postulat 2.5 gegebenen Verallgemeinerungen für Erwartungswert, Messwertwahrscheinlichkeit, Projektion (Zustand nach einer Messung) und Zeitentwicklung im Fall $\rho = |\psi\rangle\langle\psi|$ mit den in den Postulaten 2.1–2.4, für den reinen Zustand $|\psi\rangle$ übereinstimmen.
Zur Lösung siehe 2.13 im Kap. 13 Lösungen.   ◄

Dass allgemeine Zustände durch positive, selbstadjungierte Operatoren mit Spur 1 beschrieben werden, hat seinen Grund in dem Satz von Gleason [41], auf den wir hier nur kurz eingehen wollen. Da bei einer Messung einer Observable an einem quantenmechanischen System immer ein Eigenwert des zughörigen Operators als Messergebnis festgestellt wird, können wir die zu Projektoren ($P^* = P = P^2$) gehörenden Observable als *ja-nein*-Messgrößen interpretieren, denn Projektoren haben nur die Eigenwerte 0 und 1. Eine mathematische Beschreibung solcher

Systeme sollte dann eine Abbildung

$$\mathbf{P} : \{\text{Projektoren auf } \mathbb{H}\} \longrightarrow [0, 1] \tag{2.116}$$
$$P \qquad\qquad \longmapsto \mathbf{P}(P)$$

liefern, in der wir $\mathbf{P}(P)$ als Wahrscheinlichkeit, den Wert 1 zu messen, interpretieren möchten und die daher noch die Eigenschaften

$$\mathbf{P}(0) = 0 \tag{2.117}$$
$$\mathbf{P}(1) = 1 \tag{2.118}$$
$$P_1 P_2 = 0 \Rightarrow \mathbf{P}(P_1 + P_2) = \mathbf{P}(P_1) + \mathbf{P}(P_2) \tag{2.119}$$

haben soll. Die Eigenschaften (2.116)–(2.119) sind etwa die Grundanforderungen an eine Wahrscheinlichkeitsfunktion $\mathbf{P}$ für quantenmechanische Systeme. Der folgende Satz von Gleason, den wir hier ohne Beweis angeben, sagt uns dann, dass die Menge der selbstadjungierten positiven Operatoren mit Spur 1 eine ausreichende Menge von Operatoren für die Beschreibung solcher Systeme liefert.

Satz 2.15 (Gleason)
Für $\mathbb{H}$ mit $3 \leq \dim \mathbb{H} < \infty$ gibt es für jede Abbildung $\mathbf{P}$ mit den Eigenschaften (2.116)–(2.119) immer einen positiven, selbstadjungierten Operator $\rho \geq 0$ mit $\mathrm{Tr}(\rho) = 1$, sodass $\mathbf{P}$ in der Form

$$\mathbf{P}(P) = \mathrm{Tr}(\rho P) \tag{2.120}$$

darstellbar ist.

Mit geeigneten Modifikationen gilt eine solche Aussage auch im Fall $\dim \mathbb{H} = \infty$, hat also für die Quantenmechanik allgemein Gültigkeit.

Für Dichteoperatoren gilt allgemein dann noch folgender Satz, den wir für uns nur im endlichdimensionalen Fall beweisen.

Satz 2.16
Ein Dichteoperator ρ auf $\mathbb{H}$ hat folgende Eigenschaften:

1. *Es gibt $p_j \in \mathbb{R}$ mit $j = 1, \ldots, \dim \mathbb{H}$*

$$p_j \geq 0 \tag{2.121}$$
$$\sum_j p_j = 1 \tag{2.122}$$

und eine ONB $\{|\psi_j\rangle\}$ in $\mathbb{H}$, sodass

$$\rho = \sum_j p_j |\psi_j\rangle\langle\psi_j| = \sum_j p_j P_{\psi_j} \qquad (2.123)$$

2.

$$0 \le \rho^2 \le \rho \qquad (2.124)$$

3.

$$||\rho|| \le 1 . \qquad (2.125)$$

Beweis Wir zeigen zunächst (2.123). Da ρ als Dichteoperator definitionsgemäß selbstadjungiert ist, sind die Eigenwerte von ρ reell, und es gibt eine ONB $\{|\psi_j\rangle\}$, in der ρ die Diagonaldarstellung (2.123) hat. Weiterhin folgt aus der definitionsgemäßen Positivität von ρ für jeden Vektor $|\psi_i\rangle$ der ONB

$$0 \le \langle\psi_i|\rho\psi_i\rangle = \sum_j p_j \langle\psi_i|\psi_j\rangle \underbrace{\langle\psi_j|\psi_i\rangle}_{=\delta_{ji}} = p_i, \qquad (2.126)$$

was (2.121) verifiziert. Schließlich ist per Definition auch $\mathrm{Tr}(\rho) = 1$ und somit

$$1 = \mathrm{Tr}(\rho) = \sum_i \langle\psi_i|\rho\psi_i\rangle = \sum_{i,j} p_j \langle\psi_i|\psi_j\rangle\langle\psi_j|\psi_i\rangle \qquad (2.127)$$

$$= \sum_{i,j} \delta_{ij} p_j = \sum_i p_i, \qquad (2.128)$$

was (2.122) impliziert.

Die Positivität von ρ^2 ergibt sich sofort daraus, dass für beliebige $|\psi\rangle \in \mathbb{H}$

$$\langle\psi|\rho^2\psi\rangle = \langle\rho^*\psi|\rho\psi\rangle = \langle\rho\psi|\rho\psi\rangle = ||\rho\psi|| \ge 0. \qquad (2.129)$$

Die p_j in (2.123) sind also dergestalt, dass $0 \le p_j \le 1 = \sum_j p_j$ und somit $p_j^2 \le p_j$. Nun ist

$$\rho^2 = \left(\sum_j p_j |\psi_j\rangle\langle\psi_j|\right)^2 = \sum_j p_j^2 |\psi_j\rangle\langle\psi_j| \qquad (2.130)$$

und daher für beliebige $|\psi\rangle \in \mathbb{H}$

$$\langle\psi|(\rho - \rho^2)\psi\rangle = \langle\psi| \sum_j \left(p_j - p_j^2\right)|\psi_j\rangle\langle\psi_j|\psi\rangle$$

$$= \sum_j \left(p_j - p_j^2\right)\langle\psi|\psi_j\rangle\langle\psi_j|\psi\rangle$$

$$= \sum_j \underbrace{\left(p_j - p_j^2\right)}_{\geq 0} \underbrace{\left|\langle \psi_j | \psi \rangle\right|^2}_{\geq 0} \tag{2.131}$$

$$\geq 0,$$

d. h. $\rho - \rho^2 \geq 0$. Damit ist (2.124) bewiesen. Daraus folgt nun wiederum

$$
\begin{aligned}
\|\rho\psi\|^2 &= \langle \rho\psi | \rho\psi \rangle \\
&= \langle \psi | \rho^2 \psi \rangle \\
&\leq \langle \psi | \rho\psi \rangle \\
&\underbrace{\leq}_{(2.27)} \|\psi\| \, \|\rho\psi\|,
\end{aligned}
\tag{2.132}
$$

was

$$\frac{\|\rho\psi\|}{\|\psi\|} \leq 1 \tag{2.133}$$

und somit wegen der Definition 2.9 der Operatornorm (2.125) impliziert.   □

Die Wahrscheinlichkeit, in einem durch $\rho = \sum_j p_j |\psi_j\rangle\langle\psi_j|$ beschriebenen, gemischten Zustand für eine Observable von $A = \sum_i |e_i\rangle\lambda_i\langle e_i|$ einen Eigenwert λ_i zum Eigenzustand $|e_i\rangle$ zu messen, ist gegeben durch

$$
\begin{aligned}
\langle P_{e_i} \rangle_\rho = \mathrm{Tr}(\rho |e_i\rangle\langle e_i|) &= \sum_{k,j} p_j \langle e_k | \psi_j \rangle \langle \psi_j | e_i \rangle \langle e_i | e_k \rangle \\
&= \sum_j p_j \left| \langle e_i | \psi_j \rangle \right|^2,
\end{aligned}
\tag{2.134}
$$

wobei P_{e_i} den Projektor auf den Zustand $|e_i\rangle$ bezeichnet.

Reine Zustände $|\psi\rangle$ lassen sich als spezielle Dichteoperatoren der Form

$$\rho_\psi := |\psi\rangle\langle\psi| = P_\psi \tag{2.135}$$

darstellen. Man hat dann für die Wahrscheinlichkeit einen Eigenwert λ_i von $A = \sum_i |e_i\rangle\lambda_i\langle e_i|$ zu messen

$$
\begin{aligned}
\langle P_{e_i} \rangle_{\rho_\psi} = \mathrm{Tr}(\rho_\psi P_{e_i}) &= \mathrm{Tr}(P_\psi P_{e_i}) \\
&= \mathrm{Tr}(|\psi\rangle\langle\psi|e_i\rangle\langle e_i|) = \sum_k \langle e_k | \psi \rangle \langle \psi | e_i \rangle \langle e_i | e_k \rangle \\
&= |\langle e_i | \psi \rangle|^2
\end{aligned}
\tag{2.136}
$$

und für den Erwartungswert

$$\begin{aligned}
\langle A \rangle_{\rho_\psi} &= \mathrm{Tr}(\rho_\psi A) = \mathrm{Tr}(|\psi\rangle\langle\psi|A) \\
&= \sum_{k,i} \langle e_k|\psi\rangle\langle\psi|e_i\rangle\lambda_i\langle e_i|e_k\rangle \\
&= \sum_i \lambda_i\, |\langle e_i|\psi\rangle|^2 ,
\end{aligned} \qquad (2.137)$$

genau wie in (2.58) im Abschn. 2.3.1 für reine Zustände angegeben.

Ob ein gegebener Dichteoperator ρ eine echte Mischung oder einen reinen Zustand darstellt, kann mithilfe folgender Aussage entschieden werden:

Proposition 2.17
Ein Dichteoperator ρ beschreibt genau dann einen reinen Zustand, wenn $\rho^2 = \rho$ ist, d. h. es gilt

$$\rho = |\psi\rangle\langle\psi| \qquad \Leftrightarrow \qquad \rho = \rho^2. \qquad (2.138)$$

Beweis Wir zeigen zunächst $\Rightarrow$: In (2.138) muss notwendigerweise $\|\psi\| = 1$ sein, weil definitionsgemäß $\mathrm{Tr}(\rho) = 1$ ist und somit

$$1 = \mathrm{Tr}(\rho) = \mathrm{Tr}(|\psi\rangle\langle\psi|) = \sum_k |\langle e_k|\psi\rangle|^2 = \|\psi\|^2 . \qquad (2.139)$$

Aus $\rho = |\psi\rangle\langle\psi|$ mit $\|\psi\| = 1$ folgt daher sofort

$$\rho^2 = |\psi\rangle\langle\psi|\psi\rangle\langle\psi| = |\psi\rangle\langle\psi| = \rho. \qquad (2.140)$$

Nun zu $\Leftarrow$: Aus (2.123) in Satz 2.16 wissen wir, dass es eine ONB $\{|\psi_j\rangle\}$ und reellwertige p_j gibt, sodass $\rho = \sum_j p_j|\psi_j\rangle\langle\psi_j|$. Wegen $\rho^2 = \rho$ ist für alle j somit

$$0 = \langle\psi_j|(\rho^2 - \rho)\psi_j\rangle = p_j^2 - p_j . \qquad (2.141)$$

Daher müssen die p_j entweder 0 oder 1 sein, und man hat

$$\rho = \sum_{j\,:\,p_j = 1} |\psi_j\rangle\langle\psi_j|. \qquad (2.142)$$

Wir berechnen $\mathrm{Tr}(\rho) = 1$ in der ONB $\{|\psi_j\rangle\}$:

$$1 = \mathrm{Tr}(\rho) = \sum_i \langle\psi_i| \sum_{j\,:\,p_j = 1} |\psi_j\rangle\langle\psi_j|\psi_i\rangle = \sum_{j\,:\,p_j = 1} 1. \qquad (2.143)$$

Somit ist $p_j = 1$ für genau ein $\check{j}$ und $p_i = 0$ für alle $i \neq \check{j}$ sowie mit $|\psi\rangle = |\psi_{\check{j}}\rangle$ dann $\rho = |\psi\rangle\langle\psi|$. □

Dichteoperatoren mit der Eigenschaft $\rho^2 < \rho$ beschreiben also *echte Mischungen*, d. h. die Statistik solcher Präparationen lässt sich nicht durch einen reinen Zustand beschreiben.

Die Dichteoperatoren enthalten alle messbaren Informationen über die Präparation. Angenommen, ρ sei durch normierte, linear unabhängige, aber nicht notwendigerweise paarweise orthogonale $|\psi_j\rangle$ in der Form

$$\rho = \sum_j p_j |\psi_j\rangle\langle\psi_j| \qquad (2.144)$$

mit p_j, die (2.121) und (2.122) genügen, gegeben. Andererseits wissen wir, dass $\rho^* = \rho$ und es daher eine Diagonaldarstellung

$$\rho = \sum_j |e_j\rangle q_j \langle e_j|. \qquad (2.145)$$

mithilfe der Eigenwerte q_j und Eigenvektoren $|e_j\rangle$ von ρ gibt. Im Allgemeinen sind die $|e_j\rangle$ von den $|\psi_j\rangle$ und die q_j von den p_j verschieden. Physikalisch beobachtbar ist nur ρ. Als Illustration dieser Feststellung dient die Übung 2.14.

Übung 2.14 In $\mathbb{H} \simeq \mathbb{C}^2$ sei $\rho = \sum_{j=1}^2 |\psi_j\rangle p_j \langle\psi_j|$ durch

$$p_1 = \frac{2}{5}, \quad p_2 = \frac{3}{5} \quad \text{und} \quad \psi_1 = |\uparrow_x\rangle, \quad \psi_2 = |0\rangle \qquad (2.146)$$

gegeben. Dann ist zwar $\|\psi_1\| = 1 = \|\psi_2\|$, aber $\langle\psi_1|\psi_2\rangle = \frac{1}{\sqrt{2}}$. Man verifiziere, dass $\mathrm{Tr}(\rho) = 1$, bestimme die Eigenwerte q_1, q_2 und die (orthonormierten) Eigenvektoren $|e_1\rangle, |e_2\rangle$ von ρ und verifiziere die alternative Diagonaldarstellung

$$\rho = \sum_{j=1}^2 |e_j\rangle q_j \langle e_j| \qquad (2.147)$$

sowie, dass $\rho^2 < \rho$ ist.

Zur Lösung siehe 2.14 im Kap. 13 Lösungen. ◄

Wird eine Mischung durch $\rho = \sum_j |\psi_j\rangle p_j \langle\psi_j|$ beschrieben, so sind die relativen Phasen der ψ_j physikalisch nicht beobachtbar, denn für $\alpha_j \in \mathbb{R}$ gilt

$$\sum_j |e^{i\alpha_j}\psi_j\rangle p_j \langle e^{i\alpha_j}\psi_j| = \sum_j e^{i\alpha_j} |\psi_j\rangle p_j e^{-i\alpha_j} \langle\psi_j|$$

$$= \sum_j |\psi_j\rangle p_j \langle\psi_j| \qquad (2.148)$$

$$= \rho,$$

sodass die Zustände $e^{i\alpha_j} |\psi_j\rangle$ die gleiche Mischung wie die $|\psi_j\rangle$ erzeugen. Interferenz findet nicht statt. Man spricht auch von **inkohärenter** Überlagerung (Superposition) im Gegensatz zu **kohärenten** Überlagerungen bei reinen Zuständen (wie etwa $|\psi\rangle + |\varphi\rangle$).

Übung 2.15 Man zeige, dass für $|\varphi\rangle, |\psi\rangle \in \mathbb{H} \simeq \mathbb{C}^2$ und $\alpha \in \mathbb{R}$ der Dichteoperator $\rho_{\varphi+\psi}$ im Allgemeinen vom Dichteoperator $\rho_{\varphi+e^{i\alpha}\psi}$ verschieden ist.
Zur Lösung siehe 2.15 im Kap. 13 Lösungen. ◄

Wechselwirkungen der Systeme mit der Umgebung können reine Zustände zu Mischungen machen. Man spricht dann von **Dekohärenz**. Eines der schwierigsten Probleme bei der praktischen Implementierung der Ideen der Quanteninformatik ist das Verhindern von Dekohärenz zumindest für hinreichend lange Zeiten.

Übung 2.16 Man berechne die Wahrscheinlichkeit, den Wert $+1$ bei einer Messung von σ_z

1. im Zustand $|\uparrow_x\rangle$
2. im Zustand $|\downarrow_x\rangle$
3. im Zustand $\frac{1}{\sqrt{2}} (|\uparrow_x\rangle + |\downarrow_x\rangle)$
4. im Zustand $\rho = \frac{1}{2} (|\uparrow_x\rangle\langle\uparrow_x| + |\downarrow_x\rangle\langle\downarrow_x|)$

zu finden.
Zur Lösung siehe 2.16 im Kap. 13 Lösungen. ◄

Es soll hier noch einmal betont werden, dass ein Zustand ρ oder $|\psi\rangle$ lediglich *statistische Vorhersagen* für eine durch ein Präparationsverfahren erzeugte Gesamtheit erlaubt. Im Allgemeinen sind sichere Vorhersagen über Einzelobjekte nicht möglich. Dennoch hat sich der Sprachgebrauch: „*ein Teilchen oder System ist in einem Zustand ρ (oder $|\psi\rangle$)*" durchgesetzt, was aber lediglich eine (manchmal falsch verstandene) Abkürzung ist, d. h.

ein Teilchen oder System ist in einem Zustand ρ (oder $|\psi\rangle$)

steht als Abkürzung für

das betrachtete Objekt wurde als Einzelobjekt einer Gesamtheit präpariert, deren statistische Vorhersagen durch ρ (oder $|\psi\rangle$) beschrieben werden.

In diesem Sinne werden wir dann auch im Weiteren Ausdrücke wie „Teilchen in einem Zustand" gebrauchen.

2.4 Qbits

Ein klassisches Bit ist die kleinstmöglichste Informationseinheit. Die mit dieser Einheit beschriebene Information besteht in der Auswahl aus binären Alternativen, üblicherweise mit 0 und 1 oder *Ja* und *Nein* oder auch *Wahr* und *Falsch*, bezeichnet. Physikalisch wird das klassische Bit realisiert, indem man die Alternativen auf zwei unterschiedliche Zustände eines physikalischen Systems abbildet, z. B. auf entgegengesetzte Magnetisierungen in einem wohldefinierten Bereich auf einer Festplatte.

Mithilfe der Quantenmechanik können wir aber die binären Alternativen des Bits durch die zwei Basisvektoren in einem *zweidimensionalen* quantenmechanischen Zustandsraum darstellen. Der quantenmechanische Zustand mikroskopischer Objekte wird aber in der Regel durch unendlichdimensionale Hilbert-Räume beschrieben. Physikalisch realisiert werden daher die zur Darstellung der binären Alternative benötigten zweidimensionalen Zustandsräume meist dadurch, dass man ausschließlich eine Observable – wie etwa σ_z im Falle eines Elektrons – an dem Objekt beobachtet, die lediglich zwei verschiedene, nichtentartete Eigenwerte hat (wie z. B. ± 1). Der von den zugehörigen Eigenvektoren $|0\rangle, |1\rangle$ aufgespannte Unterraum ist dann zweidimensional. Beispiele für physikalische Realisierungen solcher zweidimensionaler Systeme sind:

- *Elektronenspin*
  - mit den Vektoren

$$|0\rangle = |\uparrow_z\rangle, \qquad |1\rangle = |\downarrow_z\rangle \tag{2.149}$$

  als ONB, die aus Eigenzuständen von σ_z besteht.
  - Ebenso gut kann man auch

$$|+\rangle := |\uparrow_x\rangle = \frac{1}{\sqrt{2}}\left(|\uparrow_z\rangle + |\downarrow_z\rangle\right), \quad |-\rangle := |\downarrow_x\rangle = \frac{1}{\sqrt{2}}\left(|\uparrow_z\rangle - |\downarrow_z\rangle\right) \tag{2.150}$$

  als die ONB, die aus Eigenzuständen von σ_x besteht,
  - oder

$$|\uparrow_y\rangle = \frac{1}{\sqrt{2}}\left(|\uparrow_z\rangle + i|\downarrow_z\rangle\right), \qquad |\downarrow_y\rangle = \frac{1}{\sqrt{2}}\left(i|\uparrow_z\rangle + |\downarrow_z\rangle\right) \tag{2.151}$$

  als die ONB, die aus Eigenzuständen von σ_y besteht, benutzen.
- *Polarisiertes Licht* (Photonen) wird bei der durch den Photonenimpuls vorgegebenen Ausbreitungsrichtung durch einen zweidimensionalen komplexen Vektor (Polarisationsrichtung) beschrieben. Der Zustandsraum ist somit $\mathbb{H} \simeq \mathbb{C}^2$
  - mit den Vektoren

$$|0\rangle = |H\rangle = \text{horizontaler Polarisation} = \begin{pmatrix} 1 \\ 0 \end{pmatrix}, \tag{2.152}$$

$$|1\rangle = |V\rangle = \text{vertikaler Polarisation} = \begin{pmatrix} 0 \\ 1 \end{pmatrix} \tag{2.153}$$

als ONB, die aus Eigenzuständen der Projektoren $|H\rangle\langle H| = horizontaler$
Polarisator und $|V\rangle\langle V| = vertikaler$ *Polarisator* bestehen. Der Operator
$\sigma_z = |H\rangle\langle H| - |V\rangle\langle V|$ unterscheidet zwischen den beiden linearen Pola-
risationen durch seine Eigenwerte.

– Ebenso kann man

$$|+\rangle = \frac{1}{\sqrt{2}}\left(|H\rangle + |V\rangle\right), \qquad |-\rangle = \frac{1}{\sqrt{2}}\left(|H\rangle - |V\rangle\right) \tag{2.154}$$

als ONB wählen, die aus Eigenzuständen der um 45° gedrehten Polarisatoren,
$|+\rangle\langle +|$ und $|-\rangle\langle -|$ besteht

– oder

$$|R\rangle = \frac{1}{\sqrt{2}}\left(|H\rangle + i|V\rangle\right), \qquad |L\rangle = \frac{1}{\sqrt{2}}\left(i|H\rangle + |V\rangle\right) \tag{2.155}$$

als ONB, die aus Eigenzuständen der rechts- und linkszirkularen Polarisatoren, besteht.

Zwar macht die Quantenmechanik im Allgemeinen nur statistische Aussagen, sodass für beliebige Observable auch nur Angaben von Wahrscheinlichkeiten möglich
sind, mit denen das in einem Zustand präparierte Elektron bestimmte Werte annimmt. Wir können aber für die Darstellung der klassischen Bits 0 und 1 jeweils
einen Eigenzustand von σ_z präparieren, z. B. $|0\rangle$ für 0 und $|1\rangle$ für 1. Wenn wir
dann das Elektron von äußeren Einflüssen (Wechselwirkungen) abschirmen und
dann später σ_z messen, wissen wir, dass der zum präparierten Eigenzustand $|0\rangle$
oder $|1\rangle$ gehörende Eigenwert mit Sicherheit gemessen wird, d. h. das präparierte
Einzelelektron (System) speichert den Wert der binären Alternative 0 oder 1. Eine
Messung von σ_z entspricht dann dem Lesen der Information.

Damit das gespeicherte Bit erhalten bleibt, ist es wesentlich, dass das System
von Wechselwirkungen, die den Zustand verändern könnten, abgeschirmt bleibt.
Bei Speichern in klassischen Computern wie z. B. Festplatten ist dies relativ unpro-
blematisch und einfach zu erreichen, da die meisten äußeren Einflüsse, wie z. B.
Stoß, Licht, Wärme etc., den gespeicherten Zustand unverändert lassen. Es genügt
daher, dass man z. B. die Festplatte von starken Magnetfeldern fernhält. Bei quantenmechanischen Systemen ist es hingegen ungleich schwieriger, das Objekt von
Wechselwirkungen freizuhalten, die den Zustand des Teilchens ändern können. Diese Schwierigkeit ist eine der maßgeblichen Hindernisse bei der Realisierung von
Quantencomputern, an deren Überwindung derzeit vielfach gearbeitet wird.

Das klassische Bit lässt sich also durch eine ONB in einem zweidimensionalen Zustandsraum darstellen. Dabei ist die Wahl der ONB beliebig, wenn wir nur
eine geeignete Observable finden, die diese Alternativen im obigen Sinne trennt
und speichert. Physikalisch können hierzu auch andere zweidimensionale Quantensysteme als der Spinraum des Elektrons benutzt werden. Mathematisch ist der
zugehörige Hilbert-Raum $\mathbb{H}$ immer durch die Wahl einer ONB mit $\mathbb{C}^2$ identifizierbar.

Tab. 2.1 Zuordnung von bestimmten Qbits zu klassischen Bitwerten

Messwert von σ_z	Qbit	Zugeordneter klassischer Bitwert
$+1$	$\lvert 0\rangle = \lvert\uparrow_z\rangle$	0
-1	$\lvert 1\rangle = \lvert\downarrow_z\rangle$	1

Die Quantenmechanik lässt aber auch Zustände der Form $a\lvert 0\rangle + b\lvert 1\rangle$ mit $a, b \in \mathbb{C}$ und der Normierung $\lvert a\rvert^2 + \lvert b\rvert^2 = 1$ zu. Diese Linearkombinationen der Zustände $\lvert 0\rangle, \lvert 1\rangle$ haben kein Analogon in der Welt der klassischen Bits. Sie kommen dort nicht vor. Die durch die Erweiterung auf alle möglichen quantenmechanischen Zustände im zweidimensionalen Hilbert-Raum beschriebene Informationseinheit trägt den Namen **Qbit**.

Definition 2.18

Ein **Qbit** ist ein quantenmechanischer Zustand in einem zweidimensionalen Hilbert-Raum $\mathbb{H}$. Die im Qbit enthaltene Information wird nach den Regeln der Quantenmechanik gelesen und bearbeitet. Der Hilbert-Raum $\mathbb{H}$ wird auch **Qbitraum** genannt.

Für die Qbits gibt es eine Observable, die durch einen selbstadjungierten Operator σ_z repräsentiert wird, der die normierten Eigenvektoren $\lvert 0\rangle$ zum Eigenwert $+1$ und $\lvert 1\rangle$ zum Eigenwert -1 hat.

Als Folgerung des Projektionspostulats ergibt sich daher folgende Aussage.

Korollar 2.19

Eine Messung von σ_z an einem Qbit ergibt immer entweder $+1$ oder -1 als Messwert und projiziert das Qbit in den dem beobachteten Wert entsprechenden Eigenvektor $\lvert 0\rangle$ oder $\lvert 1\rangle$.

Die orthonormierten Eigenvektoren $\lvert 0\rangle, \lvert 1\rangle$ bilden eine Standardbasis in $\mathbb{H}$, mit deren Hilfe der Qbitraum mit $\mathbb{C}^2$ und klassischen Bitwerten 0 und 1 identifiziert werden kann.

Die klassischen Bitwerte 0 und 1 sollen von nun an immer durch die Eigenzustände von σ_z wie in Tab. 2.1 repräsentiert werden. Diese Zuordnung ist folgendermaßen zu verstehen: Wenn wir bei einer Messung von σ_z im Qbit-Zustand den Wert $+1$ beobachten, soll dies dem klassischen Bitwert 0 entsprechen. Aufgrund des Projektionspostulats 2.3 wissen wir auch, dass dann das Qbit im Zustand $\lvert 0\rangle$ ist. Falls wir umgekehrt den klassischen Bitwert 0 in einem Qbit darstellen wollen, präparieren wir den Zustand $\lvert 0\rangle$. Entsprechendes gilt für den Eigenwert -1, den Eigenvektor $\lvert 1\rangle$ und den klassischen Bitwert 1.

Die Zuordnung zu klassischen Bitwerten ist nur für die speziellen Qbits $|0\rangle$ und $|1\rangle$ möglich. Im Allgemeinen ist ein Qbit von der Form

$$|\psi\rangle = a|0\rangle + b|1\rangle \tag{2.156}$$

mit $a, b \in \mathbb{C}$ und $|a|^2 + |b|^2 = 1$. Im Falle $ab \neq 0$ handelt es sich dabei um eine echte Superposition von $|0\rangle$, und $|1\rangle$ und es gibt *kein klassisches Bit*, dass diesem Zustand entspräche. Wie wir später bei der Darstellung des Shor-Algorithmus in Abschn. 6.4 und des Grover-Algorithmus in Abschn. 6.5 sehen werden, sind es aber gerade diese nichtklassischen Zustände, die den Effizienzgewinn gegenüber den klassischen Algorithmen ausmachen.

Wie lässt sich nun ein reines Qbit von der Form (2.156) geeignet parametrisieren? Wegen $|a|^2 + |b|^2 = 1$ kann man $\alpha, \beta, \theta \in \mathbb{R}$ finden, für die $a = e^{i\alpha} \cos \frac{\theta}{2}$ und $b = e^{i\beta} \sin \frac{\theta}{2}$. Daher hat ein Qbit im Allgemeinen die Form

$$|\psi\rangle = e^{i\alpha} \cos \frac{\theta}{2}|0\rangle + e^{i\beta} \sin \frac{\theta}{2}|1\rangle. \tag{2.157}$$

Physikalisch äquivalent zu $|\psi\rangle$ – und daher das gleiche Qbit repräsentierend – ist aber auch

$$\exp\left(-i\frac{\alpha + \beta}{2}\right)|\psi\rangle = \exp\left(i\frac{\alpha - \beta}{2}\right) \cos \frac{\theta}{2}|0\rangle + \exp\left(i\frac{\beta - \alpha}{2}\right) \sin \frac{\theta}{2}|1\rangle, \tag{2.158}$$

was mit $\phi := \beta - \alpha$ zu

$$|\psi(\theta, \phi)\rangle := \exp\left(-i\frac{\phi}{2}\right) \cos \frac{\theta}{2}|0\rangle + \exp\left(i\frac{\phi}{2}\right) \sin \frac{\theta}{2}|1\rangle = \begin{pmatrix} \exp\left(-i\frac{\phi}{2}\right) \cos \frac{\theta}{2} \\ \exp\left(i\frac{\phi}{2}\right) \sin \frac{\theta}{2} \end{pmatrix} \tag{2.159}$$

wird. Eine Observable, die diesen Zustand als Eigenzustand hat, konstruiert man auf folgende Weise: Für $\mathbf{a} = \begin{pmatrix} a_1 \\ a_2 \\ a_3 \end{pmatrix} \in \mathbb{R}^3$ definiert man die 2×2 *Matrix*

$$\mathbf{a} \cdot \boldsymbol{\sigma} := \sum_{j=1}^{3} a_j \sigma_j = \begin{pmatrix} a_3 & a_1 - ia_2 \\ a_1 + ia_2 & -a_3 \end{pmatrix}. \tag{2.160}$$

Übung 2.17 Man zeige, dass für $\mathbf{a}, \mathbf{b} \in \mathbb{R}^3$

$$(\mathbf{a} \cdot \boldsymbol{\sigma})(\mathbf{b} \cdot \boldsymbol{\sigma}) = (\mathbf{a} \cdot \mathbf{b})\mathbf{1} + i(\mathbf{a} \times \mathbf{b}) \cdot \boldsymbol{\sigma}, \tag{2.161}$$

wobei $\mathbf{a} \cdot \mathbf{b} = \sum_{j=1}^{3} a_j b_j \in \mathbb{R}$ das übliche Skalarprodukt und $\mathbf{a} \times \mathbf{b}$ das übliche Vektorprodukt ist.

Zur Lösung siehe 2.17 im Kap. 13 Lösungen.   ◀

Mit dem Einheitsvektor

$$\hat{\mathbf{n}} = \hat{\mathbf{n}}(\theta, \phi) := \begin{pmatrix} \sin\theta\cos\phi \\ \sin\theta\sin\phi \\ \cos\theta \end{pmatrix} \in \mathbb{R}^3 \tag{2.162}$$

wird dann

$$\hat{\mathbf{n}} \cdot \boldsymbol{\sigma} = \begin{pmatrix} \cos\theta & e^{-i\phi}\sin\theta \\ e^{i\phi}\sin\theta & -\cos\theta \end{pmatrix}. \tag{2.163}$$

Dies ist der Operator für die Observable *Spin in Richtung* $\hat{\mathbf{n}}$, und man hat

$$\hat{\mathbf{n}}(\theta, \phi) \cdot \boldsymbol{\sigma} \, |\psi(\theta, \phi)\rangle = \begin{pmatrix} \cos\theta & e^{-i\phi}\sin\theta \\ e^{i\phi}\sin\theta & -\cos\theta \end{pmatrix} \begin{pmatrix} \exp\left(-i\frac{\phi}{2}\right)\cos\frac{\theta}{2} \\ \exp\left(i\frac{\phi}{2}\right)\sin\frac{\theta}{2} \end{pmatrix}$$

$$= \begin{pmatrix} \exp\left(-i\frac{\phi}{2}\right)\left(\cos\theta\cos\frac{\theta}{2} + \sin\theta\sin\frac{\theta}{2}\right) \\ \exp\left(i\frac{\phi}{2}\right)\left(\sin\theta\cos\frac{\theta}{2} - \cos\theta\sin\frac{\theta}{2}\right) \end{pmatrix}$$

$$= \begin{pmatrix} \exp\left(-i\frac{\phi}{2}\right)\cos\frac{\theta}{2} \\ \exp\left(i\frac{\phi}{2}\right)\sin\frac{\theta}{2} \end{pmatrix} \tag{2.164}$$

$$= |\psi(\theta, \phi)\rangle.$$

Der Zustand $|\psi(\theta, \phi)\rangle$ ist also der Spin-up-Zustand $|\uparrow_{\hat{\mathbf{n}}}\rangle$ für Spin in Richtung $\hat{\mathbf{n}}$:

$$|\uparrow_{\hat{\mathbf{n}}}\rangle := \begin{pmatrix} \exp\left(-i\frac{\phi}{2}\right)\cos\frac{\theta}{2} \\ \exp\left(i\frac{\phi}{2}\right)\sin\frac{\theta}{2} \end{pmatrix}. \tag{2.165}$$

Analog findet man für

$$|\downarrow_{\hat{\mathbf{n}}}\rangle := \begin{pmatrix} -\exp\left(-i\frac{\phi}{2}\right)\sin\frac{\theta}{2} \\ \exp\left(i\frac{\phi}{2}\right)\cos\frac{\theta}{2} \end{pmatrix} \tag{2.166}$$

dann

$$\hat{\mathbf{n}} \cdot \boldsymbol{\sigma} |\downarrow_{\hat{\mathbf{n}}}\rangle = -|\downarrow_{\hat{\mathbf{n}}}\rangle. \tag{2.167}$$

Insbesondere ist nach (2.163) und (2.159) etwa

$$\hat{\mathbf{n}}(0,0) \cdot \boldsymbol{\sigma} = \sigma_z \quad \text{und} \quad |\uparrow_{\hat{\mathbf{n}}(0,0)}\rangle = |\uparrow_z\rangle \tag{2.168}$$

oder

$$\hat{\mathbf{n}}\left(\frac{\pi}{2},0\right)\cdot\boldsymbol{\sigma}=\sigma_x \quad \text{und} \quad |\!\uparrow_{\hat{\mathbf{n}}(\frac{\pi}{2},0)}\rangle = |\!\uparrow_x\rangle. \tag{2.169}$$

Der durch θ,ϕ parametrisierte Zustand $|\psi(\theta,\phi)\rangle = |\!\uparrow_{\hat{\mathbf{n}}}\rangle$ stellt also ein *beliebiges reines Qbit* dar, und der Operator $\hat{\mathbf{n}}\cdot\boldsymbol{\sigma}$ entspricht der Observable, die dieses Qbit als Eigenzustand mit Eigenwert $+1$ hat.

Wie lassen sich nun *Mischungen von Qbits* geeignet parametrisieren? Dazu betrachten wir zunächst die komplexe 2×2 Matrix eines Dichteoperators

$$\rho = \begin{pmatrix} a & b \\ c & d \end{pmatrix}. \tag{2.170}$$

Da $\rho^* = \rho$ sein muss, folgt $a,d \in \mathbb{R}$ und $b = \bar{c}$. Aus $\mathrm{Tr}(\rho) = 1$ ergibt sich $a + d = 1$, und wir können daher a und d durch eine reelle Zahl x_3 in der Form $a = \frac{1+x_3}{2}$ und $d = \frac{1-x_3}{2}$ darstellen. Mit der Notation $\frac{x_1}{2} = \mathrm{Re}(c)$ und $\frac{x_2}{2} = \mathrm{Im}(c)$ ergibt sich somit für einen beliebigen Dichteoperator unter Benutzung von (2.160) die Darstellung

$$\rho = \frac{1}{2}\begin{pmatrix} 1+x_3 & x_1 - ix_2 \\ x_1 + ix_2 & 1 - x_3 \end{pmatrix} = \frac{1}{2}\Big(\mathbf{1} + \mathbf{x}\cdot\boldsymbol{\sigma}\Big). \tag{2.171}$$

So weit haben wir nur die Eigenschaften $\rho^* = \rho$ und $\mathrm{Tr}(\rho) = 1$ eines Dichteoperators benutzt. Ein Dichteoperator muss aber auch noch positiv sein, d. h. $\rho > 0$ erfüllen. Letzteres ist, wie man aus (2.126) weiß, äquivalent zu der Forderung, dass alle Eigenwerte von ρ nicht negativ sind. Die Eigenwerte q_1, q_2 von ρ berechnen sich aus (2.171) als

$$q_{1,2} = \frac{1 \pm \sqrt{|\mathbf{x}|^2}}{2} = \frac{1 \pm |\mathbf{x}|}{2}, \tag{2.172}$$

sodass die Forderung $\rho \geq 0$ durch $|\mathbf{x}| \leq 1$ erfüllt wird. Damit haben wir gezeigt: Die Dichteoperatoren für Mischungen von Qbits lassen sich durch Vektoren $\mathbf{x}$ in der *Einheitskugel* des $\mathbb{R}^3$ parametrisieren. Diese Parametrisierung nennt man auch die **Bloch-Darstellung**. Insbesondere sieht man, dass die gemischten Zustände eine *konvexe Menge*[3] bilden. Die *Randpunkte* $|\mathbf{x}| = 1$ entsprechen genau den *reinen* Zuständen, denn, falls ρ einen reinen Zustand beschreibt, muss ja $\rho^2 = \rho$ gelten, und mithilfe von (2.161) berechnet man

$$\rho^2 = \frac{1}{4}\Big(\mathbf{1} + \mathbf{x}\cdot\boldsymbol{\sigma}\Big)^2 = \frac{1}{4}\Big(\mathbf{1}(1 + |\mathbf{x}|^2) + 2\mathbf{x}\cdot\boldsymbol{\sigma}\Big), \tag{2.173}$$

sodass $\rho^2 = \rho$ genau dann, wenn $|\mathbf{x}| = 1$ ist.

---

[3] Eine Untermenge K eines linearen Raumes heißt konvex, wenn zu je zwei Elementen $x, y \in K$ auch die Verbindungslinie in K liegt, d. h. wenn $x, y \in K \Rightarrow \{\lambda x + (1-\lambda)y | \lambda \in [0,1]\} \subset K$.

Die Tatsache, dass die Dichteoperatoren eine konvexe Menge bilden, gilt nicht nur für Qbits (d. h. zweidimensionale Systeme), sondern ist eine allgemeine Eigenschaft von Dichteoperatoren [42]. Eine spezielle Eigenschaft zweidimensionaler Systeme ist, dass (wie oben gezeigt) *alle* Randpunkte dieser Menge reinen Zuständen entsprechen. Falls ein System durch einen Hilbert-Raum beschrieben wird, dessen Dimension größer als zwei ist, sind nur bestimmte Randpunkte auch reine Zustände.

2.5 Operatoren auf Qbits

Qbits sind per Definition 2.18 quantenmechanische Zustände, die durch Vektoren in dem zweidimensionalen Hilbert-Raum $\mathbb{H}$ beschrieben werden. Mit Ausnahme von Messungen ist die zeitliche Entwicklung quantenmechanischer Systeme durch unitäre Transformationen gegeben. Abgesehen vom Messprozess sollen daher alle Transformationen, die wir auf Qbits anwenden, unitär sein. Dies gilt gerade auch für die Wirkung der Qbit-Schaltkreiselemente (sogenannte Quantengatter), auf die wir in Abschn. 5.2 ausführlich eingehen. Im Nachfolgenden stellen wir daher einige Ergebnisse zur Darstellung allgemeiner unitärer Operatoren auf $\mathbb{H}$ zusammen, die insbesondere für die Diskussion und Ergebnisse im Zusammenhang mit Quantengattern hilfreich sind. Wir beginnen mit einem allgemeinen Resultat in Übung 2.18.

Übung 2.18 Sei A ein Operator auf einem Vektorraum, für den gelte $A^2 = 1$. Man zeige, dass dann für $\alpha \in \mathbb{R}$

$$\exp(i\alpha A) = \cos\alpha\,\mathbf{1} + i\sin\alpha A\,. \tag{2.174}$$

Zur Lösung siehe 2.18 im Kap. 13 Lösungen.   ◄

Die folgende Definition 2.20 motiviert sich aus der Darstellungstheorie der Gruppe $SO(3)$ der norm- und orientierungserhaltenden Transformationen auf $\mathbb{R}^3$.

Definition 2.20
Sei $\hat{\mathbf{n}} \in B^1_{\mathbb{R}^3}$ ein Einheitsvektor in $\mathbb{R}^3$ und $\alpha \in \mathbb{R}$. Man definiert die Wirkung einer Drehung um den Vektor $\hat{\mathbf{n}}$ um den Winkel α auf den Qbitraum $\mathbb{H}$ (auch **Spindrehung** genannt) als den Operator

$$D_{\hat{\mathbf{n}}}(\alpha) := \exp\left(-i\frac{\alpha}{2}\hat{\mathbf{n}}\cdot\boldsymbol{\sigma}\right)\,. \tag{2.175}$$

Die Spindrehung $D_{\hat{\mathbf{n}}}(\alpha)$ ist ein Operator auf $\mathbb{H}$. Sie repräsentiert im Qbitraum die Wirkung einer physikalischen Drehung, in $\mathbb{R}^3$ um $\hat{\mathbf{n}}$ mit dem Winkel α. Man spricht daher von einer Darstellung von $SO(3)$.

Lemma 2.21
Sei $\hat{\mathbf{n}} \in B^1_{\mathbb{R}^3}$ *und* $\alpha \in \mathbb{R}$. *Dann ist*

$$D_{\hat{\mathbf{n}}}(\alpha) = \cos\frac{\alpha}{2}\mathbf{1} - \mathrm{i}\sin\frac{\alpha}{2}\hat{\mathbf{n}} \cdot \boldsymbol{\sigma} \qquad (2.176)$$

$$D_{\hat{\mathbf{n}}}(\alpha)^* = D_{\hat{\mathbf{n}}}(-\alpha) = \cos\frac{\alpha}{2}\mathbf{1} + \mathrm{i}\sin\frac{\alpha}{2}\hat{\mathbf{n}} \cdot \boldsymbol{\sigma} \qquad (2.177)$$

$$D_{\hat{\mathbf{n}}}(\alpha)D_{\hat{\mathbf{n}}}(\alpha)^* = \mathbf{1}, \qquad (2.178)$$

d. h. $D_{\hat{\mathbf{n}}}(\alpha)$ *ist unitärer Operator auf* $\mathbb{H}$.

Beweis Aus (2.161) folgt wegen $\hat{\mathbf{n}} \cdot \hat{\mathbf{n}} = 1$, dass $(\hat{\mathbf{n}} \cdot \boldsymbol{\sigma})^2 = \mathbf{1}$. Damit ergibt sich (2.176) sofort aus dem Ergebnis (2.174) in Übung 2.18.

Aus $(-\mathrm{i}\hat{\mathbf{n}} \cdot \boldsymbol{\sigma})^* = \mathrm{i}\hat{\mathbf{n}} \cdot \boldsymbol{\sigma}$ und (2.176) folgt dann (2.177). Schließlich hat man

$$D_{\hat{\mathbf{n}}}(\alpha)D_{\hat{\mathbf{n}}}(\alpha)^* = \left(\cos\frac{\alpha}{2}\mathbf{1} - \mathrm{i}\sin\frac{\alpha}{2}\hat{\mathbf{n}} \cdot \boldsymbol{\sigma}\right)\left(\cos\frac{\alpha}{2}\mathbf{1} + \mathrm{i}\sin\frac{\alpha}{2}\hat{\mathbf{n}} \cdot \boldsymbol{\sigma}\right)$$

$$= \left(\cos\frac{\alpha}{2}\mathbf{1}\right)^2 - \left(\mathrm{i}\sin\frac{\alpha}{2}\hat{\mathbf{n}} \cdot \boldsymbol{\sigma}\right)^2 = \left(\cos^2\frac{\alpha}{2} + \sin^2\frac{\alpha}{2}\right)\mathbf{1}$$

$$= \mathbf{1}. \qquad (2.179)$$

$\square$

Das Ergebnis, dass $D_{\hat{\mathbf{n}}}(\alpha)D_{\hat{\mathbf{n}}}(-\alpha) = \mathbf{1}$, hat, wie man in Übung 2.19 sieht, eine Verallgemeinerung.

Übung 2.19 Man zeige, dass für $\hat{\mathbf{n}} \in B^1_{\mathbb{R}^3}, \alpha, \beta \in \mathbb{R}$

$$D_{\hat{\mathbf{n}}}(\alpha)D_{\hat{\mathbf{n}}}(\beta) = D_{\hat{\mathbf{n}}}(\alpha + \beta). \qquad (2.180)$$

Zur Lösung siehe 2.19 im Kap. 13 Lösungen. ◄

Bevor wir nun als Übung zeigen, dass sich jeder unitäre Operator auf $\mathbb{H}$ durch Multiplikation geeignet gewählter Drehungen $D_{\hat{\mathbf{n}}}(\alpha)$ und einer Phasenmultiplikation erzeugen lässt, ist es hilfreich, als Zwischenschritt vorher nachfolgendes Lemma 2.22 zu beweisen.

Lemma 2.22
Sei U *unitärer Operator auf* $\mathbb{H}$. *Dann gibt es* $\alpha, \beta, \delta, \gamma \in \mathbb{R}$, *sodass* U *in der Standardbasis* $\{|0\rangle, |1\rangle\}$ *die Matrixdarstellung*

$$U = \mathrm{e}^{\mathrm{i}\alpha}\begin{pmatrix} \exp\left(-\mathrm{i}\frac{\beta+\delta}{2}\right)\cos\frac{\gamma}{2} & -\exp\left(\mathrm{i}\frac{\delta-\beta}{2}\right)\sin\frac{\gamma}{2} \\ \exp\left(\mathrm{i}\frac{\beta-\delta}{2}\right)\sin\frac{\gamma}{2} & \exp\left(\mathrm{i}\frac{\beta+\delta}{2}\right)\cos\frac{\gamma}{2} \end{pmatrix} \qquad (2.181)$$

hat.

Beweis Sei die Matrixdarstellung von U in der Standardbasis $\{|0\rangle, |1\rangle\}$ durch

$$U = \begin{pmatrix} a & b \\ c & d \end{pmatrix} \tag{2.182}$$

mit $a, b, c, d \in \mathbb{C}$ gegeben. Dann ist wegen

$$U^* = \begin{pmatrix} \bar{a} & \bar{c} \\ \bar{b} & \bar{d} \end{pmatrix} \tag{2.183}$$

und $UU^* = \mathbf{1}$:

$$|a|^2 + |b|^2 = 1 = |c|^2 + |d|^2 \tag{2.184}$$

$$a\bar{c} + b\bar{d} = 0. \tag{2.185}$$

Falls $c = 0$ ist, muss $|d| = 1$ sein, was $b = 0$ zur Folge hat und daher auch $|a| = 1$. In diesem Fall ist U von der Form

$$U = \begin{pmatrix} e^{i\xi} & 0 \\ 0 & e^{i\eta} \end{pmatrix} \tag{2.186}$$

und kann daher mit $\alpha = \frac{\xi + \eta}{2}, \beta = \eta - \xi, \delta = \gamma = 0$ in der Form (2.181) dargestellt werden. Analog folgt für den Fall, dass $a = 0$, dass U von der Form

$$U = \begin{pmatrix} 0 & e^{i\omega} \\ e^{i\tau} & 0 \end{pmatrix} \tag{2.187}$$

ist und mit $\alpha = \frac{\omega + \tau + \pi}{2}, \delta = \omega + \pi - \tau, \beta = 0, \gamma = \pi$ in der Form (2.181) dargestellt werden kann.

Sei nun $a\bar{c} \neq 0$. Dann ist

$$a = -b\frac{\bar{d}}{\bar{c}}$$

$$\Rightarrow \quad |a|^2 = |b|^2 \frac{|d|^2}{|c|^2}$$

$$\Rightarrow \quad 1 = |a|^2 + |b|^2 = |b|^2 \left(1 + \frac{|d|^2}{|c|^2} \right)$$

$$= |b|^2 \frac{|c|^2 + |d|^2}{|c|^2} \underbrace{=}_{(2.184)} \frac{|b|^2}{|c|^2}$$

$$\Rightarrow \quad |b| = |c|, \tag{2.188}$$

$$\Rightarrow \quad |a| = |d|.$$

Daher gibt es $\xi, \eta, \gamma \in \mathbb{R}$, sodass

$$a = e^{i\xi} \cos \frac{\gamma}{2}, \qquad d = e^{i\eta} \cos \frac{\gamma}{2}, \tag{2.189}$$

woraus wiederum

$$|c|^2 \underbrace{=}_{(2.188)} |b|^2 \underbrace{=}_{(2.184)} 1 - |a|^2 = \sin^2 \frac{\gamma}{2} \tag{2.190}$$

folgt. Daher gibt es $\omega, \tau \in \mathbb{R}$, sodass

$$b = -e^{i\omega} \sin \frac{\gamma}{2}, \qquad d = e^{i\tau} \sin \frac{\gamma}{2}. \tag{2.191}$$

Wegen $a\bar{c} = -b\bar{d} \neq 0$ ist dann

$$e^{i(\xi-\tau)} \sin \frac{\gamma}{2} \cos \frac{\gamma}{2} = e^{i(\omega-\eta)} \sin \frac{\gamma}{2} \cos \frac{\gamma}{2} \tag{2.192}$$

und daher $\xi - \tau = \omega - \eta + 2k\pi$. Wir wählen $\eta = \omega + \tau - \xi$, sodass

$$U = \begin{pmatrix} e^{i\xi} \cos \frac{\gamma}{2} & -e^{i\omega} \sin \frac{\gamma}{2} \\ e^{i\tau} \sin \frac{\gamma}{2} & e^{i(\omega+\tau-\xi)} \cos \frac{\gamma}{2} \end{pmatrix}. \tag{2.193}$$

Mit der Änderung der Winkelvariablen

$$\alpha := \frac{\omega + \tau}{2}, \qquad \beta := \tau - \xi, \qquad \delta := \omega - \xi \tag{2.194}$$

wird in (2.193)

$$\begin{aligned} \xi &= \alpha - \frac{\beta + \delta}{2}, & \omega &= \alpha + \frac{\delta - \beta}{2}, \\ \tau &= \alpha + \frac{\beta - \delta}{2}, & \omega + \tau - \xi &= \alpha + \frac{\beta + \delta}{2}, \end{aligned} \tag{2.195}$$

d. h. U hat die in (2.181) angegebene Form. $\qquad \square$

Übung 2.20 Sei U ein unitärer Operator auf $\mathbb{H}$. Man zeige, dass es dann $\alpha, \beta, \delta, \gamma \in \mathbb{R}$ gibt, sodass

$$U = e^{i\alpha} D_{\hat{z}}(\beta) D_{\hat{y}}(\gamma) D_{\hat{z}}(\delta). \tag{2.196}$$

Zur Lösung siehe 2.20 im Kap. 13 Lösungen. $\qquad \blacktriangleleft$

Beispiel 2.3 Man hat etwa

$$\exp\left(\mathrm{i}\frac{\alpha}{2}\right) D_{\hat{z}}(\alpha) D_{\hat{y}}(0) D_{\hat{z}}(0) = \exp\left(\mathrm{i}\frac{\alpha}{2}\right)\left(\cos\frac{\alpha}{2}\mathbf{1} - \mathrm{i}\sin\frac{\alpha}{2}\hat{\mathbf{z}}\cdot\boldsymbol{\sigma}\right)$$

$$= \exp\left(\mathrm{i}\frac{\alpha}{2}\right)\left(\cos\frac{\alpha}{2}\mathbf{1} - \mathrm{i}\sin\frac{\alpha}{2}\sigma_z\right) \qquad (2.197)$$

$$= \exp\left(\mathrm{i}\frac{\alpha}{2}\right)\begin{pmatrix} \cos\frac{\alpha}{2} - \mathrm{i}\sin\frac{\alpha}{2} & 0 \\ 0 & \cos\frac{\alpha}{2} + \mathrm{i}\sin\frac{\alpha}{2} \end{pmatrix}$$

$$= \begin{pmatrix} 1 & 0 \\ 0 & \mathrm{e}^{\mathrm{i}\alpha} \end{pmatrix}$$

oder

$$\exp\left(\mathrm{i}\frac{\pi}{2}\right) D_{\hat{z}}(\beta) D_{\hat{y}}(\pi) D_{\hat{z}}(\beta + \pi)$$

$$= \exp\left(\mathrm{i}\frac{\pi}{2}\right)\begin{pmatrix} \exp\left(-\mathrm{i}(\beta + \frac{\pi}{2})\right)\cos\frac{\pi}{2} & -\exp\left(\mathrm{i}\frac{\pi}{2}\right)\sin\frac{\pi}{2} \\ \exp\left(-\mathrm{i}\frac{\pi}{2}\right)\sin\frac{\pi}{2} & \exp\left(\mathrm{i}(\beta + \frac{\pi}{2})\right)\cos\frac{\pi}{2} \end{pmatrix}$$

$$= \begin{pmatrix} 0 & 1 \\ 1 & 0 \end{pmatrix} \qquad (2.198)$$

$$= \sigma_x$$

oder auch

$$\exp\left(\mathrm{i}\frac{3\pi}{2}\right) D_{\hat{z}}(0) D_{\hat{y}}\left(\frac{\pi}{2}\right) D_{\hat{z}}(-\pi)$$

$$= -\mathrm{i}\left(\cos\frac{\pi}{4}\mathbf{1} - \mathrm{i}\sin\frac{\pi}{4}\sigma_y\right)\left(\cos\frac{-\pi}{2}\mathbf{1} - \mathrm{i}\sin\frac{-\pi}{2}\sigma_z\right)$$

$$= -\mathrm{i}\left(\frac{1}{\sqrt{2}}\mathbf{1} - \frac{\mathrm{i}}{\sqrt{2}}\sigma_y\right)\mathrm{i}\sigma_z = \frac{1}{\sqrt{2}}\left(\sigma_z - \mathrm{i}\underbrace{\sigma_y\sigma_z}_{=\mathrm{i}\sigma_x}\right)$$

$$= \frac{\sigma_z + \sigma_x}{\sqrt{2}}. \qquad (2.199)$$

Übung 2.21 Man zeige

$$\sigma_x D_{\hat{y}}(\eta)\sigma_x = D_{\hat{y}}(-\eta) \qquad (2.200)$$

$$\sigma_x D_{\hat{z}}(\eta)\sigma_x = D_{\hat{z}}(-\eta). \qquad (2.201)$$

Zur Lösung siehe 2.21 im Kap. 13 Lösungen.   ◄

Die Aussage in folgendem Lemma 2.23 spielt eine wichtige Rolle im Zusammenhang mit Quantengattern, die wir in Abschn. 5.2 ausführlicher behandeln werden.

> **Lemma 2.23**
> *Für jeden unitären Operator U auf $\mathbb{H}$ gibt es Operatoren A, B, C auf $\mathbb{H}$ und $\alpha \in \mathbb{R}$, sodass*
>
> $$ABC = 1 \tag{2.202}$$
> $$U = e^{i\alpha} A\sigma_x B\sigma_x C . \tag{2.203}$$

Beweis Aus Übung 2.20 wissen wir, dass es $\alpha, \beta, \gamma, \delta \in \mathbb{R}$ gibt, sodass

$$U = e^{i\alpha} D_{\hat{z}}(\beta) D_{\hat{y}}(\gamma) D_{\hat{z}}(\delta) . \tag{2.204}$$

Daher setzen wir

$$A := D_{\hat{z}}(\beta) D_{\hat{y}}\left(\frac{\gamma}{2}\right)$$

$$B := D_{\hat{y}}\left(-\frac{\gamma}{2}\right) D_{\hat{z}}\left(-\frac{\delta + \beta}{2}\right) \tag{2.205}$$

$$C := D_{\hat{z}}\left(\frac{\delta - \beta}{2}\right) . \tag{2.206}$$

Dann ist zunächst

$$ABC = D_{\hat{z}}(\beta) \underbrace{D_{\hat{y}}\left(\frac{\gamma}{2}\right) D_{\hat{y}}\left(-\frac{\gamma}{2}\right)}_{=D_{\hat{y}}(0)=1} \underbrace{D_{\hat{z}}\left(-\frac{\delta + \beta}{2}\right) D_{\hat{z}}\left(\frac{\delta - \beta}{2}\right)}_{=D_{\hat{z}}\left(-\frac{\delta+\beta}{2}+\frac{\delta-\beta}{2}\right)=D_{\hat{z}}(-\beta)}$$

$$= D_{\hat{z}}(\beta) D_{\hat{z}}(-\beta) \tag{2.207}$$

$$= 1$$

und schließlich

$$e^{i\alpha} A\sigma_x B\sigma_x C$$

$$= e^{i\alpha} D_{\hat{z}}(\beta) D_{\hat{y}}\left(\frac{\gamma}{2}\right) \sigma_x D_{\hat{y}}\left(-\frac{\gamma}{2}\right) D_{\hat{z}}\left(-\frac{\delta + \beta}{2}\right) \sigma_x D_{\hat{z}}\left(\frac{\delta - \beta}{2}\right)$$

$$= e^{i\alpha} D_{\hat{z}}(\beta) D_{\hat{y}}\left(\frac{\gamma}{2}\right) \sigma_x D_{\hat{y}}\left(-\frac{\gamma}{2}\right) \overbrace{\sigma_x \sigma_x}^{=1} D_{\hat{z}}\left(-\frac{\delta + \beta}{2}\right) \sigma_x D_{\hat{z}}\left(\frac{\delta - \beta}{2}\right)$$

$$= e^{i\alpha} D_{\hat{z}}(\beta) D_{\hat{y}}\left(\frac{\gamma}{2}\right) \underbrace{\sigma_x D_{\hat{y}}\left(-\frac{\gamma}{2}\right) \sigma_x}_{=D_{\hat{y}}\left(\frac{\gamma}{2}\right)} \underbrace{\sigma_x D_{\hat{z}}\left(-\frac{\delta + \beta}{2}\right) \sigma_x}_{=D_{\hat{z}}\left(\frac{\delta+\beta}{2}\right)} D_{\hat{z}}\left(\frac{\delta - \beta}{2}\right)$$

$$= e^{i\alpha} D_{\hat{z}}(\beta) \underbrace{D_{\hat{y}}\left(\frac{\gamma}{2}\right) D_{\hat{y}}\left(\frac{\gamma}{2}\right)}_{=D_{\hat{y}}(\gamma)} \underbrace{D_{\hat{z}}\left(\frac{\delta+\beta}{2}\right) D_{\hat{z}}\left(\frac{\delta-\beta}{2}\right)}_{=D_{\hat{z}}(\delta)} \tag{2.208}$$

$$= e^{i\alpha} D_{\hat{z}}(\beta) D_{\hat{y}}(\gamma) D_{\hat{z}}(\delta)$$

$$\underbrace{=}_{(2.204)} U. \qquad\qquad\qquad \square$$

Tatsächlich kann man für jeden unitären Operator U auf $\mathbb{H}$ immer einen geeigneten Einheitsvektor $\hat{\mathbf{n}} \in B^1_{\mathbb{R}^3}$ und Winkel $\alpha, \xi \in \mathbb{R}$ finden, sodass sich U als Darstellung der Drehung um $\hat{\mathbf{n}}$ ergibt. Das wird in nachfolgendem Lemma 2.24 gezeigt.

Lemma 2.24
Sei U ein unitärer Operator auf $\mathbb{H}$. Dann gibt es $\alpha, \xi \in \mathbb{R}$ und $\hat{\mathbf{n}} \in B^1_{\mathbb{R}^3}$, sodass

$$U = e^{i\alpha} D_{\hat{\mathbf{n}}}(\xi). \tag{2.209}$$

Beweis Aus Lemma 2.22 wissen wir, dass es $\alpha, \beta, \delta, \gamma \in \mathbb{R}$ gibt, sodass U in der Standardbasis $\{|0\rangle, |1\rangle\}$ die Matrixdarstellung

$$U = e^{i\alpha} \begin{pmatrix} \exp\left(-i\frac{\beta+\delta}{2}\right)\cos\frac{\gamma}{2} & -\exp\left(i\frac{\delta-\beta}{2}\right)\sin\frac{\gamma}{2} \\ \exp\left(i\frac{\beta-\delta}{2}\right)\sin\frac{\gamma}{2} & \exp\left(i\frac{\beta+\delta}{2}\right)\cos\frac{\gamma}{2} \end{pmatrix}$$

$$= e^{i\alpha} \begin{pmatrix} \left(\cos\frac{\beta+\delta}{2} - i\sin\frac{\beta+\delta}{2}\right)\cos\frac{\gamma}{2} & -\left(\cos\frac{\delta-\beta}{2} + i\sin\frac{\delta-\beta}{2}\right)\sin\frac{\gamma}{2} \\ \left(\cos\frac{\beta-\delta}{2} + i\sin\frac{\beta-\delta}{2}\right)\sin\frac{\gamma}{2} & \left(\cos\frac{\beta+\delta}{2} + i\sin\frac{\beta+\delta}{2}\right)\cos\frac{\gamma}{2} \end{pmatrix}$$

$$= e^{i\alpha} \left(\cos\frac{\beta+\delta}{2}\cos\frac{\gamma}{2}\mathbf{1} \right. \tag{2.210}$$

$$\left. -i\left\{ \sin\frac{\beta+\delta}{2}\cos\frac{\gamma}{2}\sigma_z + \cos\frac{\delta-\beta}{2}\sin\frac{\gamma}{2}\sigma_y + \sin\frac{\delta-\beta}{2}\sin\frac{\gamma}{2}\sigma_x \right\} \right)$$

hat. Wir finden nun ξ und θ, ϕ in

$$\hat{\mathbf{n}} = \hat{\mathbf{n}}(\theta, \phi) = \begin{pmatrix} \sin\theta\cos\phi \\ \sin\theta\sin\phi \\ \cos\theta \end{pmatrix}, \tag{2.211}$$

sodass $e^{-i\alpha} U = D_{\hat{\mathbf{n}}(\theta,\phi)}(\xi)$. Dazu wählen wir zunächst ein $\tilde{\xi}$, sodass

$$\cos\frac{\tilde{\xi}}{2} = \cos\frac{\delta+\beta}{2}\cos\frac{\gamma}{2}. \tag{2.212}$$

Dann ist

$$\left|\sin\frac{\tilde{\xi}}{2}\right| = \sqrt{1 - \cos^2\frac{\tilde{\xi}}{2}} = \sqrt{1 - \cos^2\frac{\delta+\beta}{2}\cos^2\frac{\gamma}{2}}$$

$$\geq \sqrt{1 - \cos^2\frac{\gamma}{2}} = \left|\sin\frac{\gamma}{2}\right|, \qquad (2.213)$$

und wir wählen $\xi = \tilde{\xi}$, falls $\sin\frac{\tilde{\xi}}{2}$ und $\sin\frac{\gamma}{2}$ das gleiche Vorzeichen haben und $\xi = -\tilde{\xi}$ andernfalls. Dann gibt es $\theta_1 \in [0, \frac{\pi}{2}], \theta_2 = \pi - \theta_1 \in [\frac{\pi}{2}, \pi]$, sodass

$$\sin\theta_j \sin\frac{\tilde{\xi}}{2} = \sin\frac{\gamma}{2}, \qquad j = 1, 2. \qquad (2.214)$$

Mit dieser Wahl von ξ gilt dann (2.212) auch für ξ, und man hat so weit insgesamt

$$\cos\frac{\xi}{2} = \cos\frac{\delta+\beta}{2}\cos\frac{\gamma}{2} \qquad (2.215)$$

$$\sin\theta_j \sin\frac{\xi}{2} = \sin\frac{\gamma}{2}. \qquad (2.216)$$

Aus (2.216) wiederum ergibt sich

$$(1 - \cos^2\theta_j)\sin^2\frac{\xi}{2} = 1 - \cos^2\frac{\gamma}{2}, \qquad (2.217)$$

und daraus folgt

$$\begin{aligned}
\cos^2\theta_j \sin^2\frac{\xi}{2} &= \cos^2\frac{\gamma}{2} + \sin^2\frac{\xi}{2} - 1 = \cos^2\frac{\gamma}{2} - \cos^2\frac{\xi}{2} \\
&\underset{(2.215)}{=} \left(1 - \cos^2\frac{\delta+\beta}{2}\right)\cos^2\frac{\gamma}{2} \\
&= \sin^2\frac{\delta+\beta}{2}\cos^2\frac{\gamma}{2}. \qquad (2.218)
\end{aligned}$$

Damit ist

$$\left|\cos\theta_j \sin\frac{\xi}{2}\right| = \left|\sin\frac{\delta+\beta}{2}\cos\frac{\gamma}{2}\right|. \qquad (2.219)$$

Falls $\sin\frac{\xi}{2}$ und $\sin\frac{\delta+\beta}{2}\cos\frac{\gamma}{2}$ das gleiche Vorzeichen haben, setzen wir $\theta = \theta_1$, andernfalls $\theta = \theta_2$, sodass in jedem Fall

$$\cos\theta \sin\frac{\xi}{2} = \sin\frac{\delta+\beta}{2}\cos\frac{\gamma}{2}. \qquad (2.220)$$

Schließlich setzen wir $\phi := \frac{\beta - \delta + \pi}{2}$, sodass

$$\sin \phi = \sin \frac{\beta - \delta + \pi}{2} = \cos \frac{\beta - \delta}{2} \tag{2.221}$$

$$\cos \phi = \cos \frac{\beta - \delta + \pi}{2} = -\sin \frac{\beta - \delta}{2} = \sin \frac{\delta - \beta}{2}. \tag{2.222}$$

Insgesamt haben wir daher in (2.210)

$$\cos \frac{\beta + \delta}{2} \cos \frac{\gamma}{2} = \cos \frac{\xi}{2}$$

$$\sin \frac{\beta + \delta}{2} \cos \frac{\gamma}{2} = \sin \frac{\xi}{2} \cos \theta = \sin \frac{\xi}{2} \hat{n}_z \tag{2.223}$$

$$\cos \frac{\beta - \delta}{2} \sin \frac{\gamma}{2} = \sin \frac{\xi}{2} \sin \theta \sin \phi = \sin \frac{\xi}{2} \hat{n}_y$$

$$\sin \frac{\delta - \beta}{2} \sin \frac{\gamma}{2} = \sin \frac{\xi}{2} \sin \theta \cos \phi = \sin \frac{\xi}{2} \hat{n}_x$$

und damit letztendlich

$$e^{-i\alpha} U = \cos \frac{\xi}{2} \mathbf{1} - i \sin \frac{\xi}{2} \hat{\mathbf{n}} \cdot \boldsymbol{\sigma}$$

$$= D_{\hat{\mathbf{n}}}(\xi). \tag{2.224}$$

$\square$

Aus Lemma 2.24 ergibt sich als Korollar, dass jeder unitäre Operator U auf $\mathbb{H}$ eine Wurzel hat.

Korollar 2.25
Jeder unitäre Operator U auf $\mathbb{H}$ hat eine Wurzel, d. h. es gibt einen Operator $\sqrt{U}$, sodass

$$\left(\sqrt{U} \right)^2 = U. \tag{2.225}$$

Beweis Aus Lemma 2.24 wissen wir, dass es $\alpha, \xi \in \mathbb{R}$ und $\hat{\mathbf{n}} \in B^1_{\mathbb{R}^3}$ gibt, sodass

$$U = e^{i\alpha} D_{\hat{\mathbf{n}}}(\xi). \tag{2.226}$$

Damit wählen wir

$$\sqrt{U} = e^{i \frac{\alpha}{2}} D_{\hat{\mathbf{n}}} \left(\frac{\xi}{2} \right). \tag{2.227}$$

Dann ist

$$\left(\sqrt{U} \right)^2 = e^{i\alpha} D_{\hat{\mathbf{n}}} \left(\frac{\xi}{2} \right) D_{\hat{\mathbf{n}}} \left(\frac{\xi}{2} \right) \underbrace{=}_{(2.180)} e^{i\alpha} D_{\hat{\mathbf{n}}}(\xi) = U. \tag{2.228}$$

$\square$

Beispiel 2.4 Man hat etwa

$$\exp\left(\mathrm{i}\frac{\pi}{2}\right) D_{\hat{\mathbf{x}}}(\pi) = \mathrm{i}\left(\cos\frac{\pi}{2}\mathbf{1} - \mathrm{i}\sin\frac{\pi}{2}\hat{\mathbf{x}}\cdot\boldsymbol{\sigma}\right) = \hat{\mathbf{x}}\cdot\boldsymbol{\sigma} = \sigma_x \qquad (2.229)$$

und somit

$$\begin{aligned}
\sqrt{\sigma_x} &= \exp\left(\mathrm{i}\frac{\pi}{4}\right) D_{\hat{\mathbf{x}}}\left(\frac{\pi}{2}\right) \\
&= \frac{1+\mathrm{i}}{\sqrt{2}}\left(\cos\frac{\pi}{4}\mathbf{1} - \mathrm{i}\sin\frac{\pi}{4}\hat{\mathbf{x}}\cdot\boldsymbol{\sigma}\right) \\
&= \frac{1+\mathrm{i}}{\sqrt{2}}\left(\frac{1}{\sqrt{2}}\mathbf{1} - \mathrm{i}\frac{1}{\sqrt{2}}\sigma_x\right) = \frac{1+\mathrm{i}}{2}\left(\mathbf{1} - \mathrm{i}\sigma_x\right) \qquad (2.230) \\
&= \frac{1+\mathrm{i}}{2}\begin{pmatrix} 1 & -\mathrm{i} \\ -\mathrm{i} & 1 \end{pmatrix}.
\end{aligned}$$

Eine weiterer sehr oft verwendeter Operator auf $\mathbb{H}$ ist die Hadamard-Transformation, die oft auch Walsh-Hadamard-Transformation genannt wird.

Definition 2.26
Die **Hadamard-Transformation** ist definiert als

$$H := \frac{\sigma_x + \sigma_z}{\sqrt{2}} : \mathbb{H} \to \mathbb{H}. \qquad (2.231)$$

Einige nützliche Eigenschaften der Hadamard-Transformation sind im folgenden Lemma zusamengefasst.

Lemma 2.27
In der Basis $|0\rangle, |1\rangle$ *hat die Hadamard-Transformation die Darstellung*

$$H = \frac{1}{\sqrt{2}}\begin{pmatrix} 1 & 1 \\ 1 & -1 \end{pmatrix} \qquad (2.232)$$

und es gilt

$$H|0\rangle = \frac{|0\rangle + |1\rangle}{\sqrt{2}} \qquad (2.233)$$

$$H|1\rangle = \frac{|0\rangle - |1\rangle}{\sqrt{2}} \qquad (2.234)$$

$$H|x_j\rangle = \frac{|0\rangle + \mathrm{e}^{\pi\mathrm{i}x_j}|1\rangle}{\sqrt{2}} \qquad (2.235)$$

sowie

$$H = \exp\left(\mathrm{i}\frac{3\pi}{2}\right) D_{\hat{z}}(0) D_{\hat{y}}\left(\frac{\pi}{2}\right) D_{\hat{z}}(-\pi).$$ (2.236)

Beweis Aus der Definition 2.26 von H und der Pauli-Matrizen in (2.82) folgt sofort (2.232). Daraus wiederum ergibt sich (2.233) und (2.234), und diese implizieren wegen $x_j \in \{0, 1\}$ dann (2.235).

Die Darstellung (2.236) der Hadamard-Transformation durch Phasenmultiplikation und Spindrehungen hatten wir bereits in (2.199) gezeigt.   □

Zusammengesetzte Systeme und Tensorprodukte

3

Zusammenfassung

In diesem Kapitel werden zunächst die für Mehrteilchensysteme erforderlichen Tensorprodukte von Hilbert-Räumen mathematisch eingeführt. Mit dieser mathematischen Vorbereitung werden dann Tensorprodukte von Qbits betrachtet, d. h. Systeme, die aus mehreren Qbits bestehen. Dabei werden die nützliche und in der Quanteninformatik omnipräsente Rechenbasis und auch die Bell-Basisvektoren eingeführt. Danach werden Zustände und Operatoren für Mehrteilchensysteme und deren Reduktion auf Teilsysteme betrachtet. Dazu werden die Teilspur und der reduzierte Dichteoperator definiert. Danach wird auf das mögliche Entstehen von gemischten Zuständen bei der Beobachtung von Teilsystemen eingegangen. Schließlich wird noch die oftmals hilfreiche Schmidt-Zerlegung eines aus zwei Teilsystemen zusammengesetzten Systems vorgestellt.

3.1 Auf dem Weg zum Qbyte

Klassisch wird die Information durch endliche Bitwörter – wie etwa *Bytes* – und Vielfache davon dargestellt. Dies sind also Wörter, $(x_1, x_2, x_3, \ldots, x_n)$, die aus dem Alphabet $\{0, 1\} \ni x_l$, $l = 1, \ldots, n$ gebildet werden. Daher werden 2^n klassische Speicherkonfigurationen benötigt, um alle solche Wörter darzustellen.

Ein klassisches Zweibitwort (x_1, x_2) entspricht einem Element der Menge $\{0, 1\} \times \{0, 1\} = \{0, 1\}^2$, und man kann durch vier verschiedene Zustände die Worte 00, 01, 10, 11 repräsentieren, indem man den ersten Buchstaben x_1 (das erste Bit) und den zweiten Buchstaben x_2 (das zweite Bit) entsprechend setzt. Wenn wir nun jedes dieser Bits quantenmechanisch durch entsprechende Qbits repräsentieren, ist ein quantenmechanisches Gesamtsystem entstanden. Genauso, wie im klassischen Fall die Zustandsmenge $\{0, 1\}$ zur Beschreibung der Bitpaare (x_1, x_2) nicht mehr ausreicht, reicht auch ein einzelner Qbitraum nicht mehr aus, um das aus den beiden Qbits gebildete Gesamtsystem zu beschreiben. Das solcher-

© Springer-Verlag Berlin Heidelberg 2016

W. Scherer, *Mathematik der Quanteninformatik*, DOI 10.1007/978-3-662-49080-8_3

art gebildete Gesamtsystem ist wiederum ein Quantenmechanisches und besteht aus quantenmechanischen Teilsystemen.

In der Tat bestehen viele quantenmechanische Systeme aus mehreren Teilen, von denen jedes wiederum ein quantenmechanisches System ist. So ist z. B. das Wasserstoffatom ein quantenmechanisches System, welches aus einem Proton und einem Elektron besteht. Die Zustände des Protons seien durch einen Hilbert-Raum $\mathbb{H}^P$, die des Elektrons durch ein $\mathbb{H}^E$ gegeben. Durch welchen Hilbert-Raum wird nun das zusammengesetzte System Wasserstoff beschrieben? Die Antwort lautet: durch das *Tensorprodukt* $\mathbb{H}^P \otimes \mathbb{H}^E$ der Teil-Hilbert-Räume.[1] Das Tensorprodukt $\mathbb{H}^A \otimes \mathbb{H}^B$ zweier Hilbert-Räume $\mathbb{H}^A$ und $\mathbb{H}^B$ ist wiederum ein Hilbert-Raum und dient zur quantenmechanischen Beschreibung des aus den Teilräumen $\mathbb{H}^A$ und $\mathbb{H}^B$ zusammengesetzten Gesamtsystems. Wir müssen uns daher zunächst ein wenig mit Tensorprodukten von Hilbert-Räumen beschäftigen.

3.2   Tensorprodukte von Hilbert-Räumen

3.2.1   Definition

Wir geben hier eine eher informelle Definition des Tensorproduktes zweier endlichdimensionaler Hilbert-Räume, die aber für unsere Zwecke völlig ausreicht. Für eine strenge und allgemeingültige Version, die auch den unendlichdimensionalen Fall einschließt, sei auf [40] verwiesen.

Wichtiger als die allgemeingültigste Definition ist jedoch für uns hier, dass man die Rechenregeln für das Tensorprodukt – wie etwa die Berechnung des Skalarproduktes – mithilfe der bekannten Rechenregeln der Teilräume angeben kann.

Sei $|\varphi\rangle \in \mathbb{H}^A, |\psi\rangle \in \mathbb{H}^B$, definiere

$$
\begin{aligned}
|\varphi\rangle \otimes |\psi\rangle : \mathbb{H}^A \times \mathbb{H}^B &\longrightarrow \mathbb{C} \\
(u, v) &\longmapsto \langle u|\varphi\rangle_{\mathbb{H}^A} \langle v|\psi\rangle_{\mathbb{H}^B}
\end{aligned}
\tag{3.1}
$$

Diese Abbildung ist antilinear in u und v und stetig. Definiere die Menge aller solchen Abbildungen:

$$
\mathbb{H}^A \otimes \mathbb{H}^B := \{\Psi : \mathbb{H}^A \times \mathbb{H}^B \to \mathbb{C} \mid \text{antilinear und stetig}\}.
\tag{3.2}
$$

Dies ist ein Vektorraum über $\mathbb{C}$, denn für $\Psi_1, \Psi_2 \in \mathbb{H}^A \otimes \mathbb{H}^B$ und $a, b \in \mathbb{C}$ ist auch die durch

$$
(a\Psi_1 + b\Psi_2)(u, v) := a\Psi_1(u, v) + b\Psi_2(u, v)
\tag{3.3}
$$

---

[1] Üblicherweise wird bei der quantenmechanischen Berechnung der Eigenschaften des Wasserstoffatoms das Proton als im Raum fixiertes Teilchen betrachtet, das eine Coulomb-Kraft auf das Elektron ausübt. In dieser Näherung bleibt der Zustand des Protons unverändert, man betrachtet nur die Auswirkungen auf das Elektron und benötigt lediglich $\mathbb{H}^E$. Eine genauere Betrachtung bezieht die Wechselwirkung auf das Proton mit ein und führt Schwerpunkt- und Relativkoordinaten ein. Der Schwerpunktszustand wiederum ändert sich bei isolierten Systemen nur in trivialer Weise, und der dazugehörige Hilbert-Raum wird dann ebenfalls ignoriert.

definierte Abbildung wiederum in $\mathbb{H}^A \otimes \mathbb{H}^B$. Die Nullabbildung bzw. $-\Psi$ bilden den Nullvektor bzw. den bezüglich der Addition zu Ψ inversen Vektor. Nach (3.1) ist $|\varphi\rangle \otimes |\psi\rangle$ somit ein Vektor im Vektorraum der in (3.2) definierten antilinearen und stetigen Abbildungen $\mathbb{H}^A \otimes \mathbb{H}^B$ von $\mathbb{H}^A \times \mathbb{H}^B$ nach $\mathbb{C}$. Für $|\varphi\rangle \in \mathbb{H}^A, |\psi\rangle \in \mathbb{H}^B$, $a, b \in \mathbb{C}$ verifiziert man dann leicht Folgendes:

$$(a|\varphi\rangle) \otimes |\psi\rangle = |\varphi\rangle \otimes (a|\psi\rangle) = a(|\varphi\rangle \otimes |\psi\rangle) \tag{3.4}$$

$$a(|\varphi\rangle \otimes |\psi\rangle) + b(|\varphi\rangle \otimes |\psi\rangle) = (a + b)|\varphi\rangle \otimes |\psi\rangle \tag{3.5}$$

$$(|\varphi_1\rangle + |\varphi_2\rangle) \otimes |\psi\rangle = |\varphi_1\rangle \otimes |\psi\rangle + |\varphi_2\rangle \otimes |\psi\rangle \tag{3.6}$$

$$|\varphi\rangle \otimes (|\psi_1\rangle + |\psi_2\rangle) = |\varphi\rangle \otimes |\psi_1\rangle + |\varphi\rangle \otimes |\psi_2\rangle . \tag{3.7}$$

Als Beispiel betrachte man etwa

$$\begin{aligned}
\Big(a(|\varphi\rangle \otimes |\psi\rangle) + b(|\varphi\rangle \otimes |\psi\rangle)\Big)(u, v) &= a(|\varphi\rangle \otimes |\psi\rangle)(u, v) + b(|\varphi\rangle \otimes |\psi\rangle)(u, v) \\
&= a\langle u|\varphi\rangle\langle v|\psi\rangle + b\langle u|\varphi\rangle\langle v|\psi\rangle \tag{3.8} \\
&= (a + b)\langle u|\varphi\rangle\langle v|\psi\rangle \\
&= (a + b)(|\varphi\rangle \otimes |\psi\rangle)(u, v) .
\end{aligned}$$

Zur Vereinfachung der Notation schreiben wir auch

$$|\varphi \otimes \psi\rangle := |\varphi\rangle \otimes |\psi\rangle . \tag{3.9}$$

Für Vektoren $|\varphi_k\rangle \otimes |\psi_k\rangle \in \mathbb{H}^A \otimes \mathbb{H}^B$ mit $k = 1, 2$ und $|\varphi_k\rangle \in \mathbb{H}^A$, $|\psi_k\rangle \in \mathbb{H}^B$ definiert man

$$\langle \varphi_1 \otimes \psi_1 | \varphi_2 \otimes \psi_2 \rangle := \langle \varphi_1 | \varphi_2 \rangle^{\mathbb{H}^A} \langle \psi_1 | \psi_2 \rangle^{\mathbb{H}^B}, \tag{3.10}$$

wobei wir im Folgenden meist die hochgestellten Indices, die andeuten, in welchem Hilbert-Raum das jeweilige Skalarprodukt berechnet wird, weglassen. Dadurch haben wir zunächst so etwas wie ein Skalarprodukt für Vektoren der Form $|\varphi\rangle \otimes |\psi\rangle$ in $\mathbb{H}^A \otimes \mathbb{H}^B$. Um damit ein Skalarprodukt für alle $\Psi \in \mathbb{H}^A \otimes \mathbb{H}^B$ definieren zu können, betrachten wir noch ONBs in den Teilräumen. Sei $\{|e_a\rangle\} \subset \mathbb{H}^A$ ONB in $\mathbb{H}^A$ und $\{|f_b\rangle\} \subset \mathbb{H}^B$ ONB in $\mathbb{H}^B$. Die Menge $\{|e_a\rangle \otimes |f_b\rangle\} \subset \mathbb{H}^A \otimes \mathbb{H}^B$ ist dann orthonormiert, denn wegen (3.10) gilt

$$\langle e_{a_1} \otimes f_{b_1} | e_{a_2} \otimes f_{b_2} \rangle = \langle e_{a_1} | e_{a_2} \rangle \langle f_{b_1} | f_{b_2} \rangle = \delta_{a_1 a_2} \delta_{b_1 b_2}. \tag{3.11}$$

Betrachten wir nun einen beliebigen Vektor $\Psi \in \mathbb{H}^A \otimes \mathbb{H}^B$, so gilt für diese antilineare Abbildung

$$\begin{aligned}
\Psi(u, v) &= \Psi\left(\sum_a |e_a\rangle\langle e_a|u\rangle, \sum_b |f_b\rangle\langle f_b|v\rangle \right) \\
&= \sum_{a,b} \underbrace{\Psi(|e_a\rangle, |f_b\rangle)}_{=: \Psi_{ab} \in \mathbb{C}} \langle u|e_a\rangle\langle v|f_b\rangle
\end{aligned}$$

$$= \sum_{a,b} \Psi_{ab} [|e_a\rangle \otimes |f_b\rangle](u, v) \tag{3.12}$$

$$= \sum_{a,b} \Psi_{ab} |e_a \otimes f_b\rangle(u, v).$$

Damit ist gezeigt, dass sich jeder Vektor $|\Psi\rangle \in \mathbb{H}^A \otimes \mathbb{H}^B$ als Linearkombination der Form[2]

$$|\Psi\rangle = \sum_{a,b} \Psi_{ab} |e_a \otimes f_b\rangle \tag{3.13}$$

darstellen lässt. Die Menge $\{|e_a \otimes f_b\rangle\} = \{|e_a\rangle \otimes |f_b\rangle\}$ bildet also eine ONB in $\mathbb{H}^A \otimes \mathbb{H}^B$, und es gilt

$$\dim\left(\mathbb{H}^A \otimes \mathbb{H}^B\right) = \dim \mathbb{H}^A \dim \mathbb{H}^B. \tag{3.14}$$

Das Skalarprodukt zwischen $|\Psi\rangle$ in (3.13) und

$$|\Phi\rangle = \sum_{a,b} \Phi_{ab} |e_a \otimes f_b\rangle \tag{3.15}$$

definiert man dann mit (3.11) durch

$$\langle\Psi|\Phi\rangle = \sum_{a_1,b_1} \sum_{a_2,b_2} \overline{\Psi_{a_1 b_1}} \Phi_{a_2 b_2} \langle e_{a_1} \otimes f_{b_1} | e_{a_2} \otimes f_{b_2}\rangle$$

$$= \sum_{a,b} \overline{\Psi_{ab}} \Phi_{ab}. \tag{3.16}$$

Das so auf ganz $\mathbb{H}^A \otimes \mathbb{H}^B$ definierte Skalarprodukt ist positiv und unabhängig von der Wahl der ONBs.

Übung 3.1 Man zeige, dass

$$\langle\Psi|\Phi\rangle = \sum_{a,b} \overline{\Psi_{ab}} \Phi_{ab} \tag{3.17}$$

nicht von der Wahl der ONB $\{|e_a\rangle\} \subset \mathbb{H}^A$ und $\{|f_b\rangle\} \subset \mathbb{H}^B$ abhängt.
Zur Lösung siehe 3.1 im Kap. 13 Lösungen. ◀

Der zu $|\Psi\rangle$ in (3.13) gehörige Bra-Vektor ist dann

$$\langle\Psi| = \sum_{a,b} \overline{\Psi_{ab}} \langle e_a \otimes f_b| \tag{3.18}$$

und wirkt wie in (3.16) auf ein $|\Phi\rangle \in \mathbb{H}^A \otimes \mathbb{H}^B$.

---

[2] Mit im unendlichdimensionalen Fall möglicherweise unendlich vielen Summanden.

Die Norm von $|\Psi\rangle \in \mathbb{H}^A \otimes \mathbb{H}^B$ berechnet sich nach

$$||\Psi||^2 = \langle\Psi|\Psi\rangle = \sum_{a,b} |\Psi_{ab}|^2. \tag{3.19}$$

Somit ist $\mathbb{H}^A \otimes \mathbb{H}^B$ ein komplexer Vektorraum mit Skalarprodukt (3.16), welches eine Norm (3.19) induziert. Für endlichdimensionale Teilräume ist $\mathbb{H}^A \otimes \mathbb{H}^B$ dann auch vollständig in dieser Norm und somit nach Definition 2.1 ein Hilbert-Raum.[3] Für unsere Zwecke genügt es aber völlig, $\mathbb{H}^A \otimes \mathbb{H}^B$ als die Menge der Linearkombinationen der Form (3.13) mit $\sum_{a,b} |\Psi_{ab}|^2 < \infty$ und mit den Rechenregeln (3.16) und (3.19) aufzufassen.

Definition 3.1
Der Hilbert-Raum $\mathbb{H}^A \otimes \mathbb{H}^B$ mit dem Skalarprodukt (3.16) heißt Tensorprodukt der Hilbert-Räume $\mathbb{H}^A$ und $\mathbb{H}^B$.

Für mehrfache Tensorprodukte wie etwa $\mathbb{H}^A \otimes \mathbb{H}^B \otimes \mathbb{H}^C$ gilt *Assoziativität*

$$\left(\mathbb{H}^A \otimes \mathbb{H}^B\right) \otimes \mathbb{H}^C = \mathbb{H}^A \otimes \left(\mathbb{H}^B \otimes \mathbb{H}^C\right) = \mathbb{H}^A \otimes \mathbb{H}^B \otimes \mathbb{H}^C, \tag{3.20}$$

und ganz analog

$$\langle\varphi_1 \otimes \psi_1 \otimes \chi_1|\varphi_2 \otimes \psi_2 \otimes \chi_2\rangle = \langle\varphi_1|\varphi_2\rangle\langle\psi_1|\psi_2\rangle\langle\chi_1|\chi_2\rangle \tag{3.21}$$

und mit den ONBs $\{|e_a\rangle\} \subset \mathbb{H}^A$, $\{|f_b\rangle\} \subset \mathbb{H}^B$, $\{|g_c\rangle\} \subset \mathbb{H}^C$ hat man

$$|\Psi\rangle \in \mathbb{H}^A \otimes \mathbb{H}^B \otimes \mathbb{H}^C \quad \Leftrightarrow \quad |\Psi\rangle = \sum_{a,b,c} \Psi_{abc}|e_a \otimes f_b \otimes g_c\rangle \tag{3.22}$$

$$\text{mit} \quad \sum_{a,b,c} |\Psi_{abc}|^2 < \infty.$$

Schließlich noch ein Resultat zum Tensorprodukt von Bra-Vektoren. Wegen

$$\langle\varphi_1 \otimes \psi_1|\left(|\varphi_2\rangle \otimes |\psi_2\rangle\right)\rangle = \langle\varphi_1 \otimes \psi_1|\varphi_2 \otimes \psi_2\rangle = \langle\varphi_1|\varphi_2\rangle\langle\psi_1|\psi_2\rangle \tag{3.23}$$

kann man daher auch

$$\langle\varphi \otimes \psi| = \langle\varphi| \otimes \langle\psi| \tag{3.24}$$

schreiben, und es gilt folgendes Lemma:

---

[3] Lediglich im Fall unendlichdimensionaler Teilräume muss $\mathbb{H}^A \otimes \mathbb{H}^B$ noch in dieser Norm vervollständigt (siehe [40]) werden, um daraus einen Hilbert-Raum zu machen.

Lemma 3.2

Für beliebige $|\varphi_1\rangle, |\varphi_2\rangle \in \mathbb{H}^A$ und $|\psi_1\rangle, |\psi_2\rangle \in \mathbb{H}^B$ gilt

$$|\varphi_1 \otimes \psi_1\rangle\langle\varphi_2 \otimes \psi_2| = |\varphi_1\rangle\langle\varphi_2| \otimes |\psi_1\rangle\langle\psi_2|. \tag{3.25}$$

Beweis Für beliebige $\xi_1, \xi_2 \in \mathbb{H}^A$ und $\zeta_1, \zeta_2 \in \mathbb{H}^B$ hat man

$$
\begin{aligned}
&\langle\xi_1 \otimes \zeta_1|\Big(|\varphi_1 \otimes \psi_1\rangle\langle\varphi_2 \otimes \psi_2|\Big)\xi_2 \otimes \zeta_2\rangle \\
&= \langle\xi_1 \otimes \zeta_1|\varphi_1 \otimes \psi_1\rangle\langle\varphi_2 \otimes \psi_2|\xi_2 \otimes \zeta_2\rangle \\
&\underbrace{=}_{(3.23)} \langle\xi_1|\varphi_1\rangle\langle\zeta_1|\psi_1\rangle\langle\varphi_2|\xi_2\rangle\langle\psi_2|\zeta_2\rangle \\
&= \langle\xi_1|\varphi_1\rangle\langle\varphi_2|\xi_2\rangle\langle\zeta_1|\psi_1\rangle\langle\psi_2|\zeta_2\rangle \tag{3.26} \\
&\underbrace{=}_{(3.23)} \langle\xi_1 \otimes \zeta_1|\Big(|\varphi_1\rangle\langle\varphi_2| \otimes |\psi_1\rangle\langle\psi_2|\Big)\xi_2 \otimes \zeta_2\rangle. \qquad \square
\end{aligned}
$$

Beispiel 3.1 Wir betrachten etwa in $^1\mathbb{H}$

$$|\varphi_1\rangle = \frac{|0\rangle + |1\rangle}{\sqrt{2}} = \frac{1}{\sqrt{2}}\begin{pmatrix} 1 \\ 1 \end{pmatrix} \tag{3.27}$$

$$|\varphi_2\rangle = \frac{|0\rangle - |1\rangle}{\sqrt{2}} = \frac{1}{\sqrt{2}}\begin{pmatrix} 1 \\ -1 \end{pmatrix} \tag{3.28}$$

$$|\psi_1\rangle = |0\rangle = \begin{pmatrix} 1 \\ 0 \end{pmatrix} \tag{3.29}$$

$$|\psi_2\rangle = |1\rangle = \begin{pmatrix} 0 \\ 1 \end{pmatrix}. \tag{3.30}$$

Damit ergibt sich

$$|\varphi_1 \otimes \varphi_2\rangle = |\varphi_1\rangle \otimes |\varphi_2\rangle = \frac{1}{\sqrt{2}}\begin{pmatrix} 1 \\ 1 \end{pmatrix} \otimes \frac{1}{\sqrt{2}}\begin{pmatrix} 1 \\ -1 \end{pmatrix} = \frac{1}{2}\begin{pmatrix} 1 \\ -1 \\ 1 \\ -1 \end{pmatrix}$$

$$|\psi_1 \otimes \psi_2\rangle = |\psi_1\rangle \otimes |\psi_2\rangle = \begin{pmatrix} 1 \\ 0 \end{pmatrix} \otimes \begin{pmatrix} 0 \\ 1 \end{pmatrix} = \begin{pmatrix} 0 \\ 1 \\ 0 \\ 0 \end{pmatrix} \tag{3.31}$$

$$|\varphi_1 \otimes \varphi_2\rangle\langle\psi_1 \otimes \psi_2| = \frac{1}{2}\begin{pmatrix} 1 \\ -1 \\ 1 \\ -1 \end{pmatrix}(0,1,0,0) = \frac{1}{2}\begin{pmatrix} 0 & 1 & 0 & 0 \\ 0 & -1 & 0 & 0 \\ 0 & 1 & 0 & 0 \\ 0 & -1 & 0 & 0 \end{pmatrix}.$$

Andererseits ist

$$|\varphi_1\rangle\langle\psi_1| = \frac{1}{\sqrt{2}}\begin{pmatrix} 1 \\ 1 \end{pmatrix}(1,0) = \frac{1}{\sqrt{2}}\begin{pmatrix} 1 & 0 \\ 1 & 0 \end{pmatrix}$$

$$|\varphi_2\rangle\langle\psi_2| = \frac{1}{\sqrt{2}}\begin{pmatrix} 1 \\ -1 \end{pmatrix}(0,1) = \frac{1}{\sqrt{2}}\begin{pmatrix} 0 & 1 \\ 0 & -1 \end{pmatrix} \qquad (3.32)$$

$$|\varphi_1\rangle\langle\psi_1| \otimes |\varphi_2\rangle\langle\psi_2| = \frac{1}{\sqrt{2}}\begin{pmatrix} 1 & 0 \\ 1 & 0 \end{pmatrix} \otimes \frac{1}{\sqrt{2}}\begin{pmatrix} 0 & 1 \\ 0 & -1 \end{pmatrix}$$

$$= \frac{1}{2}\begin{pmatrix} 0 & 1 & 0 & 0 \\ 0 & -1 & 0 & 0 \\ 0 & 1 & 0 & 0 \\ 0 & -1 & 0 & 0 \end{pmatrix}.$$

3.2.2 Die Rechenbasis

Für Systeme, die sich aus n Qbits zusammensetzen, werden die Zustände durch Vektoren im n-fachen Tensorprodukt der Qbit-Räume beschrieben.

> **Definition 3.3**
> Das n-fache Tensorprodukt der Qbit-Räume ist definiert als
>
> $$\mathbb{H}^{\otimes n} := \underbrace{\mathbb{H} \otimes \cdots \otimes \mathbb{H}}_{n\text{ Faktoren}}. \qquad (3.33)$$
>
> Wir bezeichnen den *von rechts gezählten* $j + 1$-ten Faktorraum in $\mathbb{H}^{\otimes n}$ mit $\mathbb{H}_j$, d. h. wir definieren
>
> $$\mathbb{H}^{\otimes n} = \mathbb{H}_{n-1} \otimes \cdots \otimes \overbrace{\mathbb{H}_j}^{j+1\text{-ter Faktor}} \otimes \cdots \otimes \mathbb{H}_0. \qquad (3.34)$$

Der Hilbert-Raum $\mathbb{H}^{\otimes n}$ ist 2^n-dimensional. Der Grund dafür, die Zählung von rechts bei 0 beginnen zu lassen, wird weiter unten offensichtlich werden, wenn wir die ausgesprochen nützliche Rechenbasis definieren. Jede Zahl $x \in \mathbb{N}_0$ mit $x \leq 2^n$ lässt sich in der Form

$$x = \sum_{j=0}^{n-1} x_j 2^j \qquad \text{mit } x_j \in \{0,1\} \qquad (3.35)$$

schreiben, woraus sich die übliche **Binärdarstellung**

$$(x)_{\text{Basis } 2} = x_{n-1}\ldots x_1 x_0{}_2 \qquad \text{mit } x_j \in \{0,1\} \qquad (3.36)$$

ergibt. So ist etwa $5 = 101_2$. Alle möglichen Kombinationen von $x_0, \ldots, x_{n-1}$ ergeben somit alle ganzen Zahlen von 0 bis $2^n - 1$. Umgekehrt definiert jede natürliche Zahl x mit $0 \leq x \leq 2^n - 1$ eineindeutig ein n-Tupel $x_0, \ldots, x_{n-1} \in \{0, 1\}^n$ und daher auch einen Vektor $|x_{n-1}\rangle \otimes \cdots \otimes |x_1\rangle \otimes |x_0\rangle \in \mathbb{H}^{\otimes n}$.

Definition 3.4

Sei $x \in \mathbb{N}_0$ mit $x < 2^n$ und $x_0, \ldots, x_{n-1} \in \{0, 1\}^n$ die Koeffizienten der Binärdarstellung

$$x = \sum_{j=0}^{n-1} x_j 2^j \tag{3.37}$$

von x. Dann definieren wir einen Vektor $|x\rangle \in \mathbb{H}^{\otimes n}$ durch

$$|x\rangle^n := |x\rangle := |x_{n-1} \ldots x_1 x_0\rangle \tag{3.38}$$

$$:= |x_{n-1}\rangle \otimes \cdots \otimes |x_1\rangle \otimes |x_0\rangle = \bigotimes_{j=n-1}^{0} |x_j\rangle \,.$$

Wenn klar ist, aus welchem Produktraum $\mathbb{H}^{\otimes n}$ der Vektor $|x\rangle^n$ stammt, schreiben wir auch einfach $|x\rangle$ anstelle von $|x\rangle^n$.

Man beachte, dass in (3.38) im Einklang mit der üblichen Binärdarstellung (3.36) die Zählung der Indices in $|x\rangle = |x_{n-1} \ldots x_1 x_0\rangle$ von rechts beginnt. Dies bringen wir auch durch die Indexgrenzen für j in $\bigotimes_{j=n-1}^{0}$ zum Ausdruck. Die Art und Weise, wie die $|x\rangle$ in Definition 3.4 definiert sind, erklärt die in (3.34) definierte Zählweise der Faktorräume, denn man hat somit $|x_j\rangle \in \mathbb{H}_j$ für $j = 0, \ldots, n-1$ und

$$\mathbb{H}^{\otimes n} = \mathbb{H}_{n-1} \otimes \cdots \otimes \overbrace{\mathbb{H}_j}^{j+1\text{-ter Faktor}} \otimes \cdots \otimes \mathbb{H}_0 \,. \tag{3.39}$$

$$\ni |x_{n-1}\rangle \otimes \cdots \otimes \quad |x_j\rangle \quad \otimes \cdots \otimes |x_0\rangle$$

Für die kleinste und größte in $\mathbb{H}^{\otimes n}$ darstellbaren Zahlen 0 und $2^n - 1$ hat man

$$|2^n - 1\rangle^n = |11 \ldots 1\rangle = \bigotimes_{j=0}^{n-1} |1\rangle \in \mathbb{H}^{\otimes n} \tag{3.40}$$

$$|0\rangle^n = |00 \ldots 0\rangle = \bigotimes_{j=0}^{n-1} |0\rangle \in \mathbb{H}^{\otimes n} \,. \tag{3.41}$$

Da die Faktoren in den Tensorprodukten in (3.40) und (3.41) alle gleich sind, spielt in diesen speziellen Fällen die Reihenfolge der Indizierung keine Rolle.

Lemma 3.5
Die Menge der Vektoren $\{|x\rangle \in \mathbb{H}^{\otimes n} | x \in \mathbb{N}_0, x < 2^n\}$ *bildet eine ONB in* $\mathbb{H}^{\otimes n}$.

Beweis Für $|x\rangle, |y\rangle \in \mathbb{H}^{\otimes n}$ hat man

$$
\begin{aligned}
\langle x|y\rangle &= \langle x_{n-1}\ldots x_0|y_{n-1}\ldots y_0\rangle \\
&\underset{(3.10)}{=} \prod_{j=0}^{n-1}\langle x_j|y_j\rangle = \begin{cases} 1 & \text{falls} \quad \forall_j : x_j = y_j \\ 0 & \text{sonst} \end{cases} \\
&= \delta_{xy}\,.
\end{aligned}
\tag{3.42}
$$

Somit bilden die $\{|x\rangle\}_{x\in\mathbb{N}_0, x<2^n}$ eine Menge von $2^n = \dim \mathbb{H}^{\otimes n}$ orthonormierten Vektoren in $\mathbb{H}^{\otimes n}$. □

Die durch die Zahlen $x \in \mathbb{N}_0$ mit $x < 2^n$ definierte ONB in $\mathbb{H}^{\otimes n}$ ist überaus nützlich und hat daher einen eigenen Namen.

Definition 3.6
Die für $x = 0, 1, \ldots, 2^n - 1$ durch $|x\rangle = |x_{n-1}\ldots x_0\rangle$ in $\mathbb{H}^{\otimes n}$ definierte ONB heißt **Rechenbasis**.

Beispiel 3.2 In $\mathbb{H}$ ist die Rechenbasis identisch mit der Standardbasis:

$$|0\rangle^1 = |0\rangle \tag{3.43}$$

$$|1\rangle^1 = |1\rangle\,. \tag{3.44}$$

Die vier Basisvektoren der Rechenbasis in $\mathbb{H}^{\otimes 2}$ sind

$$
\begin{aligned}
|0\rangle^2 &= |00\rangle = |0\rangle \otimes |0\rangle \\
|1\rangle^2 &= |01\rangle = |0\rangle \otimes |1\rangle \\
|2\rangle^2 &= |10\rangle = |1\rangle \otimes |0\rangle \\
|3\rangle^2 &= |11\rangle = |1\rangle \otimes |1\rangle\,.
\end{aligned}
\tag{3.45}
$$

Dagegen hat man in $\mathbb{H}^{\otimes 3}$ die Rechenbasis

$$|0\rangle^3 = |000\rangle = |0\rangle \otimes |0\rangle \otimes |0\rangle$$

$$|1\rangle^3 = |001\rangle = \vdots$$
$$|2\rangle^3 = |010\rangle$$
$$|3\rangle^3 = |011\rangle$$
$$|4\rangle^3 = |100\rangle \tag{3.46}$$
$$|5\rangle^3 = |101\rangle$$
$$|6\rangle^3 = |110\rangle$$
$$|7\rangle^3 = |111\rangle\,.$$

Die Tatsache, dass die Vektoren der Rechenbasis durch Zahlen aus $\mathbb{N}_0$ identifizierbar sind, führt dazu, dass diese Basis in vielen Bereichen der Quanteninformatik wie z. B. bei Quantengattern (siehe Kap. 5) oder Algorithmen (siehe Abschn. 6.4 und 6.5) eine wichtige Rolle spielt.

Die Rechenbasen bestehen aus sogenannten *separablen* (oder Produkt-) Zuständen (siehe Satz 4.2). Dies deshalb, weil in jedem dieser Zustände des Gesamtsystems immer ein reiner Zustand des Teilsystems vorliegt. So ist z. B. im Gesamtzustand $|01\rangle$ der Rechenbasis (3.45) von $\mathbb{H}^{\otimes 2}$ das erste Teilsystem im reinen Zustand $|0\rangle$, d. h. ein Beobachter dieses Teilsystems würde bei einer Messung von σ_z in seinem System immer $+1$ finden. Das zweite Teilsystem ist dabei im reinen Zustand $|1\rangle$, d. h. ein Beobachter des zweiten Teilsystems würde bei einer Messung von σ_z in seinem System immer -1 finden. Der vierdimensionale Raum $\mathbb{H}^{\otimes 2}$ lässt aber auch andere Basen zu. Eine solche Basis ist die Bell-Basis.

Definition 3.7
Die **Bell-Basis** im vierdimensionalen Raum $\mathbb{H}^{\otimes 2}$ besteht aus den Basisvektoren

$$\begin{aligned}
|\Phi^\pm\rangle &:= \tfrac{1}{\sqrt{2}}\Big(|00\rangle \pm |11\rangle\Big) \\
|\Psi^\pm\rangle &:= \tfrac{1}{\sqrt{2}}\Big(|01\rangle \pm |10\rangle\Big)\,.
\end{aligned} \tag{3.47}$$

Übung 3.2 Man zeige, dass die Bell-Basis orthonormiert ist.
Zur Lösung siehe 3.2 im Kap. 13 Lösungen.   ◄

Wie wir noch sehen werden, besteht die Bell-Basis nicht aus separablen, sondern *verschränkten* Zuständen (siehe Satz 4.2). Aus (3.87) und den Resultaten der Übung 3.3 folgt sogar, dass die Bell-Basisvektoren *maximal verschränkt* sind (siehe Definition 4.4).

Wie die Bemerkung nach (3.87) zeigt, hat dies auch zur Folge, dass im *reinen* Zustand $|\Phi^+\rangle \in \mathbb{H}^{\otimes 2}$ des Gesamtsystems das erste Teilsystem sich nicht in einem reinen Zustand befindet, sondern in einem *gemischten* Zustand. Man kann das im übertragenen Sinne etwa wie folgt formulieren: Ein *Qwort* (= Zustand in $\mathbb{H}^{\otimes 2} = \mathbb{H} \otimes \mathbb{H}$) besteht im Allgemeinen *nicht* aus *reinen* Buchstaben (= reinen Zuständen in $\mathbb{H}$). Dies werden wir uns aber noch ausführlich in Abschn. 3.3 anschauen.

3.3 Zustände und Observable für zusammengesetzte Systeme

Allgemein ist der Hilbert-Raum des Gesamtsystems, welches aus den Teilsystemen $\mathbb{H}^A$ und $\mathbb{H}^B$ besteht, das Tensorprodukt $\mathbb{H}^A \otimes \mathbb{H}^B$. Nach den Regeln der Quantenmechanik (siehe Abschn. 2.3.2) werden daher Zustände des Gesamtsystems durch Dichteoperatoren ρ auf $\mathbb{H}^A \otimes \mathbb{H}^B$ dargestellt. Diese lassen sich nach Satz 2.16 in der Form

$$\rho = \sum_j |\Psi_j\rangle p_j \langle\Psi_j| \tag{3.48}$$

mit $|\Psi_j\rangle \in \mathbb{H}^A \otimes \mathbb{H}^B$ und $j = 1, \ldots, \dim \mathbb{H}^A \otimes \mathbb{H}^B$ schreiben.

In Anwendung einer mittlerweile in der Quanteninformatik weitverbreitete Terminologie wollen wir annehmen, dass das System A von **Alice** gelesen und bearbeitet werden kann und das System B von **Bob**. Die Zuordnung der Teilsysteme zu Personen ist in der Tat oft hilfreich bei der Wortwahl im Umgang mit den Teilsystemen. So ist es z. B. einfacher, anstatt „ein Beobachter des Teilsystems A beobachtet," zu sagen „Alice beobachtet" oder anstatt „im Teilsystem B präpariert man den Zustand," zu sagen „Bob präpariert."

Mithilfe von Observablen der Teilsysteme lassen sich Observable des Gesamtsystems bilden.[4] Sei etwa $M^K : \mathbb{H}^K \to \mathbb{H}^K$ selbstadjungierter Operator einer Observable im jeweiligen Teilsystem $K = A, B$. Dann können wir den Operator $M^A \otimes M^B$ bilden, der auf Produkte $|\varphi \otimes \psi\rangle = |\varphi\rangle \otimes |\psi\rangle$ faktorweise wirkt

$$\left(M^A \otimes M^B\right)|\varphi \otimes \psi\rangle = \underbrace{\left(M^A|\varphi\rangle\right)}_{\in \mathbb{H}^A} \otimes \underbrace{\left(M^B|\psi\rangle\right)}_{\in \mathbb{H}^B} \tag{3.49}$$

und dann wegen der Linearität auf einen beliebigen Vektor

$$|\Phi\rangle = \sum_{a,b} \Phi_{ab}|e_a\rangle \otimes |f_b\rangle \in \mathbb{H}^A \otimes \mathbb{H}^B \tag{3.50}$$

durch

$$\left(M^A \otimes M^B\right)|\Phi\rangle = \sum_{a,b} \Phi_{ab}\left(M^A|e_a\rangle\right) \otimes \left(M^B|f_b\rangle\right) \in \mathbb{H}^A \otimes \mathbb{H}^B \tag{3.51}$$

---

[4] Natürlich gibt es auch Observable des Gesamtsystems, die sich nicht aus Teilobservablen ergeben.

wirkt. So ist z. B. die j-te Komponente L_j des Gesamtdrehimpuls eines nichtrelativistischen Elektrons, welcher mit $j = 1, 2, 3$ eine vektorwertige Observable im $\mathbb{R}^3$ darstellt, durch Bahndrehimpuls J_j und Spin S_j in der Form

$$L_j = J_j \otimes \mathbf{1} + \mathbf{1} \otimes S_j \tag{3.52}$$

gegeben.

Der Operator $M^A \otimes M^B$ ist selbstadjungiert, denn, da M^A und M^B selbstadjungiert sind, hat man mit einem $|\Psi\rangle$ wie in (3.13)

$$
\begin{aligned}
\langle \Psi | & \left(M^A \otimes M^B \right) \Phi \rangle \\
&\underbrace{=}_{(3.51)} \sum_{a_1, b_1} \sum_{a_2, b_2} \overline{\Psi_{a_1 b_1}} \Phi_{a_2 b_2} \langle e_{a_1} \otimes f_{b_1} | (M^A | e_{a_2}\rangle) \otimes (M^B | f_{b_2}\rangle)) \rangle \\
&\underbrace{=}_{(3.10)} \sum_{a_1, b_1} \sum_{a_2, b_2} \overline{\Psi_{a_1 b_1}} \Phi_{a_2 b_2} \underbrace{\langle e_{a_1} | M^A e_{a_2}\rangle}_{=\langle (M^A)^* e_{a_1} | e_{a_2}\rangle} \overbrace{\langle f_{b_1} | M^B f_{b_2}\rangle}^{=\langle (M^B)^* f_{b_1} | f_{b_2}\rangle} \\
&\underbrace{=}_{\substack{M^A = (M^A)^* \\ M^B = (M^B)^*}} \sum_{a_1, b_1} \sum_{a_2, b_2} \overline{\Psi_{a_1 b_1}} \Phi_{a_2 b_2} \langle M^A e_{a_1} | e_{a_2}\rangle \langle M^B f_{b_1} | f_{b_2}\rangle \tag{3.53} \\
&\underbrace{=}_{(3.10)} \sum_{a_1, b_1} \sum_{a_2, b_2} \overline{\Psi_{a_1 b_1}} \Phi_{a_2 b_2} \langle (M^A | e_{a_1}\rangle) \otimes (M^B | f_{b_1}\rangle) | e_{a_2} \otimes f_{b_2}\rangle \\
&\underbrace{=}_{(3.51)} \langle (M^A \otimes M^B) \Psi | \Phi \rangle .
\end{aligned}
$$

Der Operator $M^A \otimes M^B$ repräsentiert somit eine Observable des Gesamtsystems. Als erstes Beispiel für Observable im Tensorprodukt $\mathbb{H}^{AB} = \mathbb{H} \otimes \mathbb{H}$ von Qbit-Räumen wollen wir hier die Wirkung von $M^A \otimes M^B = \sigma_z^A \otimes \sigma_z^B$ auf die Bell-Basen (3.47) des Gesamtsystems $\mathbb{H}^{AB}$ berechnen.

$$
\begin{aligned}
\left(\sigma_z \otimes \sigma_z \right) | \Phi^\pm \rangle &= \left(\sigma_z \otimes \sigma_z \right) \frac{1}{\sqrt{2}} \left(|00\rangle \pm |11\rangle \right) \\
&= \frac{1}{\sqrt{2}} \left(\sigma_z \otimes \sigma_z \right) \left(|0\rangle \otimes |0\rangle \pm |1\rangle \otimes |1\rangle \right) \\
&= \frac{1}{\sqrt{2}} \left\{ \left(\sigma_z |0\rangle \right) \otimes \left(\sigma_z |0\rangle \right) \pm \left(\sigma_z |1\rangle \right) \otimes \left(\sigma_z |1\rangle \right) \right\} \tag{3.54} \\
&= \frac{1}{\sqrt{2}} \left\{ |0\rangle \otimes |0\rangle \pm \left(-|1\rangle \right) \otimes \left(-|1\rangle \right) \right\} \\
&= \frac{1}{\sqrt{2}} \left\{ |0\rangle \otimes |0\rangle \pm |1\rangle \otimes |1\rangle \right\} = \frac{1}{\sqrt{2}} \left(|00\rangle \pm |11\rangle \right) \\
&= | \Phi^\pm \rangle .
\end{aligned}
$$

Tab. 3.1 Zustandsbestimmung durch gemeinsame Messung von $\sigma_z \otimes \sigma_z$ und $\sigma_x \otimes \sigma_x$

Messwert von		
$\sigma_z \otimes \sigma_z$	$\sigma_x \otimes \sigma_x$	Zustand nach Messung
$+1$	$+1$	$|\Phi^+\rangle$
$+1$	-1	$|\Phi^-\rangle$
-1	$+1$	$|\Psi^+\rangle$
-1	-1	$|\Psi^-\rangle$

Analog zeigt man

$$\left(\sigma_z \otimes \sigma_z\right)|\Psi^\pm\rangle = -|\Psi^\pm\rangle \tag{3.55}$$

$$\left(\sigma_x \otimes \sigma_x\right)|\Phi^\pm\rangle = \pm|\Phi^\pm\rangle \tag{3.56}$$

$$\left(\sigma_x \otimes \sigma_x\right)|\Psi^\pm\rangle = \pm|\Psi^\pm\rangle \tag{3.57}$$

und hat somit in der Bell-Basis $\{|\Phi^+\rangle, |\Phi^-\rangle, |\Psi^+\rangle, |\Psi^-\rangle\}$ für die Operatoren $\sigma_z \otimes \sigma_z, \sigma_x \otimes \sigma_x$ die Matrixdarstellungen (siehe Definition 2.5)

$$\sigma_z \otimes \sigma_z|_{\text{in Bell-Basis}} = \begin{pmatrix} 1 & 0 & 0 & 0 \\ 0 & 1 & 0 & 0 \\ 0 & 0 & -1 & 0 \\ 0 & 0 & 0 & -1 \end{pmatrix} \tag{3.58}$$

$$\sigma_x \otimes \sigma_x|_{\text{in Bell-Basis}} = \begin{pmatrix} 1 & 0 & 0 & 0 \\ 0 & -1 & 0 & 0 \\ 0 & 0 & 1 & 0 \\ 0 & 0 & 0 & -1 \end{pmatrix}, \tag{3.59}$$

woraus man sofort sieht, dass diese Operatoren vertauschen

$$\left[\sigma_z \otimes \sigma_z, \sigma_x \otimes \sigma_x\right] = 0, \tag{3.60}$$

d. h. die zugehörigen Observablen sind kompatibel. Insbesondere haben sie – wie man aus (3.54)–(3.57) sofort sieht – gemeinsame Eigenvektoren, und es ist möglich, diese beiden Observablen scharf, d. h. ohne Streuung, zu messen. Die Kombination der Messwerte der beiden Observablen geben daher über den nach der Messung vorliegenden Zustand, wie in Tab. 3.1 angegeben, Auskunft. Die in Tab. 3.1 angegebene Zuordnung wird bei der Teleportation erneut eine Rolle spielen.

Nimmt man nur Messungen an einem Teilsystem vor – etwa von einer Observable des Systems A mit dem Operator M^A – so ist dies als Observable des Gesamtsystems mit dem Operator $M^A \otimes \mathbf{1}^B$ aufzufassen. Dementsprechend werden Messungen nur am Teilsystem B durch Operatoren der Form $\mathbf{1}^A \otimes M^B$ dargestellt. Betrachten wir etwa einen *reinen Gesamtzustand*

$$|\Psi\rangle = \sum_{a,b} \Psi_{ab}|e_a\rangle \otimes |f_b\rangle, \tag{3.61}$$

in dem eine Messung der Observable M^A im Teilsystem A vorgenommen wird. Der Erwartungswert berechnet sich dann gemäß (2.56) als

$$
\begin{aligned}
\left\langle M^A \otimes \mathbf{1}^B \right\rangle_\Psi & \\
&= \langle \Psi | M^A \otimes \mathbf{1}^B \Psi \rangle \underbrace{=}_{(3.51)} \sum_{a_1,b_1} \sum_{a_2,b_2} \overline{\Psi_{a_2 b_2}} \Psi_{a_1 b_1} \langle e_{a_2} \otimes f_{b_2} | M^A e_{a_1} \otimes f_{b_1} \rangle \\
&\underbrace{=}_{(3.10)} \sum_{a_1,b_1} \sum_{a_2,b_2} \overline{\Psi_{a_2 b_2}} \Psi_{a_1 b_1} \langle e_{a_2} | M^A e_{a_1} \rangle \underbrace{\langle f_{b_2} | f_{b_1} \rangle}_{=\delta_{b_2 b_1}} \\
&= \sum_{a_2,a_1,b} \overline{\Psi_{a_2 b}} \Psi_{a_1 b} \langle e_{a_2} | M^A e_{a_1} \rangle .
\end{aligned}
$$
$$(3.62)$$

Dies ist der Erwartungswert der Observable M^A, den Alice bei Messungen an ihrem Teilsystem beobachtet. Sie würde genau die *gleichen* Erwartungswerte messen, falls sich ihr Teilsystem alleine in folgendem *gemischten* Zustand befände:

$$
\rho^A(\Psi) := \sum_{a_2,a_1,b} \overline{\Psi_{a_2 b}} \Psi_{a_1 b} |e_{a_1}\rangle \langle e_{a_2}| . \tag{3.63}
$$

Der Zustand $\rho^A(\Psi)$ ist ein gemischter Zustand für das System A, der vom reinen Gesamtzustand $|\Psi\rangle$ abhängt. Für Observable der Form M^A reproduziert der der Zustand $\rho^A(\Psi)$ die Erwartungswerte von $M^A \otimes \mathbf{1}^B$ im Zustand $|\Psi\rangle$. Wir zeigen zunächst, dass $\rho^A(\Psi)$ alle Eigenschaften eines Dichteoperators hat, d. h. dass $\rho^A(\Psi)$ selbstadjungiert und positiv ist und Spur 1 hat.

$$
\begin{aligned}
\left(\rho^A(\Psi) \right)^* &= \sum_{a_1,a_2,b} \overline{\overline{\Psi_{a_2 b}} \Psi_{a_1 b}} \underbrace{\left(|e_{a_1}\rangle\langle e_{a_2}| \right)^*}_{=|e_{a_2}\rangle\langle e_{a_1}|} = \sum_{a_1,a_2,b} \overline{\Psi_{a_1 b}} \Psi_{a_2 b} |e_{a_2}\rangle\langle e_{a_1}| \\
&= \rho^A(\Psi)
\end{aligned}
$$
$$(3.64)$$

$$
\begin{aligned}
\langle \varphi | \rho^A(\Psi)\varphi \rangle &= \sum_{a_1,a_2,b} \overline{\Psi_{a_2 b}} \Psi_{a_1 b} \langle \varphi | e_{a_1} \rangle \langle e_{a_2} | \varphi \rangle \\
&= \sum_b \left(\sum_{a_1} \Psi_{a_1 b} \langle \varphi | e_{a_1} \rangle \right) \overline{\left(\sum_{a_2} \Psi_{a_2 b} \langle \varphi | e_{a_2} \rangle \right)} \\
&= \sum_b \left| \sum_a \Psi_{ab} \langle \varphi | e_a \rangle \right|^2 \\
&\geq 0
\end{aligned}
$$
$$(3.65)$$

$$
\mathrm{Tr}(\rho^A(\Psi)) = \sum_{a_3,a_1,a_2,b} \overline{\Psi_{a_2 b}} \Psi_{a_1 b} \langle e_{a_3} | e_{a_1} \rangle \langle e_{a_2} | e_{a_3} \rangle = \sum_{a,b} |\Psi_{ab}|^2 \underbrace{=}_{(3.19)} \|\Psi\|^2
$$
$$
= 1 . \tag{3.66}
$$

Nun zu der oben behaupteten Gleichheit der Erwartungswerte der Zustände $|\Psi\rangle$ und $\rho^A(\Psi)$ für Observable des Teilsystems A. Aus (3.63) ergibt sich

$$
\begin{aligned}
\left\langle M^A\right\rangle_{\rho^A(\Psi)} &= \mathrm{Tr}(\rho^A(\Psi) M^A) = \sum_a \langle e_a | \rho^A(\Psi) M^A e_a \rangle \\
&= \sum_{a,a_1,a_2,b} \overline{\Psi_{a_2 b}} \Psi_{a_1 b} \langle e_a | e_{a_1} \rangle \langle e_{a_2} | M^A e_a \rangle = \sum_{a_1,a_2,b} \overline{\Psi_{a_2 b}} \Psi_{a_1 b} \langle e_{a_2} | M^A e_{a_1} \rangle \\
&\underbrace{=}_{(3.62)} \left\langle M^A \otimes \mathbf{1}^B \right\rangle_\Psi .
\end{aligned}
\tag{3.67}
$$

Falls Alice Messungen an ihrem Teilsystem vornimmt und nichts von einem Gesamtsystem, das in einem reinen Zustand $|\Psi\rangle$ ist, weiß, so liegt für sie de facto ihr System in dem gemischten Zustand $\rho^A(\Psi)$ vor.

Wenn man also in einem System in einem reinen Gesamtzustand $|\Psi\rangle \in \mathbb{H}^A \otimes \mathbb{H}^B$, der durch den Dichteoperator $\rho = |\Psi\rangle\langle\Psi|$ auf $\mathbb{H}^A \otimes \mathbb{H}^B$ dargestellt wird, nur das Teilsystem in $\mathbb{H}^A$ betrachtet, wird dieses durch den Dichteoperator

$$
\rho^A(\Psi) = \sum_{a_1,a_2,b} \overline{\Psi_{a_2 b}} \Psi_{a_1 b} |e_{a_1}\rangle\langle e_{a_2}|
\tag{3.68}
$$

beschrieben. Ganz entsprechend erhält man, falls man nur das Teilsystem B betrachtet,

$$
\left\langle \mathbf{1}^A \otimes M^B \right\rangle_\Psi = \sum_{b_1,b_2,a} \Psi_{ab_1} \overline{\Psi_{ab_2}} \langle f_{b_2} | M^B f_{b_1} \rangle ,
\tag{3.69}
$$

und mit

$$
\rho^B(\Psi) = \sum_{b_1,b_2,a} \overline{\Psi_{ab_2}} \Psi_{ab_1} |f_{b_1}\rangle\langle f_{b_2}|
\tag{3.70}
$$

hat man dann entsprechend

$$
\left\langle M^B \right\rangle_{\rho^B(\Psi)} = \left\langle \mathbf{1}^A \otimes M^B \right\rangle_\Psi .
\tag{3.71}
$$

Diese Ergebnisse motivieren folgende Definition.

Definition 3.8
Für einen Operator $\rho : \mathbb{H}^A \otimes \mathbb{H}^B \to \mathbb{H}^A \otimes \mathbb{H}^B$ definiert man die **Teilspur** $\mathrm{Tr}^B(\rho)$ über $\mathbb{H}^B$ als den Operator $\mathrm{Tr}^B(\rho) : \mathbb{H}^A \to \mathbb{H}^A$, der für beliebige Operatoren $M^A : \mathbb{H}^A \to \mathbb{H}^A$ folgende Identität

$$
\left\langle M^A \right\rangle_{\mathrm{Tr}^B(\rho)} = \left\langle M^A \otimes \mathbf{1}^B \right\rangle_\rho
\tag{3.72}
$$

erfüllt.

Mithilfe der Teilspur können wir einen Operator ρ^A definieren, der die Eigenschaften eines Dichteoperators hat und den Zustand des Teilsystems $\mathbb{H}^A$ beschreibt, wenn man es alleinstehend betrachtet.

Satz 3.9

Sei ρ der Dichteoperator, der den Zustand eines Gesamtsystems $\mathbb{H}^A \otimes \mathbb{H}^B$ beschreibt. Dann ist

$$\rho^A(\rho) = \mathrm{Tr}^B(\rho) \qquad (3.73)$$

der eindeutig bestimmte Dichteoperator auf $\mathbb{H}^A$, der den Zustand beschreibt, wenn man nur das Teilsystem A betrachtet.

Sei weiterhin $\{|e_a\rangle\}$ ONB in $\mathbb{H}^A$ und $\{|f_b\rangle\}$ ONB in $\mathbb{H}^B$ sowie $\rho_{a_1b_1,a_2b_2}$ die Matrix von ρ in der ONB $\{|e_a \otimes f_b\rangle\}$ in $\mathbb{H}^A \otimes \mathbb{H}^B$. Dann gilt für die Matrix von $\rho^A(\rho)$ in der ONB $\{|e_a\rangle\}$

$$\rho^A(\rho)_{a_1 a_2} = \sum_b \rho_{a_1 b, a_2 b} \cdot \qquad (3.74)$$

Beweis Zunächst zeigen wir die Eindeutigkeit. Per Definition 3.8 erfüllt ρ für alle $M^A : \mathbb{H}^A \to \mathbb{H}^A$

$$\langle M^A \rangle_{\rho^A} = \langle M^A \otimes \mathbf{1}^B \rangle_{\rho} . \qquad (3.75)$$

Sei $\widetilde{\rho^A}$ ein weiterer Operator auf $\mathbb{H}^A$, der (3.75) erfüllt. Dann gilt für beliebige $M^A : \mathbb{H}^A \to \mathbb{H}^A$

$$
\begin{aligned}
\mathrm{Tr}\left(M^A\left(\widetilde{\rho^A} - \rho^A\right)\right) &= \mathrm{Tr}\left(M^A \widetilde{\rho^A}\right) - \mathrm{Tr}\left(M^A \rho^A\right) \\
&= \langle M^A \rangle_{\widetilde{\rho^A}} - \langle M^A \rangle_{\rho^A} = \langle M^A \otimes \mathbf{1}^B \rangle_{\rho} - \langle M^A \otimes \mathbf{1}^B \rangle_{\rho} \\
&= 0 ,
\end{aligned}
\qquad (3.76)
$$

und wegen (2.55) ist daher $\widetilde{\rho^A} = \rho^A$.

Als Nächstes zeigen wir (3.74). Sei $\{|e_a\rangle\}$ ONB in $\mathbb{H}^A$, $\{|f_b\rangle\}$ ONB in $\mathbb{H}^B$ und ρ Operator auf $\mathbb{H}^A \otimes \mathbb{H}^B$ gegeben durch

$$\rho = \sum_{a_1, a_2, b_1, b_2} |e_{a_1} \otimes f_{b_1}\rangle \rho_{a_1 b_1, a_2 b_2} \langle e_{a_2} \otimes f_{b_2}| \qquad (3.77)$$

sowie

$$M^A = \sum_{a_1, a_2} |e_{a_1}\rangle M^A_{a_1 a_2} \langle e_{a_2}| \qquad (3.78)$$

ein beliebiger Operator auf $\mathbb{H}^A$. Dann ist zunächst

$$
\begin{aligned}
\langle M^A \otimes \mathbf{1}^B \rangle_\rho &= \text{Tr}(M^A \otimes \mathbf{1}^B \rho) \\
&= \sum_{a_3,b_3} \langle e_{a_3} \otimes f_{b_3} | \left(M^A \otimes \mathbf{1}^B \right) \sum_{a_1,a_2,b_1,b_2} |e_{a_1} \otimes f_{b_1}\rangle \rho_{a_1 b_1, a_2 b_2} \underbrace{\langle e_{a_2} \otimes f_{b_2} | e_{a_3} \otimes f_{b_3}\rangle}_{=\delta_{a_2 a_3}\delta_{b_2 b_3}} \\
&= \sum_{a_1,a_2,b_1,b_2} \langle e_{a_2} \otimes f_{b_2} | (M^A e_{a_1}) \otimes f_{b_1}\rangle \rho_{a_1 b_1, a_2 b_2} \\
&= \sum_{a_1,a_2,b_1,b_2} \langle e_{a_2} | M^A e_{a_1}\rangle \underbrace{\langle f_{b_2} | f_{b_1}\rangle}_{=\delta_{b_1 b_2}} \rho_{a_1 b_1, a_2 b_2} \\
&= \sum_{a_1,a_2,b} M^A_{a_2 a_1} \rho_{a_1 b, a_2 b}.
\end{aligned}
\tag{3.79}
$$

Andererseits ist

$$
\begin{aligned}
\langle M^A \rangle_{\rho^A(\rho)} &= \text{Tr}(M^A \rho^A(\rho)) \\
&= \sum_{a_1} \langle e_{a_1} | M^A \rho^A(\rho) e_{a_1}\rangle \\
&= \sum_{a_1,a_2,a_3} \underbrace{\langle e_{a_1} | e_{a_2}\rangle}_{=\delta_{a_1 a_2}} M^A_{a_2 a_3} \underbrace{\langle e_{a_2} | \rho^A(\rho) e_{a_3}\rangle}_{=\rho^A(\rho)_{a_2 a_3}} \\
&= \sum_{a_1,a_2} M^A_{a_1 a_2} \rho^A(\rho)_{a_2 a_1},
\end{aligned}
\tag{3.80}
$$

was zusammen mit (3.79) wegen der Beliebigkeit von M^A schließlich (3.74) ergibt.

Dass ρ^A ein Dichteoperator auf $\mathbb{H}^A$ ist, ergibt sich aus den einen Dichteoperator definierenden folgenden Eigenschaften, die von ρ^A alle erfüllt sind:

ρ^A *ist selbstadjungiert:* Dazu genügt es, $\rho^{A*}_{a_1 a_2} = \rho^A_{a_1 a_2}$ in einer beliebigen ONB $\{|e_a\rangle\} \subset \mathbb{H}^A$ zu zeigen:

$$
\begin{aligned}
\rho^A(\rho)^*_{a_1 a_2} &= \overline{\rho^A(\rho)_{a_2 a_1}} \\
&\underbrace{=}_{(3.74)} \sum_b \overline{\rho_{a_2 b, a_1 b}} = \sum_b \overline{\rho_{a_2 b, a_1 b}} \underbrace{=}_{\rho^* = \rho} \sum_b \rho_{a_1 b, a_2 b} \\
&\underbrace{=}_{(3.74)} \rho^A(\rho)_{a_1 a_2}
\end{aligned}
\tag{3.81}
$$

ρ^A *ist positiv:* Sei $\{|f_b\rangle\}$ ONB in $\mathbb{H}^B$ und $|\varphi\rangle \in \mathbb{H}^A$ beliebig. Dann ist

$$
\begin{aligned}
\langle\varphi|\rho^A(\rho)\varphi\rangle &= \sum_{a_1,a_2} \overline{\varphi_{a_1}} \rho^A(\rho)_{a_1 a_2} \varphi_{a_2} \\
&\underset{(3.74)}{=} \sum_{a_1,a_2} \overline{\varphi_{a_1}} \sum_b \rho_{a_1 b, a_2 b} \varphi_{a_2} = \sum_{a_1,a_2,b} \overline{\varphi_{a_1}} \rho_{a_1 b, a_2 b} \varphi_{a_2} \\
&= \sum_b \underbrace{\langle\varphi \otimes f_b | \rho(\varphi \otimes f_b)\rangle}_{>0 \text{ weil } \rho > 0} \qquad\qquad (3.82) \\
&> 0 .
\end{aligned}
$$

ρ^A *hat Spur* 1:

$$
\begin{aligned}
\mathrm{Tr}(\rho^A(\rho)) &= \sum_a \rho^A(\rho)_{aa} \\
&\underset{(3.74)}{=} \sum_a \sum_b \rho_{ab,ab} = \mathrm{Tr}(\rho) \qquad\qquad (3.83) \\
&\underset{(2.108)}{=} 1 . \qquad\qquad\qquad\qquad\qquad\qquad (3.84)
\end{aligned}
$$

Damit ist gezeigt, dass ρ^A ein Dichteoperator auf $\mathbb{H}^A$ ist und somit einen Zustand des Teilsystems A beschreibt. Wenn man im Gesamtsystem nur Teilsystem A betrachtet, bedeutet dies, dass man im Gesamtsystem nur Observablen der Form $M^A \otimes \mathbf{1}^B$ beobachtet. Deren Erwartungswerte im Gesamtzustand ρ stimmen aufgrund der definierenden Eigenschaft (3.75) mit den Erwartungswerten von M^A im Zustand ρ^A überein. Somit ist ρ^A der Zustand, wenn man die Beobachtung auf das Teilsystem A einschränkt. $\square$

Zur Notation sei hier noch Folgendes angemerkt: $\rho^A(\rho)$ ist der Zustand, der die Physik beschreibt, wenn man nur Teilsystem A beobachtet. Man erhält $\rho^A(\rho)$ aus dem Gesamtzustand ρ, indem man die Teilspur über Teilsystem B bildet.

Definition 3.10
Falls ρ ein Dichteoperator auf $\mathbb{H}^A \otimes \mathbb{H}^B$ ist, bezeichnen wir

$$
\rho^A(\rho) := \mathrm{Tr}^B(\rho) \qquad\qquad (3.85)
$$

als den **reduzierten Dichteoperator** auf $\mathbb{H}^A$.

Beispiel 3.3 Als Beispiel mit Qbit-Räumen berechnen wir $\rho^A(\Phi^+)$ für den Bell-Basisvektor

$$|\Phi^+\rangle = \frac{1}{\sqrt{2}}\big(|00\rangle + |11\rangle\big) = \underbrace{\frac{1}{\sqrt{2}}}_{=\Phi_{00}^+}|0\rangle\otimes|0\rangle + \underbrace{\frac{1}{\sqrt{2}}}_{=\Phi_{11}^+}|1\rangle\otimes|1\rangle. \qquad (3.86)$$

Somit wird

$$\begin{aligned}
\rho^A(\Phi^+) &= \sum_{a_1,a_2,b} \overline{\Phi_{a_2 b}^+}\,\Phi_{a_1 b}^+ |e_{a_1}\rangle\langle e_{a_2}| \\
&= \sum_{a_1,a_2}\Big(\overline{\Phi_{a_2 0}^+}\,\Phi_{a_1 0}^+ + \overline{\Phi_{a_2 1}^+}\,\Phi_{a_1 1}^+\Big)|e_{a_1}\rangle\langle e_{a_2}| \\
&= \frac{1}{2}|0\rangle\langle 0| + \frac{1}{2}|1\rangle\langle 1| \qquad (3.87) \\
&= \frac{1}{2}\mathbf{1}^A.
\end{aligned}$$

Da $\big(\rho^A(\Phi^+)\big)^2 = \frac{1}{4}\mathbf{1}^A < \rho^A(\Phi^+)$, beobachtet Alice in der Tat eine echte Mischung in ihrem Teilsystem, obwohl sich das Gesamtsystem in einem reinen Zustand $|\Phi^+\rangle$ befindet.

Ganz analog gilt für einen Gesamtzustand, der durch den Dichteoperator ρ auf $\mathbb{H}^A \otimes \mathbb{H}^B$ dargestellt wird, dass, wenn man nur das Teilsystem in $\mathbb{H}^B$ betrachtet, dieser durch den reduzierten Dichteoperator

$$\rho^B(\rho) = \text{Tr}^A(\rho) \qquad (3.88)$$

beschrieben wird. Für alle Observable M^B gilt dann

$$\big\langle M^B\big\rangle_{\rho^B(\rho)} = \big\langle \mathbf{1}^A \otimes M^B\big\rangle_\rho\,, \qquad (3.89)$$

wobei nun logischerweise der Zustand $\rho^B(\rho) = \text{Tr}^A(\rho)$ in B durch Bilden der Teilspur über A aus dem Gesamtzustand ρ gewonnen wird. Entsprechend erhält man für die Matrixelemente

$$\rho^B(\rho)_{b_1 b_2} = \sum_a \rho_{ab_1,ab_2}\,. \qquad (3.90)$$

Übung 3.3 Man bestimme $\rho^A(\Phi^-)$, $\rho^A(\Psi^\pm)$, $\rho^B(\Phi^\pm)$ und $\rho^B(\Psi^\pm)$ für die Vektoren $|\Phi^\pm\rangle$, $|\Psi^\pm\rangle$ der Bell-Basis (3.47).
Zur Lösung siehe 3.3 im Kap. 13 Lösungen. ◄

3.4 Schmidt-Zerlegung

Für reine Zustände $|\Psi\rangle \in \mathbb{H}^A \otimes \mathbb{H}^B$ in zusammengesetzten Systemen kann man mithilfe der Eigenwerte der zugehörigen reduzierten Dichteoperatoren ONBs in $\mathbb{H}^A$ und $\mathbb{H}^B$ finden, die eine schlanke und manchmal nützliche Darstellung von $|\Psi\rangle$ erlauben, die unter dem Namen Schmidt-Zerlegung bekannt ist und die wir hier kurz vorstellen.

Sei

$$|\Psi\rangle = \sum_{a,b} \Psi_{ab} |e_a \otimes f_b\rangle \tag{3.91}$$

ein reiner Gesamtzustand in $\mathbb{H}^A \otimes \mathbb{H}^B$ und

$$\rho^A(\Psi) = \sum_{a_1,a_2,b} \Psi_{a_1b} \overline{\Psi_{a_2b}} |e_{a_1}\rangle\langle e_{a_2}| \tag{3.92}$$

der zugehörige reduzierte Dichteoperator. Da $\rho^A(\Psi)$ ein selbstadjungierter und positiver Operator auf $\mathbb{H}^A$ ist, gibt es eine aus Eigenvektoren von $\rho^A(\Psi)$ bestehende ONB $\{|\widetilde{e_a}\rangle\}$ in $\mathbb{H}^A$, sodass

$$\rho^A(\Psi) = \sum_a q_a |\widetilde{e_a}\rangle\langle\widetilde{e_a}|, \tag{3.93}$$

wobei die $q_a \geq 0$ die Eigenwerte sind. Die ONBs $\{|\widetilde{e_a}\rangle\}$ und $\{|e_a\rangle\}$ sind durch eine unitäre Abbildung U miteinander verknüpft:

$$|\widetilde{e_a}\rangle = U|e_a\rangle = \sum_{a_1} |e_{a_1}\rangle \underbrace{\langle e_{a_1}|Ue_a\rangle}_{=:U_{a_1a}}. \tag{3.94}$$

Mit

$$\widetilde{\Psi_{ab}} := \sum_{a_1} U^*_{aa_1} \Psi_{a_1b} \tag{3.95}$$

hat man dann offensichtlich

$$|\Psi\rangle = \sum_{a,b} \widetilde{\Psi_{ab}} |\widetilde{e_a} \otimes f_b\rangle, \tag{3.96}$$

was nach der Definition (3.68) des reduzierten Dichteoperators zu

$$\rho^A(\Psi) = \sum_{a_1,a_2,b} \widetilde{\Psi_{a_1b}} \overline{\widetilde{\Psi_{a_2b}}} |\widetilde{e_{a_1}}\rangle\langle\widetilde{e_{a_2}}| \tag{3.97}$$

führt. Ein Vergleich von (3.93) mit (3.97) zeigt, dass

$$\sum_b \widetilde{\Psi_{a_1b}} \overline{\widetilde{\Psi_{a_2b}}} = \delta_{a_1a_2} q_{a_2} \tag{3.98}$$

sein muss. Insbesondere folgt damit

$$q_a = 0 \qquad \Leftrightarrow \qquad \widetilde{\Psi_{ab}} = 0 \quad \forall b. \tag{3.99}$$

Für $q_a > 0$ definieren wir die Vektoren

$$|\widetilde{f_a}\rangle := \frac{1}{\sqrt{q_a}} \sum_b \widetilde{\Psi_{ab}} |f_b\rangle \quad \in \mathbb{H}^B. \tag{3.100}$$

Die Menge der so definierten $|\widetilde{f_a}\rangle$ ist orthonormiert, denn

$$\langle \widetilde{f_{a_1}} | \widetilde{f_{a_2}} \rangle = \frac{1}{\sqrt{q_{a_1} q_{a_2}}} \sum_{b_1, b_2} \overline{\widetilde{\Psi_{a_1 b_1}}} \, \widetilde{\Psi_{a_2 b_2}} \underbrace{\langle f_{b_1} | f_{b_2} \rangle}_{=\delta_{b_1 b_2}} = \frac{1}{\sqrt{q_{a_1} q_{a_2}}} \sum_b \overline{\widetilde{\Psi_{a_1 b}}} \, \widetilde{\Psi_{a_2 b}}$$

$$\underbrace{=}_{(3.98)} \delta_{a_1 a_2}. \tag{3.101}$$

Damit wird

$$|\Psi\rangle = \sum_{a,b} \widetilde{\Psi_{ab}} |\widetilde{e_a} \otimes f_b\rangle$$

$$= \sum_{q_a \neq 0} |\widetilde{e_a}\rangle \otimes \underbrace{\sum_b \widetilde{\Psi_{ab}} |f_b\rangle}_{= \sqrt{q_a} |\widetilde{f_a}\rangle} + \sum_{q_a = 0} \sum_b \underbrace{\widetilde{\Psi_{ab}}}_{=0} |\widetilde{e_a} \otimes f_b\rangle \tag{3.102}$$

$$= \sum_{q_a \neq 0} \sqrt{q_a} |\widetilde{e_a} \otimes \widetilde{f_a}\rangle,$$

wobei in der zweiten Gleichung in der ersten Summe die Definition (3.100) und in der zweiten Summe die Relation (3.99) benutzt wurde. Schließlich können wir in der Summe der letzten Gleichung die Einschränkung $q_a \neq 0$ fallenlassen, da solche Terme ohnehin nichts beitragen. Man kann dann auch die Menge der orthonormierten Vektoren $|\widetilde{f_a}\rangle$ zu einer ONB in $\mathbb{H}^B$ erweitern, indem man geeignete Vektoren hinzunimmt. Dann sind auch $|\widetilde{f_a}\rangle$ für $q_a = 0$ definiert.

Das Ergebnis ist die **Schmidt-Zerlegung** von $|\Psi\rangle \in \mathbb{H}^A \otimes \mathbb{H}^B$:

$$|\Psi\rangle = \sum_a \sqrt{q_a} |\widetilde{e_a} \otimes \widetilde{f_a}\rangle. \tag{3.103}$$

Es sei hier darauf hingewiesen, dass die ONB $\{|\widetilde{e_a}\rangle\}$ und die $\{|\widetilde{f_a}\rangle\}$ *von* $|\Psi\rangle$ *abhängen*, d. h. für andere Vektoren $|\Phi\rangle \in \mathbb{H}^A \otimes \mathbb{H}^B$ erhält man im Allgemeinen andere $\{|\widetilde{e_a}\rangle\}$ und $\{\widetilde{f_a}\}$. Aus der Schmidt-Zerlegung folgt sofort mithilfe der Definition (3.63) der reduzierten Dichteoperatoren

$$\rho^A(\Psi) = \sum_a q_a |\widetilde{e_a}\rangle\langle \widetilde{e_a}|, \tag{3.104}$$

was ja wegen (3.93) notwendig so sein muss, da dies der Ausgangspunkt der Konstruktion war. Es folgt aber aus (3.103) und (3.70) auch

$$\rho^B(\Psi) = \sum_b q_b |\widetilde{f_b}\rangle\langle\widetilde{f_b}|, \tag{3.105}$$

d. h. $\rho^A(\Psi)$ und $\rho^B(\Psi)$ haben die gleiche Anzahl *nichtverschwindender* Eigenwerte.

Die ONBs $\{|\widetilde{e_a}\rangle\}$ und $\{|\widetilde{f_b}\rangle\}$ in der Schmidt-Zerlegung sind nur dann *eindeutig*, falls alle nichtverschwindenden Eigenwerte von $\rho^A(\Psi)$ (und somit nach dem oben Gesagten auch von $\rho^B(\Psi)$) nicht entartet sind. Falls ein von null verschiedener Eigenwert von $\rho^A(\Psi)$ entartet ist, kann die ONB in dem zugehörigen Eigenraum frei gewählt werden. Sei etwa $d_{\bar{a}} > 1$ die Entartung des $\bar{a}$-ten Eigenwertes $q_{\bar{a}} \neq 0$ von $\rho^A(\psi)$ und $|\widetilde{e_{\bar{a},k}}\rangle$ für $k = 1, \ldots, d_{\bar{a}}$ die zu $q_{\bar{a}}$ gehörigen Eigenvektoren, so hat man

$$\rho^A(\Psi) = \sum_{a \neq \bar{a}} q_a |\widetilde{e_a}\rangle\langle\widetilde{e_a}| + q_{\bar{a}} \sum_{k=1}^{d_{\bar{a}}} |\widetilde{e_{\bar{a},k}}\rangle\langle\widetilde{e_{\bar{a},k}}|$$

$$= \sum_{a \neq \bar{a}} q_a |\widetilde{e_a}\rangle\langle\widetilde{e_a}| + q_{\bar{a}} \sum_{k=1}^{d_{\bar{a}}} |\widetilde{\widetilde{e_{\bar{a},k}}}\rangle\langle\widetilde{\widetilde{e_{\bar{a},k}}}| \tag{3.106}$$

mit

$$|\widetilde{\widetilde{e_{\bar{a}k}}}\rangle = \sum_{l=1}^{d_{\bar{a}}} U_{kl}^{\bar{a}} |\widetilde{e_{\bar{a}l}}\rangle, \tag{3.107}$$

wobei $U_{kl}^{\bar{a}}$ die Matrix einer beliebigen unitären Transformation im Eigenraum zu $q_{\bar{a}}$ ist. Dann erhält man für die Schmidt-Zerlegung die möglichen Formen

$$|\Psi\rangle = \sum_{q_a \neq q_{\bar{a}}} \sqrt{q_a} |\widetilde{e_a} \otimes \widetilde{f_a}\rangle + \sqrt{q_{\bar{a}}} \sum_{k=1}^{d_{\bar{a}}} |\widetilde{e_{\bar{a}}} \otimes \widetilde{f_{\bar{a}}}\rangle \tag{3.108}$$

$$= \sum_{q_a \neq q_{\bar{a}}} \sqrt{q_a} |\widetilde{e_a} \otimes \widetilde{f_a}\rangle + \sqrt{q_{\bar{a}}} \sum_{k=1}^{d_{\bar{a}}} |\widetilde{\widetilde{e_{\bar{a}}}} \otimes \widetilde{\widetilde{f_{\bar{a}}}}\rangle, \tag{3.109}$$

was die Nichteindeutigkeit der ONBs im Falle entarteter Eigenwerte verdeutlicht.

Verschränkung

4

Zusammenfassung

In diesem Kapitel wird die quantenmechanische Eigenschaft der Verschränkung ausführlich behandelt. Zunächst wird Verschränkung allgemein auch für gemischte Zustände definiert, bevor dann für reine Zustände Kriterien zur Feststellung der Verschränkung angeben werden. Als Nächstes wird gezeigt, dass es möglich ist Zustände zu verschränken, ohne dass diese jemals miteinander in Wechselwirkung getreten sind. Danach widmet sich ein Abschnitt dem als Einstein-Podolsky-Rosen-Paradoxon bekannt gewordenen Versuch dieser Autoren, mithilfe von verschränkten Zuständen zu zeigen, dass die Quantenmechanik unvollständig ist. Anschließend werden ausführlich die Bell'schen Ungleichungen behandelt. Dies geschieht zunächst in der ursprünglich von Bell hergeleiteten und dann in der von Clauser, Horne, Shimony und Holt verallgemeinerten Form. Zusätzlich wird gezeigt, dass diese Ungleichungen in verschränkten Zuständen verletzt werden können, während sie in separablen Zuständen immer erfüllt sind. Schließlich wird noch gezeigt, dass es trotz der von Einstein belächelten und der Verschränkung innewohnenden „spukhaften Fernwirkung" kein Bell'sches Telefon gibt, mit dem man instantan Signale übertragen könnte. Auch die Unmöglichkeit eines perfekten Quantenkopierers (Quanten-No-Cloning-Theorem) wird bewiesen.

4.1 Allgemeines

Der Begriff *Verschränkung* geht auf Schrödinger [7] zurück. Die Existenz verschränkter Zustände ist vermutlich einer der entscheidenden Unterschiede zwischen der Quanteninformatik und der klassischen Informatik. In der Tat erlaubt die Existenz verschränkter Zustände *neue Effekte* wie z. B. Teleportation und *neue Algorithmen* wie z. B. Shors Algorithmus zur schnelleren Primfaktorisierung, welche in der klassischen Informatik nicht möglich sind. Bevor wir uns mit diesen in Kap. 6 be-

© Springer-Verlag Berlin Heidelberg 2016   79
W. Scherer, *Mathematik der Quanteninformatik*, DOI 10.1007/978-3-662-49080-8_4

schäftigen, wollen wir uns zunächst in diesem Kapitel die Verschränkung und einige aus ihr resultierenden Widersprüche zur alltäglichen Intuition näher anschauen.

Wir beginnen in Abschn. 4.2 mit einer mathematischen Definition der Verschränkung und geben ein handliches Kriterium für die Überprüfung, wann ein reiner Zustand verschränkt ist, an.

In Abschn. 4.3 zeigen wir dann, wie verschränkte Zustände erzeugt werden können, ohne dass die Systeme vorher einer Wechselwirkung ausgesetzt waren.

Der zweite wesentliche Unterschied zwischen Quanteninformatik und klassischer Informatik ist die Existenz inkompatibler Obervablen und deren nicht gemeinsame Messbarkeit (siehe Abschn. 2.3.1). Dass die Verschränkung zusammen mit der nicht gemeinsam scharfen Messbarkeit inkompatibler Observablen zu Effekten führt, die im Widerspruch zu unserer alltäglichen Auffassung von *Realität* und *Kausalität* stehen, wurde von Einstein, Podolsky, und Rosen in [1] dargelegt. Dies erlangte als EPR-Paradox Prominenz und wurde von den vorgenannten Autoren angeführt, um zu zeigen, daß die Quantenmechanik *keine vollständige Beschreibung* der Realität liefert. Wir werden uns mit dieser Argumentationskette in Abschn. 4.4 auseinandersetzen.

Bei dieser vermeintlichen Unvollständigkeit dachte man an zusätzliche sogenannte verborgene Parameter, die durch die Quantenmechanik nicht erfasst werden und deren Unkenntnis zum statistischen Charakter der Messergebnisse führt. Bell hat in [43] diese Zweifel an der Vollständigkeit aufgenommen und unter der Annahme, dass es solche lokalen[1] Parameter gibt, eine Ungleichung für die Korrelationen verschiedener Messgrößen abgeleitet. Die Existenz der durch die Quantenmechanik nicht erfassten lokalen Parameter würde also einerseits den EPR-Widerspruch zur üblichen Auffassung von Kausalität und Realität aufheben und andererseits die Bell'sche Ungleichung der Korrelationen implizieren. Experimente haben aber gezeigt, dass bestimmte quantenmechanische Systeme die Bell'sche Ungleichung *verletzen* [9]. Falls diese Systeme durch lokale Parameter vollständig beschreibbar sein sollten, dürfte dies nicht passieren. Die Natur hat sich somit bei der EPR-Alternative

(1) die Quantenmechanik liefert eine vollständige Beschreibung eines Systems
(2) unsere übliche Auffassung von Realität und Kausalität gilt für alle Systeme

offensichtlich gegen (2) entschieden. Diese mit dem EPR-Paradoxon und der Bell'schen Ungleichung zusammenhängenden Fragen wollen wir in Abschn. 4.4 ausführlicher behandeln.

Die mit dem EPR-Paradoxon angesprochenen Eigenschaften verschränkter Zustände verleiten bei oberflächlicher Sichtweise dazu, diese Effekte zur Signalausbreitung mit Überlichtgeschwindigkeit zu benutzen. Einen solchen Apparat, den wir Bell'sches Telefon nennen, gibt es aber nicht, wie in Abschn. 4.6.1 gezeigt wird. In Abschn. 4.6.2 betrachten wir einen weiteren unmöglichen Apparat, indem

---

[1] Lokal heißt hier, dass die Parameter eines Systems *nicht* von denen eines raumartig von diesem getrennten Systems *abhängen*.

wir zeigen, dass man keine Maschine bauen kann, die unbekannte und beliebige Qbits kopiert.

4.2 Definition und Charakterisierung

Wir beginnen mit der allgemeinen Definition [44], die auch für gemischte Zustände gilt.

Definition 4.1
Ein Zustand ρ in einem Gesamtsystem, welches sich aus den Teilsystemen A und B zusammensetzt, heißt **separabel** oder **Produktzustand** bezüglich der Teilsysteme A und B, wenn es Zustände ρ_j^A im Teilsystem A, ρ_j^B im Teilsystem B und positive Zahlen p_j mit

$$\sum_j p_j = 1 \tag{4.1}$$

gibt, sodass

$$\rho = \sum_j p_j \, \rho_j^A \otimes \rho_j^B \,. \tag{4.2}$$

Andernfalls heißt ρ **verschränkt**.

Für echt gemischte Zustände ist die Charakterisierung der Verschränkung ein gegenwärtig sehr aktiver Forschungsgegenstand, und die derzeit bekannten Kriterien sind nur für zweidimensionale Systeme einigermaßen handlich. Da für unsere Zwecke die Betrachtung der Verschränkung für reine Zustände ausreicht, beschränken wir uns in unseren weiteren Erörterungen auf diesen Fall. Der folgende Satz liefert ein alternatives Kriterium für die Separabilität reiner Zustände. In der Tat wird dieses Kriterium oft auch als Definition der Separabilität reiner Zustände gegeben.

Satz 4.2
*Ein reiner Zustand $|\Psi\rangle \in \mathbb{H}^A \otimes \mathbb{H}^B$ ist genau dann **separabel**, wenn es Vektoren $|\varphi\rangle \in \mathbb{H}^A$ und $|\psi\rangle \in \mathbb{H}^B$ gibt, sodass*

$$|\Psi\rangle = |\varphi\rangle \otimes |\psi\rangle \,. \tag{4.3}$$

*Andernfalls ist $|\Psi\rangle$ **verschränkt**.*

Beweis Sei zunächst $|\Psi\rangle = |\varphi\rangle \otimes |\psi\rangle \in \mathbb{H}^A \otimes \mathbb{H}^B$. Dann ist

$$
\rho(\Psi) \;=\; |\Psi\rangle\langle\Psi| = |\varphi \otimes \psi\rangle\langle\varphi \otimes \psi|
$$
$$
\underbrace{=}_{(3.25)} \; |\varphi\rangle\langle\varphi| \otimes |\psi\rangle\langle\psi| \,,
$$

was mit $\rho^A = |\varphi\rangle\langle\varphi|$ und $\rho^B = |\psi\rangle\langle\psi|$ dann (4.2) entspricht.

Nun zur Gegenrichtung: Sei ρ eine reiner und separabler Zustand, d. h. es gibt ρ_j^A, ρ_j^B, p_j wie in Definition 4.1 und $|\Psi\rangle \in \mathbb{H}^A \otimes \mathbb{H}^B$, sodass

$$
\rho = \sum_j p_j \rho_j^A \otimes \rho_j^B \tag{4.4}
$$

und gleichzeitig

$$
\rho = |\Psi\rangle\langle\Psi| \,. \tag{4.5}
$$

Wir zeigen nun, dass es dann notwendigerweise $|\varphi\rangle \in \mathbb{H}^A, |\psi\rangle \in \mathbb{H}^B$ gibt, sodass $|\Psi\rangle = |\varphi\rangle \otimes |\psi\rangle$. Dazu nutzen wir, dass wir $|\Psi\rangle$ mithilfe der Schmidt-Zerlegung (3.103) in der Form

$$
|\Psi\rangle = \sum_a \sqrt{q_a}|e_a\rangle \otimes |f_a\rangle \tag{4.6}
$$

darstellen können, wobei $\{|e_a\rangle\} \subset \mathbb{H}^A, \{|f_a\rangle\} \subset \mathbb{H}^B$ ONBs und die $q_a \in [0, 1]$ sind. Letztere erfüllen wegen der Normierung von $|\Psi\rangle$ auch

$$
\||\Psi\rangle\|^2 = \sum_a q_a = 1 \,. \tag{4.7}
$$

Einsetzen von (4.6) in (4.5) ergibt zusammen mit (4.4)

$$
\sum_j p_j \rho_j^A \otimes \rho_j^B = \sum_{a_1, a_2} \sqrt{q_{a_1} q_{a_2}}|e_{a_1}\rangle\langle e_{a_2}| \otimes |f_{a_1}\rangle\langle e_{a_2}| \,, \tag{4.8}
$$

was zu den Identifikationen

$$
\begin{aligned}
j &= (a_1, a_2) \\
p_j &= \sqrt{q_{a_1} q_{a_2}} \\
\rho_j^A &= |e_{a_1}\rangle\langle e_{a_2}| \\
\rho_j^B &= |f_{a_1}\rangle\langle e_{a_2}|
\end{aligned} \tag{4.9}
$$

führt. Die Definition 4.1 der Separabilität erfordert aber mit (4.1) dann auch $\sum_j p_j = 1$, d. h. hier

$$
\sum_{a_1, a_2} \sqrt{q_{a_1} q_{a_2}} = 1 \,. \tag{4.10}
$$

Zusammen mit (4.7) kann dies nur gelten, wenn $q_{\hat{a}} = 1$ für genau ein $\hat{a}$, und aus (4.6) folgt dann, dass $|\Psi\rangle = |e_{\hat{a}}\rangle \otimes |f_{\hat{a}}\rangle$. □

Die Aussage in Satz 4.2 liefert aber noch kein handliches Kriterium, um bei einem gegebenen Zustand zu entscheiden, ob er separabel ist oder nicht. Betrachten wir etwa den Zustand

$$|\Psi\rangle = \frac{1}{2}\left(|00\rangle + |01\rangle + |10\rangle + |11\rangle\right),\tag{4.11}$$

so ist in dieser Form nicht klar, dass es sich um einen separablen Zustand handelt, da

$$|\Psi\rangle = \frac{|0\rangle + |1\rangle}{\sqrt{2}} \otimes \frac{|0\rangle + |1\rangle}{\sqrt{2}}.\tag{4.12}$$

Wie findet man also bei gegebenem $|\Psi\rangle$ ein $|\varphi\rangle \in \mathbb{H}^A$ und ein $|\psi\rangle \in \mathbb{H}^B$, sodass $|\Psi\rangle = |\varphi\rangle \otimes |\psi\rangle$ bzw. wie schließt man aus, dass es solche Vektoren $|\varphi\rangle$ und $|\psi\rangle$ gibt? Mit anderen Worten: Wie verifiziert man Separabilität oder Verschränktheit? Ein für diese Zwecke sehr hilfreiches Kriterium für reine Zustände liefert der folgende Satz.

Satz 4.3

Für reine Zustände $|\Psi\rangle \in \mathbb{H}^A \otimes \mathbb{H}^B$ gilt

$$|\Psi\rangle \quad separabel \quad \Leftrightarrow \quad \rho^X(\Psi) \quad für \quad X = A, B \quad rein \tag{4.13}$$

bzw. äquivalenterweise

$$|\Psi\rangle \quad verschränkt \quad \Leftrightarrow \quad \rho^X(\Psi) \quad für \quad X = A, B \quad echte\ Mischung. \tag{4.14}$$

Beweis Die beiden Aussagen sind natürlich wegen Kontraposition[2] äquivalent. Es genügt daher, nur die erste Aussage zu beweisen. Zunächst $\Rightarrow$: Sei $|\Psi\rangle$ separabel, d. h. es gibt $|\varphi\rangle \in \mathbb{H}^A$ und $|\psi\rangle \in \mathbb{H}^B$ mit $|\Psi\rangle = |\varphi\rangle \otimes |\psi\rangle$. Wegen

$$1 = |||\Psi\rangle||^2 = \sqrt{\langle\Psi|\Psi\rangle} = \sqrt{\langle\varphi|\varphi\rangle}\sqrt{\langle\psi|\psi\rangle} = |||\varphi\rangle|| \, |||\psi\rangle|| \tag{4.15}$$

muss $|||\varphi\rangle|| \neq 0 \neq |||\psi\rangle||$ gelten. Wir definieren die Einheitsvektoren $|e_0\rangle := \frac{|\varphi\rangle}{|||\varphi\rangle||}$ und $|f_0\rangle := \frac{|\psi\rangle}{|||\psi\rangle||}$ und fügen geeignete Vektoren $|e_1\rangle, |e_2\rangle, \ldots$ und $|f_1\rangle, |f_2\rangle, \ldots$ hinzu, um die ONBs

$$\left\{|e_0\rangle := \frac{|\varphi\rangle}{|||\varphi\rangle||}, |e_1\rangle, |e_2\rangle, \ldots\right\} \subset \mathbb{H}^A \quad \text{und} \quad \left\{|f_0\rangle := \frac{|\psi\rangle}{|||\psi\rangle||}, |f_1\rangle, |f_2\rangle, \ldots\right\} \subset \mathbb{H}^B \tag{4.16}$$

---

[2] Kontraposition einer logischen Äquivalenz bedeutet, dass für Aussagen A, B gilt $(A \Leftrightarrow B) \Leftrightarrow (\neg A \Leftrightarrow \neg B)$.

zu konstruieren, sodass

$$|\Psi\rangle = |\varphi\rangle \otimes |\psi\rangle = \||\varphi\|\,\||\psi\|\,|e_0\rangle \otimes |f_0\rangle = \sum_{a,b} \Psi_{ab}|e_a\rangle \otimes |f_b\rangle \qquad (4.17)$$

mit

$$\Psi_{ab} = \begin{cases} \||\varphi\|\,\||\psi\| = 1 & \text{falls } a = 0 = b \\ 0 & \text{sonst} \end{cases} \qquad (4.18)$$

und somit

$$\rho^A(\Psi) = \sum_{a_1,a_2,b} \Psi_{a_1 b}\overline{\Psi_{a_2 b}}|e_{a_2}\rangle\langle e_{a_1}| = \||\varphi\|\,\||\psi\|\,|e_0\rangle\langle e_0|$$
$$= |e_0\rangle\langle e_0|, \qquad (4.19)$$

was als Projektor auf einen eindimensionalen Unterraum ein reiner Zustand ist und daher auch $\left(\rho^A(\Psi)\right)^2 = |e_0\rangle\underbrace{\langle e_0|e_0\rangle}_{=1}\langle e_0| = \rho^A(\Psi)$ erfüllt. Gleicherweise ergibt sich $\rho^B(\Psi) = |f_0\rangle\langle f_0|$, d. h. $\rho^B(\Psi)$ ist rein.

Nun zur Richtung $\Leftarrow$: Sei etwa $\rho^A(\Psi)$ rein, d. h. es gibt einen normierten Vektor $|\varphi\rangle \in \mathbb{H}^A$, sodass $\rho^A(\Psi) = |\varphi\rangle\langle\varphi|$. Dieser Dichteoperator $\rho^A(\Psi)$ hat genau einen Eigenwert 1 und einen im Allgemeinen vielfach entarteten Eigenwert 0. Nach der Schmidt-Zerlegung (3.103) hat $|\Psi\rangle$ dann die Form $|\Psi\rangle = |\varphi\rangle \otimes |\psi\rangle$ für normierte $|\varphi\rangle \in \mathbb{H}^A$, $|\psi\rangle \in \mathbb{H}^B$. Gleiches erhält man, wenn man $\rho^B(\Psi)$ als rein annimmt. $\square$

Definition 4.4
Ein reiner Zustand $|\Psi\rangle$ im Tensorprodukt identischer Hilbert-Räume $\mathbb{H}^A$ heißt **maximal verschränkt**, wenn

$$\rho^A(\Psi) = \lambda\mathbb{1} \qquad (4.20)$$

mit $0 < \lambda < 1$.

Aus (3.87) und dem Ergebnis der Übung 3.3 sehen wir, dass die Vektoren $|\Phi^\pm\rangle, |\Psi^\pm\rangle$ der Bell-Basis maximal verschränkt sind.

4.3 Erzeugung verschränkter Zustände ohne Wechselwirkung

Wie wir in Abschn. 4.4 noch sehen werden, führt die Verschränkung zu Phänomenen, die von Einstein als „spukhafte Fernwirkung" bezeichnet wurden und erheblich zu seinen Zweifeln an der Quantenmechanik beitrugen. Noch „spukhafter" mag dann erscheinen, dass Teilchen auch miteinander verschränkt werden können, ohne jemals miteinander in Wechselwirkung getreten zu sein, wie wir im Folgenden zeigen.

Angenommen, ein Vierteilchenzustand $|\Phi\rangle^{ABCD} \in \mathbb{H}^A \otimes \mathbb{H}^B \otimes \mathbb{H}^C \otimes \mathbb{H}^D = \mathbb{H}^{ABCD}$ sei zunächst als ein Zustand präpariert worden, der aus einem separablen Produktzustand zweier verschränkter Zweiteilchen-Bell-Zustände $|\Psi^-\rangle^{AB} \in \mathbb{H}^A \otimes \mathbb{H}^B = \mathbb{H}^{AB}$ und $|\Psi^-\rangle^{CD} \in \mathbb{H}^C \otimes \mathbb{H}^D = \mathbb{H}^{CD}$ gebildet wird

$$
\begin{aligned}
|\Phi\rangle^{ABCD} &= |\Psi^-\rangle^{AB} \otimes |\Psi^-\rangle^{CD} \\
&= \frac{1}{2} \left(|0101\rangle - |0110\rangle - |1001\rangle + |1010\rangle \right) \quad (4.21) \\
&= \frac{1}{2} \Big(|\Psi^+\rangle^{AD} \otimes |\Psi^+\rangle^{BC} - |\Psi^-\rangle^{AD} \otimes |\Psi^-\rangle^{BC} \\
&\quad - |\Phi^+\rangle^{AD} \otimes |\Phi^+\rangle^{BC} + |\Phi^-\rangle^{AD} \otimes |\Phi^-\rangle^{BC} \Big),
\end{aligned}
$$

wobei etwa

$$
\begin{aligned}
|\Psi^+\rangle^{AD} \otimes |\Psi^+\rangle^{BC} &= \frac{1}{2} \Big(|0\rangle^A \otimes \left[|0\rangle^B \otimes |1\rangle^C + |1\rangle^B \otimes |0\rangle^C \right] \otimes |1\rangle^D \\
&\quad + |1\rangle^A \otimes \left[|0\rangle^B \otimes |1\rangle^C + |1\rangle^B \otimes |0\rangle^C \right] \otimes |0\rangle^D \Big) \quad (4.22) \\
&= \frac{1}{2} \Big(|0011\rangle + |0101\rangle + |1010\rangle + |1100\rangle \Big).
\end{aligned}
$$

Aus (3.60) sehen wir, dass die Operatoren

$$
\Sigma_z^{BC} := \mathbf{1} \otimes \sigma_z \otimes \sigma_z \otimes \mathbf{1} \quad (4.23)
$$

$$
\Sigma_x^{BC} := \mathbf{1} \otimes \sigma_x \otimes \sigma_x \otimes \mathbf{1} \quad (4.24)
$$

vertauschen und somit auch, dass die entsprechenden Observablen BC-Spin in z-Richtung und BC-Spin in x-Richtung gleichzeitig scharf gemessen werden. Der Vorgang der Messung der durch Σ_z^{BC} und Σ_x^{BC} definierten Observablen an $|\Phi\rangle^{ABCD}$ kollabiert den Zustand des Teilchenpaares BC je nach gemessenem Wertepaar in einen der Zustände $|\Psi^\pm\rangle^{BC}, |\Phi^\pm\rangle^{BC}$. Aus Tab. 3.1 können wir auch ablesen, welcher BC-Zustand durch welches Wertepaar gegeben ist. Wenn zum

Tab. 4.1 Zustandsbestimmung durch gemeinsame Messung von Σ_z^{BC} und Σ_x^{BC} an $|\Phi\rangle^{ABCD}$

Messwert von		Gesamtzustand nach Messung	Zustand des Teilsystems AD nach Messung
Σ_z^{BC}	Σ_x^{BC}	von Σ_z^{BC} und Σ_x^{BC}	von Σ_z^{BC} und Σ_x^{BC} an $|\Phi\rangle^{ABCD}$
$+1$	$+1$	$|\Phi^+\rangle^{AD} \otimes |\Phi^+\rangle^{BC}$	$|\Phi^+\rangle^{AD}$
$+1$	-1	$|\Phi^-\rangle^{AD} \otimes |\Phi^-\rangle^{BC}$	$|\Phi^-\rangle^{AD}$
-1	$+1$	$|\Psi^+\rangle^{AD} \otimes |\Psi^+\rangle^{BC}$	$|\Psi^+\rangle^{AD}$
-1	-1	$|\Psi^-\rangle^{AD} \otimes |\Psi^-\rangle^{BC}$	$|\Psi^-\rangle^{AD}$

Beispiel für $(\Sigma_z^{BC}, \Sigma_x^{BC})$ die Werte $(-1, +1)$ gemessen wurden, so ist Teilchenpaar BC mit Sicherheit im Zustand $|\Psi^+\rangle^{BC}$. In der mittleren Spalte in Tab. 4.1 ist aufgelistet, in welchem Zustand in $\mathbb{H}^{ABCD}$ sich das Gesamtsystem entsprechend der Beobachtung der Messwerte von Σ_z^{BC} und Σ_x^{BC} befindet.

Bezüglich der Teilsysteme AD und BC ist das Gesamtsystem *nach der Messung* daher immer in einem separablen Zustand, separierbar in Bell-Basisvektoren in $\mathbb{H}^{AD}$ und $\mathbb{H}^{BC}$. Wenn wir uns nur das Teilsystem AD anschauen, sind die reduzierten Dichteoperatoren ρ^{AD} der Zustände in der mittleren Spalte von Tab. 4.1 wiederum reine Zustände, wie in der rechten Spalte von Tab. 4.1 angegeben. Das Teilchenpaar AD befindet sich dann nach der Messung von Σ_z^{BC} und Σ_x^{BC} in jenem Zustand, der mit dem durch das gemessene Wertepaar von Σ_z^{BC} und Σ_x^{BC} definierten BC-Zustand in der letzten Gleichung in (4.21) gepaart ist. Insbesondere sind Teilchen A und D nach der Messung in einem verschränkten Zustand, obwohl beide Teilchen keinerlei Wechselwirkung untereinander ausgesetzt waren.

4.4 Das Einstein-Podolsky-Rosen-Paradoxon

Zunächst soll hier die etwas modifizierte Argumentationskette des Originalartikels [1] von Einstein, Podolsky und Rosen (EPR) wiedergegeben werden. Ursprung der Arbeit ist Einsteins Unbehagen, oder gar ablehnende Haltung gegenüber der Quantenmechanik, die als „unvollständig" betrachtet wird. Ziel der Erörterungen von EPR ist es daher, zu zeigen, dass folgende Aussage *falsch ist*.

> **Aussage 4.5**
> *Die quantenmechanische Beschreibung eines Systems durch seinen Zustandsvektor ist* vollständig.

Der Einfachheit halber verwenden wir für Aussage 4.5 die Abkürzung:

> Die Quantenmechanik
> ist vollständig.

Entsprechend wird die Negation dieser Aussage als „Quantenmechanik ist *un*vollständig" abgekürzt.

EPR beginnen mit der Erörterung, was eine *vollständige* Beschreibung der Realität eines Systems durch eine physikalische Theorie ist. Ihre Minimalforderung an eine vollständige Theorie eines Systems ist, dass *jedes Element der physikalischen Realität dieses Systems ein Gegenstück in dieser physikalischen Theorie haben muss*. Was sind nun die Elemente der Realität eines Systems? Für die weiteren Argumente von EPR genügt es, dass bestimmte physikalische Größen Elemente der Realität sind. Nach EPR entspricht eine *physikalische Größe einem Element der Realität eines Systems, wenn man den Wert dieser Größe mit Sicherheit (d. h. mit*

Wahrscheinlichkeit gleich 1*) vorhersagen kann, ohne dazu mit dem System wechselwirken zu müssen*. So wissen wir etwa aus der Erfahrung, dass ein Bleistift, der auf einer Tischplatte liegend ruht und auf den außer der Gravitationskraft und die diese egalisierende Zwangskraft der Tischplatte keine weiteren Kräfte wirken, weiterhin an der gleichen Stelle ruhen bleibt. Wir können die physikalische Größe „Position des Bleistifts" mit Sicherheit vorhersagen, *ohne hinzuschauen*. Daher entspricht im System Bleistift der physikalischen Größe „Position" ein Element der Realität. Betrachten wir nun ein quantenmechanisches Teilchen, dessen Zustand durch $|0\rangle = |\uparrow_z\rangle$ beschrieben wird. Da $|0\rangle$ Eigenvektor zum Eigenwert $+1$ der Observable Spin in z-Richtung σ_z ist, wissen wir mit Sicherheit und ohne am Teilchen zu messen, dass der Wert der physikalischen Größe „Spin in z-Richtung" $+1$ ist. Für Teilchen, die durch den Zustand $|0\rangle$ beschrieben werden, entspricht dem Spin in z-Richtung daher ein Element der Realität. Dagegen können wir den Wert der physikalischen Größe „Spin in x-Richtung" für Teilchen, die durch den Zustand $|0\rangle$ beschrieben werden, *nicht* mit Sicherheit vorhersagen, da $|0\rangle$ kein Eigenvektor von σ_x ist und man für die Streuung (siehe (2.97)) in diesem Fall

$$\Delta_{|0\rangle}(\sigma_x) = 1$$

findet. Dem Spin in x-Richtung kommt für solcherart (in $|0\rangle$) präparierte Systeme daher kein Element der Realität zu. Allgemein gilt, dass quantenmechanische Observable M_1 und M_2 *nicht gemeinsam* Elementen der Realität entsprechen können, wenn sie *nicht vertauschen*, d. h. wenn $M_1 M_2 \neq M_2 M_1$. In diesem Fall können nämlich nicht alle Eigenvektoren von M_1 auch Eigenvektoren von M_2 sein. Mit Sicherheit vorhersagen (d. h. mit verschwindender Streuung) kann man eine Observable aber nur dann, wenn ein Eigenzustand vorliegt. Folglich können die Werte von M_1 und M_2 nicht gemeinsam mit Sicherheit vorhergesagt werden, wenn $M_1 M_2 \neq M_2 M_1$. Wir formulieren das als

Aussage 4.6
Die zu zwei inkompatiblen Observablen gehörigen physikalischen Größen eines Systems können nicht beide gemeinsam Elementen der Realität entsprechen.

Die Aussage 4.6 kürzen wir als

> Die Werte *inkompatibler* Observable sind *nicht gleichzeitig* real.

ab. Die Negation dieser Aussage kürzen wir entsprechend durch „Die Werte inkompatibler Observable sind gleichzeitig real" ab.

EPR zeigen zunächst, dass die Vollständigkeit der Quantenmechanik (Aussage 4.5) die Aussage 4.6 impliziert. Dabei verwenden sie die in der Quantenmechanik gemachten Aussagen über scharfe Messwerte und Streuung wie folgt: Angenommen, es gelte die Verneinung von Aussage 4.6, d. h. die zu zwei inkompatiblen Observablen eines Systems gehörigen physikalischen Größen entsprächen gemeinsam Elementen der Realität und hätten daher beide mit Sicherheit vorhersagbare Werte. Falls die quantenmechanische Beschreibung vollständig wäre, d. h. falls Aussage 4.5 wahr wäre, müsste der Zustandsvektor die sichere Vorhersage der Werte für beide Größen liefern, was er aber nicht tut, da die Observablen inkompatibel sind. Somit gilt

$$
\boxed{\begin{array}{l}\text{Die Werte inkompatibler}\\ \text{Observable sind}\\ \text{gleichzeitig real.}\end{array}} \quad \Rightarrow \quad \boxed{\begin{array}{l}\text{Die Quantenmechanik}\\ \text{ist } \textit{un}\text{vollständig.}\end{array}} \qquad (4.25)
$$

und daher im Umkehrschluss (Kontraposition)

$$
\boxed{\begin{array}{l}\text{Die Quantenmechanik}\\ \text{ist vollständig.}\end{array}} \quad \Rightarrow \quad \boxed{\begin{array}{l}\text{Die Werte inkompatibler}\\ \text{Observable sind } \textit{nicht}\\ \text{gleichzeitig real.}\end{array}} \qquad (4.26)
$$

EPR zeigen nun mithilfe von verschränkten Zuständen und „einer vernünftigen Definition von Realität", dass *scheinbar*

$$
\boxed{\begin{array}{l}\text{Die Quantenmechanik}\\ \text{ist vollständig.}\end{array}} \quad \Rightarrow \quad \boxed{\begin{array}{l}\text{Die Werte inkompatibler}\\ \text{Observable sind}\\ \text{gleichzeitig real.}\end{array}} \qquad (4.27)
$$

gilt.

Dies ist das **EPR-Paradoxon**: Die Implikationen in (4.26) und (4.27) können nicht beide gleichzeitig gelten. EPR schließen daraus, dass

$$
\boxed{\begin{array}{l}\text{Die Quantenmechanik}\\ \text{ist vollständig.}\end{array}} \quad = \quad \text{FALSCH} \qquad (4.28)
$$

sein muss, und dies zu zeigen, war das Ziel von EPR in [1]. Dort liefern EPR zum Beweis von (4.27) eine Argumentationskette, an deren Ende eine „vernünftige Definition von Realität" steht und die wir uns in modifizierter Form nachfolgend anschauen. Dass (4.27) letztendlich doch nicht gilt, liegt daran, dass sich die Realität der betrachteten Systeme, d. h. dass sich die Natur so überraschend „unvernünftig" verhält, wie es EPR in [1] nicht für möglich hielten. Diese kontraintuitive Realität quantenmechanischer Systeme ist aber seither in der Natur durch Experimente wiederholt bestätigt worden.

Schauen wir uns daher nun die für unsere Vorkenntnisse modifizierten Argumente an, die EPR zum Beweis von (4.27) anführen. Dazu betrachten wir Bohms Version des EPR-Gedankenexperiments, die mit den hier bereitgestellten Vorkenntnissen leichter verständlich ist. Präpariere zwei Teilchen, deren Gesamtsystem durch den Zustand

$$|\Phi^+\rangle = \frac{1}{\sqrt{2}}\Big(|00\rangle + |11\rangle\Big) = \frac{1}{\sqrt{2}}\left(|\uparrow_z\rangle \otimes |\uparrow_z\rangle + |\downarrow_z\rangle \otimes |\downarrow_z\rangle\right), \qquad (4.29)$$

beschrieben wird und von denen Teilchen A Alice und Teilchen B Bob zugänglich sind. Dabei nehmen wir an, dass die Quantenmechanik das System vollständig beschreibt, d. h. alle Vorhersagen lassen sich aus dem Zustand $|\Phi^+\rangle$ ableiten, was der Aussage 4.5 entspricht.

Übung 4.1 Man zeige, dass für die Eigenvektoren $|\uparrow_x\rangle, |\downarrow_x\rangle$ von σ_x zu den Eigenwerten ± 1

$$|\uparrow_x\rangle \otimes |\uparrow_x\rangle + |\downarrow_x\rangle \otimes |\downarrow_x\rangle = |00\rangle + |11\rangle \qquad (4.30)$$

gilt.
Zur Lösung siehe 4.1 im Kap. 13 Lösungen. ◄

Nach dem Resultat von Übung 4.1 ist dann

$$|\Phi^+\rangle = \frac{1}{\sqrt{2}}\Big(|\uparrow_z\rangle \otimes |\uparrow_z\rangle + |\downarrow_z\rangle \otimes |\downarrow_z\rangle\Big) = \frac{1}{\sqrt{2}}\Big(|\uparrow_x\rangle \otimes |\uparrow_x\rangle + |\downarrow_x\rangle \otimes |\downarrow_x\rangle\Big). \quad (4.31)$$

Eine Messung der Observablen σ_z von Alice an ihrem Teilsystem ist eine Messung von $\sigma_z \otimes \mathbf{1}$ am Gesamtsystem. Die Eigenwerte dieser Gesamtobservable sind ± 1 und sind entartet. Der Eigenraum für den Eigenwert $+1$ ist $|\uparrow_z\rangle \otimes \mathbb{H}^B$ und der für -1 ist $|\downarrow_z\rangle \otimes \mathbb{H}^B$. Der Projektor auf den Eigenraum von $\sigma_z \otimes \mathbf{1}$ zu $+1$ ist

$$P_{z,+} = |\uparrow_z\rangle\langle\uparrow_z| \otimes \mathbf{1}, \qquad (4.32)$$

und der Projektor auf den Eigenraum zu -1 ist $P_{z,-} = |\downarrow_z\rangle\langle\downarrow_z| \otimes \mathbf{1}$. Wenn Alice nun die Observable σ_z an ihrem Teilchen misst und den Wert $+1$ feststellt, so ist das Gesamtsystem nach dem Projektionspostulat 2.3 in Abschn. 2.3.1 nach dieser Messung im (normierten) Gesamtzustand

$$\frac{P_{z,+}|\Phi^+\rangle}{||P_{z,+}|\Phi^+\rangle||} = \frac{\big(|\uparrow_z\rangle\langle\uparrow_z| \otimes \mathbf{1}\big)|\Phi^+\rangle}{\left|\left|\big(|\uparrow_z\rangle\langle\uparrow_z| \otimes \mathbf{1}\big)|\Phi^+\rangle\right|\right|} \underset{(4.31)}{=} |\uparrow_z\rangle \otimes |\uparrow_z\rangle, \qquad (4.33)$$

wobei noch $\langle\uparrow_z \mid \downarrow_z\rangle = 0$ benutzt wurde. Daher *muss* nach einer Messung von σ_z, bei der Alice den Wert $+1$ feststellt, dann Bobs System im Zustand $|\uparrow_z\rangle$ sein, und das Messergebnis von σ_z an Teilchen B kann *mit Sicherheit* als $+1$ vorhergesagt werden, ohne dass eine Messung vorgenommen werden muss. Analog gilt: Falls Alice bei einer Messung von σ_z an ihrem Teilchen den Wert -1 misst, muss Bobs System im Zustand $|\downarrow_z\rangle$ sein, und das Messergebnis von σ_z an Teilchen B

kann *mit Sicherheit* als -1 vorhergesagt werden, ohne dass eine Messung vorgenommen werden muss. Somit entspricht dem Spin in z-Richtung für Bobs Teilchen ein Element der Realität.

Wählt Alice dagegen σ_x als Observable und beobachtet den Wert $+1$, so ist das Gesamtsystem nach dem Projektionspostulat 2.3 in Abschn. 2.3.1 nach dieser Messung im (normierten) Gesamtzustand

$$\frac{P_{x,+}|\Phi^+\rangle}{||P_{x,+}|\Phi^+\rangle||} = \frac{\Big(|\uparrow_x\rangle\langle\uparrow_x|\otimes\mathbb{1}\Big)|\Phi^+\rangle}{\Big|\Big|\Big(|\uparrow_x\rangle\langle\uparrow_x|\otimes\mathbb{1}\Big)|\Phi^+\rangle\Big|\Big|} \underset{(4.31)}{=} |\uparrow_x\rangle\otimes|\uparrow_x\rangle. \tag{4.34}$$

In diesem Fall wird Bobs Teilchen durch den Zustand $|\uparrow_x\rangle$ beschrieben. Analog ist Bobs Teilchen nach der Messung im Zustand $|\downarrow_x\rangle$, falls Alice bei der Messung von σ_x den Wert -1 beobachtet. Falls Alice also σ_x an ihrem Teilchen misst, entspricht dem Spin in x-Richtung für Bobs System ein Element der Realität.

Alice kann also durch ihre Wahl der Richtung z oder x für eine Spinmessung an ihrem Teilchen diejenige Spinrichtung z oder x „einstellen", die für Bobs System Elementen der Realität entsprechen. Der Spin von Bobs Teilchen in die gleiche Richtung ist mit Sicherheit vorhersagbar, ohne dass an Bobs Teilchen eine Messung durchzuführen ist.

Dies gilt insbesondere auch dann, wenn Alice und Bob so weit voneinander entfernt sind und ihre Messungen so vornehmen, dass kein sich mit Lichtgeschwindigkeit ausbreitendes Signal von Alice Bobs System vor seiner Messung erreichen kann.[3] Da Alice in ihrer Wahl von σ_z oder σ_x vollkommen frei ist und Bobs Teilchen „nicht wissen kann", welche Richtung Alice ausgewählt hat, kommen dem Spin in z-Richtung *und* dem Spin in x-Richtung von Bobs Teilchen jeweils Elemente der Realität zu und dies *obwohl*, $\sigma_x\sigma_z \neq \sigma_z\sigma_x$.

Dem Einwand, dass Alice nicht σ_x und σ_z *gemeinsam* messen kann, sondern immer nur eine von beiden und somit auch die entsprechenden Observable bei Bob nicht *gemeinsam* Elementen der Realität entsprechen können, entgegnen EPR, dass dann ja die möglichen Elemente der Realität von Bobs System durch Alices Wahl der Messung festgelegt würden, obwohl keinerlei Signal von ihrem System zu Bobs System gelangt. EPR dazu: „Keine vernünftige Definition von Realität kann dies zulassen[4]" [1].

Wenn man diese Entgegnung akzeptiert, ist (4.27) bewiesen und somit auch gezeigt, dass die Quantenmechanik keine vollständige Beschreibung des Systems sein kann. Eine Möglichkeit wäre, dass es weitere Variablen gibt, die das Verhalten des Systems vollständig charakterisieren, die aber durch die quantenmechanische Beschreibung des Systems durch einen Zustandsvektor nicht zugänglich sind. Man spricht von sogenannten (lokalen) *verborgenen Variablen*.

---

[3] Etwa im Schwerpunktsystem von A und B können die Messungen fast gleichzeitig durchgeführt werden, zuerst Alice, dann Bob. Relativistisch ausgedrückt können die Messungen von Alice und Bob *raumartig* getrennt sein, und trotzdem ist bei einer Spinmessung von Bob in gleicher Richtung wie Alice das Ergebnis mit Sicherheit gleich dem von Alice.

[4] Übersetzung des Autors.

Allerdings ist die Unvollständigkeit der Quantenmechanik bzw. die Existenz verborgener Variablen nicht der einzige Ausweg. Vielmehr deuten alle bisherigen Experimente darauf hin, dass die Realität im Sinne von EPR „unvernünftig", ist, d. h. dass durchaus (lokale) Messungen an Alices System sofortigen Einfluss auf Bobs System haben, obwohl keinerlei Signal gesendet wurde. Man spricht in diesem Zusammenhang von quantenmechanischer *Nichtlokalität*.

Die zentrale Rolle, die der Bell'schen Ungleichung hier zukommt, liegt darin begründet, dass diese Ungleichung einerseits auf der Annahme der Existenz von verborgenen Variablen beruht, andererseits aber von den Vorhersagen der Quantenmechanik verletzt wird, mithin also experimentell überprüfbare Kriterien für die Existenz verborgener Variablen liefert.

4.5 Bell'sche Ungleichungen

In der seinerzeit eher weniger beachteten Arbeit [43] betrachtete Bell ein Teilchenpaar im verschränkten Zustand $|\Psi^-\rangle$ und machte die *Annahme, dass es Variablen gibt, die die Werte von Spinobservablen der Teilsysteme in alle Richtungen vollständig (d. h. eindeutig) bestimmen*. Daraus leitete er eine Ungleichung für die Erwartungswerte der durch solche Variablen bestimmten Werte der Spinobservablen in verschiedene Richtungen her. Dies ist die *Bell'sche Ungleichung*, die wir zunächst in der ursprünglich von Bell in [43] gegebenen Form und dann in einer verallgemeinerten Form, die von Clauser, Horne, Shimony und Holt (CHSH) gegeben wurde [2], herleiten. Experimente haben gezeigt, dass die Bell'sche Ungleichung von der Natur *nicht erfüllt* wird [9]. Genauer gesagt, gibt es (verschränkte) Zustände, in denen die Korrelationen von Spins in bestimmten Richtungen die Bell'schen Ungleichungen verletzen. Daraus folgt, dass die *Natur eine Theorie mit unabhängigen (lokalen) verborgenen Variablen ausschließt*, denn deren Existenz war ja die Annahme, die der Herleitung der Bell'schen Ungleichung zugrunde lag.

4.5.1 Die ursprüngliche Bell'sche Ungleichung

Schauen wir uns also zunächst die ursprünglich von Bell in [43] gegebene Herleitung der Ungleichung an, die nun seinen Namen trägt. Versteckte Variablen, die Messwerte der Spinobservablen beider Teilchen vollständig bestimmen, sind gleichbedeutend mit der Annahme, dass die Messwerte eine gemeinsame Verteilung besitzen (siehe Kap. 8). Im Wesentlichen ergibt sich die Bell'sche Ungleichung daher aus der Annahme, dass die Ergebnisse gemeinsamer Spinmessungen zweier Teilchen als diskrete Zufallsvariable mit einer gemeinsamen Verteilung dargestellt werden können. Wie wir dann sehen werden, wird die Bell'sche Ungleichung in bestimmten verschränkten Zuständen verletzt. Daher muss die Annahme einer gemeinsamen Verteilung der Spinmesswerte für Teilchen in bestimmten verschränkten Zuständen falsch sein und somit auch die dazu äquivalente Annahme verborgener Variablen.

Wir betrachten Teilchenpaare, die im verschränkten Bell-Zustand

$$|\Psi^-\rangle = \frac{1}{\sqrt{2}}\Big(|01\rangle - |10\rangle\Big) \in {}^{1}\!\mathbb{H}^A \otimes {}^{1}\!\mathbb{H}^B, \qquad (4.35)$$

erzeugt wurden und von denen Teilchen A zu Alice und Teilchen B zu Bob gesandt wird. Alice kann eine Spinmessung ausführen, bei der sie die Richtung, in der sie den Spin misst, beliebig einstellen kann und diese Richtung durch wie in (2.162) definierte Einheitsvektoren

$$\hat{\mathbf{n}} = \hat{\mathbf{n}}(\theta, \phi) = \begin{pmatrix} \sin\theta\cos\phi \\ \sin\theta\sin\phi \\ \cos\theta \end{pmatrix} \in \mathbb{R}^3 \qquad (4.36)$$

gegeben ist. Sie misst also durch $\hat{\mathbf{n}}^A$ parametrisierte Observable der Form

$$\Sigma^A_{\hat{\mathbf{n}}^A} = \hat{\mathbf{n}}^A \cdot \boldsymbol{\sigma} \qquad (4.37)$$

am Teilchen A, deren Messwerte, die auch durch $\hat{\mathbf{n}}^A$ parametrisiert sind, wir mit $s^A_{\hat{\mathbf{n}}^A}$ bezeichnen und die nur die Werte ± 1 annehmen. Ebenso verfügt Bob über ein von ihm veränderbares Spinmessinstrument, dass er in für ihn von Alice unabhängig frei wählbaren Richtungen $\hat{\mathbf{n}}^B$ einstellen kann und mit dem er Spinobservable gleicher Art

$$\Sigma^B_{\hat{\mathbf{n}}^B} = \hat{\mathbf{n}}^B \cdot \boldsymbol{\sigma}, \qquad (4.38)$$

am Teilchen B misst, deren Messwerte, die durch $\hat{\mathbf{n}}^B$ parametrisiert sind, wir mit $s^B_{\hat{\mathbf{n}}^B}$ bezeichnen und die ebenfalls nur die Werte ± 1 annehmen können.

Übung 4.2 Seien $|\uparrow_{\hat{\mathbf{n}}}\rangle, |\downarrow_{\hat{\mathbf{n}}}\rangle$ wie in (2.165) und (2.166) definiert. Man zeige

$$|\Psi^-\rangle = \frac{1}{\sqrt{2}} \left(|\uparrow_{\hat{\mathbf{n}}}\downarrow_{\hat{\mathbf{n}}}\rangle - |\downarrow_{\hat{\mathbf{n}}}\uparrow_{\hat{\mathbf{n}}}\rangle \right). \qquad (4.39)$$

Zur Lösung siehe 4.2 im Kap. 13 Lösungen.   ◄

Übung 4.3 Man zeige

$$\left\langle \Sigma^A_{\hat{\mathbf{n}}^A} \otimes \Sigma^B_{\hat{\mathbf{n}}^B} \right\rangle_{\Psi^-} = -\hat{\mathbf{n}}^A \cdot \hat{\mathbf{n}}^B. \qquad (4.40)$$

Zur Lösung siehe 4.3 im Kap. 13 Lösungen.   ◄

Insbesondere folgt dann aus (4.40) für Messungen, die Alice und Bob in die gleiche Richtung $\hat{\mathbf{n}}^A = \hat{\mathbf{n}} = \hat{\mathbf{n}}^B$ vornehmen, dass

$$\langle \Sigma_{\hat{\mathbf{n}}}^A \otimes \Sigma_{\hat{\mathbf{n}}}^B \rangle_{\Psi^-} = -1 \,. \qquad (4.41)$$

Nehmen wir nun an, jedes Teilchen wird durch Variable ω, die wir nicht kennen (d. h. die „verborgen" sind) und die in einer Menge Ω liegen, beschrieben. Weiterhin nehmen wir an, dass die Beschreibung der Teilchen durch $\omega \in \Omega$ insofern vollständig ist, dass die Spinmesswerte als Funktionen $s_{\hat{\mathbf{n}}^A}^A(\omega)$ (bzw. $s_{\hat{\mathbf{n}}^B}^B(\omega)$) der Richtungen $\hat{\mathbf{n}}^A$, $\hat{\mathbf{n}}^B$ und der verborgenen Variablen ω festgelegt sind.

Wäre Alice für jedes ihrer Teilchen der Wert von ω bekannt, könnte sie die Funktion $s_{\hat{\mathbf{n}}}^A(\omega)$ durch vielfache Messungen bestimmen und mit der Kenntnis dieser Funktion für alle weiteren Teilchen den Messwert mit Sicherheit vorhersagen. Gleiches gilt auch für Bob. Der Wert von ω für ein gegebenes Teilchen ist aber nicht bekannt (es handelt sich ja um *verborgene* Variablen). Wir können lediglich annehmen, dass ein jeder Wert $\omega \in \Omega$ mit einer bestimmten Wahrscheinlichkeit $0 \leq \mathbf{P}(\omega) \leq 1$ mit der Eigenschaft

$$\mathbf{P}(\Omega) = \int\limits_{\Omega} d\mathbf{P}(\omega) = 1 \qquad (4.42)$$

auftritt. Zusammengenommen bedeutet dies, dass wir annehmen, die beobachtbaren Messwerte $s_{\hat{\mathbf{n}}^A}^A$ und $s_{\hat{\mathbf{n}}^B}^B$ seien diskrete, durch Einheitsvektoren $\hat{\mathbf{n}}^A$, $\hat{\mathbf{n}}^B$ parametrisierte Zufallsvariablen auf einem Wahrscheinlichkeitsraum $(\Omega, \mathcal{A}, \mathbf{P})$ (siehe Kap. 8). Diese Zufallsvariablen hängen natürlich vom Zustand ab, in dem sich die Teilchen befinden. Für unsere Erörterungen ist dies, wie bereits anfänglich gesagt, der Zustand $|\Psi^-\rangle$. Da wir $s_{\hat{\mathbf{n}}^A}^A$ und $s_{\hat{\mathbf{n}}^B}^B$ als die Spinwerte der Teilchen im Zustand $|\Psi^-\rangle$ betrachten, verlangen wir schließlich noch, dass diese das Äquivalent von (4.41) erfüllen, d. h. dass für beliebige $\hat{\mathbf{n}}$

$$\mathbf{E}\left[s_{\hat{\mathbf{n}}}^A s_{\hat{\mathbf{n}}}^B\right] = \sum_{(s_1, s_2) \in \{\pm 1, \pm 1\}} s_1 s_2 \mathbf{P}\left\{s_{\hat{\mathbf{n}}}^A = s_1 \text{ und } s_{\hat{\mathbf{n}}}^B = s_2\right\} = -1 \qquad (4.43)$$

gilt.

Bell zeigt nun mit diesen Voraussetzungen folgenden Satz.

Satz 4.7
Seien $s_{\hat{\mathbf{n}}}^A, s_{\hat{\mathbf{n}}}^B$ zwei durch Einheitsvektoren $\hat{\mathbf{n}} \in \mathbb{R}^3$ parametrisierte diskrete Zufallsvariable auf einem Wahrscheinlichkeitsraum $(\Omega, \mathcal{A}, \mathbf{P})$

$$s^X : \begin{array}{c} B_{\mathbb{R}^3}^1 \times \Omega \longrightarrow \{\pm 1\} \\ (\hat{\mathbf{n}}, \omega) \longmapsto s_{\hat{\mathbf{n}}}^X(\omega) \end{array}, \qquad X = A, B, \qquad (4.44)$$

mit der zusätzlichen Eigenschaft

$$\mathbf{E}\left[s_{\hat{\mathbf{n}}}^A s_{\hat{\mathbf{n}}}^B\right] = -1 \qquad \forall \hat{\mathbf{n}} \in B_{\mathbb{R}^3}^1. \tag{4.45}$$

Dann gilt für beliebige Einheitsvektoren $\hat{\mathbf{n}}^i$, $i = 1, 2, 3$ *die **Bell'sche Unglei-chung***

$$\left|\mathbf{E}\left[s_{\hat{\mathbf{n}}^1}^A s_{\hat{\mathbf{n}}^2}^B\right] - \mathbf{E}\left[s_{\hat{\mathbf{n}}^1}^A s_{\hat{\mathbf{n}}^3}^B\right]\right| - \mathbf{E}\left[s_{\hat{\mathbf{n}}^2}^A s_{\hat{\mathbf{n}}^3}^B\right] \leq 1. \tag{4.46}$$

Beweis Aus (4.44), (4.45) und (8.13) ergibt sich

$$
\begin{aligned}
-1 &= \mathbf{E}\left[s_{\hat{\mathbf{n}}}^A s_{\hat{\mathbf{n}}}^B\right] \\
&= \underbrace{\mathbf{P}\left\{s_{\hat{\mathbf{n}}}^A = s_{\hat{\mathbf{n}}}^B\right\}}_{=1-\mathbf{P}\left\{s_{\hat{\mathbf{n}}}^A = -s_{\hat{\mathbf{n}}}^B\right\}} - \mathbf{P}\left\{s_{\hat{\mathbf{n}}}^A = -s_{\hat{\mathbf{n}}}^B\right\} \\
&= 1 - 2\mathbf{P}\left\{s_{\hat{\mathbf{n}}}^A = -s_{\hat{\mathbf{n}}}^B\right\}
\end{aligned}
\tag{4.47}
$$

und somit

$$\mathbf{P}\left\{s_{\hat{\mathbf{n}}}^A = -s_{\hat{\mathbf{n}}}^B\right\} = 1 \tag{4.48}$$

für beliebige Richtungen $\hat{\mathbf{n}}$. Weiterhin ist daher

$$
\begin{aligned}
\mathbf{E}\left[s_{\hat{\mathbf{n}}^1}^A s_{\hat{\mathbf{n}}^2}^B\right] - \mathbf{E}\left[s_{\hat{\mathbf{n}}^1}^A s_{\hat{\mathbf{n}}^3}^B\right] &\underbrace{=}_{(4.48)} -\mathbf{E}\left[s_{\hat{\mathbf{n}}^1}^A s_{\hat{\mathbf{n}}^2}^A\right] + \mathbf{E}\left[s_{\hat{\mathbf{n}}^1}^A s_{\hat{\mathbf{n}}^3}^A\right] \\
&= \mathbf{E}\left[s_{\hat{\mathbf{n}}^1}^A \left(s_{\hat{\mathbf{n}}^3}^A - s_{\hat{\mathbf{n}}^2}^A\right)\right] \\
&\underbrace{=}_{\left(s_{\hat{\mathbf{n}}^2}^A\right)^2 = 1} \mathbf{E}\left[s_{\hat{\mathbf{n}}^1}^A \left(\left(s_{\hat{\mathbf{n}}^2}^A\right)^2 s_{\hat{\mathbf{n}}^3}^A - s_{\hat{\mathbf{n}}^2}^A\right)\right] \\
&= \mathbf{E}\left[s_{\hat{\mathbf{n}}^1}^A s_{\hat{\mathbf{n}}^2}^A \left(s_{\hat{\mathbf{n}}^2}^A s_{\hat{\mathbf{n}}^3}^A - 1\right)\right].
\end{aligned}
\tag{4.49}
$$

Daraus erhält man dann die Behauptung wie folgt:

$$
\begin{aligned}
\left| \mathbf{E}\left[s^A_{\hat{\mathbf{n}}^1} s^B_{\hat{\mathbf{n}}^2} \right] - \mathbf{E}\left[s^A_{\hat{\mathbf{n}}^1} s^B_{\hat{\mathbf{n}}^3} \right] \right|
&= \left| \mathbf{E}\left[s^A_{\hat{\mathbf{n}}^1} s^A_{\hat{\mathbf{n}}^2} \left(s^A_{\hat{\mathbf{n}}^2} s^A_{\hat{\mathbf{n}}^3} - 1 \right) \right] \right| \\
&\leq \mathbf{E}\left[\left| s^A_{\hat{\mathbf{n}}^1} s^A_{\hat{\mathbf{n}}^2} \left(s^A_{\hat{\mathbf{n}}^2} s^A_{\hat{\mathbf{n}}^3} - 1 \right) \right| \right] \\
&= \mathbf{E}\left[\left| s^A_{\hat{\mathbf{n}}^1} s^A_{\hat{\mathbf{n}}^2} \right| \left| s^A_{\hat{\mathbf{n}}^2} s^A_{\hat{\mathbf{n}}^3} - 1 \right| \right] \\
&\underbrace{=}_{\left| s^A_{\hat{\mathbf{n}}^1} s^A_{\hat{\mathbf{n}}^2} \right| = 1} \mathbf{E}\left[\left| 1 - s^A_{\hat{\mathbf{n}}^2} s^A_{\hat{\mathbf{n}}^3} \right| \right] \underbrace{=}_{s^A_{\hat{\mathbf{n}}^2} s^A_{\hat{\mathbf{n}}^3} \leq 1} \mathbf{E}\left[1 - s^A_{\hat{\mathbf{n}}^2} s^A_{\hat{\mathbf{n}}^3} \right] \quad (4.50) \\
&= 1 - \mathbf{E}\left[s^A_{\hat{\mathbf{n}}^2} s^A_{\hat{\mathbf{n}}^3} \right] \\
&\underbrace{=}_{(4.48)} 1 + \mathbf{E}\left[s^A_{\hat{\mathbf{n}}^2} s^B_{\hat{\mathbf{n}}^3} \right]. \qquad \square
\end{aligned}
$$

Hier sei nochmals darauf hingewiesen, dass die Annahme, dass es verborgene Variablen gibt, die die Werte der Spinobservable in beliebigen Richtungen festlegen, gleichbedeutend ist mit der Annahme, dass $s^A_{\hat{\mathbf{n}}^A}$ und $s^B_{\hat{\mathbf{n}}^B}$ für beliebige Richtungen $\hat{\mathbf{n}}^A, \hat{\mathbf{n}}^B$ Zufallsvariable auf dem gleichen Wahrscheinlichkeitsraum $(\Omega, \mathcal{A}, \mathbf{P})$ sind. Das bedeutet, dass sie eine *gemeinsame Verteilung* besitzen, d. h. insbesondere, dass sie durch ω bestimmt sind und etwa Mengen der Form $\{\omega \in \Omega | s^A_{\hat{\mathbf{n}}^1}(\omega) = a$ und $s^A_{\hat{\mathbf{n}}^2}(\omega) = b\}$ mit $(a, b) \in \{\pm 1, \pm 1\}$ für beliebige Richtungen $\hat{\mathbf{n}}^1, \hat{\mathbf{n}}^2$ mit dem Wahrscheinlichkeitsmaß $\mathbf{P}$ messbar sind, was z. B. in (4.49) verwendet wird. Falls es also verborgene Variablen ω gibt, die die Werte der Spins von Alice und Bob festlegen, ihnen also gleichzeitig *Elemente der Realität* zukommen lassen, dann muss die Bell'sche Ungleichung (4.46) gelten.

Was aber ergibt sich für die linke Seite der Bell'schen Ungleichung, wenn wir die quantenmechanischen Erwartungswerte einsetzen? Mit (4.40) und der Wahl

$$
\hat{\mathbf{n}}^1 = \begin{pmatrix} 1 \\ 0 \\ 0 \end{pmatrix}, \quad \hat{\mathbf{n}}^2 = \begin{pmatrix} \frac{1}{\sqrt{2}} \\ 0 \\ \frac{1}{\sqrt{2}} \end{pmatrix}, \quad \hat{\mathbf{n}}^3 = \begin{pmatrix} 0 \\ 0 \\ 1 \end{pmatrix} \qquad (4.51)
$$

wird

$$
\begin{aligned}
&\left| \left\langle \Sigma^A_{\hat{\mathbf{n}}^1} \otimes \Sigma^B_{\hat{\mathbf{n}}^2} \right\rangle_{\psi^-} - \left\langle \Sigma^A_{\hat{\mathbf{n}}^1} \otimes \Sigma^B_{\hat{\mathbf{n}}^3} \right\rangle_{\psi^-} \right| - \left\langle \Sigma^A_{\hat{\mathbf{n}}^2} \otimes \Sigma^B_{\hat{\mathbf{n}}^3} \right\rangle_{\psi^-} \\
&= \left| \hat{\mathbf{n}}^1 \cdot \hat{\mathbf{n}}^3 - \hat{\mathbf{n}}^1 \cdot \hat{\mathbf{n}}^2 \right| + \hat{\mathbf{n}}^2 \cdot \hat{\mathbf{n}}^3 \qquad (4.52) \\
&= \left| -\frac{1}{\sqrt{2}} \right| + \frac{1}{\sqrt{2}} = \sqrt{2} > 1,
\end{aligned}
$$

d. h. die quantenmechanische Beschreibung sagt für den Zustand $|\Psi^-\rangle$ und die Wahl (4.51) der Richtungen die *Verletzung der Bell'schen Ungleichung* voraus.

Für welche der beiden exklusiven Möglichkeiten (4.46) oder (4.52) entscheidet sich nun die Natur? Antwort darauf gab das Experiment von Aspect, Dalibard und Roger [9], das allerdings die CHSH-Verallgemeinerung der Bell'schen Ungleichung benutzt, die wir daher zunächst in Abschn. 4.5.2 herleiten, bevor wir das Experiment näher erläutern. Die Antwort sei aber hier schon einmal vorweggenommen: *Die Natur verhält sich im Einklang mit der quantenmechanischen Vorhersage und verletzt die Bell'sche Ungleichung in den Zuständen, in denen die Quantenmechanik die Verletzung vorhersagt.*

Dass man im Zusammenhang mit den Bell'schen Ungleichungen auch oft von *Korrelationen* spricht, liegt noch an Folgendem. Die Korrelation zweier Zufallsvariaben Z_1, Z_2 ist nach Definition 8.5 gegeben durch

$$\mathbf{Corr}\,[Z_1, Z_2] = \frac{\mathbf{E}\,[Z_1 Z_2] - \mathbf{E}\,[Z_1]\,\mathbf{E}\,[Z_2]}{\sqrt{\left(\mathbf{E}\,[Z_1^2] - \mathbf{E}\,[Z_1]^2\right)\left(\mathbf{E}\,[Z_2^2] - \mathbf{E}\,[Z_2]^2\right)}}. \tag{4.53}$$

Für Zufallsvariable $Z_i, i = 1, 2$ mit den Eigenschaften

$$\mathbf{E}\,[Z_i] = 0 \tag{4.54}$$

$$Z_i^2 = 1 \tag{4.55}$$

folgt daher

$$\mathbf{Corr}\,[Z_1, Z_2] = \mathbf{E}\,[Z_1 Z_2]. \tag{4.56}$$

Übung 4.4 Man zeige, dass für beliebige $\hat{\mathbf{n}}^A, \hat{\mathbf{n}}^B$

$$\left\langle \Sigma^A_{\hat{\mathbf{n}}^A} \otimes \mathbf{1}^B \right\rangle_{\Psi^-} = 0 = \left\langle \mathbf{1}^A \otimes \Sigma^B_{\hat{\mathbf{n}}^B} \right\rangle_{\Psi^-}. \tag{4.57}$$

Zur Lösung siehe 4.4 im Kap. 13 Lösungen.   ◀

Wenn wir daher für $s^A_{\hat{\mathbf{n}}^A}, s^B_{\hat{\mathbf{n}}^B}$ noch das Äquivalent von (4.57) fordern, d. h. dass

$$\mathbf{E}\left[s^A_{\hat{\mathbf{n}}^A}\right] = 0 = \mathbf{E}\left[s^B_{\hat{\mathbf{n}}^B}\right], \tag{4.58}$$

so sind (4.54) und (4.55) für die Zufallsvariable $Z_1 = s^A_{\hat{\mathbf{n}}^A}, Z_2 = s^B_{\hat{\mathbf{n}}^B}$ erfüllt, und es ist in der Tat

$$\mathbf{Corr}\left[s^A_{\hat{\mathbf{n}}^A}, s^B_{\hat{\mathbf{n}}^B}\right] = \mathbf{E}\left[s^A_{\hat{\mathbf{n}}^A} s^B_{\hat{\mathbf{n}}^B}\right]. \tag{4.59}$$

In Anbetracht von (4.52) gegenüber (4.46) sagt man daher auch, die „Quantenkorrelationen seien stärker als klassische Korrelationen." Die durch verschränkte Zustände erzeugten Korrelationen bezeichnet man oft auch als **EPR-Korrelationen**.

4.5.2 Die CHSH-Verallgemeinerung der Bell'schen Ungleichung

Die von Clauser, Horne, Simony und Holt (CHSH) in [2] hergeleitete Verallgemeinerung betrachtet ebenso wie die ursprüngliche Bell'sche Ungleichung Teilchenpaare, an deren einzelnen Teilchen Messungen vorgenommen werden können, deren Ergebnisse ± 1 sein können. Auch die CHSH-Verallgemeinerung liefert eine Obergrenze für Erwartungswerte von Produkten der beobachtbaren Einzelteilchen-Messwerte, von denen angenommen wird, dass sie durch verborgene Variablen bestimmt werden. Die Verallgemeinerung besteht darin, dass nicht wie bei Bell der spezielle Gesamtzustand $|\Psi^-\rangle$ angenommen wird, der die Eigenschaft (4.45) als zusätzliche Annahme an die Erwartungswerte rechtfertigt.

Die in der CHSH-Variante gemachte Aussage beruht auf einem erstaunlich einfachen Ergebnis, das wir ganz allgemein als folgendes Lemma formulieren.

Lemma 4.8
Seien $s_i, i = 1, \ldots, 4$ vier diskrete Zufallsvariable auf einem Wahrscheinlichkeitsraum $(\Omega, \mathcal{A}, \mathbf{P})$, die nur die Werte ± 1 annehmen, d. h.

$$s_i : \Omega \longrightarrow \{\pm 1\} \atop \omega \longmapsto s_i(\omega) \quad , \qquad i = 1, \ldots, 4. \tag{4.60}$$

Dann gilt

$$|\mathbf{E}\,[s_1 s_2] - \mathbf{E}\,[s_1 s_3] + \mathbf{E}\,[s_4 s_2] + \mathbf{E}\,[s_4 s_3]| \leq 2. \tag{4.61}$$

Beweis Wegen

$$s_i(\omega) \in \{\pm 1\} \qquad \forall i = 1, \ldots, 4 \tag{4.62}$$

gilt *entweder*

$$s_2(\omega) - s_3(\omega) = 0 \quad \Rightarrow \quad s_2(\omega) + s_3(\omega) = \pm 2 \tag{4.63}$$

oder

$$s_2(\omega) + s_3(\omega) = 0 \quad \Rightarrow \quad s_2(\omega) - s_3(\omega) = \pm 2, \tag{4.64}$$

und weil ebenso $s_1(\omega), s_4(\omega) \in \{\pm 1\}$, daher auch

$$s_1(\omega)\big(s_2(\omega) - s_3(\omega)\big) + s_4(\omega)\big(s_2(\omega) + s_3(\omega)\big) = \pm 2. \tag{4.65}$$

Dies wiederum impliziert

$$\mathbf{E}\,[s_1\,(s_2 - s_3) + s_4\,(s_2 + s_3)] \in [-2, +2] \tag{4.66}$$

und somit schließlich

$$|\mathbf{E}\left[s_1\left(s_2 - s_3\right) + s_4\left(s_2 + s_3\right)\right]|$$
$$= |\mathbf{E}\left[s_1 s_2\right] - \mathbf{E}\left[s_1 s_3\right] + \mathbf{E}\left[s_4 s_2\right] + \mathbf{E}\left[s_4 s_3\right]| \le 2\,. \tag{4.67}$$

$\square$

Dies wenden wir nun auf die Zufallsvariablen an, die sich aus den Ergebnissen von Spinmessungen ergeben. Wir betrachten also erneut Teilchenpaare, von denen eines zu Alice, das andere zu Bob gesandt wird. Alice kann eine Messung ausführen, bei der sie das Messinstrument mit einem Geräteparameter p^A aus einer evtl. mehrdimensionalen Parametermenge P einstellen kann. Etwa eine Spinmessung, bei der sie die Richtung, in die der Spin gemessen wird, beliebig einstellen kann. Sie misst also eine Observable $S_{p^A}^A$, deren Messwerte wir mit $s_{p^A}^A$ bezeichnen und von denen wir annehmen, dass diese nur die Werte ± 1 annehmen können. Ebenso verfügt Bob über ein von ihm veränderbares Messinstrument mit Parameter $p^B \in P$, mit dem er die Observable $S_{p^B}^B$ an seinem Teilchen messen kann, deren Werte wir mit $s_{p^B}^B$ bezeichnen und die ebenfalls nur ± 1 annehmen können. Nehmen wir nun wiederum an, jedes Teilchen wird durch (evtl. mehrdimensionale) Variablen $\omega \in \Omega$, die wir nicht kennen, d. h. uns verborgen sind, vollständig beschrieben. Vollständigkeit der Beschreibung bedeutet, dass diese Variablen $\omega \in \Omega$ die Messwerte $s_{p^A}^A$ (bzw. $s_{p^B}^B$) bestimmen, welche dann als Funktionen der Geräteparameter p und der verborgenen Variablen $s_{p^A}^A(\omega)$ (bzw. $s_{p^B}^B(\omega)$) festgelegt sind.

Wie bereits vor der ursprünglichen Bell'schen Ungleichung erläutert, bedeutet dies nichts anderes, als dass die Messwerte $s_{p^A}^A, s_{p^B}^B$ Zufallsvariablen mit gemeinsamer Verteilung auf einem Wahrscheinlichkeitsraum $(\Omega, \mathcal{A}, \mathbf{P})$ sind. CHSH zeigen dann folgenden Satz.

Satz 4.9
Seien s_p^A, s_p^B zwei durch (möglicherweise vektorwertige) Parameter p aus einer Parametermenge P parametrisierte diskrete Zufallsvariable auf einem Wahrscheinlichkeitsraum $(\Omega, \mathcal{A}, \mathbf{P})$

$$s^X : P \times \Omega \longrightarrow \{\pm 1\} \atop (p, \omega) \longmapsto s_p^X(\omega)\,, \qquad X = A, B. \tag{4.68}$$

*Dann gilt für beliebige Parameter $p_i, i = 1, 2, 3, 4$ die von Clauser, Horne, Shimony und Holt (**CHSH**) verallgemeinerte Form der Bell'schen Ungleichung*

$$\left|\mathbf{E}\left[s_{p_1}^A s_{p_2}^B\right] - \mathbf{E}\left[s_{p_1}^A s_{p_3}^B\right] + \mathbf{E}\left[s_{p_4}^A s_{p_2}^B\right] + \mathbf{E}\left[s_{p_4}^A s_{p_3}^B\right]\right| \le 2\,. \tag{4.69}$$

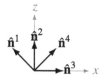

Abb. 4.1 Zur Überprüfung der CHSH-Ungleichung in der x-z-Ebene in (4.71) mit (4.73) gemachte Wahl der Spinmessrichtungen $\hat{\mathbf{n}}^i, i = 1, \ldots, 4$

Beweis Die Aussage (4.69) ergibt sich sofort aus Lemma 4.8, indem wir in (4.61) $s_i = s^A_{p_i}$ für $i = 1, 4$ und $s_i = s^B_{p_i}$ für $i = 2, 3$ setzen. □

In der Herleitung von (4.69) wurde die EPR-Folgerung benutzt, dass allen Observablen $S^X_{p_i}, X = A, B; i = 1, \ldots, 4$ gemeinsam Elemente der Realität zukommen, d. h. dass diese Observable für die betrachteten Teilchen immer (durch uns unbekannte, verborgene Variable ω bestimmte) Werte besitzen. Welche Vorhersage macht nun die Quantenmechanik für die linke Seite von (4.69)? Dazu betrachten wir wiederum zwei Teilchen, die Teilsysteme eines verschränkten Bell-Zustands $|\Psi^-\rangle$ sind und als Observablen $S^X_{p_i}$ die in (4.37) und (4.38) definierten Spinobservablen

$$S^X_{p_i} = \Sigma^X_{\hat{\mathbf{n}}^i} \qquad X = A, B; \quad p_i = \hat{\mathbf{n}}^i, i = 1, \ldots, 4 \tag{4.70}$$

mit den Richtungsparametern

$$\hat{\mathbf{n}}^i = \begin{pmatrix} \cos v_i \\ 0 \\ \sin v_i \end{pmatrix} \in B^1_{\mathbb{R}^3}, i = 1, \ldots, 4. \tag{4.71}$$

Mit dem Ergebnis (4.40) aus Übung 4.3 ergibt sich daher

$$\left\langle \Sigma^A_{\hat{\mathbf{n}}^1} \otimes \Sigma^B_{\hat{\mathbf{n}}^2} \right\rangle_{\Psi^-} - \left\langle \Sigma^A_{\hat{\mathbf{n}}^1} \otimes \Sigma^B_{\hat{\mathbf{n}}^3} \right\rangle_{\Psi^-} + \left\langle \Sigma^A_{\hat{\mathbf{n}}^4} \otimes \Sigma^B_{\hat{\mathbf{n}}^2} \right\rangle_{\Psi^-} + \left\langle \Sigma^A_{\hat{\mathbf{n}}^4} \otimes \Sigma^B_{\hat{\mathbf{n}}^3} \right\rangle_{\Psi^-}$$
$$= -\cos(v_1 - v_2) + \cos(v_1 - v_3) - \cos(v_4 - v_2) - \cos(v_4 - v_3). \tag{4.72}$$

Mit der in Abb. 4.1 gezeigten Wahl

$$\begin{array}{ll} v_1 = \frac{3\pi}{4} & v_4 = \frac{\pi}{4} \\ v_2 = \frac{\pi}{2} & v_3 = 0 \end{array} \tag{4.73}$$

der Spinmessrichtungen führt dies zu

$$\left\langle \Sigma^A_{\hat{\mathbf{n}}^1} \otimes \Sigma^B_{\hat{\mathbf{n}}^2} \right\rangle_{\Psi^-} - \left\langle \Sigma^A_{\hat{\mathbf{n}}^1} \otimes \Sigma^B_{\hat{\mathbf{n}}^3} \right\rangle_{\Psi^-} + \left\langle \Sigma^A_{\hat{\mathbf{n}}^4} \otimes \Sigma^B_{\hat{\mathbf{n}}^2} \right\rangle_{\Psi^-} + \left\langle \Sigma^A_{\hat{\mathbf{n}}^4} \otimes \Sigma^B_{\hat{\mathbf{n}}^3} \right\rangle_{\Psi^-} = -2\sqrt{2},$$
$$\tag{4.74}$$

was in eklatantem Widerspruch zu (4.69) steht!

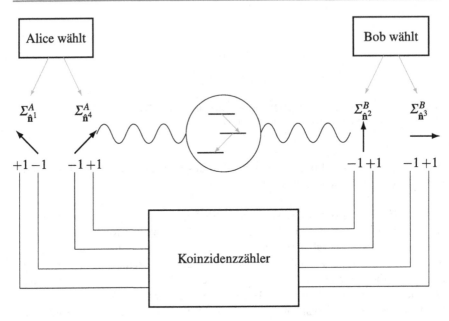

Abb. 4.2 Schematischer Aufbau des Experiments von Aspect, Dalibard und Rogers

Für welche der beiden exklusiven Möglichkeiten (4.69) oder (4.74) entscheidet sich nun die Natur? Eine Antwort darauf gab das in Abb. 4.2 schematisch dargestellte Experiment von Aspect, Dalibard und Roger [9], das mit Photonen durchgeführt wurde. Die Antwort lautete: *Die Natur verhält sich im Einklang mit* (4.74) *und verletzt die CHSH-Variante der Bell'sche Ungleichung* (4.69). Bei diesem Experiment wurden aus einer Quelle durch aufeinanderfolgende Übergänge (Kaskade) zwei Photonen in einem verschränkten Zustand erzeugt, die jeweils zu Alice und Bob mit einer Flugzeit von etwa 40 ns gesandt wurden. Während des Fluges wählt Alice nach Belieben durch Einstellen eines Schalters mit Schaltzeit $\leq$ 10 ns entweder die Observable $\Sigma^A_{\hat{n}^1}$ oder $\Sigma^A_{\hat{n}^4}$ aus. Ebenso wählt Bob während des Fluges und *unabhängig von* Alice entweder die Observable $\Sigma^B_{\hat{n}^2}$ oder $\Sigma^B_{\hat{n}^3}$ aus. Somit werden die Observablen festgelegt, *nachdem* die Photonen die Quelle verlassen haben. Durch Detektoren werden die jeweils beiden möglichen Messwerte ± 1 festgestellt und an einen Koinzidenzzähler gegeben, der sicherstellt, dass die Messung von zwei Photonen einer Kaskade kommt.

Die Messung vieler Photonen liefert somit etwa die in Tab. 4.2 angegebenen Messergebnisse. Seien $M^{A,B}_{i,j}$ für $i, j = 1, \ldots, 4$ die Menge der Messungen, in denen $\Sigma^A_{\hat{n}^i}$ *und* $\Sigma^B_{\hat{n}^j}$ gemessen wurden, $N^{A,B}_{i,j}$ die Anzahl dieser Messungen und $s^X_{\hat{n}^i}(l), X = A, B$ die in der Messung $l \in M^{A,B}_{i,j}$ beobachteten Werte. Dann kön-

Tab. 4.2 Fiktives Messergebnis einer Messreihe des in Abb. 4.2 dargestellten Experiments, bei der Alice einen der Spins $\Sigma^A_{\hat{n}^1}$ oder $\Sigma^A_{\hat{n}^4}$ und Bob einen der Spins $\Sigma^B_{\hat{n}^2}$ oder $\Sigma^B_{\hat{n}^3}$ mit der Wahl (4.71) und (4.73) der $\hat{n}^i, i = 1,\ldots,4$ misst. Für diese fiktiven Messergebnisse hat die linke Seite der CHSH-Ungleichung (4.69) den Wert $\approx -2.8 < -2$, d.h. die Messergebnisse entprechen gut der quantenmechanischen Vorhersage (4.74). Die grauen Zellen deuten an, dass der Wert der entsprechenden Observable in dieser Messung nicht bekannt ist bzw. nach den Regeln der Quantenmechanik nicht bekannt sein kann, da es sich z.B. bei $\Sigma^A_{\hat{n}^1}$ und $\Sigma^A_{\hat{n}^4}$ mit vorgenannter Wahl der $\hat{n}^i$ um inkompatible Observable handelt

Teilchen- paar Nr.	Alice misst $s^A_{\hat{n}^1}$	Alice misst $s^A_{\hat{n}^4}$	Bob misst $s^B_{\hat{n}^2}$	Bob misst $s^B_{\hat{n}^3}$
1	+1		+1	
2	−1		−1	
3	+1		+1	
4	+1		−1	
5	−1		+1	
6	+1		−1	
7	+1		−1	
8	−1		+1	
9	−1		+1	
10	−1		+1	
11	−1		+1	
12	−1		+1	
13	+1		−1	
14	−1		+1	
15	+1		−1	
16	+1		−1	
17	−1		+1	
18	+1		−1	
19	+1		−1	
20	−1		+1	
21	−1			−1
22	−1			−1
23	−1			−1
24	+1			+1
25	+1			+1
26	+1			+1
27	−1			−1
28	+1			+1
29	−1			−1
30	−1			+1
31	+1			+1
32	−1			−1
33	−1			+1
34	+1			+1
35	+1			+1
36	−1			−1
37	−1			−1
38	+1			+1
39	+1			+1
40	+1			−1

Teilchen- paar Nr.	Alice misst $s^A_{\hat{n}^1}$	Alice misst $s^A_{\hat{n}^4}$	Bob misst $s^B_{\hat{n}^2}$	Bob misst $s^B_{\hat{n}^3}$
41		+1	−1	
42		+1	−1	
43		+1	−1	
44		+1	−1	
45		−1	+1	
46		+1	+1	
47		−1	+1	
48		+1	−1	
49		−1	+1	
50		+1	−1	
51		+1	+1	
52		+1	−1	
53		+1	−1	
54		+1	−1	
55		−1	−1	
56		−1	+1	
57		−1	+1	
58		+1	−1	
59		−1	+1	
60		−1	+1	
61		+1		−1
62		+1		−1
63		−1		+1
64		+1		−1
65		−1		+1
66		−1		+1
67		−1		+1
68		+1		−1
69		−1		−1
70		−1		+1
71		−1		−1
72		+1		−1
73		−1		+1
74		+1		−1
75		+1		−1
76		−1		+1
77		−1		+1
78		+1		−1
79		−1		−1
80		−1		+1

nen wir die experimentell beobachteten Mittelwerte nach

$$\overline{\Sigma_{\hat{\mathbf{n}}^i}^A \Sigma_{\hat{\mathbf{n}}^j}^B} = \frac{1}{N_{i,j}^{A,B}} \sum_{l \in M_{i,j}^{A,B}} s_{\hat{\mathbf{n}}^i}^A(l) s_{\hat{\mathbf{n}}^j}^B(l) \tag{4.75}$$

berechnen. Setzt man die so experimentell erhaltenen Mittelwerte $\overline{\Sigma_{\hat{\mathbf{n}}^i}^A \Sigma_{\hat{\mathbf{n}}^j}^B}$ als Approximation (siehe Abschn. 2.1) der quantenmechanischen Erwartungswerte $\left\langle \Sigma_{\hat{\mathbf{n}}^i}^A \otimes \Sigma_{\hat{\mathbf{n}}^j}^B \right\rangle_{\psi^-}$ in die linke Seite von (4.74) ein, so wird diese Gleichung experimentell annähernd bestätigt, während Einsetzen der so experimentell erhaltenen Mittelwerte anstelle der auf einer angenommenen gemeinsamen Verteilung beruhenden klassischen Erwartungswerte $\mathbf{E}\left[s_{\hat{\mathbf{n}}^i}^A s_{\hat{\mathbf{n}}^j}^B \right]$ in die linke Seite von (4.69) ergibt, dass diese Bell'sche-Ungleichung verletzt wird. Der Leser mag sich mithilfe von (4.75) überzeugen, dass die linke Seite der CHSH-Variante der Bell'schen Ungleichung (4.69) für die in Tab. 4.2 gezeigten fiktiven Messergebnisse in der Tat den Wert $-2.8 < -2$ ergibt, also gut mit (4.74) übereinstimmt.

Die unter Ausschluss des „unvernünftigen Verhaltens" der Realität erhaltene EPR-Schlussfolgerung, dass etwa $\Sigma_{\hat{\mathbf{n}}^1}^A$ und $\Sigma_{\hat{\mathbf{n}}^4}^A$ gemeinsam Elementen der Realität entsprechen, würde dazu führen, dass man die grauen Zellen in Tab. 4.2 der Messergebnisse durch die einzig möglichen Messergebnisse ± 1 ersetzen kann. Aber gleichgültig wie man seine eigenen metaphorischen „grauen Zellen" auch anstrengen mag, um die grauen Zellen durch $+1$ oder -1 zu ersetzen, findet man dann immer, dass die Bell'sche Ungleichung (4.69) *erfüllt* ist.

Das wirklich Verblüffende sei hier noch einmal festgehalten: Jede Messung von $\Sigma_{\hat{\mathbf{n}}^i}^X, X = A, B; i = 1, \ldots, 4$ liefert einen Wert aus $\{\pm 1\}$. Diese Observablen nehmen nie einen anderen Wert an. Es ist daher „vernünftig," davon auszugehen, dass diese Observable immer entweder den Wert $+1$ oder -1 hat. Dann nimmt auch jedes Paar von Observablen $\Sigma_{\hat{\mathbf{n}}^i}^A, \Sigma_{\hat{\mathbf{n}}^j}^B, i, j = 1, \ldots, 4$ immer ein Wertepaar aus $\{\pm 1, \pm 1\}$ an. Genau dies impliziert aber notwendigerweise die Gültigkeit der CHSH-Variante der Bell'schen Ungleichung (4.69). Diese wiederum wird, wie wir in (4.74) gezeigt haben, von der Quantenmechanik verletzt. Es kann also nicht sein, dass $\Sigma_{\hat{\mathbf{n}}^i}^A$ und $\Sigma_{\hat{\mathbf{n}}^j}^B$ gleichzeitig einen der ihnen möglichen Werte annehmen, die wir bei Einzelmessungen *immer* an ihnen beobachten würden. Mit anderen Worten: Obwohl jede dieser Observable alleine gemessen werden kann und jede Beobachtung immer einen Wert aus $\{\pm 1\}$ liefert, können beide nicht gemeinsam diese Werte annehmen.

Schließlich sei hier noch angemerkt, dass die Quantenmechanik die Verletzung der Bell'schen Ungleichung nur für verschränkte Zustände und dann auch nur für bestimmte Kombinationen der Spinrichtung vorhersagt. So ergeben etwa die quantenmechanisch vorhergesagten Erwartungswerte im Zustand $|\Psi^-\rangle$ mit der Wahl $\hat{\mathbf{n}}^2 = \hat{\mathbf{n}}^3$ für die linke Seite von (4.72) den Wert $-\sqrt{2}$, erfüllen also offensichtlich die CHSH-Variante der Bell'schen Ungleichung (4.69). Separable (d. h. nichtverschränkte) Zustände erfüllen ebenfalls immer diese Ungleichung, wie folgende Proposition zeigt.

Proposition 4.10

Für beliebige Spinrichtungen $\hat{\mathbf{n}}^i, i = 1, \ldots, 4$ und separable Zustände $|\varphi\rangle \otimes |\psi\rangle \in {}^1\!\mathbb{H}^A \otimes {}^1\!\mathbb{H}^B$ gilt die CHSH-Variante der Bell'schen Ungleichung

$$\left| \left\langle \Sigma^A_{\hat{\mathbf{n}}^1} \otimes \Sigma^B_{\hat{\mathbf{n}}^2} \right\rangle_{\varphi \otimes \psi} - \left\langle \Sigma^A_{\hat{\mathbf{n}}^1} \otimes \Sigma^B_{\hat{\mathbf{n}}^3} \right\rangle_{\varphi \otimes \psi} \right.$$
$$\left. + \left\langle \Sigma^A_{\hat{\mathbf{n}}^4} \otimes \Sigma^B_{\hat{\mathbf{n}}^2} \right\rangle_{\varphi \otimes \psi} + \left\langle \Sigma^A_{\hat{\mathbf{n}}^4} \otimes \Sigma^B_{\hat{\mathbf{n}}^3} \right\rangle_{\varphi \otimes \psi} \right| \leq 2. \tag{4.76}$$

Beweis Die Erwartungswerte von Produkten von Observablen $M^A \otimes M^B$ faktorisieren in separablen Zuständen $|\varphi\rangle \otimes |\psi\rangle \in {}^1\!\mathbb{H}^A \otimes {}^1\!\mathbb{H}^B$, d. h. es gilt

$$\begin{aligned}
\left\langle M^A \otimes M^B \right\rangle_{\varphi \otimes \psi} &= \langle \varphi \otimes \psi | M^A \otimes M^B (\varphi \otimes \psi) \rangle \\
&= \langle \varphi \otimes \psi | M^A \varphi \otimes M^B \psi \rangle \\
&\underbrace{=}_{(3.10)} \langle \varphi | M^A \varphi \rangle \langle \psi | M^B \psi \rangle \\
&= \left\langle M^A \right\rangle_\varphi \left\langle M^B \right\rangle_\psi .
\end{aligned} \tag{4.77}$$

Ein beliebiger Zustand $|\varphi\rangle \in {}^1\!\mathbb{H}^A$ ist von der Form (siehe (2.157))

$$|\varphi\rangle = e^{i\alpha} \cos\beta |0\rangle + e^{i\gamma} \sin\beta |1\rangle. \tag{4.78}$$

Andererseits ist (siehe (2.165))

$$|\uparrow_{\hat{\mathbf{n}}(\theta,\phi)}\rangle = e^{-i\frac{\phi}{2}} \cos\frac{\theta}{2}|0\rangle + e^{i\frac{\phi}{2}} \sin\frac{\theta}{2}|1\rangle, \tag{4.79}$$

sodass wir $|\varphi\rangle$ mithilfe eines Einheitsvektors $\hat{\mathbf{n}}^\varphi := \hat{\mathbf{n}}(2\beta, \frac{\gamma-\alpha}{2})$ in der Form

$$|\varphi\rangle = e^{i\frac{\alpha+\gamma}{2}} |\uparrow_{\hat{\mathbf{n}}(2\beta,\frac{\gamma-\alpha}{2})}\rangle = e^{i\frac{\alpha+\gamma}{2}} |\uparrow_{\hat{\mathbf{n}}^\varphi}\rangle \tag{4.80}$$

darstellen können. Gleiches gilt für $|\psi\rangle = e^{i\delta} |\uparrow_{\hat{\mathbf{n}}^\psi}\rangle$ mit entsprechend gewähltem $\delta, \hat{\mathbf{n}}^\psi$.

Übung 4.5 Man zeige

$$\langle \Sigma_{\hat{\mathbf{n}}} \rangle_{|\uparrow_{\hat{\mathbf{m}}}\rangle} = \hat{\mathbf{n}} \cdot \hat{\mathbf{m}}. \tag{4.81}$$

Zur Lösung siehe 4.5 im Kap. 13 Lösungen. ◄

Kombination von (4.77) mit (4.81) ergibt dann, da der komplexe Phasenfaktor in (4.80) unerheblich ist (siehe Definition 2.10 und den darauf folgenden Abschnitt),

$$\left\langle \Sigma^A_{\hat{\mathbf{n}}^i} \otimes \Sigma^B_{\hat{\mathbf{n}}^j} \right\rangle_{\varphi \otimes \psi} = \left\langle \Sigma^A_{\hat{\mathbf{n}}^i} \right\rangle_\varphi \left\langle \Sigma^B_{\hat{\mathbf{n}}^j} \right\rangle_\psi = \left(\hat{\mathbf{n}}^i \cdot \hat{\mathbf{n}}^\varphi \right) \left(\hat{\mathbf{n}}^j \cdot \hat{\mathbf{n}}^\psi \right) \tag{4.82}$$

und somit

$$\left|\left\langle \Sigma^A_{\hat{n}^1} \otimes \Sigma^B_{\hat{n}^2}\right\rangle_{\varphi \otimes \psi} - \left\langle \Sigma^A_{\hat{n}^1} \otimes \Sigma^B_{\hat{n}^3}\right\rangle_{\varphi \otimes \psi} + \left\langle \Sigma^A_{\hat{n}^4} \otimes \Sigma^B_{\hat{n}^2}\right\rangle_{\varphi \otimes \psi} + \left\langle \Sigma^A_{\hat{n}^4} \otimes \Sigma^B_{\hat{n}^3}\right\rangle_{\varphi \otimes \psi}\right|$$

$$= \left|\hat{n}^1 \cdot \hat{n}^\varphi \left(\hat{n}^2 \cdot \hat{n}^\psi - \hat{n}^3 \cdot \hat{n}^\psi\right) + \hat{n}^4 \cdot \hat{n}^\varphi \left(\hat{n}^2 \cdot \hat{n}^\psi + \hat{n}^3 \cdot \hat{n}^\psi\right)\right| \qquad (4.83)$$

$$\leq \left|\hat{n}^1 \cdot \hat{n}^\varphi\right| \left|\hat{n}^2 \cdot \hat{n}^\psi - \hat{n}^3 \cdot \hat{n}^\psi\right| + \left|\hat{n}^4 \cdot \hat{n}^\varphi\right| \left|\hat{n}^2 \cdot \hat{n}^\psi + \hat{n}^3 \cdot \hat{n}^\psi\right|$$

$$\leq \left|\left(\hat{n}^2 - \hat{n}^3\right) \cdot \hat{n}^\psi\right| + \left|\left(\hat{n}^2 + \hat{n}^3\right) \cdot \hat{n}^\psi\right| \qquad (4.84)$$

Allgemein gilt für beliebige $x, y \in \mathbb{R}$

$$|x| + |y| = \begin{cases} |x + y| & \text{falls} \quad xy \geq 0 \\ |x - y| & \text{falls} \quad xy < 0 \end{cases} \qquad (4.85)$$

und daher

$$\left|\left(\hat{n}^2 - \hat{n}^3\right) \cdot \hat{n}^\psi\right| + \left|\left(\hat{n}^2 + \hat{n}^3\right) \cdot \hat{n}^\psi\right| = 2 \max\{\hat{n}^2 \cdot \hat{n}^\psi, \hat{n}^3 \cdot \hat{n}^\psi\} \leq 2. \qquad (4.86)$$

Einsetzen von (4.86) in (4.84) liefert dann (4.76). $\qquad\qquad\square$

4.6 Zwei unmögliche Apparate

4.6.1 Bell'sches Telefon

Das nach EPR „unvernünftige" Verhalten der Quantenmechanik, d. h. das instantane Beeinflussen der Realität von Bobs Teilchen durch die Messung von Alice, hat einige dazu verleitet, zu versuchen, daraus eine Möglichkeit der Kommunikation mit Überlichtgeschwindigkeit zwischen Alice und Bob zu konstruieren. Dieser vermeintliche Apparat, der auch in scherzhafter Anspielung auf die gleichnamige US-Telefongesellschaft **Bell'sches Telefon** genannt wurde, kann aber, wie wir nun zeigen werden, überhaupt nicht zur Nachrichtenübermittlung genutzt werden (auch nicht mit Unterlichtgeschwindigkeit).

Dieses Bell'sche Telefon soll auf folgende Weise funktionieren. Angenommen, Alice und Bob verfügen über je ein Qbit, die zu einem Gesamtsystem im Bell-Zustand $|\Phi^+\rangle$ gehören.

Wie in Abschn. 4.4 (nach (4.33)) gezeigt, kann Alice durch Messung von σ_z an ihrem Qbit Bobs Qbit in die Zustände $|0\rangle = |\uparrow_z\rangle$ oder $|1\rangle = |\downarrow_z\rangle$ „zwingen." Misst sie dagegen σ_x, so stellt sie Bobs Teilchen in den Zuständen $|+\rangle = |\uparrow_x\rangle$ oder $|-\rangle = |\downarrow_x\rangle$ ein. Alice versucht dann eine Nachricht nach dem in Tab. 4.3 dargestellten Protokoll an Bob zu senden. Je nachdem, ob Bobs Qbit in den Zuständen $|0\rangle, |1\rangle$ oder aber $|+\rangle, |-\rangle$ ist, liest Bob 0 oder aber 1.

Wie wir nun allgemein zeigen werden, funktioniert diese Art der Signalübertragung deshalb nicht, weil Bobs Qbit in einem gemischten Zustand vorliegt, der

Tab. 4.3 Protokoll für das	Vereinbarter Bitwert	Alice misst	Bobs Qbit im Zustand
Bell'sche Telefon	0	σ_z	$|0\rangle$ oder $|1\rangle$
	1	σ_x	$|+\rangle$ oder $|-\rangle$

entweder aus den reinen Zuständen $|0\rangle$ und $|1\rangle$ oder $|+\rangle$ und $|-\rangle$ erzeugt wird, aber immer die gleiche Mischung ergibt, gleichgültig, was Alice misst. Daher kann Bob aus Messungen an seinem Qbit „nicht lesen, was Alice geschrieben hat."

Um dies zu zeigen, nehmen wir also an, Alice verfüge über zwei Observable M^A, $\widetilde{M}^A$, zwischen denen sie bei ihrer Messung wählen kann und durch die sie die klassischen Bits 0 und 1, die sie an Bob senden möchte, kodiert (etwa 0 durch Wahl der Messung von M^A und 1 durch Wahl der Messung von $\widetilde{M}^A$). Sowohl die Eigenvektoren $\{|e_a\rangle\} \in \mathbb{H}^A$ zu den Eigenwerten λ_a^A von M^A als auch die Eigenvektoren $\{|\widetilde{e}_a\rangle\} \in \mathbb{H}^A$ zu den Eigenwerten $\widetilde{\lambda}_a^A$ von $\widetilde{M}^A$ bilden jeweils eine ONB in $\mathbb{H}^A$. Diese ONBs sind notwendigerweise über eine unitäre Transformation miteinander verbunden (siehe Übung 2.9):

$$|\widetilde{e}_a\rangle = U|e_a\rangle = \sum_{a_1}\langle e_{a_1}|Ue_a\rangle|e_{a_1}\rangle = \sum_{a_1} U_{a_1 a}|e_{a_1}\rangle, \tag{4.87}$$

wobei $U_{a_1 a}$ eine unitäre Matrix ist.

Für das Teilsystem von Bob sei $\{|f_b\rangle\} \in \mathbb{H}^B$ eine ONB in $\mathbb{H}^B$. Dann bilden sowohl die Vektoren $|e_a\rangle \otimes |f_b\rangle = |e_a \otimes f_b\rangle$ als auch die $|\widetilde{e}_a\rangle \otimes |f_b\rangle$ jeweils eine ONB im Hilbert-Raum $\mathbb{H}^A \otimes \mathbb{H}^B$ (siehe Abschn. 3.2.1) des Gesamtsystems. Diese Vektoren sind auch Eigenvektoren der Observablen M^A bzw. $\widetilde{M}^A$, wenn wir diese durch $M^A \otimes \mathbf{1}$ bzw. $\widetilde{M}^A \otimes \mathbf{1}$ als Observable im Gesamtsystem $\mathbb{H}^A \otimes \mathbb{H}^B$ auffassen (siehe Abschn. 3.3).

$$\left(M^A \otimes \mathbf{1}\right)|e_a \otimes f_b\rangle = \lambda_a^A |e_a \otimes f_b\rangle \tag{4.88}$$

$$\left(\widetilde{M}^A \otimes \mathbf{1}\right)|\widetilde{e}_a \otimes f_b\rangle = \widetilde{\lambda}_a^A |\widetilde{e}_a \otimes f_b\rangle. \tag{4.89}$$

Das Gesamtsystem sei anfänglich in dem reinen Gesamtzustand

$$|\Psi\rangle = \sum_{a,b} \Psi_{ab} |e_a \otimes f_b\rangle = \sum_{a,b} \widetilde{\Psi}_{ab} |\widetilde{e}_a \otimes f_b\rangle \tag{4.90}$$

präpariert worden und die Teilsysteme A an Alice und B an Bob verteilt worden. Alice möchte nun die Tatsache, dass beide jeweils über ein Teilsystem des gleichen Gesamtsystems verfügen, ausnutzen, um das klassische Bit 0 an Bob zu senden. Dazu misst Alice die Observable $M^A \otimes \mathbf{1}$. Das Gesamtsystem muss nach der Messung in einem Eigenzustand $|e_a \otimes f_b\rangle$ dieser Observable sein, und die Wahrscheinlichkeit, dass nach der Messung dieser Zustand vorliegt, ist (siehe Projektionspostulat 2.3 in Abschn. 2.3.1)

$$|\Psi_{ab}|^2 = |\langle e_a \otimes f_b|\Psi\rangle|^2. \tag{4.91}$$

Für alle, die das Messergebnis, d. h. den gemessenen Eigenwert nicht kennen (und dazu gehört Bob), wird daher nach Alices Messung das Gesamtsystem durch den gemischten Zustand

$$\rho = \sum_{a,b} |\Psi_{ab}|^2 \, |e_a \otimes f_b\rangle\langle e_a \otimes f_b| \tag{4.92}$$

beschrieben.

Übung 4.6 Man zeige, dass die Teilspur von ρ über A, d. h. der für das Teilsystem B maßgebliche reduzierte Dichteoperator $\rho^B(\rho)$ (siehe (3.70)), gegeben ist durch

$$\rho^B(\rho) = \sum_b |f_b\rangle \sum_a |\Psi_{ab}|^2 \, \langle f_b|. \tag{4.93}$$

Zur Lösung siehe 4.6 im Kap. 13 Lösungen.   ◄

Der gemischte Zustand, in dem Bobs Teilsystem nach Alices Messung der Observable M^A vorliegt, wird durch den reduzierten Dichteoperator $\rho^B(\rho)$ beschrieben.

Um andererseits das klassische Bit 1 an Bob zu senden, muss Alice in der Lage sein, einen Zustand bei Bob zu erzeugen, der für ihn von dem für 0 erzeugten $\rho^B(\rho)$ verschieden ist. Dazu misst Alice an einem anderen Teilchen ihres Teilsystems eine andere Observable $\widetilde{M^A}$. Mit der gleichen Argumentation wie für M^A liegt dann Bobs Teilsystem in dem gemischten Zustand

$$\widetilde{\rho}^B(\widetilde{\rho}) = \sum_b |f_b\rangle \sum_a |\widetilde{\Psi}_{ab}|^2 \, \langle f_b| \tag{4.94}$$

vor. Nun folgt aber aus (4.87) und (4.90)

$$\Psi_{ab} = \sum_{a_1} U_{aa_1} \widetilde{\Psi}_{a_1 b} \tag{4.95}$$

und daher

$$\sum_a |\widetilde{\Psi}_{ab}|^2 = \sum_a |\Psi_{ab}|^2 \,, \tag{4.96}$$

wie man aufgrund der Unitarität von U leicht nachrechnet. Aus (4.93) und (4.94) folgt mit (4.96) schließlich, dass

$$\rho^B(\rho) = \widetilde{\rho}^B(\widetilde{\rho}), \tag{4.97}$$

d. h. Bobs Teilsystem ist immer im gleichen gemischten Zustand, gleichgültig, welche Observable Alice misst. Bob kann also die von Alice beabsichtigte Unterscheidung zwischen der Wahl von M^A und $\widetilde{M^A}$ nicht aus dem Zustand seines Teilsystems herauslesen. Damit ergibt sich folgende Aussage.

> **Korollar 4.11**
> *Es gibt kein Bell'sches Telefon.*

Wir wollen dies noch einmal an dem am Anfang dieses Abschnittes diskutierten Protokoll, wie in Tab. 4.3 gegeben, mit dem Gesamtzustand $|\Phi^+\rangle$ illustrieren. Wie soll Bob die Nachricht lesen? Er muss feststellen, ob sein Teilchen durch die Zustände $|0\rangle, |1\rangle$ oder aber $|+\rangle, |-\rangle$ beschrieben wird. Dies versucht er herauszufinden, indem er σ_z oder σ_x an seinem Teilchen misst. Angenommen, er misst an seinem Teilchen die Observable σ_z und stellt den Wert $+1$ fest. Kann er daraus schließen, dass sein Teilchen im Zustand $|0\rangle = |\uparrow_z\rangle$ war? Offensichtlich *nicht*, denn die Wahrscheinlichkeit, den Wert $+1$ zu messen, ist auch in den Zuständen $|+\rangle$ und $|-\rangle$ von null verschieden:

$$|\langle 0|+\rangle|^2 = \frac{1}{2} = |\langle 0|-\rangle|^2. \tag{4.98}$$

In welchem Zustand sein Teilchen ist und welche Observable Alice gemessen bzw. welchen Bitwert sie gesandt hat, kann Bob durch die Messung an seinem Teilchen *nicht* erfahren.

Diese Schlussfolgerungen würden ungültig, wenn Bob den (ihm unbekannten) Zustand seines Teilchens *kopieren* könnte, d. h. wenn er Folgendes bewerkstelligen könnte: Aus einem ihm gegebenen Teilchen, welches sich in einem ihm unbekannten und beliebigen Zustand befindet, kann er viele (mindestens zwei) Teilchen im gleichen Zustand präparieren. Einen solchen Apparat, der auch Quantenkopierer genannt wird, kann es aber ebenfalls nicht geben, wie wir im folgenden Abschnitt zeigen werden.

4.6.2 Der perfekte Quantenkopierer

Bevor wir uns explizit mit der Unmöglichkeit eines Quantenkopierers auseinandersetzen, wollen wir uns zunächst verdeutlichen, warum eine solche Maschine ein Bell'sches Telefon ermöglichen würde.

Angenommen, Alice und Bob möchten mit gemeinsamen Zuständen $|\Phi^+\rangle$ nach dem in Tab. 4.3 gegebenen Protokoll kommunizieren und Bob verfüge über einen Quantenkopierer. Mit dieser Maschine stellt er nun von seinem zur Kommunikation benutzten Originalteilchen viele Kopien her. An allen diesen Kopien misst er σ_z. Falls sein Originalteilchen im Zustand $|0\rangle$ war, wird er bei *allen* Messungen $+1$ erhalten (denn die Kopien sind dann ebenfalls im Zustand $|0\rangle$), falls es im Zustand $|1\rangle$ war bei *allen* Messungen -1. Falls das Originalteilchen im Zustand $|+\rangle$ war, sind auch alle Kopien in diesem Zustand. Dann liefert aber eine Messung von σ_z an den Kopien etwa bei der Hälfte der Messungen den Wert $+1$ und bei der anderen Hälfte den Wert -1. Gleiches gilt, falls das Originalteilchen im Zustand $|-\rangle$

war. Bob kann daher aus den Ergebnissen seiner Messungen von σ_z an den Kopien eindeutig auf den Originalzustand und somit auf die Wahl der Observable von Alice schließen. Ergo: Mit einem Quantenkopierer könnte man ein Bell'sches Telefon bauen [45]. Da wir aber bereits mit Aussage 4.11 gezeigt haben, dass ein solches Telefon nicht mit den Gesetzen der Quantenmechanik vereinbar ist, kann auch ein perfekter Quantenkopierer nicht existieren. Dass ein Quantenkopierer nicht mit den Gesetzen der Quantenmechanik verträglich ist, liegt an der *linearen* Struktur des die Zustände beschreibenden Hilbert-Raumes [15].

Ein **Quantenkopierer** für ein System mit Zustandsvektoren in $\mathbb{H}$ ist folgendermaßen definiert.

Definition 4.12
Gegeben

1. ein beliebiger zu kopierender Zustand $|\psi\rangle \in \mathbb{H}$ (das „Original") und
2. ein zu überschreibender Zustand $|\omega\rangle \in \mathbb{H}$ (das „weiße Blatt"),

soll der Kopierer K den Originalzustand $|\psi\rangle$ unverändert lassen und den Weiße-Blatt-Zustand $|\omega\rangle$ mit dem Originalzustand $|\psi\rangle$ überschreiben.

Beliebig viele Kopien können dann durch mehrfache Anwendung des Kopierers erstellt werden. Ein Quantenkopierer ist also eine Transformation K, die für beliebige $|\psi\rangle$

$$K : \quad \mathbb{H} \otimes \mathbb{H} \longrightarrow \mathbb{H} \otimes \mathbb{H}$$
$$|\psi\rangle \otimes |\omega\rangle \longmapsto |\psi\rangle \otimes |\psi\rangle \tag{4.99}$$

erfüllt. Allerdings kann man leicht folgende Proposition beweisen, die besagt, dass es keinen solchen Quantenkopierer gibt und die auch als „**Quanten-No-Cloning-Theorem**" bezeichnet wird.

Proposition 4.13 (Quanten-No-Cloning-Theorem)
Es gibt keinen linearen Quantenkopierer.

Beweis Dazu genügt es, wenn wir Qbits, d. h. $\mathbb{H} = {}^1\mathbb{H}$ betrachten. Als Weißen-Blatt-Zustand $|\omega\rangle$ wählen wir $|0\rangle$ und schauen uns die Wirkung eines Quantenkopierers auf die uns bereits bekannten Qbit-Zustände $|0\rangle, |1\rangle$ und $\frac{1}{\sqrt{2}}(|1\rangle + |0\rangle)$ an.

Nach Definition soll für K gelten

$$K\big(|0\rangle \otimes |0\rangle\big) = |0\rangle \otimes |0\rangle \tag{4.100}$$

$$K\big(|1\rangle \otimes |0\rangle\big) = |1\rangle \otimes |1\rangle \tag{4.101}$$

$$K\left(\frac{|1\rangle + |0\rangle}{\sqrt{2}} \otimes |0\rangle\right) = \frac{|1\rangle + |0\rangle}{\sqrt{2}} \otimes \frac{|1\rangle + |0\rangle}{\sqrt{2}}. \tag{4.102}$$

Falls aber K linear ist, gilt anstelle von (4.102):

$$
\begin{aligned}
K\left(\tfrac{|1\rangle+|0\rangle}{\sqrt{2}} \otimes |0\rangle\right) &= \tfrac{1}{\sqrt{2}}\Big(K\big(|1\rangle \otimes |0\rangle\big) + K\big(|0\rangle \otimes |0\rangle\big)\Big) \\
&\underbrace{=}_{(4.100),\,(4.101)} \tfrac{1}{\sqrt{2}}\Big(|1\rangle \otimes |1\rangle + |0\rangle \otimes |0\rangle\Big) \\
&\neq \tfrac{|1\rangle+|0\rangle}{\sqrt{2}} \otimes \tfrac{|1\rangle+|0\rangle}{\sqrt{2}}.
\end{aligned}
\tag{4.103}
$$

Eine ähnliche Ungleichung ergibt sich, wenn wir $|1\rangle$ als Weißen-Blatt-Zustand wählen. Daraus folgt, dass es keine Maschine gibt, die *beliebige* Qbits kopiert. Da Qbits ein spezielles Quantensystem sind, folgt somit auch die allgemeine Aussage in Proposition 4.13.   □

Es kann allerdings sehr wohl Maschinen geben, die *bestimmte* Zustände wie in Definition 4.12 beschrieben kopiert. So erfüllt z. B. die in Abb. 5.6 definierte kontrollierte Verneinung $\Lambda^1(X)$ die Abbildungsvorgaben in (4.100) und (4.101). Es wird im Quanten-No-Cloning-Theorem lediglich behauptet, dass es keine Maschine gibt, die dies für *alle* Zustände tut.

Quantengatter und Schaltkreise für elementare Rechenoperationen

5

Zusammenfassung

In diesem Kapitel werden zunächst kurz klassische Gatter betrachtet und die Universalität des Toffoli-Gatters bewiesen. Danach werden einige unäre und binäre Quantengatter vorgestellt. Anschließend wird die Universalität der aus der Phasenmultiplikation, Spindrehung und der kontrollierten Verneinung gebildeten Menge für Quantengatter gezeigt. Danach werden einige allgemeine Aspekte zum Ablauf von Quantenalgorithmen behandelt. Schließlich werden die Quantenschaltkreise für elementare Rechenoperationen wie Addition, Addition modulo N und Multiplikation modulo N sowie für die Quanten-Fourier-Transformation im Detail vorgestellt.

5.1 Klassische Gatter

Bevor wir uns quantenmechanischen Gattern, d. h. Gattern für Qbits zuwenden, wollen wir uns zunächst etwas die üblichen („klassischen") Gatter anschauen. In herkömmlichen Computern führt der Prozessor im Prinzip nichts anders aus als eine Abfolge von Transformationen eines klassischen Zustands in einen anderen:

$$f : \{0, 1\}^n \longrightarrow \{0, 1\}^m \atop x \longmapsto f(x) \quad . \tag{5.1}$$

Das ist der **klassische Rechenprozess**, der mithilfe klassischer Gatter realisiert wird.

© Springer-Verlag Berlin Heidelberg 2016
W. Scherer, *Mathematik der Quanteninformatik*, DOI 10.1007/978-3-662-49080-8_5

Definition 5.1

Wir definieren ein **klassisches (Logik-)Gatter** g als Abbildung

$$g : \quad \{0,1\}^n \longrightarrow \{0,1\}^m$$
$$(x_1, \ldots, x_n) \longmapsto (g_1(x_1, \ldots, x_n), \ldots, g_m(x_1, \ldots, x_n)) \quad . \quad (5.2)$$

Ein klassisches Gatter g heißt reversibel, falls es eine Bijektion und somit umkehrbar ist.

Die Eigenschaft, dass ein Gatter g durch andere Gatter $g_1, \ldots, g_K$ gebildet werden kann, drücken wir durch die Notation

$$g \in \mathcal{F}[g_1, \ldots, g_K] \quad (5.3)$$

aus. Eine Menge $\mathcal{G} = \{g_1, \ldots, g_K\}$ klassischer Gatter heißt **universell**, falls jedes beliebige Gatter g mit Gattern aus $\mathcal{G}$ gebildet werden kann, d. h. falls für jedes Gatter g gilt

$$g \in \mathcal{F}[g_1, \ldots, g_K], \qquad g_1, \ldots, g_K \in \mathcal{G}. \quad (5.4)$$

Letztendlich ist jede Operation eines klassischen Computers von der Form (5.2), d. h. eine Transformation klassischer Bits von einem Zustand in einen anderen. Daher ist ein klassischer Prozessor im Wesentlichen nichts anderes als eine physische Implementierung geeigneter universeller logischer Gatter.

Üblicherweise werden Gatter oft auch grafisch durch spezielle Symbole in der in Abb. 5.1 gezeigten Form dargestellt.

Zur Beschreibung klassischer Gatter ist es hilfreich, die folgendermaßen definierte Binäraddition zu benutzen.

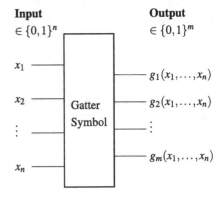

Abb. 5.1 Grafische Darstellung generischer klassischer Gatter

> **Definition 5.2**
> Für $u, v \in \{0, 1\}$ definieren wir die **Binäraddition** $u \overset{2}{\oplus} v$ als
>
> $$u \overset{2}{\oplus} v := (u + v) \mod 2. \tag{5.5}$$

Dabei ist der Ausdruck $a \mod n$ in Definition 11.1 in Kap. 11 definiert. Die prominentesten Beispiele einfacher klassischer Gatter sind:

Klassische Verneinung: **NOT-Gatter**

$$\begin{aligned}
\text{NOT} : \{0, 1\} &\longrightarrow \{0, 1\} \\
x_1 &\longmapsto \text{NOT}(x_1) := 1 \overset{2}{\oplus} x_1
\end{aligned} \tag{5.6}$$

Diese Namensgebung rührt von der üblichen Assoziation $0 = Nein = Falsch$ und $1 = Ja = Wahr$ und der Wirkung von NOT als „Verneinung" her.

Klassisches Und: **AND-Gatter**

$$\begin{aligned}
\text{AND} : \{0, 1\}^2 &\longrightarrow \{0, 1\} \\
(x_1, x_2) &\longmapsto \text{AND}(x_1, x_2) := x_1 x_2
\end{aligned} \tag{5.7}$$

Klassisches Oder: **OR-Gatter**

$$\begin{aligned}
\text{OR} : \{0, 1\}^2 &\longrightarrow \{0, 1\} \\
(x_1, x_2) &\longmapsto \text{OR}(x_1, x_2) := x_1 \overset{2}{\oplus} x_2 \overset{2}{\oplus} x_1 x_2
\end{aligned} \tag{5.8}$$

Klassisches exklusives Oder: **XOR-Gatter**

$$\begin{aligned}
\text{XOR} : \{0, 1\}^2 &\longrightarrow \{0, 1\} \\
(x_1, x_2) &\longmapsto \text{XOR}(x_1, x_2) := x_1 \overset{2}{\oplus} x_2
\end{aligned} \tag{5.9}$$

Klassisches Toffoli-Gatter

$$\begin{aligned}
\text{TOF} : \{0, 1\}^3 &\longrightarrow \{0, 1\}^3 \\
(x_1, x_2, x_3) &\longmapsto \text{TOF}(x_1, x_2, x_3) := (x_1, x_2, x_3 \overset{2}{\oplus} x_1 x_2)
\end{aligned} \tag{5.10}$$

In der grafischen Darstellung des Toffoli-Gatters in Abb. 5.2 wurden fette Punkte als Symbole für bedingte Ausführung verbundener Operatoren benutzt. Allgemein symbolisieren die fetten Punkte in Gatterdarstellungen, dass die Ausführung der

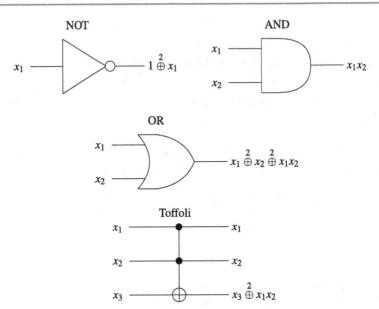

Abb. 5.2 Symbolische Darstellung der klassischen NOT-, AND-, OR- und Toffoli-Gatter

Operationen in den mit ihnen verbundenen Knoten nur dann stattfindet, wenn der Wert des Bits, das durch den Punkt geht, 1 ist. In der Tat sieht man aus (5.10) bzw. Abb. 5.2, dass sich x_3 im dritten Kanal dann und nur dann ändert, wenn sowohl $x_1 = 1$ als auch $x_2 = 1$ ist.

Der Vollständigkeit halber sollten auch die Abbildungen

$$\text{ID}(x_1) = x_1$$
$$\text{FALSE}(x_1) = 0 \tag{5.11}$$
$$\text{TRUE}(x_1) = 1$$

erwähnt werden. Diese werden aber in der Regel nicht als Gatter bezeichnet.

Satz 5.3
Das klassische Toffoli-Gatter ist universell und reversibel.

Beweis Da sich jedes Gatter $g : \{0, 1\}^n \rightarrow \{0, 1\}^m$ in m Gatter $g_j : \{0, 1\}^n \rightarrow \{0, 1\}$, $j = 1, \ldots, m$ zerlegen lässt, genügt es, die Universalität für ein Gatter $f : \{0, 1\}^n \rightarrow \{0, 1\}$ zu zeigen, was wir durch Induktion in n tun.

Wir beginnen mit der Induktionsverankerung bei $n = 1$. Mithilfe der Definitionen sieht man, dass man ID, FALSE, TRUE, NOT und AND durch die einzelnen

Kanäle von TOF folgendermaßen replizieren kann:

$$ID(x_1) = x_1 = TOF_1(x_1, 1, 1)$$
$$FALSE(x_1) = 0 = TOF_1(0, 0, 0)$$
$$TRUE(x_1) = 1 = TOF_1(1, 0, 0) \tag{5.12}$$
$$NOT(x_1) = 1 \overset{2}{\oplus} x_1 = TOF_3(1, 1, x_1)$$
$$AND(x_1, x_2) = x_1 x_2 = TOF_3(x_1, x_2, 0)$$
$$XOR(x_1, x_2) = x_1 \overset{2}{\oplus} x_2 = TOF_3(1, x_1, x_2) \,.$$

Somit lässt sich jedes Gatter $f : \{0, 1\} \to \{0, 1\}$ durch TOF darstellen.

Nun zum Induktionsschritt von $n - 1$ nach n. Sei also TOF universell für Gatter $g : \{0, 1\}^{n-1} \to \{0, 1\}$ und sei $f : \{0, 1\}^n \to \{0, 1\}$ beliebig. Für $x_n \in \{0, 1\}$ definiere

$$g_{x_n}(x_1, \ldots, x_{n-1}) := f(x_1, \ldots, x_{n-1}, x_n) \tag{5.13}$$

und weiterhin

$$h(x_1, \ldots, x_n) := XOR\big(AND\big(g_0(x_1, \ldots, x_{n-1}), NOT(x_n)\big),$$
$$AND\big(g_1(x_1, \ldots, x_{n-1}), \quad x_n \quad \big) \big). \tag{5.14}$$

Wegen der Induktionsannahme lassen sich g_0 und g_1 durch TOF darstellen, und wegen (5.12) wissen wir, dass auch NOT, AND und XOR durch TOF darstellbar sind. Insgesamt ist daher h in (5.14) durch TOF darstellbar. Gleichzeitig ist $h = f$, denn man hat

$$h(x_1, \ldots, x_{n-1}, 0) = XOR\big(AND\big(g_0(x_1, \ldots, x_{n-1}), NOT(0)\big),$$
$$AND\big(g_1(x_1, \ldots, x_{n-1}), \quad 0 \quad \big) \big)$$
$$= XOR\big(\quad g_0(x_1, \ldots, x_{n-1}), \quad \tag{5.15}$$
$$0 \quad \big)$$
$$= \quad g_0(x_1, \ldots, x_{n-1})$$
$$= \quad f(x_1, \ldots, x_{n-1}, 0)$$
$$h(x_1, \ldots, x_{n-1}, 1) = XOR\big(AND\big(g_0(x_1, \ldots, x_{n-1}), NOT(1)\big),$$
$$AND\big(g_1(x_1, \ldots, x_{n-1}), \quad 1 \quad \big) \big)$$
$$= XOR\big(\quad 0, \quad \tag{5.16}$$
$$g_1(x_1, \ldots, x_{n-1}) \quad \big)$$
$$= \quad g_1(x_1, \ldots, x_{n-1})$$
$$= \quad f(x_1, \ldots, x_{n-1}, 1) \,.$$

Daher ist TOF universell. Dass TOF invertierbar ist, ergibt sich aus

$$
\begin{aligned}
\text{TOF}^2(x_1, x_2, x_3) &= \text{TOF}(x_1, x_2, x_3 \overset{2}{\oplus} x_1 x_2) \\
&= (x_1, x_2, x_3 \overset{2}{\oplus} \underbrace{x_1 x_2 \overset{2}{\oplus} x_1 x_2}_{=0}) \qquad (5.17) \\
&= (x_1, x_2, x_3),
\end{aligned}
$$

d. h. TOF ist sein eigenes inverses Gatter und daher reversibel. □

Theoretisch würde es also genügen lediglich physikalische Realisierungen des Toffoli-Gatters zu schaffen. Damit könnte man dann alle möglichen klassischen Gatter durch geeignete Zusammensetzung bilden. Allerdings ist die physikalische Realisierung mit Toffoli-Gattern nicht immer die effizienteste Implementierung. Je nach Anwendung kann es geeigneter sein, andere Gatter einzubauen.

5.2 Quantengatter

Ganz analog zum klassischen Rechenprozess (5.1) wird auch der quantenmechanische Rechenprozess als Transformation eines Zustandes von n Qbits in einen anderen aufgefasst. Im quantenmechanischen Fall werden diese Zustände nicht durch Elemente in $\{0, 1\}^n$, sondern durch Vektoren des Hilbert-Raumes $\mathbb{H}^{\otimes n}$ beschrieben. Beim Rechenprozess soll sowohl die lineare Struktur des Zustandsraumes als auch – wegen der Wahrscheinlichkeitserhaltung – die Norm des Ausgangszustandes erhalten bleiben. Aus (2.41) wissen wir daher, dass der **quantenmechanische Rechenprozess** notwendigerweise eine unitäre Transformation

$$
U : \mathbb{H}^{\otimes n} \longrightarrow \mathbb{H}^{\otimes n} \qquad (5.18)
$$

sein sollte.

Die Qbits, auf denen ein Quantenprozessor Rechenoperationen ausführt, heißen **Quantenregister** oder auch **q-Register**. Analog zu klassischen Gattern wollen wir daher Quantengatter als Abbildungen auf der Zustandsmenge mehrerer Qbits auffassen, die die lineare Struktur (Superposition) und die Normierung auf eins (Wahrscheinlichkeit) erhalten. Wir definieren sie daher folgendermaßen:

Definition 5.4
Ein **Quanten-n-Gatter** ist ein unitärer Operator

$$
U : \mathbb{H}^{\otimes n} \to \mathbb{H}^{\otimes n}. \qquad (5.19)
$$

Für $n = 1$ heißt U **unäres Quantengatter**, für $n = 2$ **binäres Quantengatter**. Falls sich ein Gatter U aus einer Zusammensetzung anderer Gatter

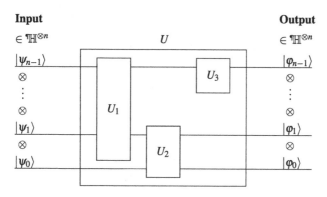

Abb. 5.3 Grafische Darstellung eines generischen Quantengatters U, das sich aus den Gattern U_1, U_2, U_3 bilden lässt, d. h. für das gilt, $U \in \mathcal{F}[U_1, U_2, U_3]$

$U_1, \ldots, U_K$ bilden lässt, drücken wir das durch die Schreibweise

$$U \in \mathcal{F}[U_1, \ldots, U_K] \tag{5.20}$$

aus. Eine Menge $\mathcal{U}$ von Quantengattern heißt **universell**, falls sich jedes Quantengatter U mit Gattern aus $\mathcal{U}$ bilden lässt, d. h. falls für jedes Quantengatter U gilt

$$U \in \mathcal{F}[U_1, \ldots, U_K], \quad U_1, \ldots, U_K \in \mathcal{U}. \tag{5.21}$$

Es gilt hier zu beachten, dass Gatter *lineare* Abbildungen auf dem Zustandsraum sind. Als solche sind sie durch Angabe ihrer Wirkung auf alle Vektoren einer Basis eindeutig auf dem ganzen Zustandsraum festgelegt und lassen sich in einer solchen Basis mithilfe von Matrizen darstellen. Wie in der Quanteninformatik üblich, wählen wir für die Matrixdarstellungen dazu immer die Rechenbasen der jeweiligen Räume. Abb. 5.3 zeigt eine schematische Darstellung eines Quantengatters, das aus drei Gattern gebildet wird.

Bevor wir uns den n-Gattern zuwenden, betrachten wir zunächst die einfacheren Fälle der unären und binären Quantengatter. Für den allgemeinen Fall der n-Gatter werden wir dann zeigen, dass sich diese mit elementaren unären und binären Gattern erzeugen lassen.

5.2.1 Unäre Quantengatter

Nach Definition 5.4 sind unäre Quantengatter unitäre Operatoren $V: \mathbb{H} \to \mathbb{H}$. Diese lassen sich in der Standardbasis $\{|0\rangle, |1\rangle\}$ durch unitäre 2×2 Matrizen darstellen.

Name	Symbol	Operator	Matrix in Basis $\{\vert 0\rangle, \vert 1\rangle\}$
Identität	————	$\mathbf{1}$	$\begin{pmatrix} 1 & 0 \\ 0 & 1 \end{pmatrix}$
Phasenfaktor	$M(\alpha)$	$M(\alpha) := e^{i\alpha}\mathbf{1}$	$\begin{pmatrix} e^{i\alpha} & 0 \\ 0 & e^{i\alpha} \end{pmatrix}$
Phasenschieber	$P(\alpha)$	$P(\alpha) :=$ $\vert 0\rangle\langle 0\vert + e^{i\alpha}\vert 1\rangle\langle 1\vert$	$\begin{pmatrix} 1 & 0 \\ 0 & e^{i\alpha} \end{pmatrix}$
Pauli-X oder Q-NOT	X	$X := \sigma_x$	$\begin{pmatrix} 0 & 1 \\ 1 & 0 \end{pmatrix}$
Pauli-Y	Y	$Y := \sigma_y$	$\begin{pmatrix} 0 & -i \\ i & 0 \end{pmatrix}$
Pauli-Z	Z	$Z := \sigma_z$	$\begin{pmatrix} 1 & 0 \\ 0 & -1 \end{pmatrix}$
Hadamard	H	$H := \frac{\sigma_x + \sigma_z}{\sqrt{2}}$	$\frac{1}{\sqrt{2}}\begin{pmatrix} 1 & 1 \\ 1 & -1 \end{pmatrix}$
Spindrehung um $\hat{n}$ mit Winkel α	$D_{\hat{n}}(\alpha)$	$D_{\hat{n}}(\alpha)$	$\begin{pmatrix} \cos\frac{\alpha}{2} - i\sin\frac{\alpha}{2}n_z & -i\sin\frac{\alpha}{2}(n_x - in_y) \\ -i\sin\frac{\alpha}{2}(n_x + in_y) & \cos\frac{\alpha}{2} + i\sin\frac{\alpha}{2}n_z \end{pmatrix}$
Beliebiges unäres Gatter	V	V unitär	$\begin{pmatrix} v_{00} & v_{01} \\ v_{10} & v_{11} \end{pmatrix}$
Messung der Observable A	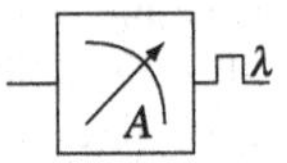 A ⟶λ		$\begin{bmatrix} \text{Kein Gatter, aber eine nichtunitäre} \\ \text{Transformation des Eingangszustands} \\ \text{auf einen Eigenzustand von } A \\ \text{und Ausgabe des Messwerts } \lambda \end{bmatrix}$

Abb. 5.4 Unäre Quantengatter

In Abb. 5.4 zeigen wir eine Liste üblicher unärer Gatter. Die prominentesten unären Quantengatter daraus seien hier noch einmal separat erwähnt:

Quanten-NOT-Gatter Dies ist die uns bereits gut bekannte Pauli-Matrix

$$X := \sigma_x . \tag{5.22}$$

In der Literatur hat sich die Benutzung des Symbols X anstelle des uns bereits bekannten σ_x eingebürgert. Wir schließen uns von nun an hier dieser Konvention an.

Wegen $\sigma_x = \sigma_x^*$ und $\sigma_x^* \sigma_x = (\sigma_x)^2 = \mathbf{1}$ ist X unitär und wird wegen

$$\sigma_x |0\rangle = \begin{pmatrix} 0 & 1 \\ 1 & 0 \end{pmatrix} \begin{pmatrix} 1 \\ 0 \end{pmatrix} = \begin{pmatrix} 0 \\ 1 \end{pmatrix} = |1\rangle \tag{5.23}$$

$$\sigma_x |1\rangle = \begin{pmatrix} 0 & 1 \\ 1 & 0 \end{pmatrix} \begin{pmatrix} 0 \\ 1 \end{pmatrix} = \begin{pmatrix} 1 \\ 0 \end{pmatrix} = |0\rangle \tag{5.24}$$

als Analogon zur klassischen Verneinung betrachtet und als Quanten-NOT-Gatter bezeichnet.

Hadamard-Gatter Das Hadamard-Gatter

$$H = \frac{\sigma_x + \sigma_z}{\sqrt{2}} \tag{5.25}$$

haben wir schon in Definition 2.26 als Hadamard-Transformation kennengelernt. Einige seiner Eigenschaften haben wir in Lemma 2.27 angegeben.

Darstellung einer Rotation in $\mathbb{R}^3$ um $\hat{\mathbf{n}}$ als Drehung im Spinraum Auch diese Operatoren sind uns aus Abschn. 2.5 bekannt.

$$D_{\hat{\mathbf{n}}}(\alpha) = \exp\left(-\mathrm{i}\frac{\alpha}{2}\hat{\mathbf{n}} \cdot \sigma\right) = \begin{pmatrix} \cos\frac{\alpha}{2} - \mathrm{i}\sin\frac{\alpha}{2}n_z & -\mathrm{i}\sin\frac{\alpha}{2}(n_x - \mathrm{i}n_y) \\ -\mathrm{i}\sin\frac{\alpha}{2}(n_x + \mathrm{i}n_y) & \cos\frac{\alpha}{2} + \mathrm{i}\sin\frac{\alpha}{2}n_z \end{pmatrix} . \tag{5.26}$$

Wir erinnern hier noch einmal daran, dass – wie in Lemma 2.24 gezeigt – die Spindrehungen alle unitären Operatoren auf $^1\mathbb{H}$ erzeugen.

Messung Wie im Projektionspostulat 2.3 beschrieben, transformiert eine Messung einer Observable A einen reinen Zustand $|\psi\rangle$ in einen Eigenzustand von A zum Eigenwert, der gemessen wurde. Dies ist eine irreversible und somit nichtunitäre Transformation. Daher ist eine Messung kein Gatter im Sinne unserer Definition 5.4. Wir haben sie dennoch in dieser Liste aufgeführt, da sie bei Schaltkreisen für einige Operationen oder Protokolle wie z. B. dichte Quantenkodierung (siehe Abschn. 6.1) oder Teleportation (siehe Abschn. 6.2) eingesetzt wird.

Zusätzlich zur Zustandstransformation auf Eigenzustände der gemessenen Observable gibt die Messung natürlich auch noch den gemessenen Wert der Observable aus.

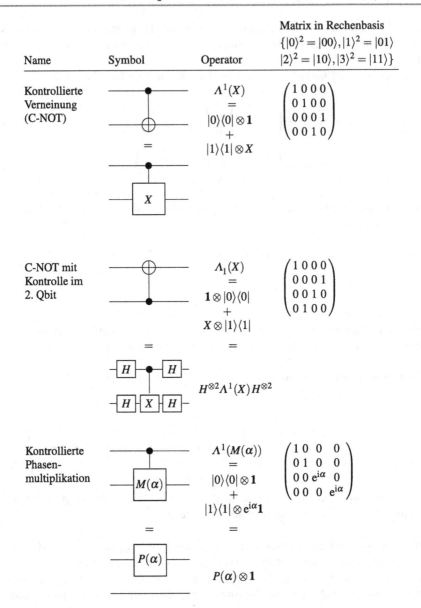

Name	Symbol	Operator	Matrix in Rechenbasis $\{\lvert 0\rangle^2 = \lvert 00\rangle, \lvert 1\rangle^2 = \lvert 01\rangle$ $\lvert 2\rangle^2 = \lvert 10\rangle, \lvert 3\rangle^2 = \lvert 11\rangle\}$
Kontrollierte Verneinung (C-NOT)		$\Lambda^1(X)$ $=$ $\lvert 0\rangle\langle 0\rvert \otimes \mathbf{1}$ $+$ $\lvert 1\rangle\langle 1\rvert \otimes X$	$\begin{pmatrix} 1 & 0 & 0 & 0 \\ 0 & 1 & 0 & 0 \\ 0 & 0 & 0 & 1 \\ 0 & 0 & 1 & 0 \end{pmatrix}$
C-NOT mit Kontrolle im 2. Qbit		$\Lambda_1(X)$ $=$ $\mathbf{1} \otimes \lvert 0\rangle\langle 0\rvert$ $+$ $X \otimes \lvert 1\rangle\langle 1\rvert$ $=$ $H^{\otimes 2}\Lambda^1(X)H^{\otimes 2}$	$\begin{pmatrix} 1 & 0 & 0 & 0 \\ 0 & 0 & 0 & 1 \\ 0 & 0 & 1 & 0 \\ 0 & 1 & 0 & 0 \end{pmatrix}$
Kontrollierte Phasenmultiplikation		$\Lambda^1(M(\alpha))$ $=$ $\lvert 0\rangle\langle 0\rvert \otimes \mathbf{1}$ $+$ $\lvert 1\rangle\langle 1\rvert \otimes e^{i\alpha}\mathbf{1}$ $=$ $P(\alpha) \otimes \mathbf{1}$	$\begin{pmatrix} 1 & 0 & 0 & 0 \\ 0 & 1 & 0 & 0 \\ 0 & 0 & e^{i\alpha} & 0 \\ 0 & 0 & 0 & e^{i\alpha} \end{pmatrix}$

Abb. 5.5 Binäre Quantengatter (1/2)

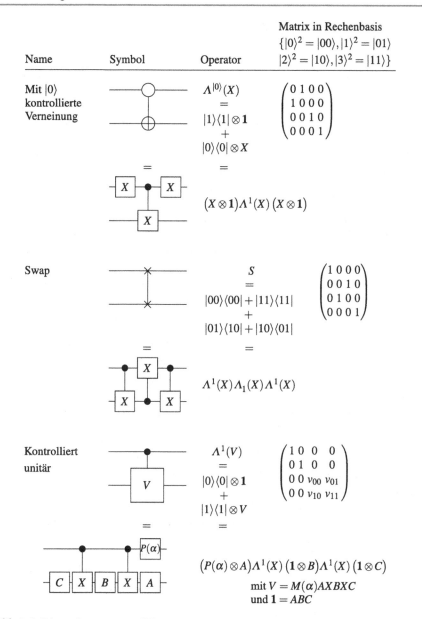

Name	Symbol	Operator	Matrix in Rechenbasis $\{\lvert 0\rangle^2 = \lvert 00\rangle, \lvert 1\rangle^2 = \lvert 01\rangle$ $\lvert 2\rangle^2 = \lvert 10\rangle, \lvert 3\rangle^2 = \lvert 11\rangle\}$
Mit $\lvert 0\rangle$ kontrollierte Verneinung		$\Lambda^{\lvert 0\rangle}(X)$ $=$ $\lvert 1\rangle\langle 1\rvert \otimes \mathbf{1}$ $+$ $\lvert 0\rangle\langle 0\rvert \otimes X$	$\begin{pmatrix} 0 & 1 & 0 & 0 \\ 1 & 0 & 0 & 0 \\ 0 & 0 & 1 & 0 \\ 0 & 0 & 0 & 1 \end{pmatrix}$
		$=$ $(X \otimes \mathbf{1})\Lambda^1(X)(X \otimes \mathbf{1})$	
Swap		S $=$ $\lvert 00\rangle\langle 00\rvert + \lvert 11\rangle\langle 11\rvert$ $+$ $\lvert 01\rangle\langle 10\rvert + \lvert 10\rangle\langle 01\rvert$	$\begin{pmatrix} 1 & 0 & 0 & 0 \\ 0 & 0 & 1 & 0 \\ 0 & 1 & 0 & 0 \\ 0 & 0 & 0 & 1 \end{pmatrix}$
		$=$ $\Lambda^1(X)\Lambda_1(X)\Lambda^1(X)$	
Kontrolliert unitär		$\Lambda^1(V)$ $=$ $\lvert 0\rangle\langle 0\rvert \otimes \mathbf{1}$ $+$ $\lvert 1\rangle\langle 1\rvert \otimes V$	$\begin{pmatrix} 1 & 0 & 0 & 0 \\ 0 & 1 & 0 & 0 \\ 0 & 0 & v_{00} & v_{01} \\ 0 & 0 & v_{10} & v_{11} \end{pmatrix}$
		$=$ $(P(\alpha) \otimes A)\Lambda^1(X)(\mathbf{1} \otimes B)\Lambda^1(X)(\mathbf{1} \otimes C)$ mit $V = M(\alpha)AXBXC$ und $\mathbf{1} = ABC$	

Abb. 5.6 Binäre Quantengatter (2/2)

5.2.2 Binäre Quantengatter

Binäre Quantengatter sind unitäre Operatoren $U : \mathbb{H}^{\otimes 2} \rightarrow \mathbb{H}^{\otimes 2}$. In der Rechenbasis (siehe Definition 3.6 und Beispiel 3.2) $\{|0\rangle^2, |1\rangle^2, |2\rangle^2, |3\rangle^2\}$ werden diese durch unitäre 4×4 Matrizen dargestellt. In Abb. 5.5 und 5.6 zeigen wir die wichtigsten binären Quantengatter. Dabei sehen wir neben den Matrixdarstellungen für die einzelnen Gatter U auch, dass sich diese in der Regel in verschiedenen Weisen $U \in \mathcal{F}_j[U_{un_1}, \ldots, U_{bin_1}, \ldots], j = 1, \ldots$ aus unären $U_{un_1}, \ldots$ und anderen binären Gattern $U_{bin_1}, \ldots$ erzeugen lassen. Die Funktion des Gatters, d. h. des Operators U, ist natürlich immer dieselbe. Allerdings kann es sein, dass eine der verschiedenen Kombinationen $\mathcal{F}_j$ physikalisch einfacher zu implementieren ist bzw. in einer bestimmten Anwendung vorteilhafter ist.

Diese Abbildungen zeigen auch die in der Quanteninformatik üblichen Symbole für die jeweiligen Gatter. Die dort auftretenden fetten Punkte ● und Kreise ◯ symbolisieren die bedingte Ausführung der mit ihnen durch eine Linie verbundenen Operatoren in einem anderen Kanal. In einem Gatter wird ein Operator, der mit einem fetten Punkt ● verbunden ist, nur dann ausgeführt, wenn das Qbit, das durch den Kanal mit dem Punkt läuft, im Zustand $|1\rangle$ ist. Das Qbit im Kanal mit dem Punkt bleibt unverändert. Falls der Kanal mit dem Punkt von einem Qbit im Zustand $|0\rangle$ durchlaufen wird, wird der mit dem Punkt verbundene Operator nicht ausgeführt, d. h. in diesem Fall passiert nichts. Umgekehrt wird in einem Gatter ein Operator, der mit einem Kreis ◯ verbunden ist, nur dann ausgeführt, wenn das Qbit, das durch den Kanal mit dem Kreis läuft, im Zustand $|0\rangle$ ist. In diesem Gatter passiert nichts, falls der Kanal mit dem Kreis von einem Qbit im Zustand $|1\rangle$ durchlaufen wird. Auf Linearkombinationen $|\psi\rangle = \psi_0|0\rangle + \psi_1|1\rangle$ wirken solche Gatter durch lineare Fortsetzung des Verhaltens auf $|0\rangle, |1\rangle$.

In den Symbolen wird oft auch $\oplus$ als eine weitere Notation für die Verneinung benutzt, deren Operator X ja mit σ_x identisch ist. Die in Abb. 5.5 und 5.6 benutzte Notation $\Lambda(\cdot)$ für die sogenannten kontrollierten Gatter wird in Definition 5.5 allgemein definiert.

In der Symboldarstellung der Gatter ist auch noch zu beachten, dass die Gatter von *links nach rechts* durchlaufen werden. Daher wird – anders als bei Operatorprodukten – der *im Gatter linksstehende Operator zuerst* und der *im Gatter rechtsstehende Operator zuletzt* auf das einlaufende Qbit angewandt. Dies bedeutet z. B. im Fall des kontrolliert unitären Gatters $\Lambda^1(U)$, dass im Symbol die Abfolge der Symbole $\boxed{C} - \boxed{X} - \boxed{B} - \boxed{X} - \boxed{A}$ genau *umgekehrt* ist wie in der Operatordarstellung $(P(\alpha) \otimes A)\Lambda^1(X)(\mathbf{1} \otimes B)\Lambda^1(X)(\mathbf{1} \otimes C)$.

Jede der drei Darstellungsformen – Symbol, Operator und Matrix – hat ihre Vor- und Nachteile. Manchmal kann es hilfreich sein, das Gatter symbolisch darzustellen, um die Analyse bzw. das Verständnis zu erleichtern. Andererseits eignet sich die Operatordarstellung oft am besten für allgemeine Beweise. Dafür ist die Matrixdarstellung oft nur in speziellen Fällen für anschauliche Beweisführung geeignet.

5.2.3 Allgemeine Quantengatter

Definition 5.5
Seien $n, n_a, n_b \in \mathbb{N}_0$ mit $n = n_a + n_b$ und $|a\rangle \in {}^{\text{⦀}}\mathbb{H}^{\otimes n_a}$, $|b\rangle \in {}^{\text{⦀}}\mathbb{H}^{\otimes n_b}$ Vektoren der jeweiligen Rechenbasen sowie $V : {}^{\text{⦀}}\mathbb{H} \to {}^{\text{⦀}}\mathbb{H}$ unitär. Das $(|a\rangle, |b\rangle)$-**kontrollierte** V ist definiert als das $n + 1$ Quantengatter

$$\Lambda_{|b\rangle}^{|a\rangle}(V) := \mathbf{1}^{\otimes n+1} + |a\rangle\langle a| \otimes (V - \mathbf{1}) \otimes |b\rangle\langle b| \tag{5.27}$$

$$= \mathbf{1}^{\otimes n+1} + \bigotimes_{j=n_a-1}^{0} |a_j\rangle\langle a_j| \otimes (V - \mathbf{1}) \otimes \bigotimes_{j=n_b-1}^{0} |b_j\rangle\langle b_j| .$$

Das Qbit, auf dem V wirkt, heißt **Zielqbit**. Im speziellen Fall $a = 2^{n_a} - 1, b = 2^{n_b} - 1$ hat man $|a\rangle = |1\ldots1\rangle^{n_a}, |b\rangle = |1\ldots1\rangle^{n_b}$, und wir schreiben auch abkürzend

$$\Lambda_{n_b}^{n_a}(V) := \Lambda_{|2^{n_b}-1\rangle}^{|2^{n_a}-1\rangle}(V) \tag{5.28}$$

sowie im Fall $n_a = n, a = 2^n - 1$

$$\Lambda^n(V) := \Lambda^{|2^n-1\rangle}(V) \tag{5.29}$$

bzw. im Fall $n_b = n, b = 2^n - 1$

$$\Lambda_n(V) := \Lambda_{|2^n-1\rangle}(V) . \tag{5.30}$$

Im Fall $n = 0$ definiert man

$$\Lambda^0(V) := V =: \Lambda_0(V) . \tag{5.31}$$

Übung 5.1 Sei $V : {}^{\text{⦀}}\mathbb{H} \to {}^{\text{⦀}}\mathbb{H}$ unitär und $\alpha \in \mathbb{R}$. Man zeige

$$\Lambda^1(V) = |0\rangle\langle 0| \otimes \mathbf{1} + |1\rangle\langle 1| \otimes V \tag{5.32}$$

$$\Lambda_1(X) = H^{\otimes 2} \Lambda^1(X) H^{\otimes 2} \tag{5.33}$$

$$\Lambda^1(M(\alpha)) = P(\alpha) \otimes \mathbf{1} . \tag{5.34}$$

Zur Lösung siehe 5.1 im Kap. 13 Lösungen. ◀

Satz 5.6
Beliebige unitäre $V : {}^{\text{⦀}}\mathbb{H} \to {}^{\text{⦀}}\mathbb{H}$ lassen sich mithilfe der Phasenmultiplikation M und Spindrehungen um $\hat{\mathbf{y}}$ und $\hat{\mathbf{z}}$ bilden. Um die kontrollierten Gatter

$\Lambda^1(V), \Lambda_1(V)$ *zu bilden, braucht man zusätzlich noch die kontrollierte Verneinung* $\Lambda^1(X)$. *Das heißt es gilt*

$$V \in \mathcal{F}\left[M, D_{\hat{y}}, D_{\hat{z}}\right] \tag{5.35}$$

$$\Lambda^1(V), \Lambda_1(V) \in \mathcal{F}\left[M, D_{\hat{y}}, D_{\hat{z}}, \Lambda^1(X)\right]. \tag{5.36}$$

Beweis Aus Lemma 2.23 und dem zugehörigen Beweis wissen wir bereits, dass es für unitäre Operatoren V auf $\mathbb{H}$ immer Winkel $\alpha, \beta, \gamma, \delta$ gibt, sodass die Operatoren

$$A := D_{\hat{z}}(\beta)D_{\hat{y}}\left(\frac{\gamma}{2}\right)$$

$$B := D_{\hat{y}}\left(-\frac{\gamma}{2}\right)D_{\hat{z}}\left(-\frac{\delta+\beta}{2}\right) \tag{5.37}$$

$$C := D_{\hat{z}}\left(\frac{\delta-\beta}{2}\right) \tag{5.38}$$

die Eigenschaften

$$ABC = \mathbf{1} \tag{5.39}$$

$$V = e^{i\alpha}A\sigma_x B\sigma_x C \tag{5.40}$$

haben. Dabei sind offensichtlich

$$A, B, C \in \mathcal{F}\left[D_{\hat{y}}, D_{\hat{z}}\right], \tag{5.41}$$

und aus (2.198) in Beispiel 2.3 sehen wir, dass

$$X = \sigma_x \in \mathcal{F}\left[M, D_{\hat{y}}, D_{\hat{z}}\right] \tag{5.42}$$

ist. Zusammen ergeben (5.40)–(5.42) dann

$$V \in \mathcal{F}\left[M, D_{\hat{y}}, D_{\hat{z}}\right]. \tag{5.43}$$

Aus (2.197) in Beispiel 2.3 sehen wir auch, dass

$$P(\alpha) \in \mathcal{F}\left[M, D_{\hat{y}}, D_{\hat{z}}\right]. \tag{5.44}$$

Aus (5.41) und (5.44) folgt somit

$$\left(P(\alpha) \otimes A\right)\Lambda^1(X)\left(\mathbf{1} \otimes B\right)\Lambda^1(X)\left(\mathbf{1} \otimes C\right) \in \mathcal{F}\left[M, D_{\hat{y}}, D_{\hat{z}}, \Lambda^1(X)\right]. \tag{5.45}$$

Schließlich ist

$$
\begin{aligned}
& \big(P(\alpha) \otimes A\big) \Lambda^1(X) \big(\mathbf{1} \otimes B\big) \Lambda^1(X) \big(\mathbf{1} \otimes C\big) \\
&\underbrace{=}_{(5.32)} \big(P(\alpha) \otimes A\big) \Lambda^1(X) \big(\mathbf{1} \otimes B\big)\big[|0\rangle\langle 0| \otimes \mathbf{1} + |1\rangle\langle 1| \otimes X\big]\big(\mathbf{1} \otimes C\big) \\
&= \big(P(\alpha) \otimes A\big) \Lambda^1(X) \big[|0\rangle\langle 0| \otimes BC + |1\rangle\langle 1| \otimes BXC\big] \\
&\underbrace{=}_{(5.32)} \big(P(\alpha) \otimes A\big)\big[|0\rangle\langle 0| \otimes \mathbf{1} + |1\rangle\langle 1| \otimes X\big]\big[|0\rangle\langle 0| \otimes BC + |1\rangle\langle 1| \otimes BXC\big] \\
&= \big(P(\alpha) \otimes A\big)\big[|0\rangle\langle 0| \otimes BC + |1\rangle\langle 1| \otimes XBXC\big] && (5.46) \\
&= \underbrace{P(\alpha)|0\rangle\langle 0|}_{=|0\rangle\langle 0|} \otimes \underbrace{ABC}_{\underset{(5.39)}{=}\mathbf{1}} + \underbrace{P(\alpha)|1\rangle\langle 1|}_{=e^{i\alpha}|1\rangle\langle 1|} \otimes AXBXC \\
&= |0\rangle\langle 0| \otimes \mathbf{1} + |1\rangle\langle 1| \otimes \underbrace{e^{i\alpha}AXBXC}_{\underset{(5.40)}{=}V} = |0\rangle\langle 0| \otimes \mathbf{1} + |1\rangle\langle 1| \otimes V \\
&\underbrace{=}_{(5.32)} \Lambda^1(V)\,,
\end{aligned}
$$

und mit (5.45) folgt daher die Behauptung (5.36) für $\Lambda^1(V)$. Um den Beweis für $\Lambda_1(V)$ zu führen, nutzt man, dass aus (2.199) in Beispiel 2.3 auch

$$
H \in \mathcal{F}\big[M, D_{\hat{\mathbf{y}}}, D_{\hat{\mathbf{z}}}\big] \tag{5.47}
$$

folgt. Wegen (5.33) ist daher auch

$$
\Lambda_1(X) \in \mathcal{F}\big[M, D_{\hat{\mathbf{y}}}, D_{\hat{\mathbf{z}}}, \Lambda^1(X)\big]\,, \tag{5.48}
$$

und man verifiziert

$$
\Lambda_1(V) = \big(A \otimes P(\alpha)\big)\Lambda_1(X)\big(B \otimes \mathbf{1}\big)\Lambda_1(X)\big(C \otimes \mathbf{1}\big) \tag{5.49}
$$

analog zu (5.46). $\qquad\square$

Als Nächstes zeigen wir, dass auch $\Lambda^n(V)$ durch Phasenmultiplikation, Spindrehungen und kontrollierte Verneinung erzeugt werden kann.

Lemma 5.7
Für unitäre $V : {}^{\P}\mathbb{H} \to {}^{\P}\mathbb{H}$ und beliebige $n \in \mathbb{N}_0$ gilt

$$
\Lambda^n(V) \in \mathcal{F}\big[M, D_{\hat{\mathbf{y}}}, D_{\hat{\mathbf{z}}}, \Lambda^1(X)\big]\,. \tag{5.50}
$$

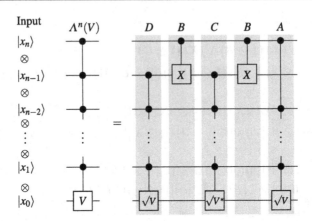

Abb. 5.7 Erzeugung des kontrollierten V-Gatters $\Lambda^n(V)$ durch $A, C, D \in \mathcal{F}[\Lambda^{n-1}(\sqrt{V}),$ $\Lambda^{n-1}(\sqrt{V^*})]$ und $B \in \mathcal{F}[\Lambda^1(X)]$. Man beachte, dass $\Lambda^n(V)$ auf $\mathbb{H}^{\otimes n+1}$ wirkt. Wir weisen hier nochmals darauf hin, dass in der symbolischen Darstellung das linksstehende Gatter zuerst und das rechtsstehende zuletzt angewandt wird, sodass der Operator D des linksstehenden Gatters im Operatorprodukt rechts und der des rechtsstehenden Gatters A im Operatorprodukt links steht, d. h. es gilt $\Lambda^n(V) = ABCBD$

Beweis Für $n = 0$ oder $n = 1$ ist die Aussage bereits durch Satz 5.6 bewiesen. Wir führen den Beweis durch Induktion, die wir bei $n = 1$ verankern. Den Induktionsschritt führen wir von $n - 1$ zu n, d. h. wir nehmen an, dass $\Lambda^{n-1}(V) \in \mathcal{F}[M, D_{\hat{y}}, D_{\hat{z}}, \Lambda^1(X)]$ für beliebige V gilt.

Zunächst betrachten wir die in Abb. 5.7 dargestellten Gatter A, B, C, D. Für diese gilt $A, C, D \in \mathcal{F}[\Lambda^{n-1}(W)]$ mit $W = \sqrt{V}, \sqrt{V^*}$ und $B \in \mathcal{F}[\Lambda^1(X)]$. Nach Induktionsvoraussetzung ist daher dann auch

$$A, B, C, D \in \mathcal{F}\left[M, D_{\hat{y}}, D_{\hat{z}}, \Lambda^1(X)\right]. \qquad (5.51)$$

Die Wirkung dieser Gatter und von $\Lambda^n(V)$ können wir mithilfe der Rechenbasis $|x\rangle = \bigotimes_{j=n}^0 |x_j\rangle$ in $\mathbb{H}^{\otimes n+1}$ folgendermaßen beschreiben

$$D|x\rangle = |x_n \ldots x_1\rangle \otimes V^{\frac{1}{2} \prod_{j=1}^{n-1} x_j} |x_0\rangle$$

$$B|x\rangle = |x_n (x_n \overset{2}{\oplus} x_{n-1}) x_{n-2} \ldots x_1\rangle \otimes |x_0\rangle$$

$$C|x\rangle = |x_n \ldots x_1\rangle \otimes V^{-\frac{1}{2} \prod_{j=1}^{n-1} x_j} |x_0\rangle$$

$$A|x\rangle = |x_n \ldots x_1\rangle \otimes V^{x_n \frac{1}{2} \prod_{j=1}^{n-2} x_j} |x_0\rangle \qquad (5.52)$$

$$\Lambda^n(V)|x\rangle = |x_n \ldots x_1\rangle \otimes V^{\prod_{j=1}^n x_j} |x_0\rangle.$$

Damit ergibt sich

$$
\begin{aligned}
ABCBD|x\rangle &= ABCB|x_n \ldots x_1\rangle \otimes V^{\frac{1}{2}\prod_{j=1}^{n-1} x_j}|x_0\rangle \\
&= ABC|x_n(x_n \overset{2}{\oplus} x_{n-1})x_{n-2} \ldots x_1\rangle \otimes V^{\frac{1}{2}\prod_{j=1}^{n-1} x_j}|x_0\rangle \\
&= AB|x_n(x_n \overset{2}{\oplus} x_{n-1})x_{n-2} \ldots x_1\rangle \otimes V^{\frac{x_{n-1}-(x_n \overset{2}{\oplus} x_{n-1})}{2}\prod_{j=1}^{n-2} x_j}|x_0\rangle \\
&= A|x_n \underbrace{(x_n \overset{2}{\oplus} (x_n \overset{2}{\oplus} x_{n-1}))}_{=x_{n-1}} x_{n-2} \ldots x_1\rangle \otimes V^{\frac{x_{n-1}-(x_n \overset{2}{\oplus} x_{n-1})}{2}\prod_{j=1}^{n-2} x_j}|x_0\rangle \\
&= |x_n \ldots x_1\rangle \otimes V^{\frac{\overbrace{x_n + x_{n-1} - (x_n \overset{2}{\oplus} x_{n-1})}^{=x_n x_{n-1}}}{2}\prod_{j=1}^{n-2} x_j}|x_0\rangle \\
&= |x_n \ldots x_1\rangle \otimes V^{\prod_{j=1}^{n} x_j}|x_0\rangle \\
&= \Lambda^n(V)|x\rangle
\end{aligned}
$$

und somit wegen (5.51)

$$
\Lambda^n(V) = ABCBD \in \mathcal{F}\left[M, D_{\hat{y}}, D_{\hat{z}}, \Lambda^1(X)\right]. \tag{5.53}
$$

$\square$

Wir brauchen noch folgende Verallgemeinerungen des Swapgatters S.

Definition 5.8
Für $n \in \mathbb{N}$ und $j, k \in \mathbb{N}_0$ mit $k < j \leq n - 1$ definiert man auf $\mathbb{H}^{\otimes n}$

$$
\begin{aligned}
S_{jk}^{(n)} :=\ & 1^{\otimes n-1-j} \otimes |0\rangle\langle 0| \otimes 1^{\otimes j-k-1} \otimes |0\rangle\langle 0| \otimes 1^{\otimes k} \\
&+ 1^{\otimes n-1-j} \otimes |1\rangle\langle 1| \otimes 1^{\otimes j-k-1} \otimes |1\rangle\langle 1| \otimes 1^{\otimes k} \\
&+ 1^{\otimes n-1-j} \otimes |0\rangle\langle 1| \otimes 1^{\otimes j-k-1} \otimes |1\rangle\langle 0| \otimes 1^{\otimes k} \\
&+ 1^{\otimes n-1-j} \otimes |1\rangle\langle 0| \otimes 1^{\otimes j-k-1} \otimes |0\rangle\langle 1| \otimes 1^{\otimes k}.
\end{aligned} \tag{5.54}
$$

Nützlicherweise definiert man auch $S_{jj}^{(n)} = 1^{\otimes n}$. Der **globale Swap** oder **Vertauschungsoperator** $S^{(n)}$ auf $\mathbb{H}^{\otimes n}$ ist definiert als

$$
S^{(n)} := \prod_{j=0}^{\lfloor \frac{n}{2} \rfloor - 1} S_{n-1-j,j}^{(n)}. \tag{5.55}
$$

Mit $S_{jk}^{(n)}$ werden die Qbits in $\mathbb{H}_j$ und $\mathbb{H}_k$ in Tensorprodukten $\mathbb{H}^{\otimes n}$ vertauscht. Mit $S^{(n)}$ wird die Reihenfolge der Faktoren im Tensorprodukt komplett umgekehrt.

Übung 5.2 Sei $n \in \mathbb{N}$ und $j, k \in \mathbb{N}_0$ mit $k < j \leq n - 1$ sowie $\bigotimes_{l=n-1}^{0} |\psi_l\rangle \in \mathbb{H}^{\otimes n}$. Man zeige

$$S_{jk}^{(n)} \bigotimes_{l=n-1}^{0} |\psi_l\rangle = |\psi_{n-1} \ldots \psi_{j+1} \psi_k \psi_{j-1} \ldots \psi_{k+1} \psi_j \psi_{k-1} \ldots \psi_0\rangle \tag{5.56}$$

$$\left(S_{jk}^{(n)}\right)^2 = \mathbf{1}^{\otimes n} \tag{5.57}$$

$$\left[S_{jk}^{(n)}, S_{lm}^{(n)}\right] = 0 \quad \text{für } j, k \neq l, m \tag{5.58}$$

$$S^{(n)} \bigotimes_{l=n-1}^{0} |\psi_l\rangle = \bigotimes_{l=0}^{n-1} |\psi_l\rangle = |\psi_0 \psi_1 \ldots \psi_{n-2} \psi_{n-1}\rangle. \tag{5.59}$$

Zur Lösung siehe 5.2 im Kap. 13 Lösungen. ◄

Beispiel 5.1 Wir betrachten als Beispiel den Fall $n = 3, j = 2, k = 0$. Dann ist $\lfloor \frac{n}{2} \rfloor - 1 = 0$ und $S^{(3)} = S_{20}^{(3)}$. Wir wenden daher zur Illustration $S_{20}^{(3)}$ auf $|\psi\rangle \otimes |\xi\rangle \otimes |\varphi\rangle \in \mathbb{H}^{\otimes 3}$ an. Dann hat man zunächst

$$
\begin{aligned}
&|\psi\rangle \otimes |\xi\rangle \otimes |\varphi\rangle \\
&= \left(\psi_0|0\rangle + \psi_1|1\rangle\right) \otimes \left(\xi_0|0\rangle + \xi_1|1\rangle\right) \otimes \left(\varphi_0|0\rangle + \varphi_1|1\rangle\right) \\
&= \psi_0\xi_0\varphi_0|000\rangle + \psi_0\xi_0\varphi_1|001\rangle + \psi_0\xi_1\varphi_0|010\rangle + \psi_0\xi_1\varphi_1|011\rangle \\
&\quad + \psi_1\xi_0\varphi_0|100\rangle + \psi_1\xi_0\varphi_1|101\rangle + \psi_1\xi_1\varphi_0|110\rangle + \psi_1\xi_1\varphi_1|111\rangle
\end{aligned}
\tag{5.60}
$$

sowie

$$
\begin{aligned}
S_{20}^{(3)} &= |0\rangle\langle 0| \otimes \mathbf{1} \otimes |0\rangle\langle 0| + |1\rangle\langle 1| \otimes \mathbf{1} \otimes |1\rangle\langle 1| \\
&\quad + |0\rangle\langle 1| \otimes \mathbf{1} \otimes |1\rangle\langle 0| + |1\rangle\langle 0| \otimes \mathbf{1} \otimes |0\rangle\langle 1|.
\end{aligned}
\tag{5.61}
$$

Damit wird

$$
\begin{aligned}
&S_{20}^{(3)}|\psi\rangle \otimes |\xi\rangle \otimes |\varphi\rangle \\
&= \psi_0\xi_0\varphi_0|000\rangle + \psi_0\xi_0\varphi_1|100\rangle + \psi_0\xi_1\varphi_0|010\rangle + \psi_0\xi_1\varphi_1|110\rangle \\
&\quad + \psi_1\xi_0\varphi_0|001\rangle + \psi_1\xi_0\varphi_1|101\rangle + \psi_1\xi_1\varphi_0|011\rangle + \psi_1\xi_1\varphi_1|111\rangle \\
&= \left(\varphi_0|0\rangle + \varphi_1|1\rangle\right) \otimes \left(\xi_0|0\rangle + \xi_1|1\rangle\right) \otimes \left(\psi_0|0\rangle + \psi_1|1\rangle\right) \\
&= |\varphi\rangle \otimes |\xi\rangle \otimes |\psi\rangle.
\end{aligned}
\tag{5.62}
$$

Im nächsten Schritt zeigen wir, dass sich das Gatter $\Lambda_{n_b}^{n_a}(V)$ wiederum aus den Gattern der Form $\Lambda_1(X)$, $\Lambda^1(X)$ und $\Lambda^{n_a+n_b}(V)$ bilden lässt.

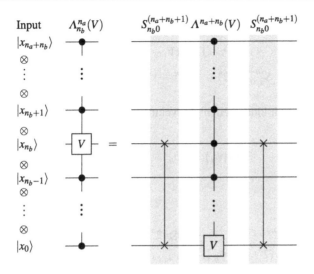

Abb. 5.8 Erzeugung des kontrollierten V-Gatters $\Lambda_{n_b}^{n_a}(V)$ durch $S_{n_b 0}^{(n_a+n_b+1)}$ und $\Lambda^{n_a+n_b}(V)$

Lemma 5.9
Für unitäre $V: {}^\bullet\!\mathbb{H} \to {}^\bullet\!\mathbb{H}$ und beliebige $n_a, n_b \in \mathbb{N}_0$ gilt

$$\Lambda_{n_b}^{n_a}(V) = S_{n_b 0}^{(n_a+n_b+1)} \, \Lambda^{n_a+n_b}(V) \, S_{n_b 0}^{(n_a+n_b+1)} \tag{5.63}$$

und somit

$$\Lambda_{n_b}^{n_a}(V) \in \mathcal{F}\left[\Lambda^1(X), \Lambda_1(X), \Lambda^{n_a+n_b}(V)\right]. \tag{5.64}$$

Beweis Die in (5.63) behauptete Identität ist in Abb. 5.8 nochmals grafisch illustriert.

Zur Abkürzung setzen wir in diesem Beweis $n = n_a + n_b$. Per Definition 5.5 hat man

$$\Lambda_{n_b}^{n_a}(V) = \mathbf{1}^{\otimes n+1} + |2^{n_a}-1\rangle\langle 2^{n_a}-1| \otimes (V-\mathbf{1}) \otimes |2^{n_b}-1\rangle\langle 2^{n_b}-1|$$
$$\Lambda^n(V) = \mathbf{1}^{\otimes n+1} + |2^n-1\rangle\langle 2^n-1| \otimes (V-\mathbf{1}). \tag{5.65}$$

Wegen (5.57) ist dann zunächst

$$S_{n_b 0}^{(n+1)} \Lambda^n(V) \, S_{n_b 0}^{(n+1)} = \mathbf{1}^{\otimes n+1} + S_{n_b 0}^{(n+1)}\left[|2^n-1\rangle\langle 2^n-1|\otimes(V-\mathbf{1})\right]S_{n_b 0}^{(n+1)}, \tag{5.66}$$

und zum Beweis von (5.63) genügt es, zu zeigen, dass

$$
\begin{aligned}
&|2^{n_a} - 1\rangle\langle 2^{n_a} - 1| \otimes (V - \mathbf{1}) \otimes |2^{n_b} - 1\rangle\langle 2^{n_b} - 1| \\
&= S_{n_b 0}^{(n+1)}\Big[|2^n - 1\rangle\langle 2^n - 1| \otimes (V - \mathbf{1})\Big] S_{n_b 0}^{(n+1)} \,.
\end{aligned}
\tag{5.67}
$$

Dazu betrachten wir einen beliebigen Vektor

$$
\bigotimes_{j=n}^{0} |\psi_j\rangle = |\psi_n \ldots \psi_0\rangle \in \mathbb{H}^{\otimes n+1} \,.
\tag{5.68}
$$

Dann ist zunächst

$$
\begin{aligned}
&\Big[|2^{n_a} - 1\rangle\langle 2^{n_a} - 1| \otimes (V - \mathbf{1}) \otimes |2^{n_b} - 1\rangle\langle 2^{n_b} - 1|\Big]|\psi_n \ldots \psi_0\rangle \\
&= |2^{n_a} - 1\rangle\langle 2^{n_a} - 1|\psi_n \ldots \psi_{n-n_a+1}\rangle \\
&\quad \otimes (V - \mathbf{1})|\psi_{n_b}\rangle \otimes |2^{n_b} - 1\rangle\langle 2^{n_b} - 1|\psi_{n_b-1} \ldots \psi_0\rangle \,.
\end{aligned}
\tag{5.69}
$$

Dabei ist $n - n_a = n_b$ und

$$
\begin{aligned}
|2^{n_a} - 1\rangle\langle 2^{n_a} - 1|\psi_n \ldots \psi_{n_b+1}\rangle &= \Big[\underbrace{\bigotimes_{l=0}^{n_a-1} |1\rangle}_{\in\, \mathbb{H}^{\otimes n_a}}\Big]\underbrace{\langle 1 \ldots 1|\psi_n \ldots \psi_{n_b+1}\rangle}_{\in \mathbb{C}} \\
&= \Big[\prod_{j=n_b+1}^{n} \langle 1|\psi_j\rangle\Big]\Big[\bigotimes_{l=0}^{n_a-1} |1\rangle\Big]
\end{aligned}
\tag{5.70}
$$

und analog

$$
|2^{n_b} - 1\rangle\langle 2^{n_b} - 1|\psi_{n_b-1} \ldots \psi_0\rangle = \Big[\prod_{j=0}^{n_b-1} \langle 1|\psi_j\rangle\Big]\Big[\bigotimes_{l=0}^{n_b-1} |1\rangle\Big] \,.
\tag{5.71}
$$

Mit (5.70) und (5.71) wird aus (5.69)

$$
\begin{aligned}
&\Big[|2^{n_a} - 1\rangle\langle 2^{n_a} - 1| \otimes (V - \mathbf{1}) \otimes |2^{n_b} - 1\rangle\langle 2^{n_b} - 1|\Big]|\psi_n \ldots \psi_0\rangle \\
&= \Big[\prod_{\substack{j=0 \\ j \neq n_b}}^{n} \langle 1|\psi_j\rangle\Big]\Big[\bigotimes_{l=0}^{n_a-1} |1\rangle\Big] \otimes (V - \mathbf{1})|\psi_{n_b}\rangle \otimes \Big[\bigotimes_{l=0}^{n_b-1} |1\rangle\Big] \,.
\end{aligned}
\tag{5.72}
$$

Andererseits ist

$$S_{n_b 0}^{(n+1)}\Big[|2^n - 1\rangle\langle 2^n - 1| \otimes (V - \mathbf{1})\Big]S_{n_b 0}^{(n+1)}|\psi_n \ldots \psi_0\rangle$$

$$= S_{n_b 0}^{(n+1)}\Big[|2^n - 1\rangle\langle 2^n - 1| \otimes (V - \mathbf{1})\Big]|\psi_n \ldots \psi_{n_b+1}\psi_0\psi_{n_b-1} \ldots \psi_1\psi_{n_b}\rangle$$

$$= S_{n_b 0}^{(n+1)}\Big[|2^n - 1\rangle \underbrace{\langle 2^n - 1|\psi_n \ldots \psi_{n_b+1}\psi_0\psi_{n_b-1} \ldots \psi_1\rangle}_{=\prod_{\substack{j=0 \\ j \neq n_b}}^{n} \langle 1|\psi_j\rangle} \otimes (V - \mathbf{1})|\psi_{n_b}\rangle\Big]$$

$$= \Big[\prod_{\substack{j=0 \\ j \neq n_b}}^{n} \langle 1|\psi_j\rangle\Big]S_{n_b 0}^{(n+1)}\Big[\bigotimes_{l=0}^{n-1}|1\rangle \otimes (V - \mathbf{1})|\psi_{n_b}\rangle\Big] \qquad (5.73)$$

$$= \Big[\prod_{\substack{j=0 \\ j \neq n_b}}^{n} \langle 1|\psi_j\rangle\Big]\Big[\bigotimes_{l=n_b+1}^{n}|1\rangle \otimes (V - \mathbf{1})|\psi_{n_b}\rangle \otimes \bigotimes_{l=0}^{n_b-1}|1\rangle\Big].$$

Aus (5.72) und (5.73) folgt (5.67) und somit die Behauptung (5.63).
  Aus dieser folgt andererseits

$$\Lambda_{n_b}^{n_a}(V) \in \mathcal{F}[S_{n_b 0}^{(n+1)}, \Lambda^n(V)]. \qquad (5.74)$$

Da $S_{n_b 0}^{(n+1)} \in \mathcal{F}[S]$ und S aus $\Lambda^1(X)$ und $\Lambda_1(X)$ gebildet werden kann (siehe Abb. 5.6), folgt daher die Behauptung (5.64). $\square$

Definition 5.10
Sei A Operator auf $\mathbb{H}$. Für Vektoren $|b\rangle$ der Rechenbasis von $\mathbb{H}^{\otimes n}$ definieren wir

$$A^{\otimes|b\rangle} := A^{b_{n-1}} \otimes \cdots \otimes A^{b_0} \qquad (5.75)$$

sowie

$$|\neg b\rangle := |\neg b_{n-1} \ldots \neg b_0\rangle = X|b_{n-1}\rangle \otimes \cdots \otimes X|b_0\rangle, \qquad (5.76)$$

wobei $X = \sigma_x$ der Verneinungsoperator und $\neg b_j := 1 \overset{2}{\oplus} b_j$ die klassische Verneinung ist.

Das allgemeine $(|a\rangle, |b\rangle)$-kontrollierte $n + 1$ Gatter $\Lambda_{|b\rangle}^{|a\rangle}(V)$ lässt sich mithilfe von X als Funktion des speziellen kontrollierten Gatters $\Lambda^n(V)$ ausdrücken.

Lemma 5.11

Seien $n_a, n_b \in \mathbb{N}_0$ sowie $|a\rangle \in {}^1\!\mathbb{H}^{\otimes n_a}$, $|b\rangle \in {}^1\!\mathbb{H}^{\otimes n_b}$ Vektoren der entsprechenden Rechenbasen und V unitärer Operator auf ${}^1\!\mathbb{H}$. Dann gilt

$$\Lambda_{|b\rangle}^{|a\rangle}(V) = \left(X^{\otimes|\neg a\rangle} \otimes \mathbf{1} \otimes X^{\otimes|\neg b\rangle} \right) \Lambda_{n_b}^{n_a}(V) \left(X^{\otimes|\neg a\rangle} \otimes \mathbf{1} \otimes X^{\otimes|\neg b\rangle} \right) \quad (5.77)$$

und somit

$$\Lambda_{|b\rangle}^{|a\rangle}(V) \in \mathcal{F}[X, \Lambda_{n_b}^{n_a}(V)]. \quad (5.78)$$

Beweis Für $c_j \in \{0,1\}$ hat man allgemein $X^{\neg c_j}|c_j\rangle = |1\rangle$ sowie $\left(X^{\neg c_j} \right)^2 = X^{2-c_j} = \mathbf{1}$. Daher gilt für $c = a, b$

$$X^{\otimes|\neg c\rangle}|c\rangle = \left(X^{\neg c_{n_c-1}} \otimes \cdots \otimes X^{\neg c_0} \right)|c_{n_c-1}\rangle \otimes \cdots \otimes |c_0\rangle$$

$$= X^{\neg c_{n_c-1}}|c_{n_c-1}\rangle \otimes \cdots \otimes X^{\neg c_0}|c_0\rangle \quad (5.79)$$

$$= \bigotimes_{j=n_c-1}^{0} |1\rangle = |2^{n_c} - 1\rangle$$

$$\left(X^{\otimes|\neg c\rangle} \right)^2 = \mathbf{1}^{\otimes n_c} \quad (5.80)$$

$$X^{\otimes|\neg c\rangle}|2^{n_c} - 1\rangle = |c\rangle. \quad (5.81)$$

Damit wird

$$\left(X^{\otimes|\neg a\rangle} \otimes \mathbf{1} \otimes X^{\otimes|\neg b\rangle} \right) \Lambda_{n_b}^{n_a}(V) \left(X^{\otimes|\neg a\rangle} \otimes \mathbf{1} \otimes X^{\otimes|\neg b\rangle} \right)$$

$$= \left(X^{\otimes|\neg a\rangle} \otimes \mathbf{1} \otimes X^{\otimes|\neg b\rangle} \right)$$

$$\left(\mathbf{1}^{\otimes n_a+n_b+1} + |2^{n_a} - 1\rangle\langle 2^{n_a} - 1| \otimes (V - \mathbf{1}) \otimes |2^{n_b} - 1\rangle\langle 2^{n_b} - 1| \right)$$

$$\left(X^{\otimes|\neg a\rangle} \otimes \mathbf{1} \otimes X^{\otimes|\neg b\rangle} \right)$$

$$= \underbrace{\left(X^{\otimes|\neg a\rangle} \right)^2}_{=\mathbf{1}^{\otimes n_a}} \otimes \mathbf{1} \otimes \underbrace{\left(X^{\otimes|\neg b\rangle} \right)^2}_{=\mathbf{1}^{\otimes n_b}} \quad (5.82)$$

$$+ \underbrace{X^{\otimes|\neg a\rangle}|2^{n_a} - 1\rangle\langle 2^{n_a} - 1|X^{\otimes|\neg a\rangle}}_{=|a\rangle\langle a|}$$

$$\otimes (V - \mathbf{1})$$

$$\otimes \underbrace{X^{\otimes|\neg b\rangle}|2^{n_b} - 1\rangle\langle 2^{n_b} - 1|X^{\otimes|\neg b\rangle}}_{=|b\rangle\langle b|}$$

$$= \mathbf{1}^{\otimes n_a+n_b+1} + |a\rangle\langle a| \otimes (V - \mathbf{1}) \otimes |b\rangle\langle b|$$

$$= \Lambda_{|b\rangle}^{|a\rangle}(V).$$

Daher ist

$$\Lambda_{|b\rangle}^{|a\rangle}(V) \in \mathcal{F}[X, \Lambda_{n_b}^{n_a}(V)]. \quad (5.83)$$

$\square$

Wir zeigen als Nächstes, dass sich jeder unitäre Operator U auf $\mathbb{H}^{\otimes n}$ als Produkt geeignet eingebetteter unitärer Operatoren V auf $\mathbb{H}$ schreiben lässt. Dazu definieren wir zunächst die dafür benötigten Einbettungsoperatoren T.

Definition 5.12

Seien $n, x, y \in \mathbb{N}_0$ mit $0 \leq x < y < 2^n$ sowie V unitärer Operator auf $\mathbb{H}$ mit der Matrixdarstellung

$$V = \begin{pmatrix} v_{00} & v_{01} \\ v_{10} & v_{11} \end{pmatrix} \tag{5.84}$$

in der Basis $\{|0\rangle, |1\rangle\}$. Mithilfe der Rechenbasis in $\mathbb{H}^{\otimes n}$ definieren wir den Operator $T_{|x\rangle|y\rangle}(V) : \mathbb{H}^{\otimes n} \to \mathbb{H}^{\otimes n}$ durch

$$
\begin{aligned}
T_{|x\rangle|y\rangle}(V) \\
:= \sum_{\substack{z=0 \\ z \neq x,y}}^{2^n-1} |z\rangle\langle z| &+ v_{00}|x\rangle\langle x| + v_{01}|x\rangle\langle y| + v_{10}|y\rangle\langle x| + v_{11}|y\rangle\langle y| \quad (5.85) \\
= \mathbf{1}^{\otimes n} &+ (v_{00}-1)|x\rangle\langle x| + v_{01}|x\rangle\langle y| + v_{10}|y\rangle\langle x| + (v_{11}-1)|y\rangle\langle y|.
\end{aligned}
$$

In der Rechenbasis hat $T_{|x\rangle|y\rangle}(V)$ die Matrixdarstellung

$$
T_{|x\rangle|y\rangle}(V) =
\begin{array}{c}
 \\
 \\
 \\
 \\
 \\
 \\
\end{array}
\begin{array}{c}
|0\rangle \\
\\
|x\rangle \\
\\
\\
|y\rangle \\
\\
\end{array}
\left(
\begin{array}{ccccccc}
1 & & & & & & \\
& \ddots & & & & & \\
& & 1 & & & & \\
v_{00} & & & & & & v_{01} \\
& & & 1 & & & \\
& & & & \ddots & & \\
& & & & & 1 & \\
v_{10} & & & & & & v_{11} \\
& & & & & & 1 \\
& & & & & & & \ddots \\
& & & & & & & & 1
\end{array}
\right),
$$

$$\tag{5.86}$$

wobei wir nur die Einträge gezeigt haben, die von null verschieden sind.

Übung 5.3 Seien n, x, y und $T_{|x\rangle|y\rangle}(\cdot)$ wie in Definition 5.12. Man zeige: Für unitäre Operatoren V, W auf $\mathbb{H}$ gilt dann

$$T_{|x\rangle|y\rangle}(V)\,T_{|x\rangle|y\rangle}(W) = T_{|x\rangle|y\rangle}(VW) \tag{5.87}$$

$$T_{|x\rangle|y\rangle}(V)^* = T_{|x\rangle|y\rangle}(V^*) \tag{5.88}$$

$$T_{|x\rangle|y\rangle}(V)\,T_{|x\rangle|y\rangle}(V)^* = \mathbf{1}^{\otimes n}, \tag{5.89}$$

d. h. $T_{|x\rangle|y\rangle}(V)$ ist unitär.

Zur Lösung siehe 5.3 im Kap. 13 Lösungen.   ◄

Bevor wir nun zur bereits angekündigten Darstellung eines unitären Operators U auf $\mathbb{H}^{\otimes n}$ mithilfe geeignet eingebetteter unitärer Operatoren auf $\mathbb{H}$ kommen, zeigen wir noch folgendes hilfreiche Zwischenergebnis.

Lemma 5.13

Sei $n \in \mathbb{N}$ und $N = 2^n - 1$ sowie U unitärer Operator auf $\mathbb{H}^{\otimes n}$. Dann gibt es unitäre Operatoren $V^{(0)}, \ldots, V^{(N-1)}$ auf $\mathbb{H}$, sodass

$$U^{(N)} := U T_{|N-1\rangle|N\rangle}\left(V^{(N-1)}\right) \ldots T_{|0\rangle|N\rangle}\left(V^{(0)}\right) \tag{5.90}$$

in der Rechenbasis von $\mathbb{H}^{\otimes n}$ die Matrixdarstellung

$$U^{(N)} = \begin{pmatrix} & & & 0 \\ & A^{(N)} & & \vdots \\ & & & 0 \\ 0 & \cdots & 0 & 1 \end{pmatrix} \tag{5.91}$$

hat, wobei $A^{(N)}$ eine unitäre $N \times N$ Matrix ist.

Beweis Man hat allgemein

$$U T_{|x\rangle|y\rangle}(V)$$

$$= \left(\sum_{a,b=0}^{N} U_{ab}|a\rangle\langle b| \right)$$

$$\left(\sum_{\substack{z=0 \\ z \neq x,y}}^{N} |z\rangle\langle z| + v_{00}|x\rangle\langle x| + v_{01}|x\rangle\langle y| + v_{10}|y\rangle\langle x| + v_{11}|y\rangle\langle y| \right)$$

$$= \sum_{\substack{a,z=0 \\ z \neq x,y}}^{N} U_{az} |a\rangle\langle z| \tag{5.92}$$

$$+ \sum_{a=0}^{N} \Big(U_{ax} v_{00} |a\rangle\langle x| + U_{ax} v_{01} |a\rangle\langle y| + U_{ay} v_{10} |a\rangle\langle x| + U_{ay} v_{11} |a\rangle\langle y| \Big).$$

Wir betrachten nun speziell $x = N - j, y = N$ und setzen

$$\widetilde{U}^{(0)} := U \tag{5.93}$$

$$\widetilde{U}^{(j)} := \widetilde{U}^{(j-1)} T_{|N-j\rangle|N\rangle} \big(V^{(N-j)} \big) , \tag{5.94}$$

wobei wir die Operatoren $V^{(N-j)}$ noch geeignet wählen. Dazu betrachten wir weiter unten die zu N gehörige Zeile der Matrix von $\widetilde{U}^{(j)}$. Für Letztere folgt aus (5.92)

$$\widetilde{U}^{(j)} = \widetilde{U}^{(j-1)} T_{|N-j\rangle|N\rangle} \big(V^{(N-j)} \big)$$

$$= \sum_{a=0}^{N} \sum_{\substack{b=0 \\ b \neq N-j}}^{N-1} \widetilde{U}_{ab}^{(j-1)} |a\rangle\langle b|$$

$$+ \sum_{a=0}^{N} \big(\widetilde{U}_{aN-j}^{(j-1)} v_{00}^{(N-j)} + \widetilde{U}_{aN}^{(j-1)} v_{10}^{(N-j)} \big) |a\rangle\langle N-j| \tag{5.95}$$

$$+ \sum_{a=0}^{N} \big(\widetilde{U}_{aN-j}^{(j-1)} v_{01}^{(N-j)} + \widetilde{U}_{aN}^{(j-1)} v_{11}^{(N-j)} \big) |a\rangle\langle N| .$$

Damit ergibt sich für die Matrixelemente $\widetilde{U}_{Nb}^{(j)}$

$$\widetilde{U}_{Nb}^{(j)} = \widetilde{U}_{Nb}^{(j-1)} \qquad \text{falls } b \neq N - j, N \tag{5.96}$$

$$\widetilde{U}_{NN-j}^{(j)} = \widetilde{U}_{NN-j}^{(j-1)} v_{00}^{(N-j)} + \widetilde{U}_{NN}^{(j-1)} v_{10}^{(N-j)} \tag{5.97}$$

$$\widetilde{U}_{NN}^{(j)} = \widetilde{U}_{NN-j}^{(j-1)} v_{01}^{(N-j)} + \widetilde{U}_{NN}^{(j-1)} v_{11}^{(N-j)} . \tag{5.98}$$

Für die Wahl von $V^{(N-j)}$ unterscheiden wir nun zwei Fälle:

1. Falls $\widetilde{U}_{NN-j}^{(j-1)}$ und $\widetilde{U}_{NN}^{(j-1)}$ beide gleich null sind, dann sind wegen (5.97) und (5.98) auch $\widetilde{U}_{NN-j}^{(j)}$ und $\widetilde{U}_{NN}^{(j)}$ beide gleich null, und wir wählen $V^{(N-j)} = 1$.

2. Andernfalls setzen wir

$$V^{(N-j)} = \frac{1}{\sqrt{\left|\widetilde{U}_{NN-j}^{(j-1)}\right|^2 + \left|\widetilde{U}_{NN}^{(j-1)}\right|^2}} \begin{pmatrix} \widetilde{U}_{NN}^{(j-1)} & \overline{\widetilde{U}_{NN-j}^{(j-1)}} \\ -\widetilde{U}_{NN-j}^{(j-1)} & \widetilde{U}_{NN}^{(j-1)} \end{pmatrix}. \tag{5.99}$$

Dann ist $V^{(N-j)}$ unitär, und man hat

$$\widetilde{U}_{NN-j}^{(j)} = \widetilde{U}_{NN-j}^{(j-1)} v_{00}^{(N-j)} + \widetilde{U}_{NN}^{(j-1)} v_{10}^{(N-j)} = 0 \tag{5.100}$$

$$\widetilde{U}_{NN}^{(j)} = \widetilde{U}_{NN-j}^{(j-1)} v_{01}^{(N-j)} + \widetilde{U}_{NN}^{(j-1)} v_{11}^{(N-j)} = \sqrt{\left|\widetilde{U}_{NN-j}^{(j-1)}\right|^2 + \left|\widetilde{U}_{NN}^{(j-1)}\right|^2}. \tag{5.101}$$

Beginnend mit $j = 1$ wird daher in jedem Fall sukzessive

$$\widetilde{U}_{NN-j}^{(j)} = 0 \qquad \text{für } j = 1, \dots, N. \tag{5.102}$$

Für $b = 0, \dots, N - j - 1$ gilt wegen (5.96) und (5.93) $\widetilde{U}_{Nb}^{(j)} = U_{Nb}$. Damit und mit (5.101) ergibt sich

$$\widetilde{U}_{NN}^{(j)} = \sqrt{\sum_{l=0}^{j} \left|\widetilde{U}_{NN-l}^{(0)}\right|^2} = \sqrt{\sum_{l=0}^{j} |U_{NN-l}|^2}. \tag{5.103}$$

Da U nach Voraussetzung unitär ist, müssen sich die Quadrate der Absolutbeträge in jeder Zeile zu eins aufsummieren. Somit gilt letztlich

$$\widetilde{U}_{NN}^{(N)} = \sqrt{\sum_{l=0}^{N} |U_{NN-l}|^2} = 1. \tag{5.104}$$

Wegen (5.102), (5.104) und (5.96) hat dann $\widetilde{U}^{(N)}$ die Matrixdarstellung

$$\widetilde{U}^{(N)} = \begin{pmatrix} & & & b_0 \\ & A^{(N)} & & \vdots \\ & & & b_{N-1} \\ 0 & \cdots & 0 & 1 \end{pmatrix}. \tag{5.105}$$

Da $\widetilde{U}^{(N)}$ als Produkt unitärer Operatoren nach Konstruktion unitär ist, muss

$$\widetilde{U}^{(N)} \widetilde{U}^{(N)*} = \mathbf{1}^{\otimes n} \tag{5.106}$$

gelten. Dies impliziert $b_0 = \cdots = b_{N-1} = 0$, und somit, dass $A^{(N)}$ eine $2^n - 1 = N$ dimensionale unitäre Matrix ist. Damit ist die Matrixdarstellung von $U^{(N)} = \widetilde{U}^{(N)}$ von der behaupteten Form (5.91). □

Die Aussage des nachfolgenden Satzes tauchte im Zusammenhang mit der Quanteninformatik erstmals in [46] auf.

Satz 5.14

Sei $n \in \mathbb{N}$ und U unitärer Operator auf $\mathbb{H}^{\otimes n}$. Dann gibt es $2^{n-1}(2^n - 1)$ unitäre Operatoren $W^{(k,k-j)}$ auf $\mathbb{H}$ mit $k = 1, \ldots, 2^n - 1$ und $j = 1, \ldots, k$, sodass

$$U = \prod_{k=1}^{2^n-1} \left(\prod_{j=1}^{k} T_{|j-1\rangle|k\rangle} \left(W^{(k,k-j)} \right) \right) \tag{5.107}$$

und mithin

$$U \in \mathcal{F}[T_{|x\rangle|y\rangle}(V)] \tag{5.108}$$

für geeignet gewählte V.

Beweis Sei $N = 2^n - 1$. Aus Lemma 5.13 wissen wir, dass es unitäre Operatoren $V^{(N,j)}$ auf $\mathbb{H}$ gibt, dergestalt, dass

$$U^{(N)} = U \prod_{j=N}^{1} T_{|j-1\rangle|N\rangle} \left(V^{(N,j-1)} \right) \tag{5.109}$$

die Matrixdarstellung

$$U^{(N)} = \begin{pmatrix} & & & 0 \\ & A^{(N)} & & \vdots \\ & & & 0 \\ 0 & \cdots & 0 & 1 \end{pmatrix} \tag{5.110}$$

hat. Wir können nun $U^{(N)}$ von rechts mit $T_{|N-2\rangle|N-1\rangle} \left(V^{(N-1,N-2)} \right) \cdots T_{|0\rangle|N-1\rangle}$ $\left(V^{(N-1,0)} \right)$ multiplizieren und die $V^{(N-1,N-2)}, \ldots, V^{(N-1,0)}$ entsprechend der Konstruktion im Beweis von Lemma 5.13 so wählen, dass

$$U^{(N-1)} = U^{(N)} \prod_{j=N-1}^{1} T_{|j-1\rangle|N-1\rangle} \left(V^{(N-1,j-1)} \right) \tag{5.111}$$

die Matrixdarstellung

$$U^{(N-1)} = \begin{pmatrix} & & & 0 & 0 \\ & A^{(N-1)} & & \vdots & \vdots \\ & & & 0 & 0 \\ 0 & \cdots & 0 & 1 & 0 \\ 0 & \cdots & 0 & 0 & 1 \end{pmatrix} \tag{5.112}$$

hat, wobei $A^{(N-1)}$ eine unitäre $N-1 \times N-1$ Matrix ist. Dabei geht noch ein, dass, wie man aus der Matrixdarstellung (5.86) der $T_{|l\rangle|N-1\rangle}(\cdot)$ sieht, eine Multiplikation dieser mit $U^{(N)}$, die letzte Zeile und Spalte von $U^{(N)}$ unverändert lässt. Wir setzen dies fort und bilden insgesamt sukzessive für $l = N, \ldots, 2$ die Folge von Operatoren

$$U^{(l)} = U^{(l+1)} \prod_{j=l}^{1} T_{|j-1\rangle|l\rangle}\left(V^{(l,j-1)}\right) , \qquad (5.113)$$

die die Matrixdarstellungen

$$U^{(l)} = \begin{pmatrix} & & & 0 & \cdots & 0 \\ & A^{(l)} & & \vdots & & \vdots \\ 0 & \cdots & 0 & 1 & & \\ \vdots & & \vdots & & \ddots & \\ 0 & \cdots & & 0 & & 1 \end{pmatrix} \qquad (5.114)$$

haben. Die $A^{(l)}$ sind immer unitäre $l \times l$ Matrizen. In $U^{(2)}$ ist $A^{(2)}$ somit eine 2×2 Matrix. Zur Berechnung von $U^{(1)}$ setzen wir daher $V^{(1,0)} = A^{(2)*}$. Dann ist

$$\mathbf{1}^{\otimes n} = U^{(1)} = U^{(2)} T_{|0\rangle|1\rangle}\left(V^{(1,0)}\right) = \cdots = U \prod_{l=N}^{1} \left(\prod_{j=l}^{1} T_{|j-1\rangle|l\rangle}\left(V^{(l,j-1)}\right) \right) . \qquad (5.115)$$

Auflösung von (5.115) nach U ergibt

$$\begin{aligned} U &= \left(\prod_{l=N}^{1} \left(\prod_{j=l}^{1} T_{|j-1\rangle|l\rangle}\left(V^{(l,j-1)}\right) \right) \right)^{-1} = \left(\prod_{l=N}^{1} \left(\prod_{j=l}^{1} T_{|j-1\rangle|l\rangle}\left(V^{(l,j-1)}\right) \right) \right)^{*} \\ &= \prod_{l=1}^{N} \left(\prod_{j=1}^{l} T_{|j-1\rangle|l\rangle}\left(V^{(l,j-1)*}\right) \right) , \end{aligned} \qquad (5.116)$$

was der behaupteten Darstellung (5.107) entspricht. Die Anzahl der Faktoren ist

$$n_F = \sum_{l=1}^{N} l = \frac{(N+1)N}{2} = \frac{2^n(2^n-1)}{2} = 2^{n-1}(2^n-1) . \qquad (5.117)$$

$\square$

Beispiel 5.2 Als Beispiel betrachten wir den unitären Operator U mit der folgenden Matrixdarstellung in der Rechenbasis

$$U = \frac{1}{2} \begin{pmatrix} 1 & 1 & 1 & 1 \\ 1 & i & -1 & -i \\ 1 & -1 & 1 & -1 \\ 1 & -i & -1 & i \end{pmatrix}. \tag{5.118}$$

Dafür ergeben sich folgende Operatoren $W^{(k,k-j)}$:

$$W^{(3,2)} = \begin{pmatrix} -\frac{i}{\sqrt{2}} & \frac{1}{\sqrt{2}} \\ -\frac{1}{\sqrt{2}} & \frac{i}{\sqrt{2}} \end{pmatrix}, \quad W^{(3,1)} = \begin{pmatrix} \sqrt{\frac{2}{3}} & -\frac{i}{\sqrt{3}} \\ -\frac{i}{\sqrt{3}} & \sqrt{\frac{2}{3}} \end{pmatrix}, \quad W^{(3,0)} = \begin{pmatrix} \frac{\sqrt{3}}{2} & -\frac{1}{2} \\ \frac{1}{2} & \frac{\sqrt{3}}{2} \end{pmatrix}$$

$$W^{(2,1)} = \begin{pmatrix} -\frac{i+1}{4}\sqrt{3} & \frac{3-i}{4} \\ -\frac{3+i}{4} & \frac{i-1}{4}\sqrt{3} \end{pmatrix}, \quad W^{(2,0)} = \begin{pmatrix} \sqrt{\frac{2}{3}} & -\frac{1}{\sqrt{3}} \\ \frac{1}{\sqrt{3}} & \sqrt{\frac{2}{3}} \end{pmatrix} \tag{5.119}$$

$$W^{(1,0)} = \begin{pmatrix} \frac{1}{\sqrt{2}} & \frac{1}{\sqrt{2}} \\ -\frac{i}{\sqrt{2}} & \frac{i}{\sqrt{2}} \end{pmatrix}.$$

Die Aussage (5.107) kann dann durch ausführliches Nachrechnen verifiziert werden.

Als Nächstes zeigen wir, dass man beliebige $T_{|x\rangle|y\rangle}(V)$ mithilfe von Gattern der Form $\Lambda_{|b\rangle}^{|a\rangle}(W)$ erzeugen kann. Dazu benötigen wir die Konstruktion einer Folge, die vom sogenannten **Gray-Code** abgeleitet ist. Dabei handelt es sich um eine Folge von Vektoren in $\mathbb{H}^{\otimes n}$, deren aufeinanderfolgende Elemente sich lediglich in einem Qbit unterscheiden. Wir formalisieren das in der folgenden Definition.

Definition 5.15
Seien $n \in \mathbb{N}, x, y \in \mathbb{N}_0$ mit $0 \le x < y < 2^n$ und $|x\rangle, |y\rangle$ die zugehörigen Vektoren der Rechenbasis von $\mathbb{H}^{\otimes n}$. Ein **Gray-codierter** Übergang von $|x\rangle$ nach $|y\rangle$ ist definiert als eine endliche Folge von Vektoren $|g^0\rangle, \ldots, |g^{K+1}\rangle$ der Rechenbasis mit den folgenden Eigenschaften.

1.

$$|g^0\rangle = |x\rangle \tag{5.120}$$
$$|g^{K+1}\rangle = |y\rangle. \tag{5.121}$$

2. Für alle $l = 1, \ldots, K + 1$ gibt es $n_{a^l}, n_{b^l} \in \mathbb{N}_0$ mit $n_{a^l} + n_{b^l} + 1 = n$, sodass

$$|g^l\rangle = \mathbf{1}^{\otimes n_{a^l}} \otimes X \otimes \mathbf{1}^{\otimes n_{b^l}} |g^{l-1}\rangle \tag{5.122}$$

und

$$(g^K)_{n_{b^{K+1}}} = 0 \tag{5.123}$$
$$(g^{K+1})_{n_{b^{K+1}}} = 1 . \tag{5.124}$$

Mithilfe der $|g^{l-1}\rangle$ definieren wir noch für $l = 1, \ldots, K + 1$

$$|a^l\rangle := |g^{l-1}_{n-1} \cdots g^{l-1}_{n_{b^l}+1}\rangle \in {}^\P\mathbb{H}^{\otimes n_{a^l}} \tag{5.125}$$
$$|b^l\rangle := |g^{l-1}_{n_{b^l}-1} \cdots g^{l-1}_0\rangle \in {}^\P\mathbb{H}^{\otimes n_{b^l}} . \tag{5.126}$$

Im so definierten Gray-codierten Übergang unterscheiden sich die zwei aufeinanderfolgenden Elemente $|g^{l-1}\rangle$ und $|g^l\rangle$ nur in dem Qbit im Faktorraum ${}^\P\mathbb{H}_{n_{b^l}}$ (siehe (3.39)) von ${}^\P\mathbb{H}^{\otimes n}$

$$|g^l\rangle = \mathbf{1}^{\otimes n_{a^l}} \otimes X \otimes \mathbf{1}^{\otimes n_{b^l}} |g^{l-1}\rangle \tag{5.127}$$
$$= |(g^{l-1})_{n-1} \cdots (g^{l-1})_{n_{b^l}+1} \neg (g^{l-1})_{n_{b^l}} (g^{l-1})_{n_{b^l}-1} \cdots (g^{l-1})_0\rangle .$$

Zwischen zwei Vektoren $|x\rangle$ und $|y\rangle$ kann es mehrere verschiedene Übergänge geben.

Beispiel 5.3 Wir betrachten den Fall $n = 3$ und $x = 1$ sowie $y = 6$. Dann ist ein möglicher Gray-codierter Übergang

$$\begin{aligned}
|x\rangle &= |1\rangle^3 = |001\rangle \\
|g^1\rangle &= |5\rangle^3 = |101\rangle \\
|g^2\rangle &= |4\rangle^3 = |100\rangle \\
|y\rangle &= |6\rangle^3 = |110\rangle ,
\end{aligned} \tag{5.128}$$

d. h. hier ist $n_{b^1} = 2, n_{b^2} = 0, n_{b^3} = 1$.

Ein alternativer Gray-codierter Übergang ist

$$\begin{aligned}
|x\rangle &= |1\rangle^3 = |001\rangle \\
|g^1\rangle &= |0\rangle^3 = |000\rangle \\
|g^2\rangle &= |4\rangle^3 = |100\rangle \\
|y\rangle &= |6\rangle^3 = |110\rangle ,
\end{aligned} \tag{5.129}$$

d. h. hier ist dann $n_{b^1} = 0, n_{b^2} = 2, n_{b^3} = 1$.

Folgender Übergang

$$|x\rangle = |1\rangle^3 = |001\rangle$$
$$|g^1\rangle = |5\rangle^3 = |101\rangle$$
$$|g^2\rangle = |7\rangle^3 = |111\rangle \tag{5.130}$$
$$|y\rangle = |7\rangle^3 = |110\rangle \,,$$

ändert zwar auch immer nur genau ein Qbit beim Schritt von $|g^{l-1}\rangle$ nach $|g^l\rangle$, aber der Schritt von $|g^2\rangle$ nach $|y\rangle$ erfüllt nicht die Bedingung (5.123). Wie wir noch sehen werden, vereinfacht diese Bedingung die Erzeugung der $T_{|x\rangle|y\rangle}(V)$ mithilfe kontrollierter Gatter der Form $\Lambda_{|b\rangle}^{|a\rangle}(V)$.

Dass es immer einen Gray-codierten Übergang gibt, zeigen wir in Übung 5.4.

Übung 5.4 Seien $n \in \mathbb{N}$, $x, y \in \mathbb{N}_0$ mit $0 \le x < y < 2^n$. Man zeige, dass es einen Gray-codierten Übergang von $|x\rangle$ nach $|y\rangle$ gibt.
Zur Lösung siehe 5.4 im Kap. 13 Lösungen. ◄

Satz 5.16
Seien $n \in \mathbb{N}$, $x, y \in \mathbb{N}_0$ mit $0 \le x < y < 2^n$ und $|x\rangle, |y\rangle$ die zugehörigen Vektoren der Rechenbasis in $\mathbb{H}^{\otimes n}$ sowie V unitärer Operator auf $\mathbb{H}$. Für jeden Gray-codierten Übergang $|g^l\rangle, l = 0, \ldots, K + 1$ von $|x\rangle$ nach $|y\rangle$ gilt

$$\Lambda_{|b^l\rangle}^{|a^l\rangle}(X) = \sum_{\substack{z=0 \\ z \neq g^{l-1}, g^l}} |z\rangle\langle z| + |g^{l-1}\rangle\langle g^l| + |g^l\rangle\langle g^{l-1}| \tag{5.131}$$

$$T_{|g^K\rangle|y\rangle}(V) = \Lambda_{|b^{K+1}\rangle}^{|a^{K+1}\rangle}(V) \tag{5.132}$$

$$T_{|g^{l-1}\rangle|y\rangle}(V) = \Lambda_{|b^l\rangle}^{|a^l\rangle}(X)\, T_{|g^l\rangle|y\rangle}(V)\, \Lambda_{|b^l\rangle}^{|a^l\rangle}(X) \tag{5.133}$$

$$T_{|x\rangle|y\rangle}(V) = \left(\prod_{l=1}^{K} \Lambda_{|b^l\rangle}^{|a^l\rangle}(X)\right) \Lambda_{|b^{K+1}\rangle}^{|a^{K+1}\rangle}(V) \left(\prod_{j=K}^{1} \Lambda_{|b^j\rangle}^{|a^j\rangle}(X)\right) . \tag{5.134}$$

Beweis Wir beginnen mit dem Beweis von (5.131). Per Definition 5.5 ist

$$\Lambda_{|b^l\rangle}^{|a^l\rangle}(X) = \mathbf{1}^{\otimes n_{a^l} + n_{b^l} + 1} + |a^l\rangle\langle a^l| \otimes (X - 1) \otimes |b^l\rangle\langle b^l| . \tag{5.135}$$

Mit $n = n_{a^l} + n_{b^l} + 1$ und

$$X - \mathbf{1} = |0\rangle\langle 1| + |1\rangle\langle 0| - |0\rangle\langle 0| - |1\rangle\langle 1| \tag{5.136}$$

ergibt sich

$$\Lambda_{|b^l\rangle}^{|a^l\rangle}(X) = \mathbf{1}^{\otimes n} + \underbrace{|a^l\rangle\langle a^l| \otimes \big(|0\rangle\langle 1| + |1\rangle\langle 0|\big) \otimes |b^l\rangle\langle b^l|}_{=|g^{l-1}\rangle\langle g^l| + |g^l\rangle\langle g^{l-1}|}$$

$$\underbrace{-|a^l\rangle\langle a^l| \otimes \big(|0\rangle\langle 0| + |1\rangle\langle 1|\big) \otimes |b^l\rangle\langle b^l|}_{=-|g^{l-1}\rangle\langle g^{l-1}| - |g^l\rangle\langle g^l|} \tag{5.137}$$

$$= \sum_{\substack{z=0 \\ z \neq g^{l-1}, g^l}}^{2^n - 1} |z\rangle\langle z| + |g^{l-1}\rangle\langle g^l| + |g^l\rangle\langle g^{l-1}|.$$

Zum Beweis von (5.132) nutzt man, dass aus (5.123)–(5.126) folgt

$$|g^K\rangle = |a^{K+1}\rangle \otimes |0\rangle \otimes |b^{K+1}\rangle \tag{5.138}$$

$$|g^{K+1}\rangle = |a^{K+1}\rangle \otimes |1\rangle \otimes |b^{K+1}\rangle = |y\rangle. \tag{5.139}$$

Mit der Definition 5.12 erhält man dann

$$T_{|g^K\rangle|y\rangle}(V)$$
$$= \mathbf{1}^{\otimes n} + (v_{00} - 1)|g^K\rangle\langle g^K| + v_{01}|g^K\rangle\langle y| + v_{10}|y\rangle\langle g^K| + (v_{11} - 1)|y\rangle\langle y|$$
$$= \mathbf{1}^{\otimes n}$$
$$+ (v_{00} - 1)\big(|a^{K+1}\rangle \otimes |0\rangle \otimes |b^{K+1}\rangle\big)\big(\langle a^{K+1}| \otimes \langle 0| \otimes \langle b^{K+1}|\big)$$
$$+ v_{01}\big(|a^{K+1}\rangle \otimes |0\rangle \otimes |b^{K+1}\rangle\big)\big(\langle a^{K+1}| \otimes \langle 1| \otimes \langle b^{K+1}|\big)$$
$$+ v_{10}\big(|a^{K+1}\rangle \otimes |1\rangle \otimes |b^{K+1}\rangle\big)\big(\langle a^{K+1}| \otimes \langle 0| \otimes \langle b^{K+1}|\big)$$
$$+ (v_{11} - 1)\big(|a^{K+1}\rangle \otimes |1\rangle \otimes |b^{K+1}\rangle\big)\big(\langle a^{K+1}| \otimes \langle 1| \otimes \langle b^{K+1}|\big)$$
$$\underbrace{=}_{(3.25)} \mathbf{1}^{\otimes n} \tag{5.140}$$
$$+ (v_{00} - 1)|a^{K+1}\rangle\langle a^{K+1}| \otimes |0\rangle\langle 0| \otimes |b^{K+1}\rangle\langle b^{K+1}|$$
$$+ v_{01}|a^{K+1}\rangle\langle a^{K+1}| \otimes |0\rangle\langle 1| \otimes |b^{K+1}\rangle\langle b^{K+1}|$$
$$+ v_{10}|a^{K+1}\rangle\langle a^{K+1}| \otimes |1\rangle\langle 0| \otimes |b^{K+1}\rangle\langle b^{K+1}|$$
$$+ (v_{11} - 1)|a^{K+1}\rangle\langle a^{K+1}| \otimes |1\rangle\langle 1| \otimes |b^{K+1}\rangle\langle b^{K+1}|$$
$$= \mathbf{1}^{\otimes n}$$
$$+ |a^{K+1}\rangle\langle a^{K+1}| \otimes \Big((v_{00} - 1)|0\rangle\langle 0| + v_{01}|0\rangle\langle 1|$$
$$+ v_{10}|1\rangle\langle 0| + (v_{11} - 1)|1\rangle\langle 1|\Big) \otimes |b^{K+1}\rangle\langle b^{K+1}|$$
$$= \mathbf{1}^{\otimes n} + |a^{K+1}\rangle\langle a^{K+1}| \otimes (V - \mathbf{1}) \otimes |b^{K+1}\rangle\langle b^{K+1}|$$
$$= \Lambda_{|b^{K+1}\rangle}^{|a^{K+1}\rangle}(V).$$

Zum Beweis von (5.133) nutzen wir (5.131), und mit Definition 5.12 erhält man dann

$$
T_{|g^l\rangle|y\rangle}(V)\, \Lambda_{|b^l\rangle}^{|a^l\rangle}(X)
$$

$$
= \left(\sum_{\substack{z=0 \\ z \neq g^l, y}} |z\rangle\langle z| + v_{00}|g^l\rangle\langle g^l| + v_{01}|g^l\rangle\langle y| + v_{10}|y\rangle\langle g^l| + v_{11}|y\rangle\langle y| \right)
$$

$$
\times \left(\sum_{\substack{r=0 \\ r \neq g^{l-1}, g^l}} |r\rangle\langle r| + |g^{l-1}\rangle\langle g^l| + |g^l\rangle\langle g^{l-1}| \right) \tag{5.141}
$$

$$
= \sum_{\substack{z=0 \\ z \neq g^{l-1}, g^l, y}} |z\rangle\langle z| + |g^{l-1}\rangle\langle g^l|
$$

$$
+ v_{00}|g^l\rangle\langle g^{l-1}| + v_{01}|g^l\rangle\langle y| + v_{10}|y\rangle\langle g^{l-1}| + v_{11}|y\rangle\langle y|
$$

und daher

$$
\Lambda_{|b^l\rangle}^{|a^l\rangle}(X)\, T_{|g^l\rangle|y\rangle}(V)\, \Lambda_{|b^l\rangle}^{|a^l\rangle}(X)
$$

$$
= \left(\sum_{\substack{r=0 \\ r \neq g^{l-1}, g^l}} |r\rangle\langle r| + |g^{l-1}\rangle\langle g^l| + |g^l\rangle\langle g^{l-1}| \right)
$$

$$
\times \left(\sum_{\substack{z=0 \\ z \neq g^{l-1}, g^l, y}} |z\rangle\langle z| + |g^{l-1}\rangle\langle g^l| \right. \tag{5.142}
$$

$$
\left. + v_{00}|g^l\rangle\langle g^{l-1}| + v_{01}|g^l\rangle\langle y| + v_{10}|y\rangle\langle g^{l-1}| + v_{11}|y\rangle\langle y| \right)
$$

$$
= \sum_{\substack{z=0 \\ z \neq g^{l-1}, y}} |z\rangle\langle z| + v_{00}|g^{l-1}\rangle\langle g^{l-1}| + v_{01}|g^{l-1}\rangle\langle y| + v_{10}|y\rangle\langle g^{l-1}| + v_{11}|y\rangle\langle y|
$$

$$
\underbrace{=}_{(5.85)} T_{|g^{l-1}\rangle|y\rangle}(V) \, .
$$

Schließlich zum Beweis von (5.134). Dieser ergibt sich aus (5.132) und (5.133) wie folgt

$$
\prod_{l=1}^{K} \Lambda_{|b^l\rangle}^{|a^l\rangle}(X)\, \Lambda_{|b^{K+1}\rangle}^{|a^{K+1}\rangle}(V) \prod_{j=K}^{1} \Lambda_{|b^j\rangle}^{|a^j\rangle}(X)
$$

$$
\underbrace{=}_{(5.132)} \prod_{l=1}^{K} \Lambda_{|b^l\rangle}^{|a^l\rangle}(X)\, T_{|g^K\rangle|y\rangle}(V) \prod_{j=K}^{1} \Lambda_{|b^j\rangle}^{|a^j\rangle}(X)
$$

$$\underbrace{=}_{(5.133)} \prod_{l=1}^{K-1} \Lambda_{|b^l\rangle}^{|a^l\rangle}(X)\, T_{|g^{K-1}\rangle|y\rangle}(V) \prod_{j=K-1}^{1} \Lambda_{|b^j\rangle}^{|a^j\rangle}(X)$$

$$\vdots \tag{5.143}$$

$$= \Lambda_{|b^1\rangle}^{|a^1\rangle}(X)\, T_{|g^1\rangle|y\rangle}(V)\, \Lambda_{|b^1\rangle}^{|a^1\rangle}(X)$$

$$\underbrace{=}_{(5.133)} T_{|g^0\rangle|y\rangle}(V) = T_{|x\rangle|y\rangle}(V)\,,$$

wobei in der letzten Gleichung noch benutzt wurde, dass $|x\rangle = |g^0\rangle$ ist.　$\square$

Beispiel 5.4 Wie in Beispiel 5.3 betrachten wir den Fall $n = 3$ und $x = 1$ sowie $y = 3$ mit dem Gray-codierten Übergang (5.128), d. h. $K = 2$ und

$$
\begin{aligned}
|x\rangle &= |g^0\rangle = |1\rangle^3 = |001\rangle = |0\rangle \otimes |01\rangle \\
|g^1\rangle &= |5\rangle^3 = |101\rangle = |1\rangle \otimes \underbrace{|01\rangle}_{=|b^1\rangle} \\
|g^2\rangle &= |4\rangle^3 = |100\rangle = \underbrace{|10\rangle}_{=|a^2\rangle} \otimes |0\rangle \\
|y\rangle &= |g^3\rangle = |6\rangle^3 = |110\rangle = \underbrace{|1\rangle}_{=|a^3\rangle} \otimes |1\rangle \otimes \underbrace{|0\rangle}_{=|b^3\rangle}\,.
\end{aligned}
\tag{5.144}
$$

Dann ist zunächst

$$
T_{|1\rangle|6\rangle}(V) =
\begin{array}{c c}
 & \begin{array}{cccccccc} \langle 0| & \langle 1| & \langle 2| & \langle 3| & \langle 4| & \langle 5| & \langle 6| & \langle 7| \end{array} \\
\begin{array}{c} |0\rangle \\ |1\rangle \\ |2\rangle \\ |3\rangle \\ |4\rangle \\ |5\rangle \\ |6\rangle \\ |7\rangle \end{array} &
\left(
\begin{array}{cccccccc}
1 & & & & & & & \\
 & v_{00} & & & & & v_{01} & \\
 & & 1 & & & & & \\
 & & & 1 & & & & \\
 & & & & 1 & & & \\
 & & & & & 1 & & \\
 & v_{10} & & & & & v_{11} & \\
 & & & & & & & 1
\end{array}
\right)
\end{array},
\tag{5.145}
$$

wobei wir zur besseren Übersicht wieder die Matrixelemente für $|a\rangle\langle b|$ durch Anschreiben der Basisvektoren $|a\rangle = |a\rangle^3$ in den Zeilen bzw. $\langle b| = {}^3\langle b|$ in den Spalten verdeutlicht haben. Weiterhin hat man

$$\Lambda_{|b^1\rangle}(X) = \mathbf{1}^{\otimes 3} + (X-1) \otimes |0\rangle\langle 0| \otimes |1\rangle\langle 1|$$

$$= \mathbf{1}^{\otimes 3} + \begin{pmatrix} -1 & 1 \\ 1 & -1 \end{pmatrix} \otimes \begin{pmatrix} 1 \\ 0 \end{pmatrix}(1,0) \otimes \begin{pmatrix} 0 \\ 1 \end{pmatrix}(0,1)$$

$$= \mathbf{1}^{\otimes 3} + \begin{pmatrix} -1 & 1 \\ 1 & -1 \end{pmatrix} \otimes \begin{pmatrix} 1 & 0 \\ 0 & 0 \end{pmatrix} \otimes \begin{pmatrix} 0 & 0 \\ 0 & 1 \end{pmatrix}$$

$$= \mathbf{1}^{\otimes 3} + \begin{pmatrix} -1 & 1 \\ 1 & -1 \end{pmatrix} \otimes \begin{pmatrix} 0 & 0 & 0 & 0 \\ 0 & 1 & 0 & 0 \\ 0 & 0 & 0 & 0 \\ 0 & 0 & 0 & 0 \end{pmatrix} \tag{5.146}$$

$$= \mathbf{1}^{\otimes 3} + \begin{array}{c} \\ |0\rangle \\ |1\rangle \\ |2\rangle \\ |3\rangle \\ |4\rangle \\ |5\rangle \\ |6\rangle \\ |7\rangle \end{array} \begin{array}{cccccccc} \langle 0| & \langle 1| & \langle 2| & \langle 3| & \langle 4| & \langle 5| & \langle 6| & \langle 7| \\ \left(\begin{array}{cccccccc} & & & & & & & \\ & -1 & & & & 1 & & \\ & & & & & & & \\ & & & & & & & \\ & & & & & & & \\ & 1 & & & & -1 & & \\ & & & & & & & \\ & & & & & & & \end{array} \right) \end{array}$$

$$= \begin{array}{c} \\ |0\rangle \\ |1\rangle \\ |2\rangle \\ |3\rangle \\ |4\rangle \\ |5\rangle \\ |6\rangle \\ |7\rangle \end{array} \begin{array}{cccccccc} \langle 0| & \langle 1| & \langle 2| & \langle 3| & \langle 4| & \langle 5| & \langle 6| & \langle 7| \\ \left(\begin{array}{cccccccc} 1 & & & & & & & \\ & & & & & & 1 & \\ & & 1 & & & & & \\ & & & 1 & & & & \\ & & & & 1 & & & \\ & 1 & & & & & & \\ & & & & & & & 1 \\ & & & & & & & 1 \end{array} \right) \end{array} .$$

Ganz analog erhält man

$$\Lambda^{|a^2\rangle}(X) = \begin{array}{c} \\ |0\rangle \\ |1\rangle \\ |2\rangle \\ |3\rangle \\ |4\rangle \\ |5\rangle \\ |6\rangle \\ |7\rangle \end{array} \begin{array}{cccccccc} \langle 0| & \langle 1| & \langle 2| & \langle 3| & \langle 4| & \langle 5| & \langle 6| & \langle 7| \\ \left(\begin{array}{cccccccc} 1 & & & & & & & \\ & 1 & & & & & & \\ & & 1 & & & & & \\ & & & 1 & & & & \\ & & & & & 1 & & \\ & & & & 1 & & & \\ & & & & & & 1 & \\ & & & & & & & 1 \end{array} \right) \end{array} \tag{5.147}$$

$$\Lambda^{|a^3\rangle}_{|b^3\rangle}(V) = \begin{array}{c} \\ |0\rangle \\ |1\rangle \\ |2\rangle \\ |3\rangle \\ |4\rangle \\ |5\rangle \\ |6\rangle \\ |7\rangle \end{array} \begin{array}{c} \langle 0| \ \langle 1| \ \langle 2| \ \langle 3| \ \langle 4| \ \langle 5| \ \langle 6| \ \langle 7| \\ \left(\begin{array}{cccccccc} 1 & & & & & & & \\ & 1 & & & & & & \\ & & 1 & & & & & \\ & & & 1 & & & & \\ & & & & v_{00} & & v_{01} & \\ & & & & & 1 & & \\ & & & & v_{10} & & v_{11} & \\ & & & & & & & 1 \end{array} \right) \end{array} \tag{5.148}$$

Man verifiziert (5.134) für

$$T_{|1\rangle|6\rangle}(V) = \Lambda_{|b^1\rangle}(X)\,\Lambda^{|a^2\rangle}(X)\,\Lambda^{|a^3\rangle}_{|b^3\rangle}(V)\,\Lambda^{|a^2\rangle}(X)\,\Lambda_{|b^1\rangle}(X) \tag{5.149}$$

dann durch Ausmultiplizieren der Matrizen, was wir dem Leser überlassen.

Mit dem letzten Ergebnis (5.134) aus Satz 5.16 können wir nun endlich die bereits angekündigte Universalität der Phasenmultiplikation, Spindrehungen und kontrollierten Verneinung beweisen.

Satz 5.17

Die Menge der Quantengatter $\mathcal{U} = \{M, D_{\hat{y}}, D_{\hat{z}}, \Lambda^1(X)\}$ ist universell, d. h. jedes Quantengatter $U : {}^{\intercal}\mathbb{H}^{\otimes n} \rightarrow {}^{\intercal}\mathbb{H}^{\otimes n}$ lässt sich durch Kombinationen der Elemente aus $\mathcal{U}$ erzeugen

$$U \in \mathcal{F}[M, D_{\hat{y}}, D_{\hat{z}}, \Lambda^1(X)]. \tag{5.150}$$

Beweis Wir zeigen die Behauptung mithilfe folgender Resultate aus dem vorangegangenen Abschnitt

$$U \underbrace{\in}_{(5.108)} \mathcal{F}[T_{|x\rangle|y\rangle}(V)]$$

$$T_{|x\rangle|y\rangle}(V) \underbrace{\in}_{(5.134)} \mathcal{F}[\Lambda^{|a\rangle}_{|b\rangle}(V)]$$

$$\Lambda^{|a\rangle}_{|b\rangle}(V) \underbrace{\in}_{(5.78)} \mathcal{F}[X, \Lambda^{n_a}_{n_b}(V)] \tag{5.151}$$

$$\Lambda^{n_a}_{n_b}(V) \underbrace{\in}_{(5.64)} \mathcal{F}[\Lambda_1(X), \Lambda^1(X), \Lambda^{n_a+n_b}(V)]$$

$$X, V, \Lambda_1(V), \Lambda^m(V) \underbrace{\in}_{(5.35),(5.36),(5.50)} \mathcal{F}[M, D_{\hat{y}}, D_{\hat{z}}, \Lambda^1(X)].$$

Damit hat man schließlich

$$U \in \mathcal{F}[T_{|x\rangle|y\rangle}(V)]$$
$$\in \mathcal{F}[\mathcal{F}[\Lambda_{|b\rangle}^{|a\rangle}(V)]]$$
$$\vdots$$
$$\in \mathcal{F}[\mathcal{F}[\mathcal{F}[\mathcal{F}[M, D_{\hat{y}}, D_{\hat{z}}, \Lambda^1(X)]]]]$$
$$\in \mathcal{F}[M, D_{\hat{y}}, D_{\hat{z}}, \Lambda^1(X)]. \qquad \square$$

Das Wesentliche an der Aussage von Satz 5.17 ist, dass man im Prinzip lediglich die Gatter M, $D_{\hat{y}}$, $D_{\hat{z}}$, $\Lambda^1(X)$ in ausreichender Anzahl physikalisch zu implementieren hat. Alle anderen Gatter lassen sich nach Satz 5.17 daraus aufbauen. Diese Konstruktionen allgemeiner Gatter sind nicht notwendigerweise die effizientesten. Gezeigt worden ist hier lediglich, dass die unären Gatter Phasenmultiplikation und Spindrehungen und das binäre Gatter kontrollierte Verneinung ausreichen, um jedes Gatter beliebiger Dimension zu bauen.

5.3 Zum Ablauf von Quantenalgorithmen

Gatter führen elementare Transformationen aus. Um anspruchsvollere Anwendungen auszuführen, muss man in der Regel eine Vielzahl von Gattern zusammenschalten. Man spricht dann von Schaltkreisen. Ganz analog zum klassischen Fall bezeichnen wir daher eine feste Anordnung von Quantengattern zur Ausführung einer bestimmten Transformation auf einem Input-/Outputregister $\mathbb{H}^{I/O}$ als einen **Quantenschaltkreis**.

Der Ablauf eines Quantenalgorithmus oder Rechenprotokolls ist in etwa Folgender:

1. Präparation des Inputregisters,
2. Darstellung klassischer Funktionen f durch Quantenschaltkreise U_f auf geeigneten Quantenregistern,
3. Transformation des Quantenregisters durch geeignete Gatter oder Schaltkreise,
4. Auslesen (Beobachtung) des Ergebnisses.

Nachfolgend betrachten wir in Abschn. 5.3.1 die erste und in Abschn. 5.3.3 die vierte Etappe dieses Ablaufs, die sich in den meisten Algorithmen sehr ähneln. Einige allgemeine Aspekte des zweiten Schrittes werden in Abschn. 5.3.2 behandelt. Die spezielle Form von f bzw. U_f und der dritte Schritt sind dagegen sehr spezifisch für jeden Algorithmus. In Abschn. 5.4 betrachten wir daher etliche der Quantenschaltkreise, die zur Ausführung elementarer Rechenoperationen im Faktorisierungsalgorithmus von Shor (siehe Abschn. 6.4) benötigt werden.

5.3.1 Vorbereitung des Input- und Nutzung des Arbeitsregisters

Sehr oft wünscht man als Ausgangspunkt von Algorithmen, das Inputregister in einem Zustand zu haben, der eine gleichgewichtete Linearkombination aller Basisvektoren der Rechenbasis ist. Mit anderen Worten, man möchte den Zustand

$$|\psi_0\rangle^n := \frac{1}{2^{\frac{n}{2}}} \sum_{x=0}^{2^n-1} |x\rangle^n \in {}^\P\mathbb{H}^{\otimes n} =: \mathbb{H}^{I/O} \tag{5.152}$$

präparieren. Dies ist z. B. sowohl im Shor-Algorithmus zur Faktorisierung (siehe Abschn. 6.4) als auch im Grover-Suchalgorithmus (siehe Abschn. 6.5) der Fall. Mithilfe der Hadamard-Transformation (siehe Definition 2.26) kann ein solcher Zustand $|\psi_0\rangle^n$ wie folgt erzeugt werden. Wegen

$$H|0\rangle = \frac{|0\rangle + |1\rangle}{\sqrt{2}} \tag{5.153}$$

ergibt sich für die Anwendung des n-fachen Tensorprodukts von H auf $|0\rangle^n \in \mathbb{H}^{I/O}$

$$
\begin{aligned}
H^{\otimes n}|0\rangle^n &= H^{\otimes n}\Big(|0\rangle \otimes |0\rangle \otimes \cdots \otimes |0\rangle\Big) = \bigotimes_{j=n-1}^{0} H|0\rangle = \bigotimes_{j=n-1}^{0} \frac{|0\rangle + |1\rangle}{\sqrt{2}} \\
&= \frac{1}{2^{\frac{n}{2}}} (|0\rangle + |1\rangle) \otimes \cdots \otimes (|0\rangle + |1\rangle) \\
&= \frac{1}{2^{\frac{n}{2}}} \big(\underbrace{|0\ldots0\rangle}_{=|0\rangle^n} + \underbrace{|0\ldots1\rangle}_{=|1\rangle^n} + \cdots + \underbrace{|1\ldots1\rangle}_{=|2^n-1\rangle^n} \big) \\
&= \frac{1}{2^{\frac{n}{2}}} \sum_{x=0}^{2^n-1} |x\rangle^n \, .
\end{aligned}
\tag{5.154}
$$

Damit ist der gewünschte Anfangszustand $|\psi_0\rangle^n$ durch $H^{\otimes n}|0\rangle^n$ hergestellt.

Quantenarbeitsregister sind, wie ihr Name andeutet, Hilfsregister $\mathbb{H}^W$, in denen innerhalb eines Schaltkreises Zwischeninformation abgelegt, wieder abgerufen und im Rechenprozess verarbeitet wird. Dabei werden Zustände im Arbeitsspeicher während des Rechenprozesses in der Regel mit Zuständen im Input-/Outputregister verschränkt. Eine Messung des Arbeitsspeichers würde daher den Zustand im Input-/Outputregister beeinflussen (vgl. dazu die Diskussion um EPR in Abschn. 4.4). Eine solche Messung würde man durchführen, um den Arbeitsspeicher wieder in den Ausgangszustand zu versetzen. Um z. B. den Ausgangszustand $|0\rangle^W$ im Arbeitsregister wieder herzustellen, würde man σ_z auf jedem Qbit messen und beim Messergebnis -1 dann X anwenden.

Um eine durch Verschränkung erzeugte Rückwirkung des Arbeitsspeichers auf das Input-/Outputregister zu vermeiden, muss die Verschränkung durch geeignete Operationen wieder aufgehoben werden, ohne dabei die beabsichtigte Wirkung des Schaltkreises wieder aufzuheben. Mit dem Schaltkreis zum Quantenaddierer in Abschn. 5.4.1 werden wir davon ein erstes Beispiel sehen.

Definition 5.18
Ein Schaltkreis U auf $\mathbb{H}^{I/O}$ heißt mit $\hat{U}$ und $|\omega_i\rangle, |\omega_f\rangle$ in einem **Arbeitsregister** (auch Arbeitsspeicher genannt) $\mathbb{H}^W$ implementiert, falls es einen Schaltkreis gibt, dessen Operator $\hat{U}$ auf $\mathbb{H}^{I/O} \otimes \mathbb{H}^W$ wirkt sowie Zustände $|\omega_i\rangle, |\omega_f\rangle \in \mathbb{H}^W$ gibt, sodass für alle $|\Phi\rangle \in \mathbb{H}^{I/O}$ gilt

$$\left\| \hat{U} |\Phi \otimes \omega_i\rangle \right\| = \|\Phi\| \tag{5.155}$$

und

$$\hat{U} |\Phi \otimes \omega_i\rangle = (U|\Phi\rangle) \otimes |\omega_f\rangle . \tag{5.156}$$

In Definition 5.18 sind $|\omega_i\rangle$ ein fixierter Ausgangszustand und $|\omega_f\rangle$ ein fixierter Endzustand des Arbeitsregisters, die beide von $|\Phi\rangle$ und $U|\Phi\rangle$ unabhängig sind. Wichtig ist dabei, dass, wie per Definition aus der rechten Seite von (5.156) ersichtlich, das Ergebnis der Wirkung von $\hat{U}$ in Faktoren in $\mathbb{H}^{I/O}$ und $\mathbb{H}^W$ zerfällt. Diese geforderte Faktorisierung garantiert, dass ein Zustand $\hat{U}|\Phi \otimes \omega_i\rangle$ im Gesamtsystem $\mathbb{H}^{I/O} \otimes \mathbb{H}^W$ immer ein *separabler* Zustand ist (siehe Satz 4.2). Bei einer Betrachtung des Teilsystems $\mathbb{H}^{I/O}$ entsteht daher kein gemischter Zustand im Input-/Outputteilsystem I/O, sondern ein reiner Zustand $U|\Phi\rangle$. Deshalb kann man den Arbeitsspeicher nach Gebrauch des Schaltkreises $\hat{U}$ zur Implementierung von U ignorieren. Wir formalisieren das in folgender Proposition.

Proposition 5.19
Sei U mithilfe von $\hat{U}$ auf $\mathbb{H}^{I/O} \otimes \mathbb{H}^W$ und $|\omega_i\rangle, |\omega_f\rangle$ implementiert. Dann ist U unitär und in einem Zustand $\hat{U}|\Phi \otimes \omega_i\rangle$ des Gesamtsystems wird das Teilsystem I/O durch den reinen Zustand $U|\Phi\rangle$ beschrieben.

Beweis Zunächst zeigen wir die Unitarität von U. Als Zustandsvektoren sind $|\omega_i\rangle, |\omega_f\rangle$ auf 1 normiert. Daher hat man für beliebige $|\Phi\rangle \in \mathbb{H}^{I/O}$

$$\|U\Phi\|^2 \underbrace{=}_{(2.10)} \langle U\Phi|U\Phi\rangle = \langle U\Phi|U\Phi\rangle \underbrace{\langle \omega_f|\omega_f\rangle}_{=1}$$

$$\underbrace{=}_{(3.10)} \langle U\Phi \otimes \omega_f | U\Phi \otimes \omega_f\rangle$$

$$\underbrace{=}_{(5.156)} \langle \hat{U}(\Phi \otimes \omega_i) | \hat{U}(\Phi \otimes \omega_i)\rangle \tag{5.157}$$

$$\underbrace{=}_{(2.10)} \left\| \hat{U}\left(\Phi \otimes \omega_i\right) \right\|^2$$

$$\underbrace{=}_{(5.155)} \|\Phi\|^2 .$$

Insgesamt ist also für alle $|\Phi\rangle \in \mathbb{H}^{I/O}$ dann $\|U\Phi\| = \|\Phi\|$ und U daher nach (2.41) unitär.

Sei nun $|\Phi\rangle$ ein Zustand in $\mathbb{H}^{I/O}$ und das Gesamtsystem im Zustand $\hat{U}|\Phi \otimes \omega_i\rangle$. Nach Satz 3.9 wird das Teilsystem I/O durch den reduzierten Dichteoperator $\rho^{I/O}\left(\hat{U}|\Phi \otimes \omega_i\rangle\right)$ beschrieben. Für diesen erhält man

$$\rho^{I/O}\left(\hat{U}|\Phi \otimes \omega_i\rangle\right) \underbrace{=}_{(2.135),(3.73)} \mathrm{Tr}^W(\hat{U}|\Phi \otimes \omega_i\rangle\langle\Phi \otimes \omega_i|\hat{U}^*)$$

$$\underbrace{=}_{(5.156)} \mathrm{Tr}^W((U|\Phi\rangle) \otimes |\omega_f\rangle)(\langle\Phi|U^*) \otimes \langle\omega_f|)$$

$$\underbrace{=}_{(3.25)} \mathrm{Tr}^W((U|\Phi\rangle\langle\Phi|U^*) \otimes |\omega_f\rangle\langle\omega_f|) \qquad (5.158)$$

$$\underbrace{=}_{(3.68)} U|\Phi\rangle\langle\Phi|U^* .$$

Daraus ergibt sich wegen der oben gezeigten Unitarität von U

$$\left(\rho^{I/O}\left(\hat{U}|\Phi \otimes \omega_i\rangle\right)\right)^2 = U|\Phi\rangle\langle\Phi|U^*U\Phi\rangle\langle\Phi|U^*$$

$$= U|\Phi\rangle\langle\Phi|U^* \qquad (5.159)$$

$$= \rho^{I/O}\left(\hat{U}|\Phi \otimes \omega_i\rangle\right) .$$

Nach Proposition 2.17 ist das Teilsystem I/O daher immer in einem reinen Zustand. Dieser wird durch den Dichteoperator $U|\Phi\rangle\langle\Phi|U^*$ beschrieben, und nach (2.135) entspricht dies dem Zustandsvektor $U|\Phi\rangle$ in $\mathbb{H}^{I/O}$. $\qquad \square$

Korollar 5.20

Für ein U, welches mit einem unitären $\hat{U}$ und Zuständen $|\omega_i\rangle$, $|\omega_f\rangle$ in einem Arbeitsspeicher implementiert ist gilt

$$\hat{U}^*|\Phi \otimes \omega_f\rangle = \left(U^*|\Phi\rangle\right) \otimes |\omega_i\rangle , \qquad (5.160)$$

d. h. U^* wird mit $\hat{U}^*$ implementiert, und die Rollen von $|\omega_i\rangle$ und $|\omega_f\rangle$ sind vertauscht.

Beweis Aus (5.156) und der in Proposition 5.19 gezeigten Unitarität von U folgt

$$\hat{U}\left(U^*|\Phi\rangle \otimes |\omega_i\rangle\right) = \left(UU^*|\Phi\rangle\right) \otimes |\omega_f\rangle = |\Phi\rangle \otimes |\omega_f\rangle \tag{5.161}$$

und somit (5.160). □

5.3.2 Implementierung von Funktionen und Quantenparallelismus

Für Rechenprozesse und Algorithmen ist es erforderlich, dass wir die Wirkung von Funktionen $f : \mathbb{N}_0 \to \mathbb{N}_0$ geeignet auf den Quantenregistern darstellen und letztlich physikalisch implementieren. Nach dem oben Gesagten (siehe Bemerkungen zu (5.18)) muss die Darstellung von f auf Quantenregistern durch eine unitäre Transformation U_f geschehen. Dies erreicht man mithilfe einer Konstruktion, die sich der binären Addition pro Faktor bedient, die wir zunächst definieren.

Definition 5.21
Mithilfe der in Definition 5.2 definierten Binäraddition definiert man für Vektoren $|a\rangle, |b\rangle$ der Rechenbasis in $\mathbb{H}^{\otimes m}$ die **faktorweise Binäraddition** $\oplus$ durch

$$\oplus : \mathbb{H}^{\otimes m} \otimes \mathbb{H}^{\otimes m} \longrightarrow \mathbb{H}^{\otimes m}$$
$$|a\rangle \otimes |b\rangle \longmapsto \bigotimes_{j=m-1}^{0} |a_j \overset{2}{\oplus} b_j\rangle \tag{5.162}$$

Anstelle von $|a\rangle \oplus |b\rangle$ schreiben wir dafür abkürzend $|a \oplus b\rangle$, d. h. es gilt

$$|a \oplus b\rangle := \bigotimes_{j=m-1}^{0} |a_j \overset{2}{\oplus} b_j\rangle. \tag{5.163}$$

Schließlich definieren wir noch den Operator

$$U_{\oplus} : \mathbb{H}^{\otimes m} \otimes \mathbb{H}^{\otimes m} \longrightarrow \mathbb{H}^{\otimes m} \otimes \mathbb{H}^{\otimes m}$$
$$|a\rangle \otimes |b\rangle \longmapsto |a\rangle \otimes |a \oplus b\rangle \tag{5.164}$$

Da $\sum_{j=0}^{m-1}(a_j \overset{2}{\oplus} b_j)2^j < 2^m$ gilt, ist auch $|a \oplus b\rangle$ wieder ein Element der Rechenbasis in $\mathbb{H}^{\otimes m}$. Wie man in Abb. 5.9 sieht, kann der Operator $U_{\oplus}$ einfach mithilfe von m bedingten Verneinungen $\Lambda^1(X)$ implementiert werden. Außerdem ist er unitär.

Lemma 5.22
$U_{\oplus}$ wie in (5.164) *definiert ist unitär.*

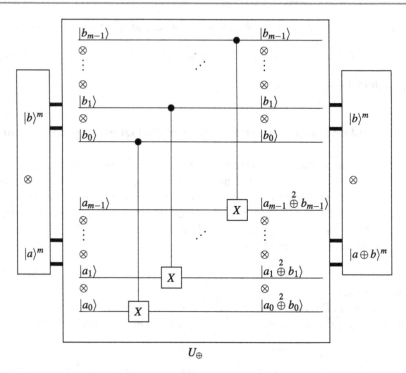

$$U_\oplus$$

Abb. 5.9 Schaltkreis zur Implementierung des Operators $U_\oplus$ zur Binäraddition zweier Vektoren $|a\rangle, |b\rangle \in \mathbb{H}^{\otimes m}$. Wie bisher stellen die dünnen Linien die Kanäle für einzelne Qbits dar. Die Paare fetter Linien stellen Zustände in Tensorprodukten von Qbits (hier in $\mathbb{H}^{\otimes m}$) dar

Beweis Zunächst zeigen wir, dass $U_\oplus^2 = 1$. Dazu reicht es aus, dies für einen beliebigen Basisvektor $|a\rangle \otimes |b\rangle \in \mathbb{H}^{\otimes m} \otimes \mathbb{H}^{\otimes m}$ zu zeigen. Zweifache Anwendung der Definition von $U_\oplus$ ergibt

$$
\begin{aligned}
U_\oplus^2\big(|a\rangle \otimes |b\rangle\big) &= U_\oplus\big(|a\rangle \otimes |a \oplus b\rangle\big) \\
&= |a\rangle \otimes |a \oplus (a \oplus b)\rangle \\
&= |a\rangle \otimes \bigotimes_{j=m-1}^{0} |a_j \overset{2}{\oplus} \underbrace{(a \oplus b)_j}_{=a_j \overset{2}{\oplus} b_j}\rangle \\
&= |a\rangle \otimes \bigotimes_{j=m-1}^{0} |a_j \overset{2}{\oplus} \underbrace{(a_j \overset{2}{\oplus} b_j)}_{=b_j}\rangle \\
&= |a\rangle \otimes |b\rangle .
\end{aligned}
\tag{5.165}
$$

Somit ist $U_\oplus$ invertierbar und bildet daher die Basis $|a\rangle \otimes |b\rangle$ in $\mathbb{H}^{\otimes m} \otimes \mathbb{H}^{\otimes m}$ auf sich selbst ab. Nach dem Resultat von Übung 2.9 ist $U_\oplus$ dann unitär. □

Wir zeigen als Nächstes eine allgemeine Konstruktion, wie man einen unitären Schaltkreis bilden kann, der Funktionen $f : \mathbb{N}_0 \to \mathbb{N}_0$ implementiert. Voraussetzung dafür ist die Existenz zweier Schaltkreise A_f, B_f, die bereits f in einer bestimmten Form implementieren. Das Wesentliche an der folgenden Konstruktion ist, dass man mit ihr immer einen unitären Operator U_f als Schaltkreis implementieren kann, auch wenn f nicht bijektiv ist. Wie man A_f und B_f im für uns interessanten Fall des Shor-Algorithmus bilden kann, werden wir uns dann in Abschn. 5.4.4 anschauen.

Satz 5.23

Sei $f : \mathbb{N}_0 \to \mathbb{N}_0$ und $n, m \in \mathbb{N}$ sowie $\mathbb{H}^A := {}^{¶}\mathbb{H}^{\otimes n}$, $\mathbb{H}^B := {}^{¶}\mathbb{H}^{\otimes m}$. Weiterhin seien A_f, B_f Schaltkreise auf $\mathbb{H}^A \otimes \mathbb{H}^B$ und $|\omega_i\rangle, |\omega_f\rangle \in \mathbb{H}^B$. Falls es für jeden Vektor der Rechenbasis $|x\rangle \in \mathbb{H}^A$ einen Zustand $|\psi(x)\rangle \in \mathbb{H}^A$ gibt, sodass gilt

$$A_f\big(|x\rangle \otimes |\omega_i\rangle\big) = |\psi(x)\rangle \otimes |f(x)\rangle \tag{5.166}$$

$$B_f\big(|\psi(x)\rangle \otimes |f(x)\rangle\big) = |x\rangle \otimes |\omega_f\rangle , \tag{5.167}$$

definieren wir auf $\mathbb{H}^A \otimes \mathbb{H}^B \otimes \mathbb{H}^B$

$$\hat{U}_f := \big(\mathbf{1}^A \otimes S^{B,B}\big)\big(B_f \otimes \mathbf{1}^B\big)\big(\mathbf{1}^A \otimes U_\oplus\big)\big(A_f \otimes \mathbf{1}^B\big)\big(\mathbf{1}^A \otimes S^{B,B}\big), \tag{5.168}$$

wobei $S^{B,B} : |b_1\rangle \otimes |b_2\rangle \mapsto |b_2\rangle \otimes |b_1\rangle$ der Swapoperator auf $\mathbb{H}^B \otimes \mathbb{H}^B$ ist. Dann gilt

$$\hat{U}_f\big(|x\rangle \otimes |y\rangle \otimes |\omega_i\rangle\big) = |x\rangle \otimes |y \oplus f(x)\rangle \otimes |\omega_f\rangle . \tag{5.169}$$

Mit $\hat{U}_f$ und lässt sich U_f mithilfe der Arbeitsspeicher $|\omega_i\rangle, |\omega_f\rangle$ implementieren, und man hat

$$\begin{aligned} U_f : \mathbb{H}^A \otimes \mathbb{H}^B &\longrightarrow \mathbb{H}^A \otimes \mathbb{H}^B \\ |x\rangle \otimes |y\rangle &\longmapsto |x\rangle \otimes |y \oplus f(x)\rangle . \end{aligned} \tag{5.170}$$

Beweis Aus der Definition (5.168) ergibt sich

$$\begin{aligned} &\hat{U}_f\big(|x\rangle \otimes |y\rangle \otimes |\omega_i\rangle\big) \\ &= \big(\mathbf{1}^A \otimes S^{B,B}\big)\big(B_f \otimes \mathbf{1}^B\big)\big(\mathbf{1}^A \otimes U_\oplus\big)\big(A_f \otimes \mathbf{1}^B\big)\big(|x\rangle \otimes |\omega_i\rangle \otimes |y\rangle\big) \\ &\underbrace{=}_{(5.166)} \big(\mathbf{1}^A \otimes S^{B,B}\big)\big(B_f \otimes \mathbf{1}^B\big)\big(\mathbf{1}^A \otimes U_\oplus\big)\big(|\psi(x)\rangle \otimes |f(x)\rangle \otimes |y\rangle\big) \\ &\underbrace{=}_{(5.164)} \big(\mathbf{1}^A \otimes S^{B,B}\big)\big(B_f \otimes \mathbf{1}^B\big)\big(|\psi(x)\rangle \otimes |f(x)\rangle \otimes |y \oplus f(x)\rangle\big) \end{aligned} \tag{5.171}$$

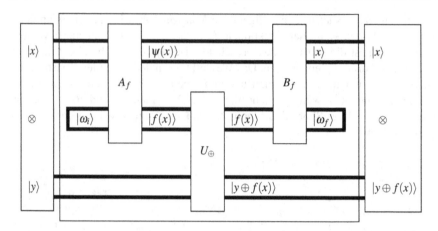

Abb. 5.10 Schaltkreis zur Implementierung des Operators U_f

$$\underbrace{=}_{(5.167)} \left(\mathbf{1}^A \otimes S^{B,B}\right)\left(|x\rangle \otimes |\omega_f\rangle \otimes |y \oplus f(x)\rangle\right)$$

$$= |x\rangle \otimes |y \oplus f(x)\rangle \otimes |\omega_f\rangle .$$

Die Aussage (5.170) über U_f folgt dann aus (5.171) und der Definition 5.18.   □

Der hier benutzte Swapoperator $S^{B,B}$ wirkt auf $|a\rangle \otimes |b\rangle \in \mathbb{H}^B \otimes \mathbb{H}^B$ durch Vertauschung und kann durch m Einzelswaps wie in Abb. 5.6 dargestellt implementiert werden. Abb. 5.10 zeigt den Schaltkreis zur Implementierung von U_f.

Durch lineare Fortsetzung wird U_f dann für Vektoren $|\Phi\rangle$ auf dem ganzen Raum $\mathbb{H}^A \otimes \mathbb{H}^B$ definiert

$$U_f|\Phi\rangle := \sum_{x=0}^{2^n-1} \sum_{y=0}^{2^m-1} \Phi_{xy}|x\rangle \otimes |y \oplus f(x)\rangle . \tag{5.172}$$

Wenn wir U_f auf $|\Psi_0\rangle := |\psi_0\rangle^n \otimes |0\rangle^m \in \mathbb{H}^A \otimes \mathbb{H}^B$ anwenden, erhalten wir entsprechend der Definition (5.152) von $|\psi_0\rangle^n$ und (5.170) von U_f

$$U_f|\Psi_0\rangle = U_f\left(|\psi_0\rangle^n \otimes |0\rangle^m\right) = \frac{1}{2^{\frac{n}{2}}} \sum_{x=0}^{2^n-1} \underbrace{|x\rangle \otimes |f(x)\rangle}_{\in \mathbb{H}^A \otimes \mathbb{H}^B} . \tag{5.173}$$

Wie wir in (5.173) sehen, haben wir durch *einmalige* Anwendung von U_f auf $|\Psi_0\rangle$ einen Zustand erzeugt, der durch eine Linearkombination von *allen* 2^n Zuständen der Form $|x\rangle \otimes |f(x)\rangle$ für $x = 0, \ldots, 2^n - 1$ gegeben ist. Dies wird intuitiv oft als gleichzeitige Auswertung der Funktion f auf ihrem gesamten Wertebereich $\{0, \ldots, 2^n - 1\}$ in einem Schritt interpretiert und daher **massiver Quantenparal-**

lelismus genannt. Diese Interpretation mag daher stammen, dass das Auftauchen von allen Termen der Form $|x\rangle \otimes |f(x)\rangle$ in $U_f|\Psi_0\rangle$ der üblichen Wertetabelle $(x, f(x))_{x=0,\dots,2^n-1}$ der Funktion f nicht ganz unähnlich ist. Im Allgemeinen muss man für eine solche Wertetabelle 2^n-mal die Funktion f einzeln berechnen. Dies würde in etwa $O(2^n)$ Rechenschritte erfordern. Die Berechnung aller $|x\rangle \otimes |f(x)\rangle$ erforderte dagegen lediglich die einmalige Anwendung von U_f. Allerdings können wir die Werte $f(x)$ nicht für alle x gleichzeitig aus $U_f|\Psi_0\rangle$ auslesen.

5.3.3   Auslesen des Outputregisters

Nach Definition 2.18 der Qbits gibt es für diese eine Observable σ_z, durch deren Messung man die Werte ± 1 feststellt und gemäß Korollar 2.19 das Qbit in den zugehörigen Eigenzustand $|0\rangle, |1\rangle$ projiziert. Derartige Messungen können wir für jeden Faktorraum $\mathbb{H}_j$, $j = 0, \dots, n-1$ in $\mathbb{H}^{\otimes n}$ ausführen. Dies entspricht jeweils der Messung der Observablen $\Sigma_z^j = \mathbf{1}^{\otimes n-1-j} \otimes \sigma_z \otimes \mathbf{1}^{\otimes j}$ auf dem Quantenregister $\mathbb{H}^{\otimes n}$. Da Σ_z^j lediglich auf den Faktorraum $\mathbb{H}_j$ wirkt, gilt $\Sigma_z^j \Sigma_z^k = \Sigma_z^k \Sigma_z^j$ für alle j, k. Die Σ_z^j sind mithin kompatibel und daher gleichzeitig scharf messbar.

Definition 5.24
Die **Beobachtung eines Zustands im Quantenregister** $\mathbb{H}^{\otimes n}$ ist definiert als die Messung aller kompatiblen Observablen

$$\Sigma_z^j := \mathbf{1}^{\otimes n-1-j} \otimes \sigma_z \otimes \mathbf{1}^{\otimes j} \qquad (5.174)$$

für $j = 0, \dots, n-1$ in dem Zustand des Quantenregisters. Man nennt eine solche Beobachtung auch **Auslesen** oder **Messung** des Registers.

Ein Auslesen des Registers $\mathbb{H}^{\otimes n}$ ergibt n Messwerte $s_j = \{\pm 1\}$ für $\Sigma_z^{n-1}, \dots,$ Σ_z^0. Diesen Messwerten ordnen wir klassische Bitwerte x_j entsprechend der Tab. 2.1 zu. Diese klassischen Bitwerte $(x_j)_{j=n-1,\dots,0}$ verwenden wir zur Binärdarstellung $x = \sum_{j=0}^{n-1} x_j 2^j$ einer natürlichen Zahl $x < 2^n$. Entsprechend der beobachteten Messwerte s_j der Σ_z^j wird in jedem Faktorraum $\mathbb{H}_j$ auf den entsprechenden Eigenvektor $|0\rangle$ oder $|1\rangle$ projiziert. Insgesamt wird dadurch auf den Zustand $|x\rangle$ der Rechenbasis von $\mathbb{H}^{\otimes n}$ projiziert.

Um allerdings die Information, die in der Linearkombination aller $|x\rangle \otimes |f(x)\rangle$ in $U_f|\Psi_0\rangle$ enthalten ist, in irgendeiner Form zu nutzen, bedarf es weiterer Transformationen, bei denen man spezielle Eigenschaften der Funktion f ausnutzt. Im Fall des Shor-Algorithmus (siehe Abschn. 6.4) wendet man z.B. auf $U_f|\Psi_0\rangle$ die Quanten-Fourier-Transformation (siehe Abschn. 5.4.5) an und nutzt die Periodizität der Funktion f.

5.4 Schaltkreise für elementare Rechenoperationen

Im folgenden Abschnitt schauen wir uns zunächst einen Quantenschaltkreis an, der eine Addition implementiert [47]. Darauf aufbauend betrachten wir danach weitere Quantenschaltkreise zur Ausführung elementarer Rechenoperationen. Diese ermöglichen es uns schließlich, einen Quantenschaltkreis anzugeben, der die im Shor-Faktorisierungsalgorithmus benötigte modulare Exponentiation $x \mapsto b^x \bmod N$ implementiert.

5.4.1 Quantenaddierer

Wir zeigen nun, wie man mithilfe elementarer Quantengatter einen Schaltkreis bauen kann, der die Addition zweier Zahlen $a, b \in \mathbb{N}_0$ implementiert [47]. Dabei machen wir uns die Ergebnisse zu den elementaren Rechenalgorithmen zur Addition und Subtraktion in Binärform aus Kap. 9 zunutze.

Wir beginnen mit der Implementierung des Summenbits s_j aus Korollar 9.2 durch ein Gatter U_s. Dazu definieren wir folgende Operatoren auf $\mathbb{H}^{\otimes 3}$.

$$
\begin{aligned}
A &:= \mathbf{1}^{\otimes 3} + (X - \mathbf{1}) \otimes |1\rangle\langle 1| \otimes \quad \mathbf{1} \\
B &:= \mathbf{1}^{\otimes 3} + (X - \mathbf{1}) \otimes \quad \mathbf{1} \quad \otimes |1\rangle\langle 1| \\
U_s &:= \ BA
\end{aligned}
\tag{5.175}
$$

Wegen $|1\rangle\langle 1|^* = |1\rangle\langle 1| = \left(|1\rangle\langle 1|\right)^2$, $X^* = X$, $X^2 = \mathbf{1}$ und somit $2(X-\mathbf{1}) + (X-\mathbf{1})^2 = 0$ folgt, dass A, B selbstadjungiert und unitär sind. Da, wie man aus (5.175) sieht, auch $AB = BA$ gilt, ist auch U_s unitär, denn

$$
U_s^* = (BA)^* = A^* B^* = AB = BA = U_s
\tag{5.176}
$$

sowie

$$
(U_s)^2 = ABAB = BAAB = B^2 = \mathbf{1}.
\tag{5.177}
$$

Auf Vektoren der Rechenbasis $|x\rangle^3 = |x_2\rangle \otimes |x_1\rangle \otimes |x_0\rangle$ in $\mathbb{H}^{\otimes 3}$ wirken die Operatoren A, B, U_s folgendermaßen:

$$
\begin{aligned}
A\left(|x_2\rangle \otimes |x_1\rangle \otimes |x_0\rangle\right) &= |x_1 \overset{2}{\oplus} x_2\rangle \otimes |x_1\rangle \otimes |x_0\rangle \\
B\left(|x_2\rangle \otimes |x_1\rangle \otimes |x_0\rangle\right) &= |x_0 \overset{2}{\oplus} x_2\rangle \otimes |x_1\rangle \otimes |x_0\rangle \\
U_s\left(|x_2\rangle \otimes |x_1\rangle \otimes |x_0\rangle\right) &= B\left(|x_1 \overset{2}{\oplus} x_2\rangle \otimes |x_1\rangle \otimes |x_0\rangle\right) \\
&= |x_0 \overset{2}{\oplus} x_1 \overset{2}{\oplus} x_2\rangle \otimes |x_1\rangle \otimes |x_0\rangle
\end{aligned}
\tag{5.178}
$$

In Abb. 5.11 ist U_s nochmals als Gatter dargestellt.

Abb. 5.11 Gatter U_s für Binärsumme in Addition

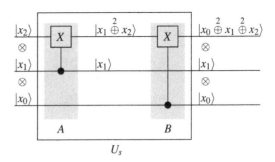

Aus Korollar 9.2 wissen wir, dass die Summe zweier Zahlen $a, b \in \mathbb{N}_0$ mit $a, b < 2^n$ und den Binärdarstellungen

$$a = \sum_{j=0}^{n-1} a_j 2^j , \qquad b = \sum_{j=0}^{n-1} b_j 2^j \qquad (5.179)$$

durch

$$a + b = \sum_{j=0}^{n-1} s_j 2^j + c_n^+ 2^n \qquad (5.180)$$

gegeben ist, wobei $a_j, b_j \in \{0, 1\}, c_0^+ := 0$ und

$$c_j^+ := a_{j-1}b_{j-1} \overset{2}{\oplus} a_{j-1}c_{j-1}^+ \overset{2}{\oplus} b_{j-1}c_{j-1}^+ \qquad \text{für } j = 1, \ldots, n \qquad (5.181)$$

$$s_j := a_j \overset{2}{\oplus} b_j \overset{2}{\oplus} c_j^+ \qquad \text{für } j = 0, \ldots, n-1 \qquad (5.182)$$

gilt. Aus (5.178) und (5.182) sehen wir, dass dann

$$U_s \Big(|b_j\rangle \otimes |a_j\rangle \otimes |c_j^+\rangle \Big) = |s_j\rangle \otimes |a_j\rangle \otimes |c_j^+\rangle \qquad (5.183)$$

ist. Durch wiederholte Anwendung von U_s können wir daher die Qbits $|s_j\rangle$ der durch (5.182) definierten und in (5.180) benötigten Summenbits s_j erzeugen, falls wir die Qbits $|c_j^+\rangle$ der Überträge c_j^+ zur Verfügung haben. Um diese zu berechnen, bilden wir ein Gatter U_c durch folgende vier Operatoren auf $\mathbb{H}^{\otimes 4}$.

$$\begin{aligned}
C &:= \mathbf{1}^{\otimes 4} + (X - \mathbf{1}) \otimes |1\rangle\langle 1| \otimes |1\rangle\langle 1| \otimes \mathbf{1} \\
D &:= \mathbf{1}^{\otimes 4} + \mathbf{1} \otimes (X - \mathbf{1}) \otimes |1\rangle\langle 1| \otimes \mathbf{1} \\
E &:= \mathbf{1}^{\otimes 4} + (X - \mathbf{1}) \otimes |1\rangle\langle 1| \otimes \mathbf{1} \otimes |1\rangle\langle 1| \\
U_c &:= EDC .
\end{aligned} \qquad (5.184)$$

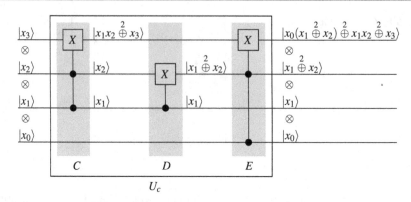

Abb. 5.12 Gatter U_c für Übertrag in Addition

Für die Wirkung auf ein Element $|x\rangle^4 = |x_3\rangle \otimes |x_2\rangle \otimes |x_1\rangle \otimes |x_0\rangle$ der Rechenbasis von $\mathbb{H}^{\otimes 4}$ erhält man für diese Operatoren

$$C\left(|x_3\rangle \otimes |x_2\rangle \otimes |x_1\rangle \otimes |x_0\rangle\right) = |x_1 x_2 \overset{2}{\oplus} x_3\rangle \otimes |x_2\rangle \otimes |x_1\rangle \otimes |x_0\rangle$$

$$D\left(|x_3\rangle \otimes |x_2\rangle \otimes |x_1\rangle \otimes |x_0\rangle\right) = |x_3\rangle \otimes |x_1 \overset{2}{\oplus} x_2\rangle \otimes |x_1\rangle \otimes |x_0\rangle \qquad (5.185)$$

$$E\left(|x_3\rangle \otimes |x_2\rangle \otimes |x_1\rangle \otimes |x_0\rangle\right) = |x_0 x_2 \overset{2}{\oplus} x_3\rangle \otimes |x_2\rangle \otimes |x_1\rangle \otimes |x_0\rangle$$

$$U_c\left(|x_3\rangle \otimes |x_2\rangle \otimes |x_1\rangle \otimes |x_0\rangle\right) = ED\left(|x_1 x_2 \overset{2}{\oplus} x_3\rangle \otimes |x_2\rangle \otimes |x_1\rangle \otimes |x_0\rangle\right)$$

$$= E\left(|x_1 x_2 \overset{2}{\oplus} x_3\rangle \otimes |x_1 \overset{2}{\oplus} x_2\rangle \otimes |x_1\rangle \otimes |x_0\rangle\right)$$

$$= |x_0(x_1 \overset{2}{\oplus} x_2) \overset{2}{\oplus} x_1 x_2 \overset{2}{\oplus} x_3\rangle$$

$$\otimes |x_1 \overset{2}{\oplus} x_2\rangle \otimes |x_1\rangle \otimes |x_0\rangle .$$

Aus (5.185) und (5.181) erhält man dann

$$U_c\left(|0\rangle \otimes |b_{j-1}\rangle \otimes |a_{j-1}\rangle \otimes |c_{j-1}^+\rangle\right) = |c_j^+\rangle \otimes |b_{j-1} \overset{2}{\oplus} a_{j-1}\rangle \otimes |a_{j-1}\rangle \otimes |c_{j-1}^+\rangle .$$

$$(5.186)$$

Daher können wir das Qbit $|c_j^+\rangle$ des Übertrags c_j^+ durch geeignete wiederholte Anwendung von U_c erzeugen. In Abb. 5.12 ist das Gatter U_c nochmals grafisch dargestellt.

Aus den gleichen Gründen wie für A, B (siehe Diskussion nach (5.175)) ergibt sich, dass auch C, D, E alle selbstadjungiert und unitär sind. Zwar ist U_c als Produkt unitärer Operatoren auch unitär, aber nicht mehr selbstadjungiert, denn man hat

$$U_c^* = (EDC)^* = C^* D^* E^* = CDE \neq EDC . \qquad (5.187)$$

Für U_c^* finden wir daher anstelle von (5.185) für die Wirkung auf ein Element der Rechenbasis von $\P\mathbb{H}^{\otimes 4}$

$$
\begin{aligned}
U_c^* &\Big(|x_3\rangle \otimes |x_2\rangle \otimes |x_1\rangle \otimes |x_0\rangle\Big) \\
&= CD\Big(|x_0 x_2 \overset{2}{\oplus} x_3\rangle \otimes |x_2\rangle \otimes |x_1\rangle \otimes |x_0\rangle\Big) \\
&= C\Big(|x_0 x_2 \overset{2}{\oplus} x_3\rangle \otimes |x_1 \overset{2}{\oplus} x_2\rangle \otimes |x_1\rangle \otimes |x_0\rangle\Big) \\
&= |x_1(x_1 \overset{2}{\oplus} x_2) \overset{2}{\oplus} x_0 x_2 \overset{2}{\oplus} x_3\rangle \otimes |x_1 \overset{2}{\oplus} x_2\rangle \otimes |x_1\rangle \otimes |x_0\rangle \\
&= |(x_0 \overset{2}{\oplus} x_1)x_2 \overset{2}{\oplus} x_1 \overset{2}{\oplus} x_3\rangle \otimes |x_1 \overset{2}{\oplus} x_2\rangle \otimes |x_1\rangle \otimes |x_0\rangle .
\end{aligned}
\tag{5.188}
$$

Übung 5.5 Man zeige, dass $U_c^* U_c = \mathbf{1}$.
Zur Lösung siehe 5.5 im Kap. 13 Lösungen. ◄

Durch geeignete Kombinationen von U_s, U_c und U_c^* bilden wir nachfolgend einen Quantenschaltkreis, der die Addition zweier Zahlen $a, b \in \mathbb{N}_0$ implementiert. Um die entsprechende Aussage über einen solchen Quantenaddierer zu formalisieren, benötigen wir allerdings noch einige Definitionen.

Definition 5.25
Sei $n \in \mathbb{N}$ und

$$
\mathbb{H}^B := \P\mathbb{H}^{\otimes n+1}, \quad \mathbb{H}^A := \P\mathbb{H}^{\otimes n}, \quad \mathbb{H}^W := \P\mathbb{H}^{\otimes n} .
\tag{5.189}
$$

Für Rechenbasisvektoren $|b\rangle \otimes |a\rangle \otimes |w\rangle \in \mathbb{H}^B \otimes \mathbb{H}^A \otimes \mathbb{H}^W$ definieren wir U_0 und $|\Psi[b, a, w]\rangle \in \mathbb{H}^B \otimes \mathbb{H}^A \otimes \mathbb{H}^W$ durch

$$
U_0\Big(|b\rangle \otimes |a\rangle \otimes |w\rangle\Big) := |b_n\rangle \otimes \overset{0}{\underset{l=n-1}{\bigotimes}} \Big(|b_l\rangle \otimes |a_l\rangle \otimes |w_l\rangle\Big)
\tag{5.190}
$$

$$
=: |\Psi[b, a, w]\rangle
$$

und auf ganz $\mathbb{H}^B \otimes \mathbb{H}^A \otimes \mathbb{H}^W$ durch lineare Fortsetzung.
Weiterhin definieren wir auf $\mathbb{H}^B \otimes \mathbb{H}^A \otimes \mathbb{H}^W$ die Operatoren

$$
U_1 := \prod_{l=1}^{n-1} \Big(\mathbf{1}^{\otimes 3l} \otimes U_c \otimes \mathbf{1}^{\otimes 3(n-1-l)}\Big)
$$

$$
U_2 := \Big[\big(\mathbf{1} \otimes U_s\big)\big(\mathbf{1} \otimes \Lambda_{|1\rangle^1}(X) \otimes \mathbf{1}\big) U_c\Big] \otimes \mathbf{1}^{\otimes 3(n-1)}
$$

$$U_3 := \prod_{l=n-1}^{1} \left(\mathbf{1}^{\otimes 3l} \otimes (\mathbf{1} \otimes U_s) U_c^* \otimes \mathbf{1}^{\otimes 3(n-1-l)} \right) \qquad (5.191)$$

$$\hat{U}_+ := U_0^* U_3 U_2 U_1 U_0 .$$

Man beachte, dass $\mathbb{H}^B$ ein Qbit mehr hat als $\mathbb{H}^A$ und $\mathbb{H}^W$. Dieses zusätzliche Qbit ist für $b < 2^n$ immer gleich null. Es ist aber notwendig für die Addition $b + a$ und wird bei dieser mit dem signifikantesten Übertragsqbit $|c_n^+\rangle$ befüllt. Für die Definitionen und Rollen der Übertrags- und Summenbits c_j^+ und s_j in der Addition $b + a$ verweisen wir auf Kap. 9.

In der formalen Definition 5.25 alleine ist die Konstruktion der Operatoren $U_0, \ldots, U_3$ schwer durchschaubar. Sie wird besser verständlich, wenn man sich die Konstruktionen der Operatoren als Gatter grafisch veranschaulicht. Abb. 5.13 zeigt eine solche Darstellung der Operatoren $U_0, \ldots, U_3, \hat{U}_+, U_+$ sowie $|\Psi[b, a, 0]\rangle$ für $a, b < 2^n$.

Lemma 5.26
Die in Definition 5.25 definierten Operatoren $U_0, \ldots, U_3, \hat{U}_+$ sind unitär.

Beweis Wie man in (5.190) sieht, bildet der Operator U_0 Vektoren der Rechenbasis auf andere Vektoren der Rechenbasis ab und ist daher nach der 1. Aussage in Übung 2.9 unitär.

Für U_1 hat man

$$U_1^* = \prod_{l=n-1}^{1} \left(\mathbf{1}^{\otimes 3l} \otimes U_c^* \otimes \mathbf{1}^{\otimes 3(n-1-l)} \right) \qquad (5.192)$$

und somit

$$U_1^* U_1 = \prod_{l=n-1}^{2} \left(\mathbf{1}^{\otimes 3l} \otimes U_c^* \otimes \mathbf{1}^{\otimes 3(n-1-l)} \right)$$

$$\times \underbrace{\left(\mathbf{1}^{\otimes 3} \otimes U_c^* \otimes \mathbf{1}^{\otimes 3(n-2)} \right) \left(\mathbf{1}^{\otimes 3} \otimes U_c \otimes \mathbf{1}^{\otimes 3(n-2)} \right)}_{= \mathbf{1}^{\otimes 3n+1}}$$

$$\times \prod_{l=2}^{n-1} \left(\mathbf{1}^{\otimes 3l} \otimes U_c \otimes \mathbf{1}^{\otimes 3(n-1-l)} \right)$$

$$=$$

$$\vdots \qquad (5.193)$$

$$= \mathbf{1}^{\otimes 3n+1} .$$

Ganz analog zeigt man, dass $U_3^* U_3 = \mathbf{1}^{\otimes 3n+1}$.

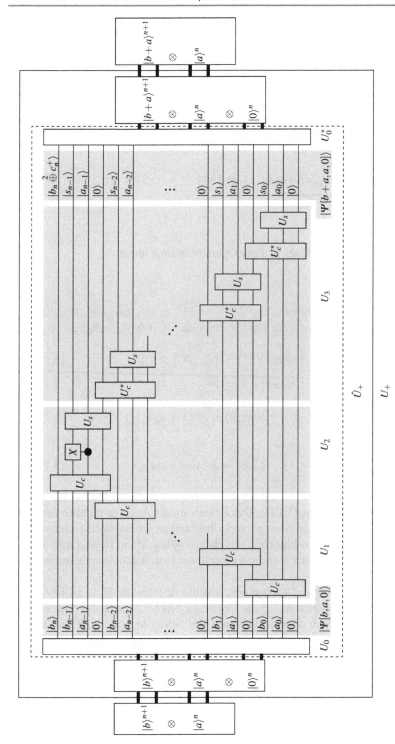

Abb. 5.13 Schaltkreis für den Quantenaddierer U_+ zur Berechnung von $a + b$ für $a, b \in \mathbb{N}_0$ mit $a, b < 2^n$

Für U_2 ist

$$U_2^* = \left[U_c^* \big(1 \otimes \underbrace{\Lambda_{|1\rangle^1}(X)^*}_{=\Lambda_{|1\rangle^1}(X)} \otimes 1\big)\big(1 \otimes \underbrace{U_s^*}_{=U_s}\big) \right] \otimes 1^{\otimes 3(n-1)} \tag{5.194}$$

und somit

$$U_2^* U_2 = \left[U_c^* \big(1 \otimes \Lambda_{|1\rangle^1}(X) \otimes 1\big) \underbrace{\big(1 \otimes U_s\big)^2}_{=1^{\otimes 4}} \big(1 \otimes \Lambda_{|1\rangle^1}(X) \otimes 1\big) U_c \right] \otimes 1^{\otimes 3(n-1)}$$

$$= U_c^* \underbrace{\big(1 \otimes \Lambda_{|1\rangle^1}(X) \otimes 1\big)^2}_{=1^{\otimes 4}} U_c \otimes 1^{\otimes 3(n-1)} \tag{5.195}$$

$$= 1^{\otimes 3n+1}.$$

Schließlich ist $\hat{U}_+$ als Produkt unitärer Operatoren auch unitär. $\square$

Satz 5.27
Es gibt einen Schaltkreis U_+ auf $\mathbb{H}^{I/O} = \mathbb{H}^B \otimes \mathbb{H}^A$, der mithilfe des Arbeitsspeichers $\mathbb{H}^W$ durch $\hat{U}_+$ implementierbar ist, d. h. für beliebige $|\Phi\rangle \in \mathbb{H}^{I/O}$ gilt

$$\hat{U}_+\big(|\Phi\rangle \otimes |0\rangle^n\big) = \big(U_+|\Phi\rangle\big) \otimes |0\rangle^n. \tag{5.196}$$

Weiterhin gilt für $a, b \in \mathbb{N}_0$ mit $a, b < 2^n$

$$U_3 U_2 U_1 |\Psi[b, a, 0]\rangle = |\Psi[b + a, a, 0]\rangle \tag{5.197}$$

und somit

$$U_+\big(|b\rangle \otimes |a\rangle\big) = |b + a\rangle \otimes |a\rangle. \tag{5.198}$$

Beweis Wir zeigen zuerst (5.197). Der Beweis dieser Aussage mithilfe der Operatordefinitionen und einer Abfolge von Gleichungen ist langwierig und unübersichtlich. Wesentlich übersichtlicher und ebenso gültig ist ein Beweis mithilfe der grafischen Darstellungen der einzelnen Operatoren bzw. durch Ausschnitte von diesen.

Aus (5.186) und Abb. 5.14 sehen wir, dass die Abfolge der U_c in U_1 beginnend mit $|c_1^+\rangle$ und sukzessive bis $|c_{n-1}^+\rangle$ die Übertragsqbits $|c_j^+\rangle$ (siehe Korollar 9.2) der Addition von a und b im obersten vierten Kanal liefert. In den dritten Kanälen der U_c in U_1 wird jeweils $|b_{j-1} \overset{2}{\oplus} a_{j-1}\rangle$ ausgegeben, während die ersten und zweiten Kanäle ihren Input unverändert ausgeben.

Ebenso sieht man aus (5.183), (5.186) und Abb. 5.15, dass U_2 im vierten Kanal $|b_n \overset{2}{\oplus} c_n^+\rangle$ und im dritten das Summenqbit $|s_{n-1}\rangle$ der Addition von $b + a$ (siehe Korollar 9.2) ausgibt. Im Fall $b < 2^n$ wird daher im vierten Kanal das signifikanteste Übertragsqbit $|c_n^+\rangle$ der Addition $b + a$ ausgegeben.

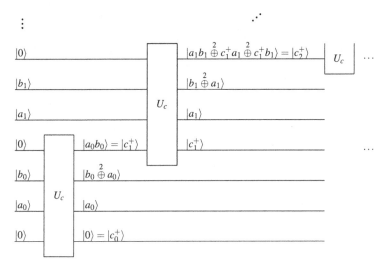

Abb. 5.14 Teilschaltkreis U_1 des Quantenaddierers

Schließlich erhält man aus (5.188) und Abb. 5.16, dass U_3 die Kanäle mit den Übertragsqbits $|c_{n-1}^+\rangle, \ldots, |c_1^+\rangle$ jeweils auf $|0\rangle$ zurücksetzt und in den dritten Kanälen die Summenqbits $|s_{n-1}\rangle, \ldots, |s_0\rangle$ ausgibt. Außerdem gibt U_3 die $|a_{n-1}\rangle, \ldots, |a_0\rangle$ unverändert aus.

Insgesamt wird daher

$$|\Psi[b,a,0]\rangle = |0\rangle \otimes \bigotimes_{l=n-1}^{0} \left(|b_l\rangle \otimes |a_l\rangle \otimes |0\rangle \right) \tag{5.199}$$

durch $U_3 U_2 U_1$ in

$$U_3 U_2 U_1 |\Psi[b,a,0]\rangle = |c_n^+\rangle \otimes \bigotimes_{l=n-1}^{0} \left(|s_l\rangle \otimes |a_l\rangle \otimes |0\rangle \right) = |\Psi[b+a,a,0]\rangle \tag{5.200}$$

transformiert. Damit ist (5.197) gezeigt.

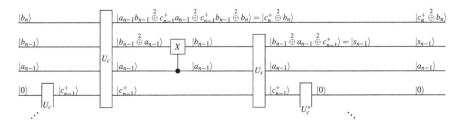

Abb. 5.15 Teilschaltkreis U_2 des Quantenaddierers

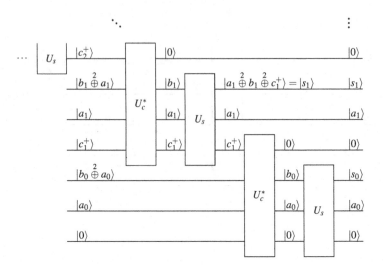

Abb. 5.16 Teilschaltkreis U_3 des Quantenaddierers

Zum Beweis von (5.196) genügt es, wegen

$$|\Phi\rangle = \sum_{b=0}^{2^{n+1}-1} \sum_{a=0}^{2^n-1} \Phi_{ba}|b\rangle \otimes |a\rangle \qquad (5.201)$$

die Aussage für beliebige Vektoren $|b\rangle \otimes |a\rangle$ der Rechenbasis von $\mathbb{H}^B \otimes \mathbb{H}^A$ zu zeigen. Für diese gilt

$$\hat{U}_+\big(|b\rangle \otimes |a\rangle \otimes |0\rangle^n\big) = U_0^* U_3 U_2 U_1 U_0\big(|b\rangle \otimes |a\rangle \otimes |0\rangle^n\big)$$

$$= U_0^* U_3 U_2 U_1 \Big(|b_n\rangle \otimes \bigotimes_{l=n-1}^{0} \big(|b_l\rangle \otimes |a_l\rangle \otimes |0\rangle\big)\Big) \qquad (5.202)$$

$$= U_0^* U_3 U_2 U_1 |\Psi[b,a,0]\rangle .$$

Der einzige Unterschied zwischen dem Argument von $U_0^* U_3 U_2 U_1$ in (5.202) und der rechten Seite von (5.199) besteht darin, dass in (5.202) b_n von null verschieden sein kann. Dies hat aber nur eine Änderung der Ausgabe des signifikantesten Qbits in $\mathbb{H}^B$ zur Folge. Aus (5.185) und Abb. 5.15 sieht man, dass U_2 für dieses signifikanteste Qbit $|b_n \overset{2}{\oplus} c_n^+\rangle$ ausgibt, was dem Summenqbit $|s_n\rangle$ gleicht, da $a_n = 0$ ist. Alle anderen Qbits werden durch $U_3 U_2 U_1$ genau wie in (5.200) transformiert. Allerdings geht das Übertragsqbit $|c_{n+1}^+\rangle$ aus $b + a$ verloren. Somit wird letztlich die Zahl $b + a - c_{n+1}^+ 2^{n+1}$ in $\mathbb{H}^B$ erzeugt. Daher hat man insgesamt für $0 \le a < 2^n$

und $0 \leq b < 2^{n+1}$

$$\hat{U}_+\left(|b\rangle \otimes |a\rangle \otimes |0\rangle^n\right) = U_0^* U_3 U_2 U_1 |\Psi[b,a,0]\rangle$$
$$= U_0^* |\Psi[b + a - c_{n+1}^+ 2^{n+1}, a, 0]\rangle$$
$$= |b + a - c_{n+1}^+ 2^{n+1}\rangle \otimes |a\rangle \otimes |0\rangle^n \qquad (5.203)$$
$$= U_+\left(|b\rangle \otimes |a\rangle\right) \otimes |0\rangle^n .$$

Damit ist auch (5.196) gezeigt. Für $a, b < 2^n$ ist $c_{n+1}^+ = 0$, und somit folgt dann auch (5.198). □

Nach dem Ergebnis von Proposition 5.19 ist U_+ dann auch unitär und somit invertierbar. In der Tat ist das Inverse von U_+ ein Schaltkreis, der den in Korollar 9.5 formalisierten Algorithmus zur binären Subtraktion $b - a$ implementiert.

Korollar 5.28
Es gibt einen Schaltkreis U_- auf $\mathbb{H}^{I/O} = \mathbb{H}^B \otimes \mathbb{H}^A$, der mithilfe des Arbeitsspeichers $\mathbb{H}^W$ durch $\hat{U}_+^* = \hat{U}_+^{-1}$ implementierbar ist, d. h. für beliebige $|\Phi\rangle \in \mathbb{H}^{I/O}$ gilt

$$\hat{U}_+^*\left(|\Phi\rangle \otimes |0\rangle^n\right) = \left(U_-|\Phi\rangle\right) \otimes |0\rangle^n . \qquad (5.204)$$

Dabei ist $U_- = U_+^* = U_+^{-1}$. Weiterhin gilt für $a, b \in \mathbb{N}_0$ mit $a, b < 2^n$

$$U_1^* U_2^* U_3^* |\Psi[b,a,0]\rangle = |\Psi[c_n^- 2^{n+1} + b - a, a, 0]\rangle \qquad (5.205)$$

und somit

$$U_-\left(|b\rangle \otimes |a\rangle\right)$$
$$= |c_n^- 2^{n+1} + b - a\rangle \otimes |a\rangle = \begin{cases} |b - a\rangle \otimes |a\rangle & \text{falls} \quad b \geq a \\ |2^{n+1} + b - a\rangle \otimes |a\rangle & \text{falls} \quad b < a . \end{cases}$$
$$(5.206)$$

Beweis Aus Korollar 5.20 wissen wir, dass für beliebige $|\Phi\rangle \in \mathbb{H}^{I/O}$

$$\hat{U}_+^*\left(|\Phi\rangle \otimes |0\rangle^n\right) = \left(U_+^*|\Phi\rangle\right) \otimes |0\rangle^n . \qquad (5.207)$$

Mit $U_- = U_+^*$ folgt daraus (5.204).

Den Beweis von (5.205) führen wir ganz analog zum Beweis von Satz 5.27, indem wir uns jeweils die Wirkung von U_3^*, U_2^* und U_1^* anschauen. Aus (5.178)

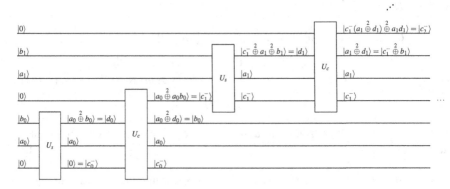

Abb. 5.17 Teilschaltkreis U_3^* des Quantensubtrahierers

sowie Abb. 5.17 sehen wir, dass die U_s jeweils die ersten beiden Inputs unverändert lassen und im dritten Outputkanal jeweils das in (9.30) definierte Differenzqbit $|d_j\rangle$ der Subtraktion $b - a$ ausgeben. Danach wirken die U_c, indem sie ebenfalls die ersten beiden Inputs $|c_j^-\rangle, |a_j\rangle$ unverändert ausgeben, aber im dritten Kanal jeweils $|b_j \overset{2}{\oplus} c_j^-\rangle$ liefern (siehe (5.185)). Weiterhin sehen wir aus Abb. 5.17 sowie (5.185), dass die U_c im vierten Kanal jeweils die in Korollar 9.5 definierten Übertragsqbits $|c_j^-\rangle$ der Subtraktion $b - a$ ausgeben, weil

$$c_{j-1}^-(a_{j-1} \overset{2}{\oplus} d_{j-1}) \overset{2}{\oplus} a_{j-1}d_{j-1}$$

$$\underset{(9.30)}{=} c_{j-1}^-(a_{j-1} \overset{2}{\oplus} a_{j-1} \overset{2}{\oplus} b_{j-1} \overset{2}{\oplus} c_{j-1}^-) \overset{2}{\oplus} a_{j-1}(a_{j-1} \overset{2}{\oplus} b_{j-1} \overset{2}{\oplus} c_{j-1}^-)$$

$$= c_{j-1}^- b_{j-1} \overset{2}{\oplus} c_{j-1}^- \overset{2}{\oplus} a_{j-1} \overset{2}{\oplus} a_{j-1}b_{j-1} \overset{2}{\oplus} a_{j-1}c_{j-1}^- \qquad (5.208)$$

$$= (1 \overset{2}{\oplus} b_{j-1})(a_{j-1} \overset{2}{\oplus} c_{j-1}^-) \overset{2}{\oplus} a_{j-1}c_{j-1}^-$$

$$\underset{(9.29)}{=} c_j^-$$

gilt.

Aus (5.188) und Abb. 5.18 sieht man, dass U_2^* im ersten Kanal das Übertrags-qbit $|c_{n-1}^-\rangle$, im zweiten $|a_{n-1}\rangle$, im dritten das Differenzqbit $|d_{n-1}\rangle$ und im vierten $|b_n \overset{2}{\oplus} c_n^-\rangle$ ausgibt. Im Fall $b < 2^n$ ist $b_n = 0$, und dann gibt U_2^* im obersten Kanal das signifikanteste Übertragsqbit $|c_n^-\rangle$ der Subtraktion $b - a$ aus.

Dass, wie in Abb. 5.19 gezeigt, jedes $|c_{n-1}^-\rangle, \dots |c_0^-\rangle$ durch U_1^* jeweils auf $|0\rangle$ zurückgeführt wird, sieht man folgendermaßen:

$$(c_{j-1}^- \overset{2}{\oplus} a_{j-1})(c_{j-1}^- \overset{2}{\oplus} b_{j-1}) \overset{2}{\oplus} a_{j-1} \overset{2}{\oplus} c_j^-$$

$$= c_{j-1}^- \overset{2}{\oplus} c_{j-1}^- b_{1j-} \overset{2}{\oplus} a_{j-1}c_{j-1}^- \overset{2}{\oplus} a_{j-1}b_{j-1} \overset{2}{\oplus} a_{j-1} \overset{2}{\oplus} c_j^-$$

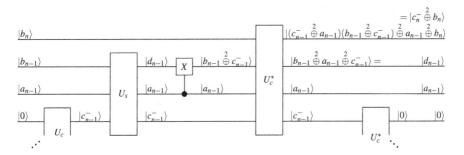

Abb. 5.18 Teilschaltkreis U_2^* des Quantensubtrahierers

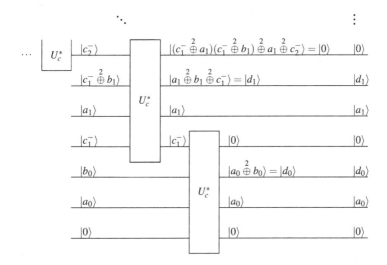

Abb. 5.19 Teilschaltkreis U_1^* des Quantensubtrahierers

$$\underbrace{=}_{(9.29)} c_{j-1}^- \overset{2}{\oplus} c_{j-1}^- b_{j-1} \overset{2}{\oplus} a_{j-1} c_{j-1}^- \overset{2}{\oplus} a_{j-1} b_{j-1} \overset{2}{\oplus} a_{j-1} \quad (5.209)$$

$$\overset{2}{\oplus} \underbrace{(1 \overset{2}{\oplus} b_{j-1})(a_{j-1} \overset{2}{\oplus} c_{j-1}^-) \overset{2}{\oplus} a_{j-1} c_{j-1}^-}_{=c_j^-}$$

$$= c_{j-1}^- \overset{2}{\oplus} c_{1j-}^- b_{j-1} \overset{2}{\oplus} a_{j-1} c_{j-1}^- \overset{2}{\oplus} a_{j-1} b_{j-1} \overset{2}{\oplus} a_{j-1} \overset{2}{\oplus} a_{j-1}$$

$$\overset{2}{\oplus} c_{j-1}^- \overset{2}{\oplus} a_{j-1} b_{j-1} \overset{2}{\oplus} c_{j-1}^- b_{j-1} \overset{2}{\oplus} a_{j-1} c_{j-1}^-$$

$$= 0.$$

Schließlich invertieren die U_c^* in U_1^* die Wirkung der U_c in U_3^* auch auf den dritten Kanälen und geben daher dort jeweils $|d_j\rangle$ aus.

Insgesamt hat man daher für $a, b < 2^n$

$$U_1^* U_2^* U_3^* |\Psi[b, a, 0]\rangle \underbrace{=}_{(5.190)} U_1^* U_2^* U_3^* \left(|0\rangle \otimes \bigotimes_{l=n-1}^{0} \left(|b_l\rangle \otimes |a_l\rangle \otimes |0\rangle \right) \right)$$

$$= |c_n^-\rangle \otimes \bigotimes_{l=n-1}^{0} \left(|d_l\rangle \otimes |a_l\rangle \otimes |0\rangle \right) \qquad (5.210)$$

$$\underbrace{=}_{(5.190)} \left| \Psi \left[c_n^- 2^n + \sum_{l=0}^{n-1} d_l 2^l, a, 0 \right] \right\rangle .$$

Andererseits wissen wir aus Korollar 9.5, dass

$$\sum_{j=0}^{n-1} d_j 2^j = c_n^- 2^n + b - a \qquad (5.211)$$

mit

$$c_n^- = \begin{cases} 0 & \text{falls} \quad b \geq a \\ 1 & \text{falls} \quad b < a . \end{cases} \qquad (5.212)$$

Somit folgt (5.205) aus (5.210) und (5.211). Aus (5.205) und (5.212) wiederum folgt (5.206).   □

5.4.2 Quantenaddierer modulo N

Mithilfe des Quantenaddierers U_+ und Subtrahierers U_- können wir nun einen Quantenaddierer modulo $N \in \mathbb{N}$ bauen, den wir mit $U_{+\%N}$ bezeichnen wollen. Nun gilt allgemein $(b+a) \bmod N \in \{0, \ldots, N-1\}$. Andererseits ist nicht notwendigerweise $N = 2^n$, sodass das Bild unter $\bmod N$ nicht mit einem $\mathbb{H}^{\otimes n}$ übereinstimmt. Da $U_{+\%N}$ unitär sein soll, müssen wir den Hilbert-Raum, auf dem der Operator $U_{+\%N}$ wirkt, geeignet definieren.

Definition 5.29

Für $N \in \mathbb{N}$ mit $N < 2^n$ definieren wir $\mathbb{H}^{<N}$ als den von den Basisvektoren $|0\rangle^n, \ldots, |N-1\rangle^n$ aufgespannten linearen Unterraum von $\mathbb{H}^{\otimes n}$

$$\mathbb{H}^{<N} := Lin\{|0\rangle^n, \ldots, |N-1\rangle^n\} \subset \mathbb{H}^{\otimes n} \qquad (5.213)$$

$$:= \left\{ |\Phi\rangle \in \mathbb{H}^{\otimes n} \,\middle|\, |\Phi\rangle = \sum_{a=0}^{N-1} \Phi_a |a\rangle^n \right\}. \qquad (5.214)$$

Es ist aufwendig und wenig instruktiv, den Operator $U_{+\%N}$ mithilfe von Formeln zu definieren. Einfacher und klarer ist die in Abb. 5.20 gezeigte grafische Darstellung, die wir auch als Definition verwenden wollen.

Definition 5.30
Der **Quantenaddierer modulo** N ist der durch den in Abb. 5.20 gezeigten Schaltkreis definierte Operator $U_{+\%N}$ auf $\mathbb{H}^{I/O} = \mathbb{H}^{<N} \otimes \mathbb{H}^{<N}$, welcher mithilfe des Zustandes $|\omega_i\rangle = |N\rangle^n \otimes |0\rangle^1 = |\omega_f\rangle$ in einem Arbeitsregister $\mathbb{H}^W = {}^{\mathfrak{q}}\mathbb{H}^{\otimes n+1}$ implementiert ist.

Satz 5.31
Seien $n, N \in \mathbb{N}$ mit $N < 2^n$. Für den in Abb. 5.20 gezeigten Operator $U_{+\%N}$ gilt

$$
\begin{aligned}
U_{+\%N} : \mathbb{H}^{<N} \otimes \mathbb{H}^{<N} &\longrightarrow \mathbb{H}^{<N} \otimes \mathbb{H}^{<N} \\
|b\rangle \otimes |a\rangle &\longmapsto |(b+a) \mod N\rangle \otimes |a\rangle
\end{aligned} \tag{5.215}
$$

Außerdem ist $U_{+\%N}$ unitär, und es gilt

$$
\begin{aligned}
U_{-\%N} := U_{+\%N}^* : \mathbb{H}^{<N} \otimes \mathbb{H}^{<N} &\longrightarrow \mathbb{H}^{<N} \otimes \mathbb{H}^{<N} \\
|b\rangle \otimes |a\rangle &\longmapsto |(b-a) \mod N\rangle \otimes |a\rangle
\end{aligned} \tag{5.216}
$$

Beweis Nach Voraussetzung ist $N < 2^n$. Somit ist $\mathbb{H}^{<N}$ ein Unterraum von ${}^{\mathfrak{q}}\mathbb{H}^{\otimes n}$ und ${}^{\mathfrak{q}}\mathbb{H}^{\otimes n+1}$ und kann in diese eingebettet werden. Wir betrachten daher in Abb. 5.20 die Argumente $|b\rangle \otimes |a\rangle \in \mathbb{H}^{I/O} = \mathbb{H}^{<N} \otimes \mathbb{H}^{<N}$ als Vektoren in ${}^{\mathfrak{q}}\mathbb{H}^{\otimes n+1} \otimes {}^{\mathfrak{q}}\mathbb{H}^{\otimes n}$, auf denen nach Definition 5.25, Satz 5.27 und Korollar 5.28 Addierer U_+ und Subtrahierer $U_- = U_+^{-1}$ definiert sind. Das Arbeitsregister $\mathbb{H}^W = {}^{\mathfrak{q}}\mathbb{H}^{\otimes n+1}$ wird vorab mit $|N\rangle^n \otimes |0\rangle^1$ belegt. Man hat

$$
U_{+\%N} = \prod_{l=9}^{1} A_l , \tag{5.217}
$$

und wir betrachten zum Beweis sukzessive die Ergebnisse der in Abb. 5.20 definierten Transformationen $A_1, \ldots, A_9$.

Als Erstes wird U_+ in A_1 auf $|b\rangle \otimes |a\rangle$ angewandt, was nach Satz 5.27 bekanntermaßen $|b+a\rangle \otimes |a\rangle$ ergibt.

Danach wird durch Anwendung des Swapoperators S in einem zweiten Schritt $|N\rangle$ aus dem Arbeitsregister mit $|a\rangle$ getauscht, sodass danach $|a\rangle$ im Arbeitsregister abgelegt ist.

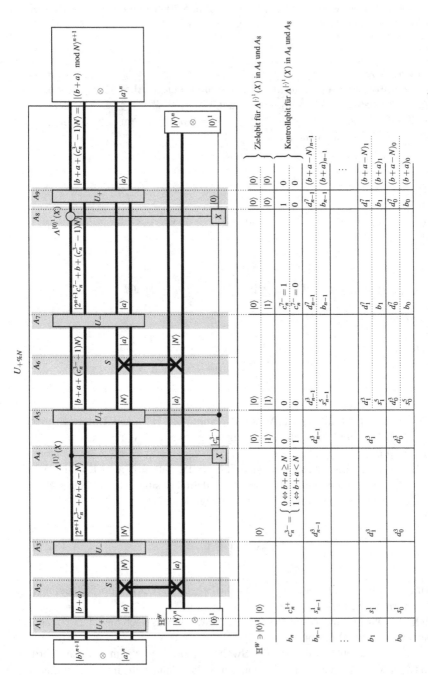

Abb. 5.20 Schaltkreis für den Quantenaddierer $U_{+\%N}$ modulo N angewandt auf $a, b < N$. Die Tabelle zeigt, wie die Qbits für $|0\rangle^1$ im Arbeitsregister und für b im Input-/Outputregister beim Durchlaufen von $U_{+\%N}$ durch die einzelnen Gatter des Schaltkreises verändert werden

In A_3 wird dann U_- auf $|b + a\rangle \otimes |N\rangle$ angewandt, was nach Korollar 5.28 dann $|c_n^{3-} 2^{n+1} + b + a - N\rangle \otimes |N\rangle$ ergibt. Dabei ist das Überlaufbit c_n^{3-} mit dem hochgestellten Index $3-$ versehen, um es von dem Überlaufbit der späteren Subtraktion zu unterscheiden. Aus Korollar 5.28 wissen wir ebenfalls, dass

$$c_n^{3-} = \begin{cases} 0 \Leftrightarrow b + a \geq N \\ 1 \Leftrightarrow b + a < N \end{cases} \tag{5.218}$$

gilt. In den nachfolgenden Transformationen $A_4, \ldots, A_9$ innerhalb von $U_{+\%N}$ dient daher der Wert von c_n^{3-} als Unterscheidungsmerkmal zwischen den Fällen $b + a \geq N$ und $b + a < N$.

In A_4 wird das Überlaufqbit $|c_n^{3-}\rangle$ durch eine bedingte Verneinung $\Lambda^{|1\rangle^1}(X)$ in das Zielqbit $|0\rangle^1$ im Arbeitsspeicher geschrieben.

Im fünften Schritt in A_5 wird dann eine durch das Zielqbit $|c_n^{3-}\rangle$ kontrollierte bedingte Addition U_+ auf $|c_n^{3-} 2^{n+1} + b + a - N\rangle \otimes |N\rangle$ ausgeführt. Falls $c_n^{3-} = 0$ ist, wird keine Addition ausgeführt. In diesem Fall ist das Ergebnis des fünften Schritts $|c_n^{3-} 2^{n+1} + b + a - N\rangle \otimes |N\rangle = |b + a - N\rangle \otimes |N\rangle$. Falls $c_n^{3-} = 1$ ist, wird die Addition ausgeführt. Diese Addition ist das Inverse der vorausgegangenen Subtraktion im dritten Schritt. Daher wird der Zustand vor dieser Subtraktion wieder hergestellt. Das Ergebnis von A_5 ist in diesem Fall $|b + a\rangle \otimes |N\rangle$. Insgesamt lässt sich daher das Ergbnis von A_5 durch $|b + a + (c_n^{3-} - 1)N\rangle \otimes |N\rangle$ ausdrücken.

In A_6 wird die Vertauschung aus dem zweiten Schritt rückgängig gemacht, indem erneut der Swapoperator S angewandt wird. Danach ist $|a\rangle$ wieder im zweiten Faktorraum von $\mathbb{H}^{I/O} = \mathbb{H}^{<N} \otimes \mathbb{H}^{<N} \subset {}^1\mathbb{H}^{\otimes n+1} \otimes {}^1\mathbb{H}^{\otimes n}$ und $|N\rangle$ im Arbeitsregister.

Allerdings ist das Zielqbit im Arbeitsregister noch mit dem Zustand in ${}^1\mathbb{H}^{\otimes n+1} \otimes {}^1\mathbb{H}^{\otimes n}$ verschränkt. Um diese Verschränkung aufzuheben (siehe Bemerkungen vor und nach Definition 5.18), wird im siebten Schritt a durch U_- von $b+a+(c_n^{3-}-1)N$ subtrahiert. Falls $c_n^{3-} = 0$ ist, ist das Ergebnis dieser Subtraktion $b - N < 0$, und somit ist in diesem Fall das Überlaufbit $|c_n^{7-}\rangle = |1\rangle$. Falls dagegen $|c_n^{3-}\rangle = |1\rangle$ ist, erhält man als Ergebnis der Subtraktion $b \geq 0$, und das Überlaufbit wird $|c_n^{7-}\rangle = |0\rangle$.

Der Wert des Überlaufbits c_n^{7-} kontrolliert dann in A_8 die Rücksetzung des Zielqbits im Arbeitsregister auf $|0\rangle$. Schließlich wird in A_9 die Subtraktion in A_7 invertiert. Das Endresultat im ersten Faktorraum $\mathbb{H}^{<N}$ von $\mathbb{H}^{I/O}$ ist daher wegen $a, b < N$

$$|b + a + (c_n^{3-} - 1)N\rangle$$
$$= \begin{cases} |b + a - N\rangle & \text{falls} \quad b + a \geq N \\ |b + a\rangle & \text{falls} \quad b + a < N \end{cases} = |(b + a) \mod N\rangle. \tag{5.219}$$

Für $U_{+\%N}^*$ hat man

$$U_{+\%N}^* = \prod_{l=1}^{9} A_l^* . \tag{5.220}$$

Dabei ist zu beachten, dass in A_1^*, A_5^* und A_9^* dann $U_+^* = U_-$ gilt und in A_3 und A_7 umgekehrt $U_-^* = U_+$ wird. Man findet mit genau den gleichen Argumenten wie zur Herleitung von (5.219), dass für $a, b < N$

$$U_{+\%N}^* \big(|b\rangle \otimes |a\rangle \big)$$

$$= \begin{cases} |b - a\rangle \otimes |a\rangle & \text{falls} \quad b \geq a \\ |b - a + N\rangle \otimes |a\rangle & \text{falls} \quad b < a \end{cases} = |(b - a) \mod N\rangle \otimes |a\rangle .$$

(5.221)

Damit und mit (5.219) folgt dann für $a, b < N$

$$\begin{aligned} U_{+\%N}^* U_{+\%N} \big(|b\rangle \otimes |a\rangle \big) \\ = \ & U_{+\%N}^* \big(|(b + a) \mod N\rangle \otimes |a\rangle \big) \\ = \ & |((b + a) \mod N - \underbrace{a}_{=a \mod N}) \mod N\rangle \otimes |a\rangle \\ \underbrace{= \ }_{(11.45)} \ & |b \mod N\rangle \otimes |a\rangle \\ = \ & |b\rangle \otimes |a\rangle . \end{aligned}$$

(5.222)

Somit ist $U_{+\%N}$ unitär.   □

5.4.3 Quantenmultiplikator modulo N

Mithilfe des Quantenaddierers definieren wir nun die Multiplikation modulo N mit einer Zahl $c \in \mathbb{N}_0$.

Definition 5.32
Für $c \in \mathbb{N}_0$ und $n, N \in \mathbb{N}$ definieren wir $U_{\times c\%N}$ als den **Quantenmultiplikator modulo N** auf $\mathbb{H}^{I/O} = \mathbb{H}^{<N} \otimes \mathbb{H}^{\otimes n}$ durch den in Abb. 5.21 gezeigten Schaltkreis mithilfe der Zustände $|\omega_i\rangle, |\omega_f\rangle$ in einem Arbeitsregister $\big(\mathbb{H}^{<N} \big)^{\otimes n+1}$.

Wie man in Abb. 5.21 sieht, wird $U_{\times c\%N}$ mithilfe eines Arbeitsregisters $\mathbb{H}^W := \big(\mathbb{H}^{<N} \big)^{\otimes n+1}$ implementiert. In diesem Arbeitsregister ist der Anfangszustand

$$|\omega_i\rangle = |0\rangle \otimes |c2^{n-1} \mod N\rangle \otimes \cdots \otimes |c2^0 \mod N\rangle$$

(5.223)

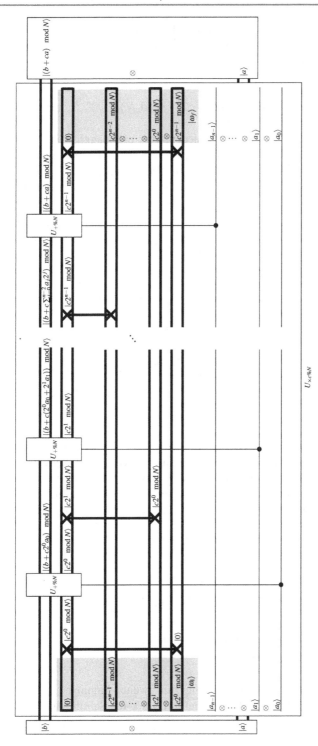

Abb. 5.21 Schaltkreis für den Quantenmultiplikator $U_{\times c\%N}$ modulo N für a, $N < 2^n$ und $b < N$

voreingestellt. Dazu berechnet man $c2^{n-1}$ mod $N, \ldots, c2^0$ mod N mithilfe eines klassischen Computers und präpariert den Zustand $|\omega_i\rangle$ im Arbeitsregister entsprechend.

Der Endzustand im Arbeitsregister ist mit

$$|\omega_f\rangle = |0\rangle \otimes |c2^{n-2} \quad \text{mod } N\rangle \otimes \cdots \otimes |c2^0 \quad \text{mod } N\rangle \otimes |c2^{n-1} \quad \text{mod } N\rangle \quad (5.224)$$

zwar vom Anfangszustand $|\omega_i\rangle$ verschieden, aber unabhängig von $|b\rangle \otimes |a\rangle$ immer der Gleiche, sodass das Arbeitsregister vom Input-/Outputregister separabel bleibt (siehe Diskussion um Definition 5.18). Man könnte auch $|\omega_f\rangle$ durch geeignete Swapoperationen wieder in $|\omega_i\rangle$ überführen, aber aus Effizienzgründen haben wir hier darauf verzichtet.

Satz 5.33
Es gilt

$$U_{\times c\%N}\big(|b\rangle \otimes |a\rangle\big) = |(b + ca) \quad \text{mod } N\rangle \otimes |a\rangle \qquad (5.225)$$

sowie

$$U^*_{\times c\%N}\big(|b\rangle \otimes |a\rangle\big) = |(b - ca) \quad \text{mod } N\rangle \otimes |a\rangle, \qquad (5.226)$$

und $U_{\times c\%N} : \mathbb{H}^{I/O} = \mathbb{H}^{<N} \otimes \mathbb{H}^{\otimes n} \to \mathbb{H}^{I/O}$ ist unitär.

Beweis Wie wir in Abb. 5.21 sehen, besteht $U_{\times c\%N}$ aus wiederholten, durch die $|a_k\rangle, k = 0, \ldots, n - 1$ kontrollierten Additionen $U_{+\%N}$. Dabei wird vor jeder dieser kontrollierten Additionen $|c2^k$ mod $N\rangle$ aus dem vorbereiteten Arbeitsregister in den Eingang zum zweiten Summanden geschrieben. Im ersten Schritt hat man wegen $b < N$ nach der durch $|a_0\rangle$ kontrollierten Addition in $\mathbb{H}^{I/O}$ den Zustand

$$
\begin{aligned}
&\big(U_{+\%N}\big)^{a_0}\big(|b\rangle \otimes |c2^0 \quad \text{mod } N\rangle\big) \\
&= \big(U_{+\%N}\big)^{a_0}\big(|b \quad \text{mod } N\rangle \otimes |c2^0 \quad \text{mod } N\rangle\big) \\
&\underbrace{=}_{(5.215)} |(b \quad \text{mod } N + a_0 c2^0 \quad \text{mod } N) \quad \text{mod } N\rangle \otimes |c2^0 \quad \text{mod } N\rangle \quad (5.227) \\
&\underbrace{=}_{(11.45)} |(b + a_0 c2^0) \quad \text{mod } N\rangle \otimes |c2^0 \quad \text{mod } N\rangle.
\end{aligned}
$$

Danach wird $|c2^1$ mod $N\rangle$ in den Eingang zum zweiten Summanden getauscht und die mit $|a_1\rangle$ kontrollierte Addition ausgeführt. Im k-ten Schritt hat man ganz analog

$$(U_{+\%N})^{a_k}\left(\left|\left(b+c\sum_{j=0}^{k-1}a_j2^j\right) \mod N\right)\otimes|c2^k \mod N\rangle\right)$$

$$=\left|\left(\left(b+c\sum_{j=0}^{k-1}a_j2^j\right) \mod N+a_kc2^k \mod N\right) \mod N\right)\otimes|c2^k \mod N\rangle$$

$$=\left|\left(b+c\sum_{j=0}^{k}a_j2^j\right) \mod N\right)\otimes|c2^k \mod N\rangle. \tag{5.228}$$

Nach der letzten Addition wird daher im ersten Kanal des durch $|a_{n-1}\rangle$ kontrollierten Addierers der Zustand

$$\left|\left(b+c\sum_{j=0}^{n-1}a_j2^j\right) \mod N\right)=|(b+ca) \mod N\rangle \tag{5.229}$$

ausgegeben. Im zweiten Kanal wird $|c2^{n-1} \mod N\rangle$ ausgegeben, was wir gegen $|0\rangle$ eintauschen. Dieser letzte Swap ist nicht unbedingt erforderlich, da auch ohne ihn der Arbeitsspeicher vom Input-/Outputregister separabel bleibt. Damit ist (5.225) gezeigt.

Zum Beweis von (5.226) bedenkt man, dass $U^*_{\times c\%N}$ einem Rückdurchlauf von rechts nach links entspricht. Dies ist ein Schaltkreis, in dem die Schritte von $U_{\times c\%N}$ in umgekehrter Reihenfolge durchlaufen werden, wobei der Anfangszustand im Arbeitsregister dann $|\omega_f\rangle$ und der Endzustand $|\omega_i\rangle$ ist sowie die $U_{+\%N}$ durch $U^*_{+\%N}=U_{-\%N}$ zu ersetzen sind. Analog zu (5.227) wird dabei im ersten Schritt $c2^{n-1} \mod N$ kontrolliert durch $|a_{n-1}\rangle$ subtrahiert. Dies wird bis zur letzten durch $|a_0\rangle$ kontrollierten Subtraktion von $c2^0 \mod N$ fortgesetzt. Insgesamt entsteht dabei aus einem Input $|b\rangle\otimes|a\rangle$ durch $U^*_{\times c\%N}$, wie in (5.226) behauptet, $|(b-ca) \mod N\rangle\otimes|a\rangle$.

Damit ergibt sich dann aus

$$U^*_{\times c\%N}U_{\times c\%N}(|b\rangle\otimes|a\rangle)$$
$$=U^*_{\times c\%N}(|(b+ca) \mod N\rangle\otimes|a\rangle)$$
$$=|((b+ca) \mod N-ca) \mod N\rangle\otimes|a\rangle$$
$$\underbrace{=}_{(11.45)}|((b+ca) \mod N-ca \mod N) \mod N\rangle\otimes|a\rangle$$
$$\underbrace{=}_{(11.45)}|b \mod N\rangle\otimes|a\rangle$$
$$=|b\rangle\otimes|a\rangle \tag{5.230}$$

die Unitarität von $U_{\times c\%N}$ auf $\mathbb{H}^{I/O}=\mathbb{H}^{<N}\otimes{}^\P\mathbb{H}^{\otimes n}$. □

Die Bezeichnung Multiplikator verdient $U_{\times c \% N}$, weil

$$U_{\times c \% N} \big(|0\rangle \otimes |a\rangle \big) = |ca \quad \mathrm{mod}\ N\rangle \otimes |a\rangle \tag{5.231}$$

ist. Unter Zuhilfenahme der Konstruktion in Satz 5.23 kann damit dann die Funktion $a \mapsto ca \bmod N$ unitär implementiert werden.

5.4.4 Quantenschaltkreis für Exponentiation modulo N

Wir sind nun endlich in der Lage, die letzte Konstruktion anzugeben, um die Funktion $f_{b,N}(x) = b^x \bmod N$ mithilfe von Quantenschaltkreisen zu implementieren.

Definition 5.34

Für $b, n, N \in \mathbb{N}$ definieren wir $A_{f_{b,N}}$ auf $\mathbb{H}^{\otimes n} \otimes \mathbb{H}^{<N}$ als den in Abb. 5.22 gezeigten Schaltkreis mit dem Zustand $|\omega_i\rangle = \left(\bigotimes_{l=0}^{n-2} |0\rangle \right) \otimes |1\rangle = |\omega_f\rangle$ im Arbeitsregister $\mathbb{H}^W = \left(\mathbb{H}^{<N} \right)^{\otimes n}$.

Im Wesentlichen ist die Implementierung von $A_{f_{b,N}}$ eine Version der schnellen oder auch sogenannten **binären Exponentiation** mit Quantenschaltkreisen. Dabei werden vorab für das vorgegebene b mit einem klassischen Computer die Zahlen $\beta_0 := b^{2^0} \bmod N, \ldots, \beta_{n-1} := b^{2^{n-1}} \bmod N$ berechnet und die Quantenmultiplikatoren $U_{\times \beta_j \% N}$ vorbereitet.

In Definition 5.34 ist $A_{f_{b,N}}$ im zweiten Argument zwar auf $\mathbb{H}^{<N}$ eingeschränkt, aber für $N < 2^m$ können wir $\mathbb{H}^{<N}$ als Unterraum von $\mathbb{H}^{\otimes m}$ auffassen. Dies machen wir uns in Satz 5.35 zunutze.

Satz 5.35

Seien $b, n, N, m \in \mathbb{N}$ *mit* $N < 2^m$ *und* $f_{b,N}(x) := b^x \bmod N$. *Dann gilt für beliebige* $x \in \mathbb{N}_0$ *mit* $x < 2^n$

$$A_{f_{b,N}} \big(|x\rangle^n \otimes |0\rangle^m \big) = |x\rangle^n \otimes |f_{b,N}(x)\rangle^m \tag{5.232}$$

sowie

$$A_{f_{b,N}}^* \big(|x\rangle^n \otimes |f_{b,N}(x)\rangle^m \big) = |x\rangle^n \otimes |0\rangle^m. \tag{5.233}$$

Beweis In Abb. 5.22 nutzen wir die abkürzende Bezeichnung $\beta_j = b^{2^j} \bmod N$. Wir sehen dort, dass der erste Teil von $A_{f_{b,N}}$ aus sukzessiven Anwendungen von

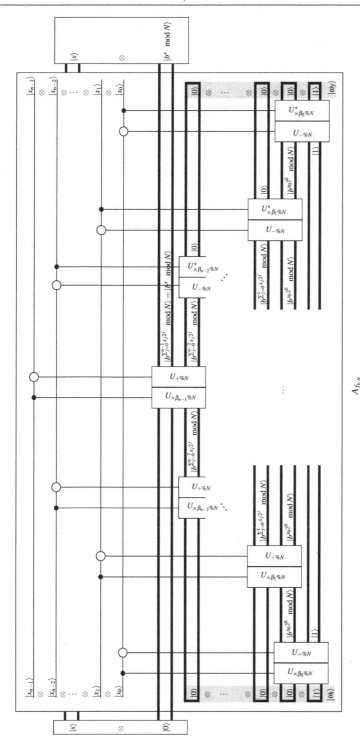

Abb. 5.22 Quantenschaltkreis $A_{f_{b,N}}$ zur Implementierung der Funktion $f_{b,N}(x) = b^x \bmod N$; hier nutzen wir die abkürzende Notation $\beta_j = b^{2^j} \bmod N$

$U_{\times\beta_j\%N}$ und dann $U_{+\%N}$ besteht, die jeweils von $|x_j\rangle$ kontrolliert werden. Dazu hat man zunächst allgemein für $s \in \{0, 1\}, c \in \mathbb{N}_0$ und $|a\rangle \in \mathbb{H}^{<N}$

$$\left(U_{+\%N}\right)^{1-s}\left(U_{\times c\%N}\right)^s\left(|0\rangle \otimes |a\rangle\right)\underbrace{=}_{(5.225)}\begin{cases}\left(U_{+\%N}\right)\left(|0\rangle \otimes |a\rangle\right) & \text{falls} \quad s = 0 \\ |ca \mod N\rangle \otimes |a\rangle & \text{falls} \quad s = 1\end{cases}$$

$$\underbrace{=}_{(5.215)}\begin{cases}|a \mod N\rangle \otimes |a\rangle & \text{falls} \quad s = 0 \\ |ca \mod N\rangle \otimes |a\rangle & \text{falls} \quad s = 1\end{cases}$$

$$= |c^s a \mod N\rangle \otimes |a\rangle . \tag{5.234}$$

Angefangen mit den ersten beiden Faktoren des Arbeitsspeichers hat man dann

$$\left(U_{+\%N}\right)^{1-x_0}\left(U_{\times\beta_0\%N}\right)^{x_0}\left(|0\rangle \otimes |1\rangle\right)\underbrace{=}_{(5.234)}|\beta_0^{x_0} \mod N\rangle \otimes |1\rangle \tag{5.235}$$

$$= \left|\left(b^{2^0} \mod N\right)^{x_0} \mod N\rangle \otimes |1\rangle$$

$$\underbrace{=}_{(11.44)}|b^{x_0 2^0} \mod N\rangle \otimes |1\rangle .$$

Im k-ten Schritt wird daraus

$$\left(U_{+\%N}\right)^{1-x_k}\left(U_{\times\beta_k\%N}\right)^{x_k}\left(|0\rangle \otimes \left|b^{\sum_{j=0}^{k-1} x_j 2^j} \mod N\rangle\right)\right.$$

$$\underbrace{=}_{(5.234)}\left|\left(\beta_k^{x_k}\left(b^{\sum_{j=0}^{k-1} x_j 2^j} \mod N\right)\right) \mod N\rangle \otimes \left|b^{\sum_{j=0}^{k-1} x_j 2^j} \mod N\rangle\right.$$

$$\tag{5.236}$$

$$= \left|\left(\left(b^{2^k} \mod N\right)^{x_k}\left(b^{\sum_{j=0}^{k-1} x_j 2^j} \mod N\right)\right) \mod N\rangle\right.$$

$$\otimes \left|b^{\sum_{j=0}^{k-1} x_j 2^j} \mod N\rangle\right.$$

$$\underbrace{=}_{(11.43),(11.44)}|b^{\sum_{j=0}^{k} x_j 2^j} \mod N\rangle \otimes \left|b^{\sum_{j=0}^{k-1} x_j 2^j} \mod N\rangle .$$

Nach der Anwendung von $\left(U_{+\%N}\right)^{1-x_{n-1}}\left(U_{\times\beta_{n-1}\%N}\right)^{x_{n-1}}$ hat man dann im zweiten Input-/Outputkanal wie gewünscht

$$|b^{\sum_{j=0}^{n-1} x_j 2^j} \mod N\rangle = |b^x \mod N\rangle . \tag{5.237}$$

Dies bleibt durch die nachfolgenden Anwendungen der

$$\left(U_{\times\beta_k\%N}^*\right)^{x_k}\left(U_{+\%N}^*\right)^{1-x_k} = \left(U_{\times\beta_k\%N}^*\right)^{x_k}\left(U_{-\%N}\right)^{1-x_k} \tag{5.238}$$

für $k = n - 2, \ldots, 0$ unverändert. Diese bedingt angewandten Operatoren entschränken das Arbeitsregister vom Input-/Outputregister, wie man folgendermaßen sieht. Zunächst erhält man analog zu (5.234) allgemein für $s \in \{0, 1\}, c \in \mathbb{N}_0$ und $|u\rangle, |v\rangle \in \mathbb{H}^{<N}$

$$
\left(U^*_{\times c \% N}\right)^s \left(U_{-\% N}\right)^{1-s} \left(|u\rangle \otimes |v\rangle\right) \underset{(5.216)}{=}
\begin{cases}
|(u - v) \mod N\rangle \otimes |v\rangle & \text{falls } s = 0 \\
U^*_{\times c \% N}\left(|u\rangle \otimes |v\rangle\right) & \text{falls } s = 1
\end{cases}
$$

$$
\underset{(5.226)}{=}
\begin{cases}
|(u - v) \mod N\rangle \otimes |v\rangle & \text{falls } s = 0 \\
|(u - cv) \mod N\rangle \otimes |v\rangle & \text{falls } s = 1
\end{cases}
$$

$$
= |(u - c^s v) \mod N\rangle \otimes |v\rangle .
\tag{5.239}
$$

Im zweiten Teil von $A_{f_{b,N}}$ erhält man daher für den k-ten Schritt

$$
\left(U^*_{\times \beta_k \% N}\right)^{x_k} \left(U_{-\% N}\right)^{1-x_k} \left(\left|b^{\sum_{j=0}^{k} x_j 2^j} \mod N\right\rangle \otimes \left|b^{\sum_{j=0}^{k-1} x_j 2^j} \mod N\right\rangle\right)
$$

$$
\underset{(5.239)}{=} \left|\left(b^{\sum_{j=0}^{k} x_j 2^j} \mod N - \left(b^{2^k} \mod N\right)^{x_k} \left(b^{\sum_{j=0}^{k-1} x_j 2^j} \mod N\right)\right)\right.
$$

$$
\left. \mod N \right\rangle \otimes \left|b^{\sum_{j=0}^{k-1} x_j 2^j} \mod N\right\rangle
$$

$$
\underset{(11.43)-(11.45)}{=} |0\rangle \otimes \left|b^{\sum_{j=0}^{k-1} x_j 2^j} \mod N\right\rangle .
\tag{5.240}
$$

Insbesondere wird für $k = 0$

$$
\left(U^*_{\times \beta_0 \% N}\right)^{x_0} \left(U_{-\% N}\right)^{1-x_0} \left(\left|b^{x_0 2^0} \mod N\right\rangle \otimes |1\rangle\right)
$$

$$
\underset{(5.239)}{=} \left|\left(b^{x_0 2^0} \mod N - \left(b^{2^0} \mod N\right)^{x_0}\right) \mod N\right\rangle \otimes |1\rangle
$$

$$
= |0\rangle \otimes |1\rangle .
\tag{5.241}
$$

Damit ist (5.232) gezeigt.

Zum Beweis von (5.233) bedenkt man, dass $A^*_{f_{b,N}}$ aus dem Schaltkreis von $A_{f_{b,N}}$ durch die Ersetzungen

$$
\begin{aligned}
U_{+\% N} U_{\times \beta_k \% N} &\to U^*_{\times \beta_k \% N} U_{-\% N} \quad \text{für } k = 0, \ldots, n - 1 \\
U^*_{\times \beta_k \% N} U_{-\% N} &\to U_{+\% N} U_{\times \beta_k \% N} \quad \text{für } k = n - 2, \ldots, 0
\end{aligned}
\tag{5.242}
$$

hervorgeht. Aufgrund der Symmetrie des Schaltkreises bedeutet dies, dass sich der Schaltkreis für $A^*_{f_{b,N}}$ von dem von $A_{f_{b,N}}$ einzig dadurch unterscheidet, dass an der Stelle von $\left(U_{+\% N}\right)^{1-x_{n-1}} \left(U_{\times \beta_{n-1} \% N}\right)^{x_{n-1}}$ dann $\left(U^*_{\times \beta_{n-1} \% N}\right)^{x_{n-1}} \left(U_{-\% N}\right)^{1-x_{n-1}}$ steht.

Das hat zur Folge, dass

$$
\left(U^*_{\times\beta_{n-1}\%N}\right)^{x_{n-1}}\left(U_{-\%N}\right)^{1-x_{n-1}}\left(\left|b^x \mod N\right\rangle \otimes \left|b^{\sum_{j=0}^{n-2} x_j 2^j} \mod N\right\rangle\right)
$$

$$
= \left(U^*_{\times\beta_{n-1}\%N}\right)^{x_{n-1}}\left(U_{-\%N}\right)^{1-x_{n-1}}\left(\left|b^{\sum_{j=0}^{n-1} x_j 2^j} \mod N\right\rangle\right.
$$

$$
\otimes \left.\left|b^{\sum_{j=0}^{n-2} x_j 2^j} \mod N\right\rangle\right)
$$

$$
\underbrace{=}_{(5.240)} |0\rangle \otimes \left|b^{\sum_{j=0}^{n-2} x_j 2^j} \mod N\right\rangle \tag{5.243}
$$

wird. Damit folgt dann (5.233). $\square$

Mithilfe der Konstruktion in Satz 5.23 kann damit dann die Funktion $x \mapsto b^x \mod N$ unitär implementiert werden.

Korollar 5.36
Seien $b, n, N, m \in \mathbb{N}$ mit $N < 2^m$ und $\mathbb{H}^A = {}^1\mathbb{H}^{\otimes n}$ sowie $\mathbb{H}^B = {}^1\mathbb{H}^{\otimes m}$ und $f_{b,N}(x) = b^x \mod N$. Mithilfe der Zustände $|\omega_i\rangle = |0\rangle^m = |\omega_f\rangle$ im Arbeitsspeicher $\mathbb{H}^B$ lässt sich ein $U_{f_{b,N}}$ implementieren, für das gilt

$$
\begin{aligned}
U_{f_{b,N}} : \mathbb{H}^A \otimes \mathbb{H}^B &\longrightarrow \mathbb{H}^A \otimes \mathbb{H}^B \\
|x\rangle \otimes |y\rangle &\longmapsto |x\rangle \otimes |y \oplus f_{b,N}(x)\rangle
\end{aligned} \tag{5.244}
$$

Insbesondere ist

$$
U_{f_{b,N}}\left(|x\rangle \otimes |0\rangle\right) = |x\rangle \otimes |f_{b,N}(x)\rangle . \tag{5.245}
$$

Beweis Die Aussage folgt aus Satz 5.23, indem wir dort für $A_f = A_{f_{b,N}}$ und $B_f = A^*_{f_{b,N}}$ aus Satz 5.35 setzen. $\square$

Die Aussage in Korollar 5.36 ist für den Shor-Faktorisierungsalgorithmus in Abschn. 6.4 von wesentlicher Bedeutung. Gleiches gilt für die Quanten-Fourier-Transformation, der wir uns im folgenden Abschnitt widmen.

5.4.5 Quanten-Fourier-Transformation

Die Quanten-Fourier-Transformation [48] ist ein wichtiger Bestandteil etlicher Algorithmen und ein weiteres Beispiel, wie die elementaren Gatter zum Aufbau einer unitären Transformation genutzt werden können. Sie ist als Operator auf Tensorprodukten des Qbit-Raums ${}^1\mathbb{H}$ folgendermaßen definiert.

Definition 5.37
Die **Quanten-Fourier-Transformation** F auf $\mathbb{H}^{\otimes n}$ ist definiert als der Operator

$$F := \frac{1}{\sqrt{2^n}} \sum_{x,y=0}^{2^n-1} \exp\left(2\pi\mathrm{i}\frac{xy}{2^n}\right) |x\rangle\langle y|, \qquad (5.246)$$

wobei $|x\rangle, |y\rangle$ Basisvektoren in der Rechenbasis von $\mathbb{H}^{\otimes n}$ bezeichnen.

Mithilfe von

$$\omega_n := \exp\left(\frac{2\pi\mathrm{i}}{2^n}\right) \qquad (5.247)$$

lässt sich die Matrixdarstellung von F in der Rechenbasis recht prägnant aufschreiben:

$$F = \frac{1}{\sqrt{2^n}} \begin{pmatrix} 1 & 1 & \cdots & 1 \\ 1 & \omega_n & \cdots & \omega_n^{2^n-1} \\ \vdots & \vdots & \ddots & \vdots \\ 1 & \omega_n^{2^n-1} & \cdots & \omega_n^{(2^n-1)^2} \end{pmatrix}. \qquad (5.248)$$

Übung 5.6 Man zeige, dass F unitär ist.
Zur Lösung siehe 5.6 im Kap. 13 Lösungen. ◄

Es besteht ein gewisser Zusammenhang zwischen der Quanten-Fourier-Transformation und der in der Signalverarbeitung verwandten **diskreten Fourier-Transformation**.

Definition 5.38
Sei $N \in \mathbb{N}$. Die diskrete Fourier-Transformation ist eine lineare Abbildung

$$F_{dis} : \mathbb{C}^N \longrightarrow \mathbb{C}^N$$
$$c \longmapsto F_{dis}(c), \qquad (5.249)$$

die komponentenweise durch

$$F_{dis}(c)_k = \frac{1}{\sqrt{N}} \sum_{l=0}^{N-1} \exp\left(\frac{2\pi\mathrm{i}}{N}kl\right) c_l \qquad (5.250)$$

gegeben ist.

Für einen beliebigen Vektor $|\psi\rangle \in \mathbb{H}^{\otimes n}$ ergibt sich dann, dass die Komponenten des Quanten-Fourier-transformierten Vektors $(F|\psi\rangle)_x$ in der Rechenbasis durch die diskrete Fourier-Transformierte $F_{dis}(\psi)_x$ der Komponenten $\psi_x = \langle x|\psi\rangle$ gegeben ist.

Lemma 5.39

Sei

$$|\psi\rangle = \sum_{x=0}^{2^n-1} \psi_x |x\rangle \qquad (5.251)$$

und $N = 2^n$. Dann ist

$$\langle x|F\psi\rangle = F_{dis}(\psi)_x\,, \qquad (5.252)$$

wobei $F_{dis}(\psi)_x$ die x-Komponente der diskreten Fourier-Transformation (5.250) des Vektors $\left(\langle x|\psi\rangle\right)_{x=0,\dots,N-1} \in \mathbb{C}^N$ bezeichnet.

Beweis Man hat

$$
\begin{aligned}
F|\psi\rangle &= \sum_{x=0}^{2^n-1} \psi_x F|x\rangle \\
&= \sum_{x=0}^{2^n-1} \psi_x \frac{1}{\sqrt{2^n}} \sum_{z,y=0}^{2^n-1} \exp\left(2\pi i \frac{zy}{2^n}\right) |z\rangle \underbrace{\langle y|x\rangle}_{=\delta_{xy}} \qquad (5.253) \\
&= \frac{1}{\sqrt{2^n}} \sum_{x,z=0}^{2^n-1} \psi_x \exp\left(2\pi i \frac{zx}{2^n}\right) |z\rangle
\end{aligned}
$$

und somit

$$
\begin{aligned}
\langle z|F\psi\rangle &= \frac{1}{\sqrt{2^n}} \sum_{x=0}^{2^n-1} \psi_x \exp\left(2\pi i \frac{zx}{2^n}\right) \\
&= \underbrace{}_{(5.250)} F_{dis}(\psi)_z\,.
\end{aligned}
\qquad (5.254)
$$

$\square$

Wir führen noch folgende Notation für **Binärbrüche** ein:

Definition 5.40

Für $a_1, \dots, a_m \in \{0, 1\}$ schreiben wir

$$0.a_1 a_2 \dots a_m := \frac{a_1}{2} + \frac{a_2}{4} + \dots \frac{a_m}{2^m} = \sum_{l=1}^{m} a_l 2^{-l}. \qquad (5.255)$$

Mithilfe dieser Binärbruchschreibweise lässt sich die Quanten-Fourier-Transformation wie folgt darstellen.

Lemma 5.41
Sei

$$x = \sum_{j=0}^{n-1} x_j 2^j \tag{5.256}$$

dann ist

$$F|x\rangle = \frac{1}{\sqrt{2^n}} \bigotimes_{j=0}^{n-1} \left[|0\rangle + e^{2\pi i 0.x_j \dots x_0} |1\rangle \right]. \tag{5.257}$$

Beweis Per Definition 5.37 ist

$$
\begin{aligned}
F|x\rangle &= \frac{1}{\sqrt{2^n}} \sum_{y=0}^{2^n-1} \exp\left(\frac{2\pi i}{2^n} xy \right) |y\rangle \\
&= \frac{1}{\sqrt{2^n}} \sum_{y=0}^{2^n-1} \exp\left(\frac{2\pi i}{2^n} x \sum_{j=0}^{n-1} y_j 2^j \right) |y_{n-1} \dots y_0\rangle \\
&= \frac{1}{\sqrt{2^n}} \sum_{y=0}^{2^n-1} \prod_{j=0}^{n-1} \exp\left(\frac{2\pi i}{2^n} x y_j 2^j \right) |y_{n-1} \dots y_0\rangle \\
&= \frac{1}{\sqrt{2^n}} \sum_{y_0 \dots y_{n-1} \in \{0,1\}} \prod_{j=0}^{n-1} \exp\left(\frac{2\pi i}{2^n} x y_j 2^j \right) \bigotimes_{k=n-1}^{0} |y_k\rangle \tag{5.258} \\
&= \frac{1}{\sqrt{2^n}} \sum_{y_0 \dots y_{n-1} \in \{0,1\}} \bigotimes_{k=n-1}^{0} \exp\left(\frac{2\pi i}{2^n} x y_k 2^k \right) |y_k\rangle \\
&= \frac{1}{\sqrt{2^n}} \bigotimes_{k=n-1}^{0} \sum_{y_k \in \{0,1\}} \exp\left(\frac{2\pi i}{2^n} x y_k 2^k \right) |y_k\rangle \\
&= \frac{1}{\sqrt{2^n}} \bigotimes_{k=n-1}^{0} \left[|0\rangle + \exp\left(\frac{2\pi i}{2^n} x 2^k \right) |1\rangle \right].
\end{aligned}
$$

In der letzten Gleichung verwenden wir noch (5.256) und die Binärbruchdarstellung (5.255)

$$\exp\left(\frac{2\pi\mathrm{i}}{2^n}x2^k\right) = \exp\left(2\pi\mathrm{i}\sum_{l=0}^{n-1} x_l 2^{l+k-n}\right)$$

$$= \exp\left(2\pi\mathrm{i}\left[\sum_{l=0}^{n-k-1} x_l 2^{l+k-n} + \underbrace{\sum_{l=n-k}^{n-1} x_l 2^{l+k-n}}_{\in\mathbb{N}}\right]\right)$$

$$= \exp\left(2\pi\mathrm{i}\sum_{l=0}^{n-k-1} x_l 2^{l+k-n}\right) \qquad (5.259)$$

$$= \exp\left(2\pi\mathrm{i}\left[\frac{x_0}{2^{n-k}} + \frac{x_1}{2^{n-(k+1)}} + \cdots + \frac{x_{n-1-k}}{2}\right]\right)$$

$$= \mathrm{e}^{2\pi\mathrm{i}0.x_{n-1-k}\cdots x_0} .$$

Einsetzen von (5.259) in (5.258) ergibt dann

$$F|x\rangle = \frac{1}{\sqrt{2^n}} \bigotimes_{k=n-1}^{0} \left[|0\rangle + \mathrm{e}^{2\pi\mathrm{i}0.x_{n-1-k}\cdots x_0}|1\rangle\right]$$

$$= \frac{1}{\sqrt{2^n}} \bigotimes_{j=0}^{n-1} \left[|0\rangle + \mathrm{e}^{2\pi\mathrm{i}0.x_j\cdots x_0}|1\rangle\right]. \qquad (5.260)$$

$\square$

Folgendes Ergebnis für die Hadamard-Transformation brauchen wir noch, wenn wir die Quanten-Fourier-Transformierte mithilfe von Elementartransformationen erzeugen wollen.

Lemma 5.42

*Sei $n \in \mathbb{N}$, $j \in \mathbb{N}_0$ mit $j < n$ und $|x\rangle$ ein Vektor der Rechenbasis in $\mathbb{H}^{\otimes n}$.
Es gilt*

$$H|x_j\rangle = \frac{|0\rangle + \mathrm{e}^{2\pi\mathrm{i}0.x_j}|1\rangle}{\sqrt{2}}, \qquad (5.261)$$

und mit

$$H_j := \mathbf{1}^{\otimes(n-1-j)} \otimes H \otimes \mathbf{1}^{\otimes j} \qquad (5.262)$$

für $j = 0,\ldots,n-1$ hat man

$$H_j|x\rangle = |x_{n-1}\rangle \otimes \cdots \otimes |x_{j+1}\rangle \otimes \frac{|0\rangle + \mathrm{e}^{2\pi\mathrm{i}0.x_j}|1\rangle}{\sqrt{2}} \otimes |x_{j-1}\rangle \otimes \cdots \otimes |x_0\rangle .$$

$$(5.263)$$

Beweis Aus (2.235) in Lemma 2.27 wissen wir, dass

$$H|x_j\rangle = \frac{|0\rangle + e^{\pi i x_j}|1\rangle}{\sqrt{2}} \tag{5.264}$$

gilt. Dann folgt (5.261) aus der Definition 5.40 der Binärbruchschreibweise.
Die in (5.263) gezeigte Wirkung von H_j ergibt sich direkt aus der Definition (5.262) von H_j und (5.261).   □

Eine weitere Elementartransformation, aus der sich die Quanten-Fourier-Transformation zusammensetzt, ist der bedingte Phasenschieber.

Definition 5.43

Sei $j,k \in \{0,\dots,n-1\}$, $j > k$, $\theta_{jk} := \frac{\pi}{2^{j-k}}$. Der **bedingte Phasenschieber**

$$P_{jk} : {}^{\P}\mathbb{H}^{\otimes n} \to {}^{\P}\mathbb{H}^{\otimes n} \tag{5.265}$$

ist definiert durch

$$P_{jk} := \mathbf{1}^{\otimes(n-1-k)} \otimes |0\rangle\langle 0| \otimes \mathbf{1}^{\otimes k} \tag{5.266}$$
$$+ \mathbf{1}^{\otimes(n-1-j)} \otimes \left[|0\rangle\langle 0| + e^{i\theta_{jk}}|1\rangle\langle 1|\right] \otimes \mathbf{1}^{j-k-1} \otimes |1\rangle\langle 1| \otimes \mathbf{1}^{\otimes k}.$$

Die Wirkung von P_{jk} ist eine Anwendung von $\Lambda_{|1\rangle^1}\big(P(\theta_{jk})\big)$ auf den $k+1$-ten und $j+1$-ten Faktorraum in ${}^{\P}\mathbb{H}^{\otimes n}$ (siehe Abb. 5.5 und 5.6 zur Definition von $\Lambda_{|1\rangle}(V)$ und $P(\alpha)$). Dies lässt sich gut veranschaulichen, wenn wir die Einschränkung auf die entsprechenden Unterräume betrachten. Bezeichne ${}^{\P}\mathbb{H}_k$ den von rechts gezählten $k+1$-ten Faktor und ${}^{\P}\mathbb{H}_j$ den von rechts gezählten $j+1$-ten Faktor in ${}^{\P}\mathbb{H}^{\otimes n}$ (siehe Definition (3.34)). Seien weiterhin $|0\rangle_j \otimes |0\rangle_k, |1\rangle_j \otimes |0\rangle_k, |0\rangle_j \otimes |1\rangle_k, |1\rangle_j \otimes |1\rangle_k$ die vier Vektoren der Standardbasen in ${}^{\P}\mathbb{H}_j \otimes {}^{\P}\mathbb{H}_k$. Dann ist die Matrixdarstellung der Einschränkung auf diese beiden Räume in dieser Basis durch

$$P_{jk}\big|_{{}^{\P}\mathbb{H}_j \otimes {}^{\P}\mathbb{H}_k} = \begin{pmatrix} 1 & 0 & 0 & 0 \\ 0 & 1 & 0 & 0 \\ 0 & 0 & 1 & 0 \\ 0 & 0 & 0 & e^{i\theta_{jk}} \end{pmatrix} = \Lambda_{|1\rangle^1}\big(P(\theta_{jk})\big) \tag{5.267}$$

gegeben. Die Wirkung von P_{jk} besteht also nur dann aus der Multiplikation mit einem Phasenfaktor $e^{i\theta_{jk}}$, falls sowohl der Zustand im $j+1$-ten als auch im $k+1$-ten Faktorraum jeweils einen Anteil in Richtung $|1\rangle$ hat. Andernfalls lässt P_{jk} den Zustand unverändert, d.h. wirkt als Identität.

Lemma 5.44

Sei $j, k \in \{0, \ldots, n-1\}, j > k, l \in \{j+1, \ldots, n-1\}, |\psi_l\rangle \in \mathbb{H}, \psi_{0j}, \psi_{1j} \in \mathbb{C}$. Sei weiterhin $x_0, \ldots, x_{j-1} \in \{0, 1\}$. Dann ist

$$P_{jk} |\psi_{n-1}\rangle \otimes \ldots \otimes |\psi_{j+1}\rangle \otimes \left[\psi_{0j}|0\rangle + \psi_{1j}|1\rangle\right] \otimes |x_{j-1}\rangle \otimes \ldots \otimes |x_0\rangle$$
$$= |\psi_{n-1}\rangle \otimes \ldots \otimes |\psi_{j+1}\rangle \otimes \left[\psi_{0j}|0\rangle + \psi_{1j}e^{i\pi \frac{x_k}{2^{j-k}}}|1\rangle\right] \otimes |x_{j-1}\rangle \otimes \ldots \otimes |x_0\rangle.$$
$$(5.268)$$

Beweis Mit $|x_k\rangle = (1 - x_k)|0\rangle + x_k|1\rangle$ und $\theta_{jk} = \frac{\pi}{2^{j-k}}$ hat man

$$P_{jk} |\psi_{n-1}\rangle \otimes \cdots \otimes |\psi_{j+1}\rangle \otimes \left[\psi_{0j}|0\rangle + \psi_{1j}|1\rangle\right] \otimes |x_{j-1}\rangle \otimes \cdots \otimes |x_0\rangle \qquad (5.269)$$
$$= (1 - x_k)|\psi_{n-1}\rangle \otimes \cdots \otimes |\psi_{j+1}\rangle \otimes \left[\psi_{0j}|0\rangle + \psi_{1j}|1\rangle\right] \otimes |x_{j-1}\rangle \otimes \cdots \otimes |x_0\rangle$$
$$+ x_k|\psi_{n-1}\rangle \otimes \cdots \otimes |\psi_{j+1}\rangle \otimes \left[\psi_{0j}|0\rangle + \psi_{1j}e^{i\theta_{jk}}|1\rangle\right] \otimes |x_{j-1}\rangle \otimes \cdots \otimes |x_0\rangle$$
$$= |\psi_{n-1}\rangle \otimes \cdots \otimes |\psi_{j+1}\rangle \otimes \left[\psi_{0j}|0\rangle + \psi_{1j}e^{i\pi \frac{x_k}{2^{j-k}}}|1\rangle\right] \otimes |x_{j-1}\rangle \otimes \cdots \otimes |x_0\rangle. \quad \square$$

Bis auf eine Umordnung, d. h. eine Umkehrung der Reihenfolge der Faktoren im n-fachen Tensorprodukt $\mathbb{H}^{\otimes n}$ lässt sich die Quanten-Fourier-Transformation dann als Produkt von Hadamard-Transformationen und bedingten Phasenschiebern darstellen.

Satz 5.45

Die Quanten-Fourier-Transformation F lässt sich mithilfe des in (5.55) definierten globalen Swapoperators $S^{(n)}$, Hadamard-Transformationen und bedingten Phasenverschiebungen wie folgt bilden:

$$F = S^{(n)} \prod_{j=0}^{n-1} \left(\left[\prod_{k=0}^{j-1} P_{jk}\right] H_j \right) \qquad (5.270)$$
$$= S^{(n)} H_0 P_{1,0} H_1 P_{2,0} P_{2,1} H_2 \ldots P_{n-1,0} \ldots P_{n-1,n-2} H_{n-1}.$$

Beweis Mit (5.263) hat man zunächst

$$H_{n-1}|x\rangle = \frac{|0\rangle + e^{2\pi i 0.x_{n-1}}|1\rangle}{\sqrt{2}} \otimes |x_{n-2}\rangle \otimes \cdots \otimes |x_0\rangle. \qquad (5.271)$$

Dann ergibt sich nach Lemma 5.44

$$
\begin{aligned}
P_{n-1,n-2}H_{n-1}|x\rangle &= \frac{|0\rangle + e^{2\pi i 0.x_{n-1}+i\pi\frac{x_{n-2}}{2}}|1\rangle}{\sqrt{2}} \otimes |x_{n-2}\rangle \otimes \cdots \otimes |x_0\rangle \\
&\underset{(5.255)}{=} \frac{|0\rangle + e^{2\pi i 0.x_{n-1}x_{n-2}}|1\rangle}{\sqrt{2}} \otimes |x_{n-2}\rangle \otimes \cdots \otimes |x_0\rangle \qquad (5.272)
\end{aligned}
$$

und

$$
\begin{aligned}
&P_{n-1,0}P_{n-1,1}\ldots P_{n-1,n-2}H_{n-1}|x\rangle \qquad\qquad\qquad\qquad (5.273)\\
&= \frac{|0\rangle + e^{2\pi i 0.x_{n-1}\ldots x_0}|1\rangle}{\sqrt{2}} \otimes |x_{n-2}\rangle \otimes \cdots \otimes |x_0\rangle\,.
\end{aligned}
$$

Weiterhin

$$
\begin{aligned}
&H_{n-2}P_{n-1,0}P_{n-1,1}\ldots P_{n-1,n-2}H_{n-1}|x\rangle \qquad\qquad\qquad\qquad (5.274)\\
&= \frac{|0\rangle + e^{2\pi i 0.x_{n-1}\ldots x_0}|1\rangle}{\sqrt{2}} \otimes \frac{|0\rangle + e^{2\pi i 0.x_{n-2}}|1\rangle}{\sqrt{2}} \otimes |x_{n-3}\rangle \otimes \cdots \otimes |x_0\rangle
\end{aligned}
$$

und

$$
\begin{aligned}
&P_{n-2,0}P_{n-2,1}\ldots P_{n-2,n-3}H_{n-2}P_{n-1,0}P_{n-1,1}\ldots P_{n-1,n-2}H_{n-1}|x\rangle \qquad (5.275)\\
&= \frac{|0\rangle + e^{2\pi i 0.x_{n-1}\ldots x_0}|1\rangle}{\sqrt{2}} \otimes \frac{|0\rangle + e^{2\pi i 0.x_{n-2}\ldots x_0}|1\rangle}{\sqrt{2}} \otimes |x_{n-3}\rangle \otimes \cdots \otimes |x_0\rangle\,.
\end{aligned}
$$

Gleichermaßen wiederholte Anwendung auf die noch verbleibenden Tensorprodukte $|x_{n-3}\rangle \otimes \cdots \otimes |x_0\rangle$ ergibt dann

$$
\prod_{j=0}^{n-1}\left(\prod_{k=0}^{j-1}(P_{jk})\,H_j\right)|x\rangle = \frac{1}{\sqrt{2^n}}\bigotimes_{k=n-1}^{0}\left[|0\rangle + e^{2\pi i 0.x_k\ldots x_0}|1\rangle\right]. \qquad (5.276)
$$

Dies ist bis auf die Umkehrung der Reihenfolge $F|x\rangle$. Daher ist schließlich

$$
\begin{aligned}
S^{(n)}\prod_{j=0}^{n-1}\left(\prod_{k=0}^{j-1}(P_{jk})\,H_j\right)|x\rangle &\underset{(5.276)}{=} \frac{1}{\sqrt{2^n}}S^{(n)}\bigotimes_{k=n-1}^{0}\left[|0\rangle + e^{2\pi i 0.x_k\ldots x_0}|1\rangle\right]\\
&\underset{(5.59)}{=} \frac{1}{\sqrt{2^n}}\bigotimes_{k=0}^{n-1}\left[|0\rangle + e^{2\pi i 0.x_k\ldots x_0}|1\rangle\right] \qquad (5.277)\\
&\underset{(5.257)}{=} F|x\rangle\,. \qquad\qquad\qquad\qquad\qquad\qquad \square
\end{aligned}
$$

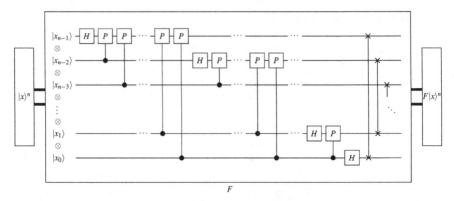

Abb. 5.23 Quantenschaltkreis zur Erzeugung der Quanten-Fourier-Transformation mithilfe von Hadamard-Gattern, bedingten Phasenschiebern und Swapgattern

Abb. 5.23 zeigt den Schaltkreis aus Gattern, die die Quanten-Fourier-Transformation erzeugen.

Die Darstellung (5.270) von $F|x\rangle$ mithilfe von H_j, P_{jk}, $S^{(n)}$ erlaubt es dann, die Anzahl der für die Quanten-Fourier-Transformation erforderlichen Rechenschritte abzuschätzen.

Korollar 5.46
Sei $F : \mathbb{H}^{\otimes n} \to \mathbb{H}^{\otimes n}$ die Quanten-Fourier-Transformation. Dann gilt für das Wachstum der Anzahl S_F der zur Ausführung erforderlichen Rechenschritte als Funktion von n

$$S_F(n) \in O(n^2). \tag{5.278}$$

Beweis Die Anwendung von H_j und P_{jk} erfordert jeweils eine feste, von n unabhängige Anzahl von Rechenoperationen: $S_{H_j}(n), S_{P_{jk}}(n) \in O(1)$. Die Anwendung von $S^{(n)}$ dagegen $S_{S^{(n)}}(n) \in O(n)$ Schritte. Wegen (5.270) aus Satz 5.45 lässt sich F durch

- n-fache Anwendung von $H_j, j = 0, \ldots, n-1$, mit insgesamt $S_H(n) \in O(n)$,
- $+$ $\frac{n(n-1)}{2}$-fache Anwendung von $P_{jk}, j = 0, \ldots, n-1; k = 0, \ldots, j-1$, mit insgesamt $S_P(n) \in O(n^2)$
- $+$ einmalige Anwendung von $S^{(n)}$, mit $S_{S^{(n)}}(n) \in O(n)$

bilden. Daher ist

$$S_F(n) = S_H(n) + S_P(n) + S_{S^{(n)}}(n) \underbrace{\in}_{(10.8)} O(n^2). \tag{5.279}$$

$\square$

Vom Nutzen der Verschränkung

6

Zusammenfassung

In diesem Kapitel werden zunächst mit der dichten Quantenkodierung und der Teleportation zwei Verfahren vorgestellt, bei denen die Verschränkung eine wesentliche Rolle spielt. Nachdem dann zuerst die Grundelemente der Kryptografie eingeführt worden sind, werden die Protokolle zur Schlüsselverteilung von Bennet und Brassard sowie das von Ekert präsentiert. Es wird gezeigt, wie beide Verfahren die Naturgesetze der Quantenmechanik nutzen, um festzustellen, ob die Schlüsselübertragung abgehört wurde. Bevor wir dann zur ausführlichen Vorstellung der beiden prominentesten und vielversprechendsten Quantenalgorithmen kommen, wird noch das RSA-Verfahren zur Schlüsselverteilung dargestellt, bei dem die Schwierigkeit, große Zahlen zu faktorisieren, die Sicherheit gewährleistet. Für die detaillierte Erörterung des Shor-Algorithmus zur Faktorisierung natürlicher Zahlen (was das RSA-Verfahren unsicher machen würde) wird dabei alle benötigte Mathematik aus der modularen Arithmetik in Kap. 11 inklusive aller Beweise bereitgestellt. Schließlich wird Grovers Suchalgorithmus erst mit bekannter Anzahl von zu suchenden Objekten detailliert präsentiert, bevor dann die Erweiterung für den Fall unbekannter Anzahl von zu suchenden Objekten vorgestellt wird.

6.1 Dichte Quantenkodierung

Falls Alice und Bob über Teilsysteme aus einem Vorrat an verschränkten Gesamtzuständen verfügen, können sie diesen nutzen, um *zwei klassische Bits* mithilfe *eines Qbits* zu versenden. Dieser Vorgang, bei dem *zwei klassische* Bits durch *ein Qbit* übertragen werden, heißt **dichte Quantenkodierung** [49]. Er ist aber nur dann zur komprimierten Übertragung klassischer Information geeignet, wenn Alice und Bob bereits je ein Teilsystem eines verschränkten Gesamtsystems erhalten haben. Zählt man diese Versendung der verschränkten Qbits hinzu, werden insgesamt auch zwei

© Springer-Verlag Berlin Heidelberg 2016

189

W. Scherer, *Mathematik der Quanteninformatik*, DOI 10.1007/978-3-662-49080-8_6

Qbits versandt. Dennoch ist es ein illustratives Phänomen, und falls es jemals gelingen sollte, Vorräte an verschränkten Systemen zu lagern, braucht man damit in der Tat für je zwei klassische Bits lediglich ein Qbit zu versenden, wie wir nun zeigen wollen.

Nehmen wir an, Alice und Bob besitzen je ein Qbit des verschränkten Bell-Zustandes

$$|\Phi^+\rangle = \frac{1}{\sqrt{2}} (|00\rangle + |11\rangle) . \tag{6.1}$$

Indem Alice an ihrem Qbit eine der vier unitären Transformationen

$$U^A = \mathbf{1}, \sigma_z, \sigma_x, \sigma_z \sigma_x \tag{6.2}$$

ausführt, transformiert sie den Gesamtzustand $|\Phi^+\rangle$ in einen der Bell-Zustände $|\Phi^\pm\rangle, |\Psi^\pm\rangle$, denn z. B.

$$
\begin{aligned}
\left(\sigma_z^A \otimes \mathbf{1}^B\right)|\Phi^+\rangle &= \frac{1}{\sqrt{2}}\left((\sigma_z|0\rangle) \otimes |0\rangle + (\sigma_z|1\rangle) \otimes |1\rangle\right) \\
&= \frac{1}{\sqrt{2}}(|00\rangle - |11\rangle) = |\Phi^-\rangle .
\end{aligned}
\tag{6.3}
$$

Analog berechnet man

$$\left(\sigma_x^A \otimes \mathbf{1}^B\right)|\Phi^+\rangle = |\Psi^+\rangle \tag{6.4}$$

$$\left(\sigma_z \sigma_x^A \otimes \mathbf{1}^B\right)|\Phi^+\rangle = |\Psi^-\rangle . \tag{6.5}$$

Übung 6.1 Man zeige, dass $U^A \otimes \mathbf{1}^B$ mit $U^A = \mathbf{1}, \sigma_z, \sigma_x, \sigma_z \sigma_x$ unitär ist und verifiziere

$$\left(\sigma_x^A \otimes \mathbf{1}^B\right)|\Phi^+\rangle = |\Psi^+\rangle \tag{6.6}$$

$$\left(\sigma_z \sigma_x^A \otimes \mathbf{1}^B\right)|\Phi^+\rangle = |\Psi^-\rangle . \tag{6.7}$$

Zur Lösung siehe 6.1 im Kap. 13 Lösungen.   ◀

Alice kodiert somit *zwei klassische Bits* in der Auswahl von U^A und durch Anwenden dieser Transformation auf ihr Qbit. Dann sendet sie ihr *(ein) Qbit* an Bob. Dieser misst die kompatiblen Observablen $\sigma_z^A \otimes \sigma_z^B$ und $\sigma_x^A \otimes \sigma_x^B$ (siehe (3.60)), stellt dadurch eindeutig fest (siehe Tab. 3.1), welchen Gesamtzustand Alice präpariert hat und hat dadurch die zwei klassischen Bits von Alice gelesen. Dieses Protokoll wird nochmals durch Tab. 6.1 illustriert, bei der man von der Tab. 3.1 Gebrauch macht. Bob kann daher zwei klassische Bits auslesen, obwohl er lediglich ein Qbit von Alice erhalten hat. Eine weitere Illustration des Ablaufs liefert das Schema in Abb. 6.1.

Tab. 6.1 Protokoll der dichten Quantenkodierung

Klassische Bits	Alice führt aus U^A	Gesamtsystem wird $(U^A \otimes 1)|\Phi^+\rangle$	Bob misst $\sigma_x^A \otimes \sigma_x^B$	$\sigma_z^A \otimes \sigma_z^B$
00	1	$|\Phi^+\rangle$	$+1$	$+1$
01	σ_z	$|\Phi^-\rangle$	$+1$	-1
10	σ_x	$|\Psi^+\rangle$	-1	$+1$
11	$\sigma_z\sigma_x$	$|\Psi^-\rangle$	-1	-1

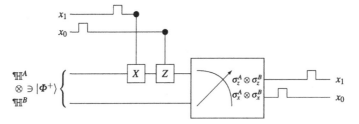

Abb. 6.1 Schaltkreis zum Ablauf der dichten Quantenkodierung; die Eingänge x_0 und x_1 sind klassische Bits, die die Anwendung X und Z auf $\mathbb{H}^A$ kontrollieren. Dabei wird X nur dann angewandt, wenn $x_1 = 1$. Analoges gilt für Z und x_0. Effektiv wirkt daher $X^{x_1} Z^{x_0}$ auf $\mathbb{H}^A$. Die Ausgänge aus der Messung sind ebenfalls klassische Bits. Dabei werden die Messergebnisse von $\sigma_z^A \otimes \sigma_z^B$ entsprechend Tab. 2.1 in klassische Bitwerte für x_1 übersetzt. Analoges gilt für $\sigma_x^A \otimes \sigma_x^B$ und x_0

6.2 Teleportation

Bei der **Teleportation** [18] handelt es sich gewissermaßen um die Umkehrung der dichten Quantenkodierung: Falls Alice und Bob über Teilsysteme eines verschränkten Zustandes verfügen, kann ein Qbit von Alice zu Bob transferiert werden, indem lediglich *zwei klassische Bits* übertragen werden. Dies nutzt wiederum die Verschränkung aus und wird folgendermaßen erreicht.

Angenommen, Alice möchte das Qbit $|\psi\rangle^S = a|0\rangle + b|1\rangle \in \mathbb{H}^S$ zu Bob „teleportieren" und sie besitzt noch ein Qbit, das Teil des verschränkten Bell-Zustandes

$$|\Phi^+\rangle^{AB} = \frac{1}{\sqrt{2}}\Big(|0\rangle^A \otimes |0\rangle^B + |1\rangle^A \otimes |1\rangle^B\Big) \qquad \in \mathbb{H}^A \otimes \mathbb{H}^B \qquad (6.8)$$

ist, dessen anderes Teilsystem sich bei Bob befindet. Sie setzt das zu sendende System mit dem ihrigen zusammen und nimmt dann Messungen im Hilbert-Raum $\mathbb{H}^S \otimes \mathbb{H}^A$ vor. Für das Gesamtsystem bedeutet die Hinzunahme des zu sendenden Teilsystems, dass folgendes System in $\mathbb{H}^S \otimes \mathbb{H}^A \otimes \mathbb{H}^B$ vorliegt:

$$|\psi\rangle^S \otimes |\Phi^+\rangle^{AB}$$

$$= \Big(a|0\rangle^S + b|1\rangle^S\Big) \otimes \frac{1}{\sqrt{2}}\Big(|0\rangle^A \otimes |0\rangle^B + |1\rangle^A \otimes |1\rangle^B\Big)$$

$$= \frac{1}{\sqrt{2}} \Big\{ a \underbrace{|0\rangle^S \otimes |0\rangle^A}_{=\frac{1}{\sqrt{2}}\left(|\Phi^+\rangle^{SA}+|\Phi^-\rangle^{SA}\right)} \otimes |0\rangle^B + a \underbrace{|0\rangle^S \otimes |1\rangle^A}_{=\frac{1}{\sqrt{2}}\left(|\Psi^+\rangle^{SA}+|\Psi^-\rangle^{SA}\right)} \otimes |1\rangle^B \Big\}$$

$$+ b \underbrace{|1\rangle^S \otimes |0\rangle^A}_{=\frac{1}{\sqrt{2}}\left(|\Psi^+\rangle^{SA}-|\Psi^-\rangle^{SA}\right)} \otimes |0\rangle^B + b \underbrace{|1\rangle^S \otimes |1\rangle^A}_{=\frac{1}{\sqrt{2}}\left(|\Phi^+\rangle^{SA}-|\Phi^-\rangle^{SA}\right)} \otimes |1\rangle^B$$

$$= \frac{1}{2} \Big\{ |\Phi^+\rangle^{SA} \otimes \left(a|0\rangle^B + b|1\rangle^B\right) + |\Psi^+\rangle^{SA} \otimes \left(a|1\rangle^B + b|0\rangle^B\right) \tag{6.9}$$

$$+ |\Phi^-\rangle^{SA} \otimes \left(a|0\rangle^B - b|1\rangle^B\right) + |\Psi^-\rangle^{SA} \otimes \left(a|1\rangle^B - b|0\rangle^B\right) \Big\}$$

$$= \frac{1}{2} \Big\{ |\Phi^+\rangle^{SA} \otimes |\psi\rangle^B + |\Psi^+\rangle^{SA} \otimes \left(\sigma_x |\psi\rangle^B\right)$$

$$+ |\Phi^-\rangle^{SA} \otimes \left(\sigma_z |\psi\rangle^B\right) + |\Psi^-\rangle^{SA} \otimes \left(\sigma_x \sigma_z |\psi\rangle^B\right) \Big\}.$$

Alice misst nun die kompatiblen Observablen $\sigma_z^S \otimes \sigma_z^A$ und $\sigma_x^S \otimes \sigma_x^A$ (siehe (3.60)) an dem aus dem zu sendenden Qbit und ihrem Teilsystem zusammengesetzten System $\mathbb{H}^S \otimes \mathbb{H}^A$ (nur auf diese Systeme hat sie ja Zugriff). Diese Messung der Observable projiziert (siehe Projektionspostulat 2.3 in Abschn. 2.3.1) auf die Eigenzustände $|\Phi^+\rangle^{SA}, |\Phi^-\rangle^{SA}, |\Psi^+\rangle^{SA}, |\Psi^-\rangle^{SA}$. Alice kann somit aus den erhaltenen Messwerten für $\sigma_z^S \otimes \sigma_z^A$ und $\sigma_x^S \otimes \sigma_x^A$ ablesen, in welchem der vier in (6.9) auftretenden Zustände das Gesamtsystem nach ihrer Messung ist (siehe Tab. 3.1). Dementsprechend gibt sie durch Versenden zweier klassischer Bits an Bob die Anweisung, an seinem Teilsystem eine der Observablen $\mathbf{1}, \sigma_x, \sigma_z, \sigma_z \sigma_x$ zu messen, was wegen $\mathbf{1}^2 = (\sigma_x)^2 = (\sigma_z)^2 = \sigma_z \sigma_x \sigma_x \sigma_z = \mathbf{1}$ sein Teilsystem in den Zustand $|\psi\rangle$ bringt. Dieses Verfahren wird nochmals in Tab. 6.2 illustriert. Der quantenmechanische Zustand $|\psi\rangle$ wird somit von Alice zu Bob „teleportiert," obwohl lediglich klassische Information gesandt wird. Allerdings besteht auch hier bereits vor dem Versenden ein Vorrat an *gemeinsamer Information* in Form des verschränkten Zustandes, den Alice und Bob sich teilen. Außerdem soll darauf hingewiesen werden, dass der Zustand $|\psi\rangle$ *nicht kopiert* wird (was ja dem Quanten-No-Cloning-Theorem 4.13 widerspräche), sondern bei Alice durch ihre Messung zerstört wird und erst dann ein Exemplar bei Bob wieder erzeugt werden kann. Eine Illustration des Ablaufs der Teleportation liefert der Schaltkreis in Abb. 6.2.

Tab. 6.2 Verfahren zur Teleportation

Alice misst		Gesamtzustand nach Messung:	Anweisung an	Bobs Qbit wird zu
$\sigma_z^S \otimes \sigma_z^A$,	$\sigma_x^S \otimes \sigma_x^A$	$|\Psi\rangle^{SA} \otimes$ Bobs Qbit	Bob: führe aus	
$+1$	$+1$	$|\Phi^+\rangle \otimes |\psi\rangle$	$\mathbf{1}$	$\mathbf{1}^2|\psi\rangle = |\psi\rangle$
$+1$	-1	$|\Phi^-\rangle \otimes \sigma_z|\psi\rangle$	σ_z	$(\sigma_z)^2|\psi\rangle = |\psi\rangle$
-1	$+1$	$|\Psi^+\rangle \otimes \sigma_x|\psi\rangle$	σ_x	$(\sigma_x)^2|\psi\rangle = |\psi\rangle$
-1	-1	$|\Psi^-\rangle \otimes \sigma_x\sigma_z|\psi\rangle$	$\sigma_z\sigma_x$	$\sigma_z\sigma_x\sigma_x\sigma_z|\psi\rangle = |\psi\rangle$

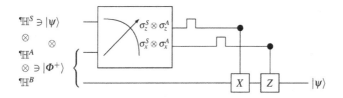

Abb. 6.2 Schaltkreis zum Ablauf der Teleportation; die Ausgänge aus der Messung sind klassische Bits und sind so zu verstehen, dass X auf $\mathbb{H}^B$ nur dann angewandt wird, wenn $\sigma_z^S \otimes \sigma_z^A$ den Messwert $+1$ ergeben hat, was nach Tab. 2.1 dem klassischen Bitwert 0 entspricht. Analog wird Z auf $\mathbb{H}^B$ nur dann angewandt, wenn $\sigma_x^S \otimes \sigma_x^A$ den Messwert $+1$ ergeben hat

6.3 Quantenkryptografie

6.3.1 Allgemeines zur Kryptografie

Kryptografie ist die Wissenschaft vom Ver- und Entschlüsseln von Nachrichten. Eine Nachricht ist dabei für uns ein Bitwort[1], d. h. eine Bitfolge endlicher Länge

$$M = (m_1, m_2, \ldots, m_n) \tag{6.10}$$

mit $m_j \in \{0, 1\}$. Die **Verschlüsselung** mit Schlüssel S ist eine Abbildung V_S dieses Bitwortes auf ein anderes Bitwort (evtl. anderer Länge)

$$V_S : M \mapsto V_S(M) = (v_{S,1}(M), v_{S,2}(M), \ldots, v_{S,r}(M)) \tag{6.11}$$

mit $v_{S,j}(M) \in \{0, 1\}$. Die Entschlüsselung ist das Inverse der Verschlüsselung

$$E_S := \left(V_S \right)^{-1} : V_S(M) \to E_S \circ V_S(M) = M \tag{6.12}$$

und liefert angewandt auf $V_S(M)$ wieder die ursprüngliche Nachricht M.

Die verschlüsselte Nachricht $V_S(M)$ wird evtl. auf abgehörten oder sogar öffentlichen Kanälen transportiert. Das Bitwort $V_S(M)$ kann also allgemein bekannt werden. Durch die Wahl des Schlüssels S in der Verschlüsselung V_S soll sichergestellt werden, dass aus der Kenntnis von $V_S(M)$ allein (d. h. ohne Kenntnis von S und somit E_S) die Nachricht M *nicht* reproduziert werden kann. Eine solche Methode heißt *absolut sicher*.

Eine Verschlüsselungsmethode, die diesen Anforderungen genügt, ist der Vernam-Code, den auch Che Guevara und Fidel Castro benutzten [50]. In diesem Verfahren benötigt man als Schlüssel zum Ver- und Entschlüsseln eine *rein zufällige* Bitfolge[2]

$$S = (s_1, s_2, \ldots, s_n) \tag{6.13}$$

---

[1] Allgemeiner kann man auch Wörter aus einem Alphabet mit $B > 2$ Buchstaben zulassen.
[2] Beziehungsweise eine Folge aus Buchstaben aus einem größeren Alphabet.

Tab. 6.3 Beispiel einer Ver- und Entschlüsselung mit Vernam-Code

Verschlüsselung	
Nachricht	0 0 1 0 1 1 0 1 1 1
$\overset{2}{\oplus}$ Schlüssel	1 0 0 1 1 0 0 0 1 0
= verschlüsselte Nachricht	1 0 1 1 0 1 0 1 0 1
Entschlüsselung	
verschlüsselte Nachricht	1 0 1 1 0 1 0 1 0 1
$\overset{2}{\oplus}$ Schlüssel	1 0 0 1 1 0 0 0 1 0
= Nachricht	0 0 1 0 1 1 0 1 1 1

gleicher Länge wie die Nachricht M. Die Verschlüsselung geschieht durch Addition der Nachrichtenbits zu den Schlüsselbits modulo 2, d. h. mithilfe der in Definition 5.2 definierten Binäraddition definieren wir die Verschlüsselungsabbildung als

$$v_{S,j}(M) = m_j \overset{2}{\oplus} s_j \qquad j = 1,\dots,n \,. \tag{6.14}$$

Die Bitfolge in $V_S(M)$ ist dann *rein zufällig* und lässt keine Rückschlüsse auf die Nachricht M zu. Um M aus $V_S(M)$ zu reproduzieren, benötigt der Empfänger eine Kopie des Schlüssels S, der zum Verschlüsseln benutzt wurde. Damit kann er die Entschlüsselung E_S nach

$$\begin{aligned} E_S\big(V_S(M)\big) &= (v_{S,1}(M) \overset{2}{\oplus} s_1, v_{S,2}(M) \overset{2}{\oplus} s_2, \dots, v_{S,n}(M) \overset{2}{\oplus} s_n) \\ &= (m_1 \overset{2}{\oplus} s_1 \overset{2}{\oplus} s_1, m_2 \overset{2}{\oplus} s_2 \overset{2}{\oplus} s_2, \dots, m_n \overset{2}{\oplus} s_n \overset{2}{\oplus} s_n) \\ &= (m_1, m_2, \dots, m_n) \end{aligned} \tag{6.15}$$

ausführen, da $s_j \overset{2}{\oplus} s_j = 0$ für alle $s_j \in \{0,1\}$ gilt. Zur Illustration ein kleines Beispiel in Tab. 6.3. Der *Vorteil* dieser Methode ist ihre absolute Sicherheit. Ihr *Nachteil*, die Tatsache, dass für jede Nachricht eine *neue zufällige Bitfolge* S benötigt wird, die sowohl dem Sender als auch dem Empfänger bekannt sein muss. Selbst wenn Sender und Empfänger einen gemeinsam bekannten Vorrat an Schlüsselfolgen S angelegt haben, ist dieser irgendwann erschöpft und während der Aufbewahrung der Gefahr des Zugriffs durch Unbefugte ausgesetzt. Will man dann einen neuen Vorrat austauschen, ist der Vorgang des Austauschens wiederum der Gefahr des Abhörens ausgesetzt.

Die Quantenmechanik bietet nun die Möglichkeit, diese Schlüsselsequenz zu erzeugen, zu senden und zu überprüfen, ob die Sendung abgehört wurde. Man kann das Abhören also zunächst nicht verhindern, aber falls man feststellt, dass die Erzeugung und Verteilung der Schlüsselbitfolge abgehört wurde, benutzt man diese Bitfolge nicht als Schlüssel. Genau genommen handelt es sich bei dieser Anwendung der Quantenmechanik um die Erzeugung von Chiffrierschlüsseln zur Anwendung in der Kryptografie. Man spricht daher auch von *Quantenschlüsselverteilung*.

Es gibt mehrere Protokolle, die Quantenmechanik bei der Schlüsselverteilung benutzen. Zunächst betrachten wir ein Verfahren in Abschn. 6.3.2, das – entgegen dem Titel dieses Kapitels – die Verschränkung *nicht* nutzt, sondern ausnutzt, dass ein quantenmechanischer Zustand im Allgemeinen durch eine Beobachtung (Messung) verändert wird. In Abschn. 6.3.3 diskutieren wir dann ein Verfahren, bei dem ausgenutzt wird, dass die „Korrelationen" der verschränkten Bell-Zustände nicht klassisch erzeugt werden können.

Die derzeit allerdings gebräuchliche Methode der Verschlüsselung ist das von Rivest, Shamir und Adleman [51] in 1978 entwickelte Chiffrierverfahren, das mit *öffentlichem Schlüsselaustausch* funktioniert. Die Sicherheit dieses mittlerweile RSA genannten und weitverbreiteten Verfahrens beruht darauf, dass es (bisher) zu zeitaufwendig ist, die *Primfaktoren* einer großen Zahl N zu finden. In Abschn. 6.3.4 wird das RSA-Verfahren etwas ausführlicher vorgestellt.

In Abschn. 6.4 werden wir allerdings einen Algorithmus vorstellen, der es – bisher nur theoretisch – unter Zuhilfenahme der Quantenmechanik ermöglicht, wesentlich schneller als bisher die Primfaktoren einer Zahl zu finden. Die Quantenmechanik macht daher potenziell das existierende RSA-Verschlüsselungsverfahren unsicherer, stellt aber andererseits neue Verfahren, wie die in den Abschn. 6.3.2 und 6.3.3 vorgestellten, zum abhörsicheren Austausch von Schlüsseln bereit.

6.3.2 Schlüsselverteilung ohne Verschränkung

Die folgende Methode der Schlüsselverteilung wurde 1984 von Bennett und Brassard in [3] vorgeschlagen. Das Protokoll trägt daher den Namen **BB84**. Ziel der Methode ist es, eine zufällige Bitfolge zu erzeugen, die Alice und Bob bekannt ist und von der sie überprüfen können, ob die Übertragung abgehört wurde. Dies geschieht mit einer großen Anzahl von Teilchen indem Alice für jedes Teilchen zufällig die Observable σ_z oder σ_x für eine Messung an dem Teilchen auswählt und dieses dann an Bob sendet, der dann ebenfalls zufällig die Observable σ_z oder σ_x für eine Messung an dem Teilchen auswählt.

Über öffentliche Kanäle finden Alice und Bob dann heraus, bei welchen der Teilchen sie zufällig die gleiche Observable gemessen haben. Für diese Messungen müssen ihre Messwerte übereinstimmen, da nach der Messung von Alice das Teilchen in dem Eigenzustand der ausgewählten Observable ist.

In Tab. 6.4 illustrieren wir das Protokoll zunächst unter der Annahme, dass nicht abgehört wird. Wegen der (von möglichen Übertragungsfehlern abgesehen) perfekten Übereinstimmung beim Vergleich der Kontrollwerte können Alice und Bob sicher sein, dass der Austausch der Teilchen nicht abgehört wurde.

Was ändert sich nun, wenn Charlie die Teilchen auf dem Weg von Alice zu Bob abhört? Abhören bedeutet Auslesen der Information und somit Messung einer Observable, was nur dann den Zustand des Teilchens nicht ändert, wenn es sich bereits um einen Eigenzustand der Observable handelt. Da Alice per Zufall zwischen den inkompatiblen Observablen σ_z und σ_x wählt, kann Charlie nicht bei allen abgehörten Teilchen immer diejenige Observable messen, in deren Eigenzustand das

Tab. 6.4 Schlüsselverteilung nach BB84 ohne Abhören

An Teilchen Nr.	1	2	3	4	5	6	7	8	9	10	11	12	…
	Wählt Alice für jedes Teilchen zufällig												
	eine der Observablen σ_z oder σ_x aus.												
Alice misst die Observable	σ_x	σ_x	σ_x	σ_z	σ_x	σ_x	σ_x	σ_z	σ_z	σ_x	σ_x	σ_z	…
und erhält den Wert	+1	−1	−1	+1	+1	−1	+1	−1	+1	+1	+1	+1	…
Das Teilchen ist dann im Zustand	$\lvert\uparrow_x\rangle$	$\lvert\downarrow_x\rangle$	$\lvert\downarrow_x\rangle$	$\lvert\uparrow_z\rangle$	$\lvert\uparrow_x\rangle$	$\lvert\downarrow_x\rangle$	$\lvert\uparrow_x\rangle$	$\lvert\downarrow_z\rangle$	$\lvert\uparrow_z\rangle$	$\lvert\uparrow_x\rangle$	$\lvert\uparrow_x\rangle$	$\lvert\uparrow_z\rangle$	…
	Alice schickt die so präparierten Teilchen zu Bob.												
	Dieser wählt für jedes Teilchen zufällig												
	eine der Observablen σ_z oder σ_x aus.												
Bob misst die Observable	σ_z	σ_x	σ_z	σ_z	σ_z	σ_x	σ_z	σ_z	σ_x	σ_x	σ_z	σ_z	…
und erhält den Wert	−1	−1	−1	+1	+1	−1	+1	−1	+1	+1	−1	+1	…
	Alice und Bob vergleichen öffentlich,												
	bei welchem Teilchen sie welche Observable gemessen haben.												
Gemessene Observable	≠	=	≠	=	≠	=	≠	=	≠	=	≠	=	…
	ohne aber ihre Messwerte bekannt zu geben.												
	Bei gleicher Observable müssen die Werte übereinstimmen, und												
	zur Kontrolle vergleichen sie öffentlich jeden zweiten												
	der Werte bei übereinstimmenden Observablen:												
Kontroll-Wert Alice				+1				−1				+1	…
Wert Bob				+1				−1				+1	…
	100 % Übereinstimmung beim Vergleich der Kontrollwerte												
	impliziert: Austausch der Teilchen wurde *nicht abgehört*.												
	Verwende verbleibende Werte bei übereinstimmenden Observablen als												
Gemeinsame, geheime und *zufällige* Bitfolge:		**−1**				**−1**				**+1**			…

Teilchen ankommt. Durch ihre Messung werden die Zustände einiger Teilchen geändert, bevor sie an Bob weitergereicht werden. Diese Veränderung werden Alice und Bob beim Vergleich der Kontrollwerte bemerken, wie aus der Tab. 6.5 ersichtlich wird, die das Protokoll BB84 *mit Lauschangriff* illustriert.

Letztlich beruht die Abhörsicherheit im Protokoll BB84 auf der Tatsache, dass man in der Quantenmechanik im Allgemeinen durch den Messvorgang den Zustand des Teilchens verändert und man im Nachhinein den vorherigen Zustand nicht wieder herstellen kann, ohne ihn vorher gekannt zu haben (in welchem Fall man ohnehin nicht zu messen bräuchte). Dies ist der Unterschied zu klassischen Bits. Diese kann man auslesen, ohne sie irreversibel zu verändern.

Im Protokoll BB84 müssen zum Austausch der Schlüsselsequenz Teilchen von Alice zu Bob gesendet werden, ohne dass der quantenmechanische Zustand wäh-

Tab. 6.5 Schlüsselverteilung nach BB84 mit Lauschangriff

An Teilchen Nr.	1	2	3	4	5	6	7	8	9	10	11	12	...
	Wählt Alice für jedes Teilchen zufällig												
	eine der Observablen σ_z oder σ_x aus.												
Alice misst die Observable	σ_x	σ_x	σ_x	σ_z	σ_x	σ_x	σ_x	σ_z	σ_z	σ_x	σ_x	σ_z	...
und erhält den Wert	$+1$	-1	-1	$+1$	$+1$	-1	$+1$	-1	$+1$	$+1$	$+1$	$+1$	...
Das Teilchen ist dann im Zustand	$\lvert\uparrow_x\rangle$	$\lvert\downarrow_x\rangle$	$\lvert\downarrow_x\rangle$	$\lvert\uparrow_z\rangle$	$\lvert\uparrow_x\rangle$	$\lvert\downarrow_x\rangle$	$\lvert\uparrow_x\rangle$	$\lvert\downarrow_z\rangle$	$\lvert\uparrow_z\rangle$	$\lvert\uparrow_x\rangle$	$\lvert\uparrow_x\rangle$	$\lvert\uparrow_z\rangle$	...
	Alice schickt die so präparierten Teilchen zu Bob.												
	Charlie fängt das Teilchen ab, weiß aber nicht,												
	in welchem Zustand es ist, daher												
misst Charlie die Observable	σ_z	σ_x	σ_x	σ_z	σ_z	σ_x	σ_z	σ_x	σ_x	σ_x	σ_z	σ_z	...
und erhält den Wert	-1	-1	-1	$+1$	-1	-1	$+1$	-1	$+1$	$+1$	$+1$	$+1$	...
Das Teilchen ist dann im Zustand	$\lvert\downarrow_z\rangle$	$\lvert\downarrow_x\rangle$	$\lvert\downarrow_x\rangle$	$\lvert\uparrow_z\rangle$	$\lvert\downarrow_z\rangle$	$\lvert\downarrow_x\rangle$	$\lvert\uparrow_z\rangle$	$\lvert\downarrow_x\rangle$	$\lvert\uparrow_x\rangle$	$\lvert\uparrow_x\rangle$	$\lvert\uparrow_z\rangle$	$\lvert\uparrow_z\rangle$	...
	und wird von Charlie an Bob weitergereicht.												
	Dieser wählt für jedes Teilchen zufällig												
	eine der Observablen σ_z oder σ_x aus.												
Bob misst die Observable	σ_z	σ_x	σ_z	σ_z	σ_z	σ_x	σ_z	σ_z	σ_x	σ_x	σ_z	σ_z	...
und erhält den Wert	-1	-1	-1	$+1$	-1	-1	$+1$	$+1$	$+1$	$+1$	$+1$	$+1$	...
	Alice und Bob vergleichen öffentlich,												
	bei welchem Teilchen sie welche Observable gemessen haben,												
gemessene Observable	$\neq$	$=$	$\neq$	$=$	$\neq$	$=$	$\neq$	$=$	$\neq$	$=$	$\neq$	$=$	...
	ohne aber ihre Messwerte bekannt zu geben.												
	Bei gleicher Observable müssen die Werte übereinstimmen und												
	zur Kontrolle vergleichen sie öffentlich jeden zweiten												
	der Werte bei übereinstimmenden Observablen:												
Kontroll-Wert Alice				$+1$				-1				$+1$	...
Wert Bob				$+1$				$+1$				$+1$	...
	33 % Abweichung beim Vergleich der Kontrollwerte												
	impliziert: Austausch der Qbits *wurde abgehört*.												
	Wiederhole Protokoll.												

rend der Versendung verändert wird. Ein Lauschangriff wird ja gerade durch eine solche Veränderung nachgewiesen. Eine solcherart ungestörte Versendung kann in der Praxis schwierig sein, da quantenmechanische Systeme schwer gegen äußere Einflüsse abgeschirmt werden können. Die in Abschn. 6.3.3 vorgestellte potenzielle Alternative zum Protokoll BB84 nutzt die Verschränkung und vermeidet eine Versendung von Teilchen.

6.3.3   Schlüsselverteilung mit verschränkten Zuständen

Im Folgenden beschreiben wir nun, wie Verschränkung genutzt werden kann, um Schlüssel so zu verteilen, dass man eventuelle Lauschangriffe feststellen kann. Dabei kann auf das Versenden von Teilchen verzichtet werden, wenn die Teilchenpaare, die sich in einem verschränkten Zustand befinden, vorher von Alice und Bob abgeholt und jeweils bei ihnen gespeichert wurden. Dieses Protokoll nutzt die CHSH-Version der Bell'schen Ungleichung aus, um Lauschangriffe festzustellen. Es wurde erstmals von Ekert in 1991 vorgeschlagen [4], weshalb wir es hier mit der Abkürzung **EK91** bezeichnen.

Alice und Bob besitzen je ein Teilchen einer Menge von Teilchenpaaren, die durch den verschränkten Bell-Zustand

$$|\Psi^-\rangle \;=\; \frac{1}{\sqrt{2}}\left(|0\rangle^A \otimes |1\rangle^B - |1\rangle^A \otimes |0\rangle^B\right) \tag{6.16}$$

$$\underbrace{=}_{(4.39)} \frac{1}{\sqrt{2}}\left(|\!\uparrow_{\hat{\mathbf{n}}}\rangle^A \otimes |\!\downarrow_{\hat{\mathbf{n}}}\rangle^B - |\!\downarrow_{\hat{\mathbf{n}}}\rangle^A \otimes |\!\uparrow_{\hat{\mathbf{n}}}\rangle^B\right)$$

mit beliebigem $\hat{\mathbf{n}} \in B_{\mathbb{R}^3}^1$ beschrieben werden. Dies kann so erreicht werden, indem Alice und Bob sich ihre Teilchen eines jeden Paares von der Quelle abholen oder die Teilchen an sie gesendet werden. Letzteres mag größere Versuchung zu Lauschangriffen erzeugen. Diese können aber ähnlich wie im Protokoll BB84 festgestellt werden.

Alice misst zunächst den Spin ihres Teilchens in eine der drei wie in (4.71) mit (4.73) definierten und in Abb. 4.1 gezeigten Richtungen $\hat{\mathbf{n}}^1, \hat{\mathbf{n}}^2, \hat{\mathbf{n}}^4$, die sie zufällig für jedes ihrer Teilchen neu auswählt. Bob wählt für seine Teilchen ebenfalls zufällig eine der Richtungen $\hat{\mathbf{n}}^2, \hat{\mathbf{n}}^3, \hat{\mathbf{n}}^4$ für eine Spinmessung an seinen Teilchen aus. Ein Beispiel der von ihnen gewählten Messrichtungen und Messergebnisse ist etwa wie in Tab. 6.6. Alice und Bob kommunizieren nun über einen öffentlichen Kanal, in welche Richtung sie jeweils ihre Spinmessung an Teilchen Nr. $1, 2, 3, \ldots$ durchgeführt haben. Sie teilen die Messungen in zwei Gruppen ein:

- Eine Gruppe, bei der sie zufällig die gleiche Richtung $\hat{\mathbf{n}}^2$ oder $\hat{\mathbf{n}}^4$ gewählt haben. Diese Messungen sind in Tab. 6.6 durch weiße Zellen markiert.
- Eine davon disjunkte Gruppe, bei der sie unterschiedliche Richtungen gewählt haben, z. B. $\hat{\mathbf{n}}^1$ oder $\hat{\mathbf{n}}^3$. Diese Messungen sind in Tab. 6.6 durch hellgraue Zellen markiert.

Bei der Gruppe gleicher Richtungen erhalten Alice und Bob bei den Messungen an einem Teilchenpaar immer das entgegengesetzte Messergebnis, falls nicht abgehört wurde, denn angenommen, Alice misst in Richtung $\hat{\mathbf{n}}^2$ den Wert $+1$ („Spin-up"),

Tab. 6.6 Fiktives Messergebnisse von Alice und Bob im Protokoll EK91 mit Verschränkung ohne Abhören. Die *hellgrau* unterlegten Teilchenpaarnummern gehören zu Messungen, bei denen Alice und Bob *ihre Spins in unterschiedlichen Richtungen gemessen haben* und bei denen sie sich die Messergebnisse öffentlich bekannt geben. Mit diesen Messergebnissen kann gemäß (4.75) die linke Seite von (4.74) berechnet werden. Die hier gezeigten Werte ergeben $\approx -2\sqrt{2}$, was ein Abhören durch Dritte ausschließt. Die nicht öffentlich bekannten Messergebnisse der *weiß* unterlegten Teilchenpaare, bei denen sie ihre jeweiligen Spins *in gleicher Richtung gemessen haben*, können dann als zufällige Bitsequenz zum Verschlüsseln von Nachrichten zwischen Alice und Bob verwandt werden

Teilchenpaar Nr.	Alice misst s^A in Richtung $\hat{n}^1$	$\hat{n}^2$	$\hat{n}^4$	Bob misst s^B in Richtung $\hat{n}^3$	$\hat{n}^2$	$\hat{n}^4$
1		+1				−1
2	−1			+1		
3	+1			−1		
4			−1	−1		
5		+1		−1		
6	−1					−1
7	+1			−1		
8		+1				−1
9	−1					+1
10		−1				+1
11		+1		+1		
12	−1			−1		
13	−1					+1
14		+1				−1
15	+1			−1		
16	−1			−1		
17	−1					+1
18	+1			−1		
19	+1			+1		
20	−1			−1		
21		−1		+1		
22		+1		−1		
23		+1				−1
24		−1		−1		
25	−1					+1
26			−1	+1		
27		+1		−1		
28		−1				−1
29			−1	+1		
30	+1			+1		
31		−1				+1
32			−1	+1		

Teilchenpaar Nr.	Alice misst s^A in Richtung $\hat{n}^1$	$\hat{n}^2$	$\hat{n}^4$	Bob misst s^B in Richtung $\hat{n}^3$	$\hat{n}^2$	$\hat{n}^4$
33		+1		−1		
34		−1		+1		
35	+1			+1		
36	−1					−1
37			−1		+1	
38		+1			−1	
39			−1	+1		
40			−1	−1		
41		+1				−1
42	+1				−1	
43		−1		+1		
44		+1		−1		
45	+1					−1
46	−1					−1
47		−1				+1
48		+1		+1		
49		−1				+1
50			+1	−1		
51	+1					−1
52		−1			+1	
53		−1				+1
54	+1			−1		
55	+1				−1	
56	−1					+1
57		−1		−1		
58		+1		−1		
59		−1			+1	
60	+1					−1
61	+1					−1
62			+1			−1
63	+1				+1	

dann projiziert sie den ursprünglichen Zustand

$$|\Psi^-\rangle = \frac{1}{\sqrt{2}} \left(|0\rangle^A \otimes |1\rangle^B - |1\rangle^A \otimes |0\rangle^B \right)$$

$$= \frac{1}{\sqrt{2}} \left(|\uparrow_{\hat{\mathbf{n}}^2}\rangle^A \otimes |\downarrow_{\hat{\mathbf{n}}^2}\rangle^B - |\downarrow_{\hat{\mathbf{n}}^2}\rangle^A \otimes |\uparrow_{\hat{\mathbf{n}}^2}\rangle^B \right)$$

auf

$$\frac{\left(|\uparrow_{\hat{\mathbf{n}}^2}\rangle\langle\uparrow_{\hat{\mathbf{n}}^2}|^A \otimes \mathbf{1}^B \right) |\Psi^-\rangle}{\left|\left| \left(|\uparrow_{\hat{\mathbf{n}}^2}\rangle\langle\uparrow_{\hat{\mathbf{n}}^2}|^A \otimes \mathbf{1}^B \right) \Psi^- \right|\right|} = |\uparrow_{\hat{\mathbf{n}}^2}\rangle^A \otimes |\downarrow_{\hat{\mathbf{n}}^2}\rangle^B , \qquad (6.17)$$

und wenn Bob nun in die gleiche Richtung $\hat{\mathbf{n}}^2$ misst erhält er als Ergebnis -1, denn $|\uparrow_{\hat{\mathbf{n}}^2}\rangle^A \otimes |\downarrow_{\hat{\mathbf{n}}^2}\rangle^B$ ist Eigenvektor von $\mathbf{1}^A \otimes \Sigma^B_{\hat{\mathbf{n}}^2}$ zum Eigenwert -1. Analog erhält man, dass Bob immer den Wert $+1$ misst, falls Alice den Wert -1 gemessen hat. In der Gruppe der Messungen in gleicher Richtung sind also Alices und Bobs Messergebnisse mit Sicherheit entgegengesetzt. Falls niemand diese Werte kennt, d. h. ebenfalls gemessen hat, könnten sie daher die zufällig in der Gruppe der Messungen gleicher Richtungen verteilten Messergebnisse von ± 1 als eine Schlüsselsequenz zufälliger Bits benutzen.

Welche Möglichkeit hat Charlie, diesen Austausch abzuhören? Alice und Bob tauschen keine Teilchen aus, daher kann Charlie solche nicht abfangen. Bevor Alice oder Bob an ihrem Teilchen Messungen vorgenommen haben, ist das Teilchenpaar in dem verschränkten Zustand $|\Psi^-\rangle$ „miteinander verbunden", oft wird gesagt „miteinander korreliert", was aber nicht unbedingt die beste Wortwahl ist. Aber die Informationen, über die sie nach ihren Messungen – und dabei spielt es keine Rolle, wer von ihnen zuerst misst – verfügen, ist vor den Messungen noch nicht vorhanden. Da wir annehmen können, dass Alice und Bob ihre Teilchen nach ihren Messungen unbrauchbar machen, muss Charlie also an dem Teilchen von Alice oder Bob (oder beiden) Messungen vornehmen, bevor dies Alice oder Bob tun. Danach sind aber die Teilchen (genau wie bei Messungen von Alice oder Bob) nicht mehr in dem verschränkten Zustand $|\Psi^-\rangle$, sondern in einem separablen Zustand der Form $|\uparrow_{\hat{\mathbf{n}}^{\varphi_1}}\rangle \otimes |\downarrow_{\hat{\mathbf{n}}^{\psi_1}}\rangle = |\varphi_1 \otimes \psi_1\rangle$ für Richtungen $\hat{\mathbf{n}}^{\varphi_1}, \hat{\mathbf{n}}^{\psi_1}$, die Charlie gewählt hat. Der einzig andere Weg, in dem Charlie den Austausch der Schlüsselsequenz abhören könnte, wäre, indem Charlie den ursprünglichen Zustand der Teilchen kontrolliert. Aber solange der ursprüngliche Zustand verschränkt ist, gilt wie oben gesagt, dass die Information, die Alice und Bob austauschen, erst mit einer Messung von einem der beiden entsteht. Dies kann Charlie nur umgehen, indem sie den ursprünglichen Gesamtzustand als separablen Zustand, etwa $|\varphi_2 \otimes \psi_2\rangle$, präpariert. In den beiden möglichen Lauschangriffen, die Charlie betreiben kann, ist also das Gesamtsystem immer in einem separablen Zustand $|\varphi \otimes \psi\rangle$, bevor Alice und Bob messen. Aus Proposition 4.10 wissen wir aber, dass dann

$$\left| \left\langle \Sigma^A_{\hat{\mathbf{n}}^1} \otimes \Sigma^B_{\hat{\mathbf{n}}^2} \right\rangle_{\varphi\otimes\psi} - \left\langle \Sigma^A_{\hat{\mathbf{n}}^1} \otimes \Sigma^B_{\hat{\mathbf{n}}^3} \right\rangle_{\varphi\otimes\psi} + \left\langle \Sigma^A_{\hat{\mathbf{n}}^4} \otimes \Sigma^B_{\hat{\mathbf{n}}^2} \right\rangle_{\varphi\otimes\psi} + \left\langle \Sigma^A_{\hat{\mathbf{n}}^4} \otimes \Sigma^B_{\hat{\mathbf{n}}^3} \right\rangle_{\varphi\otimes\psi} \right| \leq 2$$

$$(6.18)$$

gilt.

Wie können nun Alice und Bob feststellen, ob jemand ihren Austausch abgehört hat? Dazu betrachten sie die Messergebnisse in der Gruppe ungleicher Richtungen und geben sich ihre Messergebnisse bekannt. Mit den so ausgetauschten Messwerten $s_{\hat{n}^i}^A, X = A, B; i = 1, \ldots, 4$ berechnen sie die beobachteten Mittelwerte $\overline{\Sigma_{\hat{n}^i}^A \Sigma_{\hat{n}^j}^B}$ gemäß (4.75). Sie wissen aus Abschn. 4.5.2, dass im Zustand $|\Psi^-\rangle$ für die in (4.71) mit (4.73) gegebenen Richtungen $\hat{n}^i, i = 1, \ldots, 4$

$$\left| \left\langle \Sigma_{\hat{n}^1}^A \otimes \Sigma_{\hat{n}^2}^B \right\rangle_{\Psi^-} - \left\langle \Sigma_{\hat{n}^1}^A \otimes \Sigma_{\hat{n}^3}^B \right\rangle_{\Psi^-} + \left\langle \Sigma_{\hat{n}^4}^A \otimes \Sigma_{\hat{n}^2}^B \right\rangle_{\Psi^-} + \left\langle \Sigma_{\hat{n}^4}^A \otimes \Sigma_{\hat{n}^3}^B \right\rangle_{\Psi^-} \right| = 2\sqrt{2} \tag{6.19}$$

gelten sollte, während dagegen bei einem Lauschangriff (6.18) gelten muss.

Daher berechnen Alice und Bob diese Korrelationen und schlussfolgern

Falls $\left| \overline{\Sigma_{\hat{n}^1}^A \Sigma_{\hat{n}^2}^B} - \overline{\Sigma_{\hat{n}^1}^A \Sigma_{\hat{n}^3}^B} + \overline{\Sigma_{\hat{n}^4}^A \Sigma_{\hat{n}^2}^B} + \overline{\Sigma_{\hat{n}^4}^A \Sigma_{\hat{n}^3}^B} \right| \approx 2\sqrt{2} \Longrightarrow$ Kanal sicher,

falls $\left| \overline{\Sigma_{\hat{n}^1}^A \Sigma_{\hat{n}^2}^B} - \overline{\Sigma_{\hat{n}^1}^A \Sigma_{\hat{n}^3}^B} + \overline{\Sigma_{\hat{n}^4}^A \Sigma_{\hat{n}^2}^B} + \overline{\Sigma_{\hat{n}^4}^A \Sigma_{\hat{n}^3}^B} \right| \leq 2 \Longrightarrow$ Kanal abgehört.

6.3.4 Öffentliche Schlüsselverteilung nach RSA

Bevor wir uns Shors Primfaktorisierungsalgorithmus zuwenden, soll noch das weitverbreitete und (bisher fast) sichere Chiffrierverfahren mit öffentlichen Schlüsseln nach Rivest, Shamir und Adleman (RSA) [51] vorgestellt werden. Wie wir sehen werden, beruht die Sicherheit der RSA-Verschlüsselung gerade darauf, dass es (bisher) zu zeitaufwendig ist, die *Primfaktoren* p, q einer öffentlich bekannten, aber großen Zahl $N = pq$ zu finden.

Wir nehmen an, dass zwischen allen Beteiligten die Nachrichtenübertragung durch den Austausch von Bit-Vektoren $(s_0, s_1, \ldots, s_{B_{\max}-1})_{s_j \in \{0,1\}}$ einer fest vereinbarten Dimension $B_{\max}$ geschieht[3]. Jeder übertragbare Bit-Vektor kann daher in eine natürliche Zahl

$$m := \sum_{j=0}^{B_{\max}-1} s_j 2^j \in \{0, \ldots, 2^{B_{\max}} - 1\} \subset \mathbb{N}_0, \tag{6.20}$$

die nicht größer als $m_{\max} := 2^{B_{\max}} - 1$ ist, übersetzt werden. Eine Nachrichtenübertragung mit dem RSA-Verfahren läuft dann im Wesentlichen folgendermaßen ab:

---

[3] Größere Nachrichten können in Blöcke solcher Bit-Vektoren aufgeteilt werden.

- Der Empfänger
  - sucht sich zwei Primzahlen $p \neq q$ mit[4] $p, q > m_{max}$,
  - wählt ein $a \in \mathbb{N}$ mit der Eigenschaft

$$ggT(a, (p-1)(q-1)) = 1, \qquad (6.21)$$

  - bildet

$$N := pq \in \mathbb{N} \qquad (6.22)$$

  - und gibt a und N als *Schlüssel* $S = (a, N)$ *öffentlich bekannt.*
- Der Sender
  - verschlüsselt eine Nachricht $m \leq m_{max} < N$, indem er

$$V_S(m) := m^a \mod N \qquad (6.23)$$

  bildet
  - und sendet $V_S(m)$ auf öffentlichen Kanälen an den Empfänger.
- Der Empfänger
  - sucht sich ein $d \in \mathbb{N}$, welches

$$a d \mod (p-1)(q-1) = 1 \qquad (6.24)$$

  erfüllt
  - und entschlüsselt die Nachricht, indem er

$$E_S(V_S(m)) := (V_S(m))^d \mod N$$
$$= m \qquad (6.25)$$

  berechnet.

Somit erlaubt die öffentliche Bekanntgabe des Schlüssels $S = (a, N)$, dass jeder, der diese Zahlen kennt, eine Nachricht mithilfe von (6.23) verschlüsseln kann. Aber lediglich der Empfänger kann die Nachricht durch Kenntnis eines d, welches (6.24) erfüllt (was wiederum die Kenntnis von p und q voraussetzt), unter Nutzung von (6.25) dechiffrieren. Mithilfe einiger Ergebnisse aus der modularen Arithmetik zeigen wir weiter unten, dass man mit der Entschlüsselungsabbildung (6.25) in der Tat die ursprüngliche Nachricht m wieder erhält. Um die Nachricht zu entschlüsseln, benötigt der Empfänger die Kenntnis von d als Lösung von (6.24), was wiederum die Kenntnis von p und q voraussetzt. Eine schnelle Faktorisierung von N würde daher p und q liefern, das Bestimmen von d als eine Lösung von (6.24) ermöglichen und Dechiffrierung erlauben.

Bevor wir die Dechiffrierung durch (6.25) zeigen, sei noch angemerkt, dass (6.21) sicherstellt, dass (6.24) eine Lösung $d \in \mathbb{N}$ hat:

---

[4] Diese Bedingung wird in manchen Darstellungen des Verfahrens nicht erhoben. Dann besteht aber die Möglichkeit, dass m und $N = pq$ nicht teilerfremd sind, was üblicherweise als sehr unwahrscheinlich angesehen wird, aber die Entschlüssung nicht mehr garantieren würde.

Lemma 6.1

Seien $a \in \mathbb{N}$, p, q Primzahlen, sodass

$$ggT(a, (p-1)(q-1)) = 1. \tag{6.26}$$

Dann gibt es ein $d \in \mathbb{N}$, welches

$$ad \mod (p-1)(q-1) = 1 \tag{6.27}$$

erfüllt.

Beweis Anwendung von (11.18) in Satz 11.4 auf a und $(p-1)(q-1)$ und (6.26) ergeben die Existenz von $x, y \in \mathbb{Z}$ mit

$$ax + (p-1)(q-1)y = 1, \tag{6.28}$$

was

$$ax = 1 - (p-1)(q-1)y \tag{6.29}$$

und

$$\left\lfloor \frac{ax}{(p-1)(q-1)} \right\rfloor = \left\lfloor \frac{1}{(p-1)(q-1)} - y \right\rfloor = -y \tag{6.30}$$

zur Folge hat. Daraus ergibt sich dann, dass es ein $x \in \mathbb{Z}$ gibt mit

$$ax - \left\lfloor \frac{ax}{(p-1)(q-1)} \right\rfloor (p-1)(q-1) = 1 - y(p-1)(q-1) - (-y)(p-1)(q-1) = 1 \tag{6.31}$$

und somit

$$ax \mod (p-1)(q-1) = 1. \tag{6.32}$$

Falls $x > 0$, so setzen wir $d = x$, falls $x < 0$ ($x = 0$ ist durch (6.28) ausge-schlossen), wählen wir ein $l \in \mathbb{N}$, sodass $x + l(p-1)(q-1) > 0$ und setzen $d = x + l(p-1)(q-1)$. In jedem Fall ist dann

$$ad \mod (p-1)(q-1) = 1, \tag{6.33}$$

und wir haben gezeigt, dass die Voraussetzung (6.26) die Existenz einer Lösung d in (6.27) garantiert. $\square$

Nach Konstruktion ist $N = pq$ und $V_S(m) = m^a \mod N$, sodass die Entschlüs-selungsabbildung zu

$$E_S(V_S(m)) = (m^a \mod pq)^d \mod pq \tag{6.34}$$

wird.

Mit dem Ergebnis aus Übung 11.2 (iii) erhalten wir dann aus (6.34)

$$E_S(V_S(m)) = m^{ad} \mod pq.$$ (6.35)

Um die Dechiffrierung durch (6.25) zu verifizieren, bleibt daher noch zu zeigen, dass für ein d, welches (6.24) erfüllt, gilt,

$$m^{ad} \mod pq = m,$$ (6.36)

was wir mithilfe der Ergebnisse aus Kap. 11 als folgenden Satz beweisen, der die Entschlüsselungsabbildung möglich macht.

Satz 6.2
Seien $p \neq q$ Primzahlen, $m \in \mathbb{N}$ mit $m < \min\{q, p\}$ sowie $a, d \in \mathbb{N}$ mit $ad \mod (p-1)(q-1) = 1$. Dann gilt

$$m^{ad} \mod pq = m.$$ (6.37)

Beweis Zum Beweis überlegt man sich zunächst, dass es wegen $ad \mod (p-1)(q-1) = 1$ ein $k \in \mathbb{N}$ gibt, sodass $ad = 1 + k(p-1)(q-1)$ und somit

$$m^{ad} = m\, m^{k(p-1)(q-1)} = m \left(m^{k(p-1)} \right)^{q-1} = m \left(m^{k(q-1)} \right)^{p-1}.$$ (6.38)

Da $m < q, p$, besteht die Primfaktorzerlegung von m aus Primfaktoren, die kleiner sind als q und p. Gleiches gilt dann auch für $m^{k(p-1)}$ bzw. $m^{k(q-1)}$, die dann notwendigerweise mit q und p teilerfremd sein müssen. Nach Korollar 11.14 ist daher

$$\left(m^{k(p-1)} \right)^{q-1} \mod q = 1 = \left(m^{k(q-1)} \right)^{p-1} \mod p,$$ (6.39)

und somit gibt es $r, s \in \mathbb{Z}$ mit $1 + rq = m^{k(p-1)(q-1)} = 1 + sp$, was

$$\exists r, s \in \mathbb{Z} \quad rq = sp$$ (6.40)

impliziert. Die Primfaktorzerlegung von rq enthält somit p, d.h. es gibt ein $l \in \mathbb{Z}$ mit

$$rq = lpq$$ (6.41)

und daher $m^{k(p-1)(q-1)} = 1 + rq = 1 + lpq$, was

$$m^{k(p-1)(q-1)} \mod pq = 1$$ (6.42)

zur Folge hat. Zusammen mit (6.38) ergibt sich daraus

$$m^{ad} \mod pq = m\, m^{k(p-1)(q-1)} \mod pq$$

$$= m(\underbrace{m^{k(p-1)(q-1)} \mod pq}_{=1}) \mod pq \qquad (6.43)$$

$$= m \mod pq = m,$$

wobei in (6.43) das Ergebnis von Übung 11.2 (ii) benutzt wurde und die letzte Gleichung aus $m < \min\{p, q\}$ folgt. $\qquad\qquad\qquad\qquad\qquad\qquad\square$

Wie in (6.36) dargestellt, ist die gerade bewiesene Behauptung (6.37) in Satz 6.2 wesentlich zum Entschlüsseln der Nachricht.

In RSA wird der Schlüssel $S = (a, N)$ öffentlich bekannt gegeben *(Public Key Cryptography)*. Die Konstruktion der Entschlüsselung $E_S = V_S^{-1}$ erfordert die Kenntnis der Primfaktoren p, q einer öffentlich bekannten großen Zahl $N = pq$, was bei genügend großem N mit den zurzeit verfügbaren Algorithmen selbst mit leistungsfähigen Rechnern zu viele Rechenschritte und somit zu viel Zeit erfordert. Um dies auszutesten, hat RSA Laboratories, ein Tochterunternehmen von RSA Security, die ihrerseits in 2006 von EMC Corporation übernommen wurde, in 1991 in einer öffentlichen Herausforderung Preisgeld für die erfolgreiche Faktorisierung von 100 von ihnen vorgegebenen Halbprimzahlen (d. h. Produkte von zwei Primzahlen) ausgelobt [52]. Eine dieser Zahlen war die Zahl RSA-768 mit 232 Dezimalstellen, die im Jahr 2009 erfolgreich faktorisiert wurde [53, 54]:

$$
\begin{aligned}
\text{RSA-768} =\ & 12301866845301177551304949583849627207728535695 \\
& 95334792197322452151726400507263657518745202199 \\
& 78646939895647494277406384592519255732630345373 \\
& 15482685079170261221429134616704292143116022212 \\
& 40479274737794080665351419597459856902143413 \qquad (6.44) \\
=\ & 33478071698956898786044169848212690817704794983 \\
& 71376856891243138898288379387800228761471165253 \\
& 174308773781446799489 \\
& \times\, 36746043666799590428244633799627952632279158164 \\
& 34308764267603228381573966651127923337341714339 \\
& 6810270092798736308917 \,.
\end{aligned}
$$

Das dabei verwandte und zurzeit *beste bekannte klassische Verfahren* zur Faktorisierung von einer beliebigen sehr großen Zahl $N \in \mathbb{N}$ ist das *(allgemeine) Zahlkörpersieb* (auch NFS nach dem englischen „Number Field Sieve" genannt[5])

---

[5] Manchmal auch GNFS nach engl. „General Number Field Sieve" genannt.

[55]. Eine heuristische Abschätzung der Wachstumsrate der in diesem Verfahren erforderlichen Rechenschritte $S_{\text{NFS}}(N)$ ergibt für $N \to \infty$ [56, 57]

$$S_{\text{NFS}}(N) \in O\left(\exp\left[\left(\frac{64}{9} + o(1) \right)^{\frac{1}{3}} \left(\log_2 N \right)^{\frac{1}{3}} \left(\log_2(\log_2 N) \right)^{\frac{2}{3}} \right] \right), \quad (6.45)$$

wobei die in Definition 10.1 definierten Landau-Symbole benutzt wurden.

Die Faktorisierung von RSA-768 erforderte selbst mit in großen Teilen mehreren Hundert Rechnern fast drei Jahre Echtzeit und mit einem einzigen 2,2 GHz 2 GB RAM Opteron Prozessor schätzungsweise 2000 CPU-Jahre [53]. Üblicherweise werden bei Banken 250-stellige Zahlen N zur Implementation der RSA-Chiffriermethode benutzt, sodass zum Aufbrechen des Schlüssels mit einem einzigen PC im Allgemeinen mehr als 1500 Jahre benötigt werden. Aus diesem Grund galt die RSA-Methode bisher als sicher.

Wie wir im nachfolgenden Abschn. 6.4 zeigen, hat Shor aber 1994 einen theoretischen Algorithmus mit Quantencomputern entwickelt, der das Faktorisieren großer Zahlen N in *polynomial* in $\log_2 N$ begrenzter Anzahl von Rechenschritten ermöglicht. Falls man Shors Algorithmus in die Praxis umsetzen kann, würde die RSA-Methode unsicher.

Die Quantenmechanik liefert daher zwar potenziell Werkzeuge um bestehende Verschlüsselungsverfahren unsicher, d. h. obsolet, zu machen, andererseits aber auch, wie wir in den Abschn. 6.3.2 und 6.3.3 gesehen haben, neue Schlüsselverteilungsverfahren, deren Sicherheit durch die (Natur-)Gesetze der Quantenmechanik gewährleistet ist.

6.4 Shors Algorithmus zur Faktorisierung großer Zahlen

6.4.1 Allgemeines

Peter Shor hat 1994 gezeigt [19], dass ein Algorithmus auf einem Quantencomputer es theoretisch ermöglicht, einen Teiler einer Zahl N, die mindestens zwei verschiedene Primfaktoren hat, in einer Anzahl von Rechenoperationen zu bestimmen, die lediglich polynomial mit der Inputlänge[6] $\log_2 N$ der Zahl anwächst. Der Shor-Algorithmus faktorisiert N asymptotisch für $N \to \infty$ in

$$S_{Shor}(N) \in O\left((\log_2 N)^3 \log_2 \log_2 N \right) \quad (6.46)$$

Rechenoperationen auf einem Quantencomputer. Die Faktorisierung einer Zahl der Größenordnung 10^{1000} bräuchte somit unter Zuhilfenahme eines Quantencomputers eine Anzahl von Rechenoperationen, die in der Größenordnung von etwa 10^9 liegt. Dies ist ein erstes Beispiel dafür, dass Quantencomputer potenziell leistungsfähiger sind als klassische Computer.

---

[6] Da $\log_2 N$ die Stellenzahl der Binärdarstellung von N angibt, nennt man dies die Inputlänge oder auch einfach Länge der Zahl N.

Der Shor-Algorithmus zur Faktorisierung beruht auf der Erkenntnis, dass

- die Faktorisierung einer Zahl N äquivalent dazu ist, die Periode in einer Funktion zu finden und
- dass das Finden der Periode durch einen Quantenalgorithmus erheblich beschleunigt werden kann.

Im nachfolgenden Abschn. 6.4.2 zeigen wir daher zunächst, wie die Faktorisierung durch das Auffinden der Periode einer bestimmten Funktion bewerkstelligt werden kann, falls die Periode bestimmte zusätzliche Eigenschaften erfüllt. Diese Reformulierung der Primfaktorisierung als ein Problem, die Periode einer bestimmten Funktion zu bestimmen, beruht auf bekannten zahlentheoretischen Ergebnissen und nimmt keinerlei Bezug auf die Quantenmechanik.

In Abschn. 6.4.4 stellen wir dann den eigentlichen Quantenalgorithmus vor, der das Auffinden der Periode unter Zuhilfenahme quantenmechanischer Phänomene erheblich beschleunigt. Die zur Faktorisierung erforderlichen zusätzlichen Eigenschaften der Periode sind aber nicht garantiert und tauchen nur mit einer nach unten begrenzbaren Wahrscheinlichkeit auf. Daher muss der Quantenalgorithmus zum Auffinden der Periode ggf. hinreichend oft wiederholt werden. Shors Algorithmus ist daher ein probabilistisches Verfahren, und die Aussage (6.46) über die asymptotische Effizienz des Algorithmus enthält die nach unten abgeschätzte Anzahl der Wiederholungen der Periodenbestimmung, sodass ein Faktor mit beliebig an Sicherheit approximierbarer Wahrscheinlichkeit gefunden wird.

Die Untergrenze der Mindestwahrscheinlichkeit, mit der die Periode die erforderlichen zusätzlichen Eigenschaften erfüllt, ist aber nur dann > 0, falls N *mindestens zwei verschiedene Primfaktoren enthält* (siehe Satz 6.7). Das heißt falls N eine Primzahlpotenz $N = p^{\nu_p}$, $\nu_p \in \mathbb{N}$ bzw. insbesondere gar nur Primzahl $N = p$ ist, liefert der Shor-Algorithmus nicht mit an Sicherheit annähernder Wahrscheinlichkeit den Primfaktor p oder die Aussage, dass N Primzahl ist.

Darüber hinaus können wir durch maximal $\log_2 N$ Divisonen durch 2 feststellen, ob N den Primfaktor 2 bzw. die Primfaktorpotenz 2^{ν_2} enthält. Teiler von N vom Typ 2^{ν_2}, $\nu_2 \in \mathbb{N}$ können wir daher in maximal $\log_2 N$ Rechenschritten effizient ermitteln.

Insgesamt gilt daher die Aussage (6.46) über die Effizienz des Shor-Algorithmus lediglich für *ungerade* $N \in \mathbb{N}$ mit *mindestens zwei verschiedenen Primfaktoren*.

6.4.2 Der Algorithmus

Sei $N \in \mathbb{N}$ also die ungerade Zahl mit mindestens zwei verschiedenen Primfaktoren, von der wir einen Teiler finden möchten. Wir wählen eine natürliche Zahl $b < N$ und wenden den in Satz 11.4 dargestellten Euklid-Algorithmus an, um festzustellen, ob N und b gemeinsame Teiler haben. Wie aus Satz 11.4 zu ersehen ist, können wir also mit maximal b Schritten feststellen, ob N oder b gemeinsame

Teiler haben. Falls ja, haben wir bereits einen Faktor von N gefunden, und die Faktorisierungsaufgabe ist gelöst. Andernfalls bestimmen wir im nächsten Schritt die Periode r der Funktion

$$f_{b,N} : \mathbb{N}_0 \longrightarrow \mathbb{N}_0$$
$$n \longmapsto f_{b,N}(n) := b^n \mod N . \tag{6.47}$$

Die Periode einer Funktion $f : \mathbb{N}_0 \to \mathbb{N}_0$ ist dabei folgendermaßen definiert.

Definition 6.3

Die Periode r einer Funktion $f : \mathbb{N}_0 \to \mathbb{N}_0$ ist definiert als

$$r := \min\{m \in \mathbb{N} \,|\, \forall n \in \mathbb{N}_0 : f(n+m) = f(n)\} . \tag{6.48}$$

Für die in (6.47) definierte Funktion $f_{b,N}$ stimmt die Periode mit der in Definition 11.15 definierten Ordnung von b modulo N überein.

Übung 6.2 Seien $b, N \in \mathbb{N}$ mit $b < N$ und $ggT(b,N) = 1$. Sei weiterhin r die Periode der in (6.47) definierten Funktion $f_{b,N}$. Man zeige, dass dann

$$r = ord_N(b) \tag{6.49}$$

gilt.

Zur Lösung siehe 6.2 im Kap. 13 Lösungen.   ◀

Aus dem Satz von Euler 11.13 folgt weiterhin, dass Funktionen wie in (6.47) mit $ggT(N,b) = 1$ immer eine endliche Periode ($r \leq \phi(N) < \infty$) haben.

Mithilfe des weiter unten beschriebenen Quantenalgorithmus von Shor können wir diese Periode mit einer Anzahl von Rechenschritten bestimmen, die für $N \to \infty$ asymptotisch mit $O((\log_2 N)^3)$ anwächst. Falls diese Periode ungerade ist, wählen wir ein anderes b mit $ggT(b,N) = 1$ und bestimmen erneut die Periode von $f_{b,N}$, dies wiederholt man, bis man ein b gefunden hat, sodass $f_{b,N}$ eine gerade Periode $r \in \mathbb{N}$ hat. Wie oft man dies wiederholen muss bzw. wie wahrscheinlich es ist, dass man ein b mit gerader Periode findet, werden wir später in Satz 6.7 noch bestimmen. Sei also r die gerade Periode von $f_{b,N}$. Dann ist nach dem Ergebnis von Übung 6.2 $r = ord_N(b)$, was wegen Definition 11.15 zu $b^r \mod N = 1$ führt und somit zu

$$\left(b^{\frac{r}{2}} + 1\right)\left(b^{\frac{r}{2}} - 1\right) \mod N = 0 . \tag{6.50}$$

Aus (6.50) und Lemma 11.9 folgern wir, dass N und $b^{\frac{r}{2}} + 1$ oder $b^{\frac{r}{2}} - 1$ gemeinsame Teiler haben. Daher können wir erneut Euklids Algorithmus auf N und $b^{\frac{r}{2}} + 1$ oder $b^{\frac{r}{2}} - 1$ anwenden und erhalten schließlich einen Faktor von N. Ohne weitere

Einschränkungen kann es sich dabei allerdings um den trivialen Faktor N selbst handeln. Zwar können wir in (6.50) den Fall

$$\left(b^{\frac{r}{2}} - 1\right) \mod N = 0 \tag{6.51}$$

als eine mögliche Lösung ausschließen, da dies $b^{\frac{r}{2}} \mod N = 1$ impliziert und somit $\frac{r}{2}$ eine Periode von $f_{b,N}$ wäre, was aber der Annahme widerspricht, dass r die kleinste solche Zahl ist.

Falls allerdings (6.50) gilt, weil

$$\left(b^{\frac{r}{2}} + 1\right) \mod N = 0, \tag{6.52}$$

so folgt $N \mid b^{\frac{r}{2}} + 1$ und

$$ggT\left(b^{\frac{r}{2}} + 1, N\right) = N, \tag{6.53}$$

d. h. der größte gemeinsame Teiler von $b^{\frac{r}{2}} + 1$ und N liefert einen trivialen Faktor von N. Einen *nichttrivialen* Faktor von N erhalten wir als Konsequenz von (6.50) nur dann, wenn wir $b \in \mathbb{N}$ mit $b < N$ so gewählt haben, dass das Ereignis

$$\mathfrak{E}_1 := \left\{ [r \text{ gerade}] \text{ und } \left[\left(b^{\frac{r}{2}} + 1\right) \mod N \neq 0 \right] \right\} \tag{6.54}$$

eingetreten ist. In diesem Fall ergibt sich aus (6.50), dem Ausschluss von (6.51) und (6.54), dass N zwar das Produkt $(b^{\frac{r}{2}}+1)(b^{\frac{r}{2}}-1)$ teilt, aber keinen der Faktoren $(b^{\frac{r}{2}} \pm 1)$. Daher muss N nichttriviale gemeinsame Teiler mit jedem Faktor $(b^{\frac{r}{2}} \pm 1)$ haben.

Um für ein gegebenes ungerades $N \in \mathbb{N}$, das keine Primzahlpotenz ist, einen nichttrivialen Faktor zu bestimmen, können wir also folgenden Algorithmus ausführen.

Shor Algorithmus

Eingabe: Eine ungerade natürliche Zahl N mit mindestens zwei verschiedenen Primfaktoren.

Schritt 1: Wähle ein $b \in \mathbb{N}$ mit $b < N$ und bestimme $ggT(b, N)$.
Falls
$ggT(b, N) > 1$: Ist $ggT(b, N)$ ein nichttrivialer Faktor von N, und wir sind fertig. Gehe zur Ausgabe und gib $ggT(b, N)$ und $\frac{N}{ggT(b,N)}$ aus.
$ggT(b, N) = 1$: Gehe zu Schritt 2.

Schritt 2: Bestimme die Periode r der Funktion

$$f_{b,N} : \mathbb{N}_0 \longrightarrow \mathbb{N}_0$$
$$n \longmapsto f_{b,N}(n) := b^n \mod N .$$
(6.55)

Falls

r ungerade: Starte erneut mit Schritt 1.

r gerade: Gehe zu Schritt 3.

Schritt 3: Bestimme $ggT(b^{\frac{r}{2}} + 1, N)$.

Falls

$ggT(b^{\frac{r}{2}} + 1, N) = N$: Starte erneut mit Schritt 1.

$ggT(b^{\frac{r}{2}} + 1, N) < N$: Wir haben mit $ggT(b^{\frac{r}{2}} + 1, N)$ einen nichttrivialen Faktor von N gefunden. Berechne $ggT(b^{\frac{r}{2}} - 1, N)$ als weiteren nichttrivialen Faktor von N. Gehe zur Ausgabe und gib $ggT(b^{\frac{r}{2}} \pm 1)$ aus.

Ausgabe: Zwei nichttriviale Faktoren von N.

In den nachfolgenden Abschnitten werden wir die Details und insbesondere den erforderlichen Rechenaufwand, d. h. die Obergrenzen der Wachstumsraten der im jeweiligen Schritt ausgeführten Rechenschritte darstellen.

In Abschn. 6.4.3 erörtern wir kurz den Aufwand in Schritt 1 zur Auswahl eines b, das mit N teilerfremd ist.

Wie Shor [19] gezeigt hat, kann die in Schritt 2 zu bestimmende Periode der Funktion $f_{b,N}$ mithilfe der Quantenmechanik in weniger Schritten bestimmt werden als mit den bisher bekannten klassischen Verfahren. Dieses Verfahren und den erforderlichen Rechenaufwand, die Periode unter Anwendung der Quantenmechanik zu bestimmen, werden wir in Abschn. 6.4.4 vorstellen.

In Abschn. 6.4.5, zeigen wir, dass für Zahlen mit mehr als einem Primfaktor die Wahrscheinlichkeit, ein b zu finden, sodass das zum Erfolg erforderliche in (6.54) beschriebene Ereignis $\mathfrak{E}_1$ eintritt, mit steigender Anzahl der Versuche sich sehr schnell an eins annähert.

Schließlich bilanzieren wir in Abschn. 6.4.6 den gesamten Rechenaufwand aller Schritte, um zur Aussage (6.46) über die Effizienz des Shor-Algorithmus zu gelangen.

6.4.3 Schritt 1: Auswahl von b und Berechnung von $ggT(b, N)$

Für ein vorgegebenes N wählen wir ein $b \in \mathbb{N}$ mit $b < N$. Um $ggT(b, N)$ zu berechnen, können wir den in Satz 11.4 beschriebenen Euklid-Algorithmus anwenden. Die für diesen Algorithmus benötigten Rechenoperationen haben wir in (11.41) abgeschätzt. Somit hat man wegen (11.41) für die zur Ermittlung von $ggT(b, N)$ erforderlichen Rechenoperationen $S_{Shor1}(N)$ in Schritt 1:

$$S_{Shor1}(N) \in O\left(\left(\log_2 N\right)^3\right) \qquad \text{für } N \to \infty.$$
(6.56)

6.4.4 Schritt 2: Periodenbestimmung mit Quantencomputern

Wir wissen bereits aus Abschn. 6.4.2, dass wir einen Faktor von N bestimmen können, indem wir eine gerade Periode r der Funktion $f_{b,N}(n) = b^n$ mod N, mit b, N teilerfremd, und $(b^{\frac{r}{2}} + 1)$ mod $N \neq 0$ finden. Wie wir unten in Satz 6.4 zeigen, liefert Schritt 2 in Shors Algorithmus die Periode r einer Funktion f : $\mathbb{N}_0 \to \mathbb{N}_0$ mit einer Mindestwahrscheinlichkeit von $\frac{const}{\log_2(\log_2 N)}$ in einer Anzahl von Rechenschritten $S_{Shor2}(N)$ eines Quantencomputers, die für $N \to \infty$ höchstens mit $(\log_2 N)^3$ anwächst, d. h.

$$S_{Shor2}(N) \in O\big((\log_2 N)^3\big) \qquad \text{für } N \to \infty. \tag{6.57}$$

Die Aussage über die Effizienz von Schritt 2 in Shors Algorithmus zum Auffinden der Periode einer Funktion f kann etwas allgemeiner (als in unserem speziellen Fall $f = f_{b,N}$) für periodische Funktionen f formuliert werden, die folgende Eigenschaften erfüllen:

1. Die Funktion f lässt sich als unitäre Transformation U_f auf geeigneten Hilbert-Räumen implementieren, sodass die Anzahl der zur Ausführung dieser Transformation erforderlichen Rechenschritte S_{U_f} geeignet beschränkt ist.
2. Es muss eine obere Schranke der Periode r in der Form

$$r < 2^{\frac{L}{2}} \tag{6.58}$$

   mit $L \in \mathbb{N}$ bekannt sein.
3. Innerhalb einer Periode ist die Funktion injektiv.

Für unsere Zwecke, d. h. für $f = f_{b,N}$, mit $f_{b,N}(n) = b^n$ mod N und $ggT(b, N) = 1$, ist 2. erfüllt, da wir bereits wissen, dass $r < N$. Daher wählen wir L so, dass $N^2 \leq 2^L \leq 2N^2$, etwa $L = \lfloor 2 \log_2 N \rfloor + 1$. Ebenso verifiziert man die 3. Bedingung mithilfe des Ergebnisses aus Übung 6.2 und der Definition 11.15 der Ordnung. Bezüglich 1. zeigen wir in Proposition 6.8, dass für $f = f_{b,N}$ in der Tat $S_{U_f} \in O((\log_2 N)^3)$ gilt.

Die leicht verallgemeinerte Aussage über die Effizienz von Schritt 2 in Shors Algorithmus zum Auffinden der Periode einer Funktion kann wie folgt formuliert werden.

Satz 6.4
Seien $r, L \in \mathbb{N}$ mit $19 \leq r < 2^{\frac{L}{2}}$ und r die Periode einer Funktion f : $\mathbb{N}_0 \to \mathbb{N}_0$, die innerhalb ihrer Periode injektiv und durch 2^K beschränkt ist. Sei weiterhin U_f eine unitäre Transformation, die f folgendermaßen als Zustandstransformation implementiert

$$\begin{aligned} U_f : {}^1\mathbb{H}^{\otimes L} \otimes {}^1\mathbb{H}^{\otimes K} &\longrightarrow {}^1\mathbb{H}^{\otimes L} \otimes {}^1\mathbb{H}^{\otimes K} \\ |x\rangle \otimes |y\rangle &\longmapsto |x\rangle \otimes |y \oplus f(x)\rangle \end{aligned} \tag{6.59}$$

und dabei eine Anzahl von Rechenoperationen $S_{U_f}(L)$ benötigt, für die gilt:

$$S_{U_f}(L) \in O\left(L^{K_f}\right) \qquad \text{für } L \to \infty. \tag{6.60}$$

Dann gibt es einen quantenmechanisch implementierbaren Algorithmus A, durch den man mit einer Mindestwahrscheinlichkeit *von $\frac{1}{10 \ln L}$ die Periode r bestimmen kann. Für die Anzahl der in diesem Algorithmus benötigten Rechenschritte $S_A(L)$ gilt*

$$S_A(L) \in O\left(L^{\max\{K_f,3\}}\right) \qquad \text{für } L \to \infty. \tag{6.61}$$

In dem für uns interessanten Fall $f = f_{b,N}$ ist $L = \lfloor 2 \log_2 N \rfloor + 1$ und, wie wir in Proposition 6.8 zeigen, $K_f = 3$. Somit folgt (6.57) aus (6.61).

Beweis Die Darstellung des Algorithmus und den Beweis von Satz 6.4 zerlegen wir der besseren Übersichtlichkeit halber in folgende Abschnitte:

1. *Vorbereitung des Inputregisters und Initialisierung des Anfangszustands,*
2. *Ausnutzung des massiven Quantenparallelismus,*
3. *Anwendung der Quanten-Fourier-Transformation,*
4. *Ergebniswahrscheinlichkeit bei Messung des Inputregisters,*
5. *Wahrscheinlichkeit r als Nenner in der Kettenbruchapproximation zu finden,*
6. *Bilanzierung der Anzahl der Rechenoperationen zur Periodenbestimmung.*

Diese Abschnitte werden nun im Folgenden ausführlicher erläutert.

1. Vorbereitung des Inputregisters und Initialisierung des Anfangszustands

Sei $M := \max\left\{f(x) \big| x \in \{0, \dots, 2^L - 1\}\right\}$ und $K \in \mathbb{N}$ mit $M < 2^K$ und sei $\mathbb{H}$ der übliche Qbit-Hilbert-Raum mit Basis $\{|0\rangle, |1\rangle\}$. Damit bilden wir das Inputregister

$$\mathbb{H}^A := \mathbb{H}^{\otimes L}. \tag{6.62}$$

Analog bilden wir

$$\mathbb{H}^B := \mathbb{H}^{\otimes K}. \tag{6.63}$$

Als Anfangszustand definieren wir den „Weiße-Blatt"-Zustand $|\Psi_0\rangle$ im Produktraum $\mathbb{H}^A \otimes \mathbb{H}^B$

$$\begin{aligned}
|\Psi_0\rangle &:= |0\rangle^A \otimes |0\rangle^B \\
&= \underbrace{|0\rangle \otimes \cdots \otimes |0\rangle}_{L\text{-mal}} \otimes \underbrace{|0\rangle \otimes \cdots \otimes |0\rangle}_{K\text{-mal}}.
\end{aligned} \tag{6.64}$$

Auf den Anteil des Anfangszustands $|\Psi_0\rangle$ in $\mathbb{H}^A$ wenden wir das L-fache Tensorprodukt der Hadamard-Transformation (siehe Definition 2.26) an. Für den damit erzeugten Zustand $|\Psi_1\rangle = H^{\otimes L} \otimes \mathbf{1}^B |\Psi_0\rangle$ erhalten wir dann wegen (5.154)

$$|\Psi_1\rangle := H^{\otimes L} \otimes \mathbf{1}^B |\Psi_0\rangle \qquad (6.65)$$

$$= \frac{1}{2^{\frac{L}{2}}} \sum_{x=0}^{2^L-1} |x\rangle^A \otimes |0\rangle^B .$$

Diese Transformation von $|\Psi_0\rangle$ in $|\Psi_1\rangle$ kann in einer Anzahl von Rechenoperationen (jeweilige Anwendung der Hadamard-Transformation H) proportional zu L ausgeführt werden, d.h. als Funktion von L gilt für die Anzahl der Rechenschritte $S_{\mathrm{Vorb}}(L)$ in der Vorbereitung

$$S_{\mathrm{Vorb}}(L) \in O(L) \qquad \text{für } L \to \infty . \qquad (6.66)$$

2. Ausnutzung des massiven Quantenparallelismus
Nach Voraussetzung gibt es eine unitäre Transformation U_f auf $\mathbb{H}^A \otimes \mathbb{H}^B$, welche die Funktion f wie

$$U_f\left(|x\rangle^A \otimes |y\rangle^B\right) := |x\rangle^A \otimes |y \oplus f(x)\rangle^B \qquad (6.67)$$

als Zustandstransformation implementiert und dabei eine Anzahl von Rechenoperationen $S_{U_f}(L)$ benötigt, für die gilt:

$$S_{U_f}(L) \in O\left(L^{K_f}\right) \qquad \text{für } L \to \infty . \qquad (6.68)$$

Wie wir weiter unten in Proposition 6.8 zeigen werden, ist dies für $f(x) = b^x \bmod N$ mit $K_f = 3$ der Fall.

Anwendung von U_f auf $|\Psi_1\rangle$ ergibt

$$|\Psi_2\rangle := U_f|\Psi_1\rangle = U_f\left(\frac{1}{2^{\frac{L}{2}}} \sum_{x=0}^{2^L-1} |x\rangle^A \otimes |0\rangle^B\right) = \frac{1}{2^{\frac{L}{2}}} \sum_{x=0}^{2^L-1} |x\rangle^A \otimes |f(x)\rangle^B .$$

$$(6.69)$$

In diesem Schritt wird der massive Quantenparallelismus ausgenutzt (siehe Bemerkungen zu (5.173)), der sich die quantenmechanische Superposition (Linearkombination) zunutze macht, um durch *einmalige Anwendung* von U_f auf einen Zustand $|\Psi_1\rangle$ gleichzeitig eine Superposition *aller* 2^L Zustände der Form $|x\rangle^A \otimes |f(x)\rangle^B$ zu erzeugen. Wie bereits in Abschn. 5.3.2 diskutiert, wird dies oft als gleichzeitige Auswertung der Funktion f auf ihrem gesamten Wertebereich $\{0, \ldots, 2^L - 1\}$ interpretiert. Allerdings können wir die Werte $f(x)$ nicht direkt auslesen, um die Periode zu bestimmen. Um dies zu erreichen, nutzen wir zunächst noch aus, dass es die Periodizität von f erlaubt, etliche Terme in $|\Psi_2\rangle$ zusammenzufassen, bevor wir dann die Quanten-Fourier-Transformation anwenden.

Sei nun r die Periode von f und

$$J := \left\lfloor \frac{2^L - 1}{r} \right\rfloor \tag{6.70}$$

$$R := (2^L - 1) \mod r . \tag{6.71}$$

Dann gilt

$|\Psi_2\rangle$

$$= \frac{1}{2^{\frac{L}{2}}} \Big[\quad |0\rangle^A \quad \otimes \quad |f(0)\rangle^B \quad + \cdots + \quad |r-1\rangle^A \otimes |f(r-1)\rangle^B$$
$$+ \quad |r\rangle^A \quad \otimes \quad \underbrace{|f(r)\rangle^B}_{=|f(0)\rangle^B} \quad + \cdots + \quad |2r-1\rangle^A \otimes \underbrace{|f(2r-1)\rangle^B}_{=|f(r-1)\rangle^B}$$
$$+ \quad \vdots \qquad \vdots \qquad\qquad\qquad\qquad \vdots \qquad \vdots \qquad \vdots$$
$$+ |(J-1)r\rangle^A \otimes \underbrace{|f((J-1)r)\rangle^B}_{=|f(0)\rangle^B} + \cdots + |Jr-1\rangle^A \otimes \underbrace{|f(Jr-1)\rangle^B}_{=|f(r-1)\rangle^B}$$
$$+ \quad |Jr\rangle^A \quad \otimes \quad \underbrace{|f(Jr)\rangle^B}_{=|f(0)\rangle^B} \quad + \cdots + |Jr+R\rangle^A \otimes \underbrace{|f(Jr+R)\rangle^B}_{=|f(R)\rangle^B} \Big]$$

$$= \frac{1}{2^{\frac{L}{2}}} \left[\sum_{j=0}^{J-1} \sum_{k=0}^{r-1} |jr+k\rangle^A \otimes |f(k)\rangle^B + \sum_{k=0}^{R} |Jr+k\rangle^A \otimes |f(k)\rangle^B \right] . \tag{6.72}$$

Wenn wir für $k \in \mathbb{N}_0$ noch

$$J_k := \begin{cases} J, & \text{falls } k \leq R \\ J-1, & \text{falls } k > R, \end{cases} \tag{6.73}$$

definieren, dann ist

$$|\Psi_2\rangle = \frac{1}{2^{\frac{L}{2}}} \sum_{k=0}^{r-1} \sum_{j=0}^{J_k} |jr+k\rangle^A \otimes |f(k)\rangle^B . \tag{6.74}$$

3. Anwendung der Quanten-Fourier-Transformation
Auf den Inputregisteranteil des Zustandes $|\Psi_2\rangle$ wenden wir nun die in Definition 5.37 definierte Quanten-Fourier-Transformation

$$F : \mathbb{H}^A \longrightarrow \mathbb{H}^A$$
$$|x\rangle \longmapsto F|x\rangle = \frac{1}{2^{\frac{L}{2}}} \sum_{y=0}^{2^L-1} \exp\left(2\pi i \frac{xy}{2^L}\right) |y\rangle \tag{6.75}$$

an.

Anwendung der Quanten-Fourier-Transformation auf das Inputregister erzeugt aus $|\Psi_2\rangle \in \mathbb{H}^A \otimes \mathbb{H}^B$ den Zustand

$$
\begin{aligned}
|\Psi_3\rangle &= \left(F \otimes \mathbf{1}^B \right) |\Psi_2\rangle \\
&= \left(F \otimes \mathbf{1}^B \right) \left(\frac{1}{2^{\frac{L}{2}}} \sum_{k=0}^{r-1} \sum_{j=0}^{J_k} |jr+k\rangle^A \otimes |f(k)\rangle^B \right) \\
&= \frac{1}{2^{\frac{L}{2}}} \sum_{k=0}^{r-1} \sum_{j=0}^{J_k} \left(F|jr+k\rangle^A \right) \otimes |f(k)\rangle^B \qquad (6.76) \\
&= \frac{1}{2^L} \sum_{k=0}^{r-1} \sum_{j=0}^{J_k} \sum_{l=0}^{2^L-1} \exp\left(2\pi \mathrm{i} \frac{l}{2^L}(jr+k) \right) |l\rangle^A \otimes |f(k)\rangle^B .
\end{aligned}
$$

Für die Anzahl von Rechenoperationen $S_{Fourier}(L)$, die für die Quanten-Fourier-Transformation benötigt werden, gilt nach Korollar 5.46

$$
S_{Fourier}(L) \in O\left(L^2 \right) \qquad \text{für } L \to \infty. \qquad (6.77)
$$

4. Ergebniswahrscheinlichkeit bei Messung des Inputregisters

Im nächsten Schritt nehmen wir nun eine Messung auf dem Inputregister $\mathbb{H}^A$ vor (siehe Definition 5.24). Durch eine Abfrage („Messung") des Inputregisters projizieren wir die Überlagerung (Superposition) der in $|\Psi_3\rangle$ bestehenden Zustände in $\mathbb{H}^A$ auf einen Zustand $|z\rangle^A \in \mathbb{H}^A$, den wir auch als Ergebnis der Messung feststellen. Die Wahrscheinlichkeit $W(z)$, aus der im Zustand $|\Psi_3\rangle$ präsenten Überlagerung von Zuständen in $\mathbb{H}^A$ den Zustand $|z\rangle^A$ für ein gegebenes $z \in \{0, \ldots, 2^L - 1\}$ zu messen,

$$
W(z) := \mathbf{P}\left\{\text{Zustand } |z\rangle^A \text{ nach Messung des Inputregisters gefunden}\right\} \qquad (6.78)
$$

ergibt sich als

$$
\begin{aligned}
W(z) &= \left\| |z\rangle^{AA}\langle z| \otimes \mathbf{1}^B |\Psi_3\rangle \right\|^2 \\
&= \left\| \frac{1}{2^L} \sum_{k=0}^{r-1} \sum_{j=0}^{J_k} \exp\left(2\pi \mathrm{i} \frac{z}{2^L}(jr+k) \right) |z\rangle^A \otimes |f(k)\rangle^B \right\|^2 \qquad (6.79) \\
&= \frac{1}{2^{2L}} \sum_{k_1,k_2=0}^{r-1} \sum_{j_1,j_2=0}^{J_{k_1},J_{k_2}} \exp\left(2\pi \mathrm{i} \frac{z}{2^L}((j_2-j_1)r + k_2 - k_1) \right) \\
&\quad \cdot \underbrace{{}^A\langle z|z\rangle^A}_{=1} \underbrace{{}^B\langle f(k_1)|f(k_2)\rangle^B}_{=\delta_{k_1,k_2} \text{ weil } 0 \le k_i < r} \\
&= \frac{1}{2^{2L}} \sum_{k=0}^{r-1} \left| \sum_{j=0}^{J_k} \exp\left(2\pi \mathrm{i} \frac{zrj}{2^L} \right) \right|^2 .
\end{aligned}
$$

Man beachte, dass dabei die Injektivität von f innerhalb einer Periode in der Form $\langle f(k_1) | f(k_2) \rangle = \delta_{k_1 k_2}$ benutzt wurde. Unter Anwendung, dass für $a \in \mathbb{C}$ gilt

$$\sum_{j=0}^{D} a^j = \begin{cases} D+1, & \text{falls } a = 1 \\ \frac{1-a^{D+1}}{1-a} & \text{sonst,} \end{cases} \tag{6.80}$$

erhält man dann

$$\sum_{j=0}^{J_k} \exp\left(2\pi i \frac{zrj}{2^L}\right) = \begin{cases} J_k + 1, & \text{falls } \frac{zr}{2^L} \in \mathbb{N}_0 \\ \frac{1-\exp\left(2\pi i \frac{zr(J_k+1)}{2^L}\right)}{1-\exp\left(2\pi i \frac{zr}{2^L}\right)} & \text{sonst} \end{cases} \tag{6.81}$$

und somit

$$W(z) = \begin{cases} W_1(z) := \frac{1}{2^{2L}} \sum_{k=0}^{r-1} (J_k + 1)^2, & \text{falls } \frac{zr}{2^L} \in \mathbb{N}_0 \\ W_2(z) := \frac{1}{2^{2L}} \sum_{k=0}^{r-1} \left| \frac{1-\exp\left(2\pi i \frac{zr}{2^L}(J_k+1)\right)}{1-\exp\left(2\pi i \frac{zr}{2^L}\right)} \right|^2 & \text{sonst.} \end{cases}$$
$$\tag{6.82}$$

Für die weiteren Schritte im Faktorisierungsalgorithmus ist es erforderlich, dass wir im Inputregister ein z messen, für das es ein $l \in \mathbb{N}_0$ gibt, sodass

$$\left| zr - l2^L \right| \leq \frac{r}{2} \tag{6.83}$$

gilt. Die Einschränkung (6.83) ist wesentlich für die Ausnutzung der Eigenschaften von Kettenbruchapproximationen, die letztlich in diesem Algorithmus zur Bestimmung von r herangezogen und im nächsten Abschnitt präsentiert werden.

Ziel der nachfolgenden Überlegungen ist daher, $W(z)$ in diesem Fall geeignet nach unten abzuschätzen, um zu sehen, wie oft wir eventuell die Messung des Inputregisters wiederholen müssen, um ein z im Inputregister zu messen, welches (6.83) erfüllt.

Dazu betrachten wir zunächst den Fall $\frac{zr}{2^L} \in \mathbb{N}_0$, in welchem (6.83) trivialerweise gilt. Falls darüber hinaus zusätzlich auch noch $\frac{2^L}{r} =: m \in \mathbb{N}$ gilt, erhält man zunächst folgendes Resultat.

Übung 6.3 Man zeige: Falls $\frac{2^L}{r} =: m \in \mathbb{N}$, ist

$$W(z) = \begin{cases} \frac{1}{r}, & \text{falls } \frac{z}{m} \in \mathbb{N} \\ 0, & \text{sonst.} \end{cases} \tag{6.84}$$

Zur Lösung siehe 6.3 im Kap. 13 Lösungen.   ◄

Betrachten wir nun den Fall $\frac{zr}{2^L} \in \mathbb{N}_0$ (aber nicht notwendigerweise $\frac{2^L}{r} \in \mathbb{N}$). Mit der Definition (6.73) der J_k erhält man

$$
\frac{1}{2^{2L}} \sum_{k=0}^{r-1} (J_k + 1)^2
$$

$$
= \frac{1}{2^{2L}} \left(\sum_{k=0}^{R} (J_k + 1)^2 + \sum_{k=R+1}^{r-1} (J_k + 1)^2 \right)
$$

$$
= \frac{1}{2^{2L}} \left((R+1) \left(\left\lfloor \frac{2^L - 1}{r} \right\rfloor + 1 \right)^2 + (r - 1 - R) \left\lfloor \frac{2^L - 1}{r} \right\rfloor^2 \right)
$$

$$
\geq \frac{1}{r} \left(\frac{r}{2^L} \left\lfloor \frac{2^L - 1}{r} \right\rfloor \right)^2 , \tag{6.85}
$$

wobei aus

$$
r - 1 \geq (2^L - 1) \mod r = (2^L - 1) - \left\lfloor \frac{2^L - 1}{r} \right\rfloor r \tag{6.86}
$$

folgt, dass

$$
\frac{r}{2^L} \left\lfloor \frac{2^L - 1}{r} \right\rfloor = 1 - \frac{1 + (2^L - 1) \mod r}{2^L} \geq 1 - \frac{r}{2^L} > 1 - \frac{1}{2^{\frac{L}{2}}} \tag{6.87}
$$

und in der letzten Ungleichung die Voraussetzung (6.58) genutzt wurde. Aus (6.82), (6.85) und (6.87) erhalten wir daher für den Fall $\frac{zr}{2^L} \in \mathbb{Z}$

$$
W_1(z) \geq \frac{1}{r} \left(1 - \frac{1}{2^{\frac{L}{2}}} \right)^2 > \frac{1}{r} \left(1 - \frac{1}{2^{\frac{L}{2} - 1}} \right) . \tag{6.88}
$$

Schließlich suchen wir nach einer ähnlichen Abschätzung für den Fall, dass (6.83) gilt, aber $\frac{zr}{2^L} \notin \mathbb{N}$. Betrachten wir nun also ein derartiges z. Dann ist, wie wir bereits in (6.82) gesehen haben,

$$
W_2(z) = \frac{1}{2^{2L}} \sum_{k=0}^{r-1} \left| \frac{1 - \exp\left(2\pi i \frac{zr}{2^L}(J_k + 1)\right)}{1 - \exp\left(2\pi i \frac{zr}{2^L}\right)} \right|^2
$$

$$
= \frac{1}{2^{2L}} \sum_{k=0}^{r-1} \left| \frac{1 - \exp\left(2\pi i \frac{zr - l2^L}{2^L}(J_k + 1)\right)}{1 - \exp\left(2\pi i \frac{zr}{2^L}\right)} \right|^2 \tag{6.89}
$$

$$
= \frac{1}{2^{2L}} \sum_{k=0}^{r-1} \left(\frac{\sin\left(\pi \frac{zr - l2^L}{2^L}(J_k + 1)\right)}{\sin\left(\pi \frac{zr}{2^L}\right)} \right)^2
$$

$$
= \frac{1}{2^{2L}} \sum_{k=0}^{r-1} s(\alpha)^2 ,
$$

wobei

$$s(\alpha) := \frac{\sin(\alpha \tilde{J}_k)}{\sin(\alpha)}$$

$$\alpha := \pi \frac{zr - l2^L}{2^L} \tag{6.90}$$

$$\tilde{J}_k := J_k + 1$$

und

$$|\alpha| = \frac{\pi}{2^L}\left(zr - l2^L\right) \underbrace{\leq}_{(6.83)} \frac{\pi}{2^L}\frac{r}{2} \underbrace{<}_{(6.58)} \frac{\pi}{2^L}2^{\frac{L}{2}-1} = \frac{\pi}{2^{\frac{L}{2}+1}} \ll \frac{\pi}{2} \tag{6.91}$$

$$\left|\tilde{J}_k\right| = J_k + 1 \underbrace{\leq}_{(6.73)} J + 1 \underbrace{=}_{(6.70)} \left\lfloor \frac{2^L - 1}{r} \right\rfloor + 1 \leq \frac{2^L - 1}{r} + 1 < \frac{2^L}{r} + 1$$

$$\tag{6.92}$$

sowie

$$\left|\alpha \tilde{J}_k\right| < \frac{\pi}{2^L}\frac{r}{2}\left(\frac{2^L}{r} + 1\right) \underbrace{<}_{(6.58)} \frac{\pi}{2}\left(1 + \frac{1}{2^{\frac{L}{2}}}\right). \tag{6.93}$$

Um eine untere Grenze für die Wahrscheinlichkeit W_2 zu erhalten, schätzen wir also die in (6.90) definierte Funktion $s(\alpha)$ für ein geeignetes Intervall von α nach unten ab.

Übung 6.4 Man zeige, dass für $|\alpha| \leq \alpha_{min}$ mit $\alpha_{min} = \frac{\pi r}{2^{L+1}}$ und $s(\cdot)$ wie in (6.90) definiert gilt:

$$s(\alpha)^2 \geq s(\alpha_{min})^2. \tag{6.94}$$

Zur Lösung siehe 6.4 im Kap. 13 Lösungen.   ◄

Aus Übung 6.4 folgt also, dass

$$s(\alpha)^2 \geq \frac{\sin^2\left(\frac{\pi r}{2^{L+1}}(J_k + 1)\right)}{\sin^2\left(\frac{\pi r}{2^{L+1}}\right)} \tag{6.95}$$

und wegen $\sin^2 x \leq x^2$ somit auch

$$s(\alpha)^2 \geq \left(\frac{2^{L+1}}{\pi r}\right)^2 \sin^2\left(\frac{\pi r}{2^{L+1}}(J_k + 1)\right). \tag{6.96}$$

Mit den Definitionen (6.70), (6.71) und (6.73) von J, R und J_k ergibt sich noch

$$\left\lfloor \frac{2^L - 1}{r} \right\rfloor \leq J_k + 1$$

$$\Rightarrow \underbrace{\frac{r}{2^L}\left\lfloor \frac{2^L - 1}{r} \right\rfloor}_{=1 - \frac{R+1}{2^L}} \leq \frac{r}{2^L}(J_k + 1)$$

$$\Rightarrow \quad 1 - \frac{R+1}{2^L} \leq \frac{r}{2^L}(J_k + 1)$$

$$\Rightarrow \quad 1 - \frac{r}{2^L} \leq \frac{r}{2^L}(J_k + 1), \tag{6.97}$$

sodass

$$s(\alpha)^2 \geq \frac{2^{2L+2}}{\pi^2 r^2} \sin^2\left(\frac{\pi}{2}\left(1 - \frac{r}{2^L}\right)\right). \tag{6.98}$$

Schließlich ist

$$\sin\left(\frac{\pi}{2}(1+x)\right) = \cos\left(\frac{\pi x}{2}\right) = \sum_{j=0}^{\infty} \frac{(-1)^j}{(2j)!}\left(\frac{\pi x}{2}\right)^{2j} \geq 1 - \frac{1}{2}\left(\frac{\pi x}{2}\right)^2 \tag{6.99}$$

und somit

$$s(\alpha)^2 \geq \frac{2^{2L+2}}{\pi^2 r^2}\left(1 - \frac{1}{2}\left(\frac{\pi}{2}\frac{r}{2^L}\right)^2\right)^2 \geq \frac{2^{2L+2}}{\pi^2 r^2}\left(1 - \left(\frac{\pi}{2}\frac{r}{2^L}\right)^2\right)$$

$$\geq \frac{2^{2L+2}}{\pi^2 r^2}\left(1 - \left(\frac{\pi}{2}\frac{1}{2^{\frac{L}{2}}}\right)^2\right) = \frac{2^{2L+2}}{\pi^2 r^2}\left(1 - \frac{\pi^2}{2^{L+2}}\right), \tag{6.100}$$

wobei in der letzten Ungleichung benutzt wurde, dass nach Voraussetzung (6.58) $r < 2^{\frac{L}{2}}$ ist. Mit (6.89) ergibt sich daher

$$W_2(z) \geq \frac{1}{2^{2L}} \sum_{k=0}^{r-1} \frac{2^{2L+2}}{\pi^2 r^2}\left(1 - \frac{\pi^2}{2^{L+2}}\right) = \frac{r}{2^{2L}}\frac{2^{2L+2}}{\pi^2 r^2}\left(1 - \frac{\pi^2}{2^{L+2}}\right)$$

$$= \frac{4}{\pi^2 r}\left(1 - \frac{\pi^2}{2^{L+2}}\right). \tag{6.101}$$

Für $L \geq 4$ ist $\frac{4}{\pi^2 r}\left(1 - \frac{\pi^2}{2^{L+2}}\right)$ die untere Schranke für die Wahrscheinlichkeit, ein z im Inputregister zu messen, welches (6.83) erfüllt, denn falls $L \geq 4$, so folgt aus $\frac{1}{2^{\frac{L}{2}-1}} \leq \frac{1}{2} < \frac{5}{9} < 1 - \frac{4}{\pi^2}$, dass $\frac{1}{2^{\frac{L}{2}-1}} - \frac{1}{2^{2L}} < 1 - \frac{4}{\pi^2}$ und somit

$$W_{\min} := \frac{4}{\pi^2 r}\left(1 - \frac{\pi^2}{2^{L+2}}\right) \leq W_2(z) \tag{6.102}$$

sowie $W_{\min} < W_1(z)$.

Für jedes $z \in \{0, \ldots, 2^L - 1\}$ gibt es entweder kein oder genau ein $l \in \mathbb{N}_0$, welches (6.83) erfüllt. Dies deshalb, weil für $l_1 \neq l_2$ der Abstand zwischen $l_1 2^L$ und $l_2 2^L$ mindestens $2^L > r$ ist, diese aber nicht weiter als r auseinanderliegen dürften, falls sie (6.83) für dasselbe z erfüllen sollten. Dies ist nochmals durch Abzählen auf den Zahlengeraden in Abb. 6.3 dargestellt. Dort sieht man auch, dass es genau r solche $l \in \mathbb{N}_0$ gibt (und zwar $l \in \{0, 1, 2, \ldots, r-1\}$), sodass ein $z \in \{0, 1, 2, \ldots, 2^L - 1\}$ mit der Eigenschaft $|zr - l2^L| \leq \frac{r}{2}$ gefunden werden kann.

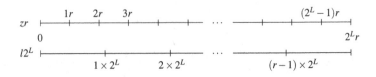

Abb. 6.3 Eindeutige Zuordnung von $z \in \{0, 1, \ldots, 2^L - 1\}$ zu $l \in \mathbb{N}_0$, sodass $\left| zr - l2^L \right| \leq \frac{r}{2}$ erfüllt ist. Dabei gilt nach Voraussetzung $r < 2^{\frac{L}{2}}$. Man sieht, dass man z. B. für $z = 1$ kein l finden kann, sodass $\left| zr - l2^L \right| \leq \frac{r}{2}$. Dagegen gibt es für $z = 2$ genau ein $l_z = 1$, das diese Bedingung erfüllt

Eine Messung des Inputregisters ergibt also ein $z \in \{0, \ldots, 2^L - 1\}$, für das es entweder kein $l \in \mathbb{N}_0$ gibt, sodass (6.83) erfüllt werden kann oder genau ein $l_z \in \{0, \ldots, r - 1\}$, sodass (6.83) erfüllt ist. Im letzteren Fall folgt wegen der Voraussetzung (6.58) dann

$$\left| \frac{z}{2^L} - \frac{l_z}{r} \right| < \frac{1}{2r^2} . \tag{6.103}$$

Die Wahrscheinlichkeit, dass ein l_z den Wert $j \in \{0, \ldots, r - 1\}$ annimmt, ist gleich der Wahrscheinlichkeit, dass (6.83) erfüllt werden kann. Diese ist durch $W_{\min}$ nach unten beschränkt, d. h. es gilt

$$\mathbf{P}\{l_z = j\} \geq \frac{4}{\pi^2 r} \left(1 - \frac{\pi^2}{2^{L+2}} \right) \quad \forall j \in \{0, \ldots, r - 1\} . \tag{6.104}$$

5. Wahrscheinlichkeit r als Nenner in der Kettenbruchapproximation zu finden
In (6.103) sind z als im Inputregister gemessene Größe und 2^L als Konstruktionsmerkmal der Register bekannt, und r soll bestimmt werden. Um dies zu erreichen, verwendet man Ergebnisse aus der Theorie der Kettenbrüche, die im Kap. 12 ausführlicher vorgestellt werden. Genauer gesagt wenden wir die Aussage von Satz 12.6 auf (6.103) an, d. h. $\frac{l_z}{r}$ muss ein Teilkettenbruch von $\frac{z}{2^L}$ sein.

Da wir z und 2^L kennen, können wir effizient die endliche Kettenbruchfolge $\{a_0, \ldots, a_n\}$ von $\frac{z}{2^L}$

$$\frac{z}{2^L} = a_0 + \cfrac{1}{a_1 + \cfrac{1}{a_2 + \cfrac{1}{\ddots + \frac{1}{a_n}}}} = [a_0; a_1, a_2, \ldots, a_n] \tag{6.105}$$

mit dem in Kap. 12 dargestellten Kettenbruchalgorithmus wie folgt bestimmen: Definiere $r_{-1} := z, r_0 := 2^L$ und für $j \in \mathbb{N}$ für die $r_{j-1} > 0$

$$r_j := r_{j-2} \mod r_{j-1} . \tag{6.106}$$

Die bei jeder dieser Berechnungen erforderlichen Rechenschritte sind nach (11.4) von der Ordnung $O((\log_2 \max\{r_{j-2}, r_{j-1}\})^2)$, d. h. schlechtestenfalls $O((\log_2 N)^2)$.

Die Anzahl der r_j, die wir dabei zu berechnen haben, wächst nach Korollar 12.3 mit $2 \min\{\log_2 2^L, \log_2 z\} + 1 \leq 2L + 1$ an. Wegen $L = \lfloor 2 \log_2 N \rfloor + 1$ ist dies von der Ordnung $O(\log_2 N)$. Die Anzahl der Rechenschritte zur Berechnung aller r_j ist daher von der Ordnung $O((\log_2 N)^3)$.

Die die Kettenbruchentwicklung von $\frac{z}{2^L}$ definierende Folge $\{a_j\}$ ist nach (12.5) und (12.19) durch

$$a_j := \left\lfloor \frac{r_{j-1}}{r_j} \right\rfloor \tag{6.107}$$

gegeben. Für die Berechnung aller a_j sind also $O(\log_2 N)$ Divisionen auszuführen, von denen jede $O(\log_2 N)$ Schritte erfordert. Die a_j können daher in $O((\log_2 N)^2)$ Schritten nach den r_j ermittelt werden.

Mithilfe der a_j sind auch die Teilkettenbrüche

$$T\left(\frac{z}{2^L}\right) := \{\frac{p_j}{q_j} := a_0 + \cfrac{1}{a_1 + \cfrac{1}{a_2 + \cfrac{1}{\ddots + \frac{1}{a_j}}}} \,|\, j \in \{0, \ldots, n\}\} \tag{6.108}$$

berechenbar. Dabei müssen wir $O(\log_2 N)$ Divisionen ausführen, von denen jede $O(\log_2 N)$ Rechenschritte braucht, d. h. $O((\log_2 N)^2)$ Rechenschritte zur Berechnung der $T\left(\frac{z}{2^L}\right)$ bei gegebenen a_j. Inklusive der Berechnung der r_j und a_j gilt daher wegen $L = \lfloor 2 \log_2 N \rfloor + 1$ für die Anzahl der Rechenschritte zur Berechnung der Teilkettenbrüche $S_{\text{Teil-KB}}(L)$ als Funktion von L

$$S_{\text{Teil-KB}}(L) \in O\left(L^3\right). \tag{6.109}$$

Nach Satz 12.6 gilt für einen dieser Teilkettenbrüche

$$\frac{p_j}{q_j} = \frac{l_z}{r}. \tag{6.110}$$

Dabei gilt wegen (12.37) in Korollar 12.5 für die linke Seite $ggT(q_j, p_j) = 1$. Für alle $\frac{p_j}{q_j} \in T\left(\frac{z}{2^L}\right)$ überprüfen wir daher, ob q_j eine Periode von $f_{b,N}(n) = b^n \bmod N$ ist. Dazu berechnen wir sukzessive $f_{b,N}(q_j)$ für alle $\frac{p_j}{q_j} \in T\left(\frac{z}{2^L}\right)$.

Falls $f_{b,N}(q_j) = 1$ für ein q_j ist, muss $q_j = vr$ für ein $v \in \mathbb{N}$ gelten. Dann ist $\frac{p_j}{vr} = \frac{l_z}{r}$ und somit $p_j = v l_z$. Wegen $ggT(q_j, p_j) = 1$ muss daher $v = 1$ und $q_j = r$ sein.

Falls $f_{b,N}(q_j) \neq 1$ für alle $\frac{p_j}{q_j} \in T\left(\frac{z}{2^L}\right)$ ist, wurde bei der Messung des Inputregisters ein solches z gefunden, dass entweder (6.103) für kein $l \in \mathbb{N}_0$ erfüllt oder ein solches l_z gefunden, dass

$$ggT(l_z, r) > 1. \tag{6.111}$$

In beiden Fällen müssen wir erneut mit dem Anfangszustand $|\Psi_0\rangle$ in (6.64) starten und erneut ein z im Inputregister messen, wiederum die Teilkettenbrüche von $\frac{z}{2^L}$

bestimmen und erneut überprüfen, ob eine der q_j die gesuchte Periode ist. Diese Wiederholung wird umso häufiger notwendig werden, je größer die Wahrscheinlichkeit ist, dass $ggT(l_z, r) > 1$ für alle möglichen $l_z \in \{0, \ldots, r-1\}$. Nach Konstruktion ist $l_z \in \{0, \ldots, r-1\}$ und nach Definition der Euler-Funktion (11.53) ϕ ist $\phi(r)$ die Anzahl der Zahlen $l \in \{0, \ldots, r-1\}$ mit der Eigenschaft $ggT(l, r) = 1$.

Das Ereignis

$$
\mathfrak{E}_2 := \left\{ \begin{array}{l} \text{Ein } z \in \{0, 1, \ldots, 2^L - 1\} \text{ zu messen, sodass} \\ \text{es ein } l_z \in \mathbb{N}_0 \text{ gibt mit } \left| \frac{z}{2^L} - \frac{l}{r} \right| < \frac{1}{2r^2} \text{ und} \\ ggT(l_z, r) = 1 \end{array} \right\} \tag{6.112}
$$

garantiert uns also, r mithilfe eines Teilkettenbruchs $\frac{p_j}{q_j} \in T\left(\frac{z}{2^L}\right)$ zu finden. Die Eintrittswahrscheinlichkeit für dieses Erfolgsereignis können wir wie folgt nach unten abschätzen.

$$
\begin{aligned}
\mathbf{P}\{\mathfrak{E}_2\} &= \sum_{\substack{l \in \{0, \ldots, r-1\} \\ ggT(l,r)=1}} \mathbf{P}\{l_z = l\} \\
&\underset{(6.104)}{\geq} \sum_{\substack{l \in \{0, \ldots, r-1\} \\ ggT(l,r)=1}} \frac{4}{\pi^2 r} \left(1 - \frac{\pi^2}{2^{L+2}} \right) \\
&= \frac{4}{\pi^2 r} \left(1 - \frac{\pi^2}{2^{L+2}} \right) \underbrace{\sum_{\substack{l \in \{0, \ldots, r-1\} \\ ggT(l,r)=1}} 1}_{=\phi(r)} \\
&= \frac{\phi(r)}{r} \frac{4}{\pi^2} \left(1 - \frac{\pi^2}{2^{L+2}} \right).
\end{aligned} \tag{6.113}
$$

In (6.113) schätzen wir die Terme $\frac{\phi}{r}$ und $\frac{4}{\pi^2}\left(1 - \frac{\pi^2}{2^{L+2}}\right)$ separat nach unten ab.

Um $\frac{\phi}{r}$ abzuschätzen, können wir folgenden Satz von J.B. Rosser und L. Schoenfeld [58] nutzen, den wir hier ohne Beweis angeben.

Satz 6.5
Für $r \geq 3$ ist

$$
\frac{r}{\phi(r)} < \exp(\gamma) \ln \ln r + \frac{2{,}50637}{\ln \ln r}, \tag{6.114}
$$

wobei $\gamma := 0{,}5772156649$ die Euler'sche Konstante bezeichnet.

Nun ist in

$$g(r) := \exp(\gamma)\ln\ln r + \frac{2,50637}{\ln\ln r} = \underbrace{\left(\exp(\gamma) + \frac{2,50637}{(\ln\ln r)^2}\right)}_{=:h(r)} \ln\ln r \,, \qquad (6.115)$$

$h(r)$ eine abnehmende Funktion. Für $r \geq 19$ ist bereits $h(r) < 4$ und somit für $r \geq 19$

$$\frac{r}{\phi(r)} < g(r) < 4\ln\ln r \,. \qquad (6.116)$$

Für die gesuchte Periode r gilt nach Voraussetzung $r < 2^{\frac{L}{2}}$. Daher hat man für $r \geq 19$

$$\frac{r}{\phi(r)} < g(r) < 4\ln\ln 2^{\frac{L}{2}} < 4\ln L \,, \qquad (6.117)$$

was letztlich für $r \geq 19$ zu

$$\frac{\phi(r)}{r} > \frac{1}{4\ln L} \qquad (6.118)$$

führt.

Zur Abschätzung von $\frac{4}{\pi^2}\left(1 - \frac{\pi^2}{2^{L+2}}\right)$ in (6.113) beachte man, dass $\frac{4}{\pi^2} > \frac{2}{5}$ und für $L \geq 15$ auch

$$\frac{4}{\pi^2}\left(1 - \frac{\pi^2}{2^{L+2}}\right) \geq \frac{2}{5} = 40\,\% \,. \qquad (6.119)$$

Da wir am asymptotischen Verhalten für $L \to \infty$ interessiert sind, ist die Einschränkung $L \geq 15$ für uns unerheblich, und die Abschätzung (6.119) reicht für unsere Zwecke aus.

Für $L \geq 15$ erhalten wir aus (6.113), (6.117) und (6.119) für die Erfolgswahrscheinlichkeit im Inputregister ein z zu messen, sodass die Periode r als Nenner eines Teilkettenbruchs gefunden werden kann

$$\mathbf{P}\{\mathfrak{E}_2\} > \frac{2}{5}\frac{1}{4\ln L} = \frac{1}{10\ln L} \,. \qquad (6.120)$$

Dies können wir noch weiter wie folgt nach unten abschätzen. Wegen $L = \lfloor 2\log_2 N \rfloor + 1$ ist

$$2\log_2 N < L \leq 2\log_2 N + 1 \,. \qquad (6.121)$$

Daher gilt

$$\frac{1}{\ln L} \geq \frac{1}{\ln(2\log_2 N + 1)} \,. \qquad (6.122)$$

Außerdem ist wegen (6.121) für $L \geq 15$ mindestens $\log_2 N \geq 7$. Für solche N gilt $(\log_2 N)^{\frac{17}{12}} \geq 2\log_2 N + 1$ und daher

$$\frac{1}{\ln(2\log_2 N + 1)} \geq \frac{1}{\frac{17}{12}\ln\log_2 N} = \frac{1}{\frac{17}{12}\ln 2\log_2\log_2 N} > \frac{1}{\log_2\log_2 N} \,, \qquad (6.123)$$

wobei in der letzten Ungleichung $\frac{17}{12} \ln 2 < 1$ benutzt wurde. Zusammen mit (6.122) ergibt dies für $L \geq 15$

$$\frac{1}{\ln L} > \frac{1}{\log_2 \log_2 N} , \qquad (6.124)$$

und mit (6.120) ist schließlich für $L \geq 15$

$$\mathbf{P}\{\mathfrak{E}_2\} > \frac{1}{10 \log_2 \log_2 N} . \qquad (6.125)$$

6. Bilanzierung der Anzahl der Rechenoperationen zur Periodenbestimmung
Wie man aus Übung 10.1 sieht, gilt allgemein

$$O\left(L^{K_1}\right) + O\left(L^{K_2}\right) \in O\left(L^{\max\{K_1, K_2\}}\right) \qquad \text{für } L \to \infty. \qquad (6.126)$$

Die Schritte 1. bis 3. werden nacheinander ausgeführt, und aus (6.66), (6.68), (6.77) und (6.109) sehen wir, dass wegen (6.126) für die Anzahl der Rechenoperationen eines Durchlaufs $S_A(L)$ folgt

$$\begin{aligned}
S_A(L) &\in S_{\text{Vorb}}(L) + S_{U_f}(L) + S_{Fourier}(L) + S_{\text{Teil-KB}}(L) \\
&\in O(L) + O\left(L^{K_f}\right) + O\left(L^2\right) + O\left(L^3\right) \qquad (6.127) \\
&\in O\left(L^{\max\{K_f, 3\}}\right) \qquad \text{für } L \to \infty.
\end{aligned}$$

Damit ist nun der Beweis von Satz 6.4 vollständig. $\qquad\qquad\qquad\qquad\qquad\qquad\square$

6.4.5 Schritt 3: Wahrscheinlichkeit der Auswahl eines geeigneten b

Im Nachfolgenden untersuchen wir, dass es bereits nach wenigen Versuchen sehr wahrscheinlich ist, dass eine Auswahl von $b < N$ zum Eintritt des zur Faktorisierung erforderlichen Ereignisses $\mathfrak{E}_1$ aus (6.54) erfüllt. Dazu zeigen wir zunächst folgendes Lemma.

Lemma 6.6
Sei p ungerade Primzahl, $k \in \mathbb{N}$, $s \in \mathbb{N}_0$ und sei b aus $\{c \in \{1, \ldots, p^k - 1\} \,|\, ggT(p^k, c) = 1\}$ zufällig und mit gleich verteilter Wahrscheinlichkeit $\frac{1}{\phi(p^k)}$ ausgewählt. Dann gilt für die Wahrscheinlichkeit, dass $\text{ord}_{p^k}(b)$ von der Form $\text{ord}_{p^k}(b) = 2^s t$ mit ungeradem t ist

$$\mathbf{P}\left\{\text{ord}_{p^k}(b) = 2^s t \text{ mit } 2 \nmid t\right\} \leq \frac{1}{2}. \qquad (6.128)$$

Beweis Seien p, k und s vorgegeben. Die Anzahl der Elemente in $\{c \in \{1, \ldots, p^k - 1\} \mid ggT(p^k, c) = 1\}$ ist per Definition 11.10 der Euler-Funktion ϕ durch $\phi(p^k)$ gegeben. Weiterhin gibt es eindeutig bestimmte $u, v \in \mathbb{N}$ mit v ungerade, sodass

$$\phi(p^k) \underbrace{=}_{(11.56)} p^{k-1}(p - 1) = 2^u v.$$

Aus den Sätzen 11.19 und 11.21 folgt, dass es für p^k eine Primitivwurzel $a \in \mathbb{N}$ gibt und aus Satz 11.16, dass

$$\{b \in \{1, \ldots, p^k - 1\} \mid ggT(p^k, b) = 1\} = \{a^j \mod p^k \mid j \in \{1, \ldots, \phi(p^k)\}\} \tag{6.129}$$

Die beliebige Auswahl eines b mit gleich verteilter Wahrscheinlichkeit ist daher durch die Identifikation

$$b = a^j \mod p^k \tag{6.130}$$

gleichbedeutend mit einer beliebigen Auswahl eines $j \in \{1, \ldots, \phi(p^k)\}$. Weiterhin wissen wir aus Satz 11.16, dass dann

$$ord_{p^k}(b) = \frac{\phi(p^k)}{ggT(j, \phi(p^k))}, \tag{6.131}$$

und daher ist das Ereignis $ord_{p^k}(b) = 2^s t$ gleichbedeutend mit

$$2^s t = \frac{2^u v}{ggT(j, 2^u v)}. \tag{6.132}$$

Aus (6.132) erhält man, dass der Fall $s > u$ nicht auftreten kann, denn dann wäre

$$v = 2^{s-u} t \, ggT(j, 2^u v) \tag{6.133}$$

und somit $2 \mid v$, was der Annahme eines ungeraden v in $\phi(p^k) = 2^u v$ widerspricht. Daher ist

$$\mathbf{P}\{ord_{p^k}(b) = 2^s t \text{ mit } 2 \nmid t \text{ und } s > u\} = 0. \tag{6.134}$$

Für den Fall $s \leq u$ überlegt man sich folgendermaßen, dass j von der Form $j = 2^{u-s} x, 2 \nmid x$ sein muss: Seien

$$n = \prod_{p \in \mathbb{P}} p^{\nu_p}, \qquad m = \prod_{p \in \mathbb{P}} p^{\mu_p} \tag{6.135}$$

die Primfaktorzerlegungen von $n, m \in \mathbb{N}$. Dann gilt

$$ggT(n, m) = \prod_{p \in \mathbb{P}} p^{\min\{\nu_p, \mu_p\}}. \tag{6.136}$$

Sei nun oBdA $j = 2^w x, 2 \nmid x$, dann folgt aus (6.136)

$$ggT(j, 2^u v) = 2^{\min\{w,u\}} \prod_{p \in \mathbb{P} \setminus \{2\}} p^{\kappa_p} \tag{6.137}$$

mit geeignet gewählten κ_p.

Damit $ord_{p^k}(b) = 2^s t$ sein kann, muss wegen (6.131) und (6.132) dann

$$ggT(j, 2^u v) = 2^{u-s} \frac{v}{t} \tag{6.138}$$

gelten. Da v, t nach Voraussetzung ungerade sind, muss dann auch $\frac{v}{t}$ ungerade sein. Aus (6.137) und (6.138) folgt daher $\min\{w, u\} = u - s$ und somit $w = u - s$.

Daher muss j von der Form $j = 2^{u-s} x, 2 \nmid x$ sein und in $\{1, \ldots, \phi(p^k) = 2^u v\}$ liegen. In dieser Menge gibt es $2^s v$ Vielfache von 2^{u-s}, nämlich

$$\{2^{u-s} \times 1, 2^{u-s} \times 2, \ldots, 2^{u-s} \times 2^s v\}. \tag{6.139}$$

Von diesen $2^s v$ Vielfachen von 2^{u-s} ist aber nur die Hälfte von der Form $j = 2^{u-s} x$ mit ungeradem x. Da alle j mit gleicher Wahrscheinlichkeit ausgewählt werden, gilt somit

$$\begin{aligned}
\mathbf{P} &\{ord_{p^k}(b) = 2^s t \text{ mit } 2 \nmid t \text{ und } s \le u\} \\
&= \frac{\text{Anzahl möglicher } j \text{ von der Form } j = 2^{u-s} x, 2 \nmid x}{\text{Anzahl möglicher } j} \\
&= \frac{\frac{1}{2} 2^s v}{2^u v} = 2^{s-u-1} \le \frac{1}{2},
\end{aligned} \tag{6.140}$$

da $s \le u$. Zusammen mit (6.134) ergibt sich daher

$$\begin{aligned}
\mathbf{P} &\{ord_{p^k}(b) = 2^s t \text{ mit } t \text{ ungerade}\} \\
&= \mathbf{P} \{ord_{p^k}(b) = 2^s t \text{ mit } s > u \text{ und } t \text{ ungerade}\} \\
&\quad + \mathbf{P} \{ord_{p^k}(b) = 2^s t \text{ mit } s \le u \text{ und } t \text{ ungerade}\} \\
&\le 0 + \frac{1}{2} = \frac{1}{2}. \qquad \qquad \square
\end{aligned} \tag{6.141}$$

Um schließlich die Wahrscheinlichkeit abschätzen zu können, dass unsere Auswahl von b die Kriterien in (6.54) *nicht* erfüllt und wir ein neues b wählen müssen, benötigen wir noch folgendes Resultat.

Satz 6.7
Sei $N \in \mathbb{N}$ ungerade mit Primfaktorzerlegung $N = \prod_{j=1}^{J} p_j^{v_j}$ bestehend aus Primzahlpotenzen von J verschiedenen Primfaktoren $p_1, \ldots, p_J$ und sei

> $b \in \{c \in \{0, 1, \dots, N-1\} \mid ggT(c, N) = 1\}$ *beliebig ausgewählt. Dann gilt*
>
> $$\mathbf{P}\left\{[ord_N(b)\ gerade]\ und\ [(b^{\frac{ord_N(b)}{2}} + 1) \mod N \neq 0]\right\} \geq 1 - \frac{1}{2^{J-1}}.$$
>
> $$(6.142)$$

Beweis Da N nach Voraussetzung ungerade ist, sind alle Primfaktoren $p_1, \dots, p_J$ notwendigerweise ebenfalls ungerade, und wir können im Nachfolgenden für deren Potenzen $p_j^{\nu_j}$ Lemma 6.6 anwenden. Wir definieren der Kürze halber noch $r := ord_N(b)$ und zeigen zunächst

$$\mathbf{P}\left\{[r\ ungerade]\ oder\ [(b^{\frac{r}{2}} + 1) \mod N = 0]\right\} \leq \frac{1}{2^{J-1}}. \qquad (6.143)$$

Aus Satz 11.22 wissen wir, dass jedes $b \in \{1, \dots, N-1\}$ mit $ggT(b, N) = 1$ eindeutig einem Satz von $b_j := b \mod p_j^{\nu_j} \in \{1, \dots, p^{\nu_j} - 1\}$ mit $ggT(b_j, p^{\nu_j}) = 1$ für $j \in \{1, \dots, J\}$ entspricht und umgekehrt. Einer beliebigen Auswahl von b entspricht daher eine beliebige Auswahl eines Tupels ($b_1 = b \mod p^{\nu_1}, \dots, b_J = b \mod p^{\nu_J}$).

Nach Definition der Ordnung ist

$$b^r \mod N = 1. \qquad (6.144)$$

Aus (6.144) folgt, dass es ein $z \in \mathbb{Z}$ gibt, sodass $b^r = 1 + zN = 1 + z \prod_{j=1}^{J} p_j^{\nu_j}$ und somit auch

$$b^r \mod p_j^{\nu_j} = 1. \qquad (6.145)$$

Sei weiterhin $r_j := ord_{p_j^{\nu_j}}(b_j)$. Für alle $j = 1, \dots, J$ gilt

$$1 \underbrace{=}_{\text{Def. } r_j} b_j^{r_j} \mod p_j^{\nu_j}$$

$$\underbrace{=}_{\text{Def. } b_j} (b \mod p^{\nu_j})^{r_j} \mod p^{\nu_j} \qquad (6.146)$$

$$\underbrace{=}_{(11.44)} b^{r_j} \mod p^{\nu_j}.$$

Für alle $j = 1, \dots, J$ ist dann auch

$$b^{r_j} \mod p_j^{\nu_j} = 1. \qquad (6.147)$$

Da r_j jeweils die kleinste positive Zahl mit der Eigenschaft (6.147) ist, hat dies zur Folge, dass es für jedes $j = 1, \dots, J$ ein $k_j \in \mathbb{N}$ gibt mit $r = k_j r_j$. Umgekehrt gilt für jedes gemeinsame Vielfache k der r_j, dass $b^k \bmod N = 1$, denn

$$\frac{b^k - 1}{p_j^{v_j}} \in \mathbb{Z} \qquad \forall j = 1, \dots, J \tag{6.148}$$

impliziert wegen $ggT(p_i, p_j) = 1$ für $i \neq j$

$$\frac{b^k - 1}{\prod_{j=1}^{J} p_j^{v_j}} \in \mathbb{Z}. \tag{6.149}$$

Da nun wiederum r die kleinste solche Zahl ist, folgt, dass r das kleinste gemeinsame Vielfache (siehe Definition 11.3) der r_j ist, d. h.

$$r = kgV(r_1, \dots, r_J). \tag{6.150}$$

Sei nun $r = 2^s t$ und $r_j = 2^{s_j} t_j$ mit $s, s_j \in \mathbb{N}_0$ und t, t_j ungerade. Wegen (6.150) ist r genau dann ungerade (was gleichbedeutend mit $s = 0$ ist), wenn alle r_j ungerade sind, was wiederum gleichbedeutend mit $s_j = 0$ für alle $j = 1, \dots, J$ ist. Somit gilt

$$r \text{ ungerade} \Leftrightarrow s_j = 0 \quad \forall j = 1, \dots, J. \tag{6.151}$$

Weiterhin hat man wegen (6.150)

$$s_j \leq s \quad \forall j = 1, \dots, J. \tag{6.152}$$

Betrachten wir nun die Fälle, in denen r gerade und $(b^{\frac{r}{2}} + 1) \bmod N = 0$ ist, d. h. es gibt ein $l \in \mathbb{N}$ sodass

$$b^{\frac{r}{2}} + 1 = lN. \tag{6.153}$$

Wegen $N = \prod_{j=1}^{J} p_j^{v_j}$ folgt dann auch, dass es für alle j ein $l_j = l \frac{N}{p_j^{v_j}} \in \mathbb{N}$ gibt, sodass

$$b^{\frac{r}{2}} + 1 = l_j p_j^{v_j}. \tag{6.154}$$

Wir wissen bereits, dass $s_j \leq s$ sein muss und zeigen nun, dass (6.153) noch $s_j = s$ impliziert. Denn angenommen, es gibt ein j mit $s_j < s$, dann folgt aus

$$2^s t = r = k_j r_j = k_j 2^{s_j} t_j, \tag{6.155}$$

dass

$$k_j = 2^{s-s_j} \frac{t}{t_j} \in \mathbb{N} \tag{6.156}$$

und somit

$$\frac{r}{2} = \underbrace{2^{s-s_j-1} \frac{t}{t_j} r_j}_{:=z_j \in \mathbb{N}}. \tag{6.157}$$

Daher gibt es für das j mit $s_j < s$ ein $z_j \in \mathbb{N}$ mit

$$\frac{r}{2} = z_j r_j. \tag{6.158}$$

Zusammen mit (6.158) impliziert (6.146)

$$\begin{aligned}
b^{\frac{r}{2}} \mod p_j^{\nu_j} &= b^{z_j r_j} \mod p_j^{\nu_j} \\
&= \left(b^{r_j} \mod p_j^{\nu_j} \right)^{z_j} \mod p_j^{\nu_j} = 1 \mod p_j^{\nu_j} \\
&= 1.
\end{aligned} \tag{6.159}$$

Letzteres widerspricht aber (6.154). Somit ergibt sich

$$(b^{\frac{r}{2}} + 1) \mod N = 0 \Rightarrow s_j = s \quad \forall j. \tag{6.160}$$

Für die Menge der Ereignisse folgt daher aus (6.151) und (6.160)

$$\{r \text{ ungerade}\} \subset \{s_j = 0 \quad \forall j\} \tag{6.161}$$

$$\{[r \text{ gerade}] \text{ und } [(b^{\frac{r}{2}} + 1) \mod N = 0]\} \subset \{s_j = s \in \mathbb{N} \quad \forall j\} \tag{6.162}$$

und somit

$$\begin{aligned}
&\{[r \text{ ungerade}] \text{ oder } [[r \text{ gerade}] \text{ und } [(b^{\frac{r}{2}} + 1) \mod N = 0]]\} \\
&\subset \{s_j = s \in \mathbb{N}_0 \quad \forall j\}.
\end{aligned} \tag{6.163}$$

Da wir die Auswahl der s_j als unabhängig betrachten dürfen, ergibt sich daher für die Wahrscheinlichkeit, dass r ungerade ist oder r gerade und $(b^{\frac{r}{2}} + 1) \mod N = 0$

$$\mathbf{P}\left\{[r \text{ ungerade}] \text{ oder } [[r \text{ gerade}] \text{ und } [(b^{\frac{r}{2}} + 1) \mod N = 0]]\right\}$$

$$\leq \mathbf{P}\{s_j = s \in \mathbb{N}_0 \quad \forall j\} = \sum_{s \in \mathbb{N}_0} \mathbf{P}\{s_j = s \quad \forall j\} = \sum_{s \in \mathbb{N}_0} \prod_{j=1}^{J} \mathbf{P}\{s_j = s\}$$

$$= \sum_{s \in \mathbb{N}_0} \mathbf{P}\{s_1 = s\} \prod_{j=2}^{J} \mathbf{P}\{s_j = s\} \tag{6.164}$$

$$= \sum_{s \in \mathbb{N}_0} \mathbf{P}\{s_1 = s\} \prod_{j=2}^{J} \underbrace{\mathbf{P}\{r_j = 2^s t \text{ mit } 2 \nmid t\}}_{\leq \frac{1}{2} \text{ nach Lemma 6.6}}$$

$$\leq \underbrace{\sum_{s \in \mathbb{N}_0} \mathbf{P}\{s_1 = s\}}_{=1} \frac{1}{2^{J-1}} = \frac{1}{2^{J-1}}$$

und daher schließlich für das in (6.54) definierte Ereignis $\mathfrak{E}_1$

$$\mathbf{P}\{\mathfrak{E}_1\} = \mathbf{P}\left\{[r \text{ gerade}] \text{ und } \left[(b^{\frac{r}{2}} + 1) \mod N \neq 0\right]\right\}$$

$$= 1 - \mathbf{P}\left\{[r \text{ ungerade}] \text{ oder } \left[[r \text{ gerade}] \text{ und } \left[(b^{\frac{r}{2}} + 1) \mod N = 0\right]\right]\right\}$$

$$\geq 1 - \frac{1}{2^{J-1}}. \tag{6.165}$$

$\square$

Für eine Zahl N mit mehr als einem Primfaktor, d. h. $J \geq 2$, ist daher die Wahrscheinlichkeit, dass nach einmaliger Auswahl von b ein b mit $ord_N (b)$ gerade und $(b^{\frac{ord_N(b)}{2}} + 1) \mod N \neq 0$ gefunden wurde, größer als $\frac{1}{2}$, dagegen z. B. nach zehnmaliger Auswahl bereits größer als $1 - \frac{1}{2^{10}} = 0,999$.

Falls allerdings N eine Primzahlpotenz ist, d. h. $J = 1$, lassen sich aus (6.165) keine nichttrivialen Aussagen über ein erfolgreiches Auffinden eines b mit der Eigenschaft r gerade und $(b^{\frac{r}{2}} + 1) \mod N \neq 0$ machen.

6.4.6 Bilanzierung der Schritte

Proposition 6.8
Für $f_{b,N}(x) = b^x \mod N$ gibt es einen unitären Operator $U_{f_{b,N}}$ auf $\mathbb{H}^A \otimes \mathbb{H}^B$ mit

$$U_{f_{b,N}}\left(|x\rangle^A \otimes |0\rangle^B\right) = |x\rangle^A \otimes |f(x)\rangle^B, \tag{6.166}$$

sodass für die Anzahl der für $U_{f_{b,N}}$ benötigten Rechenschritte gilt

$$S_{U_{f_{b,N}}}(L) \in O(L^3) \qquad \text{für } L \to \infty. \tag{6.167}$$

Beweis Die Aussage mit der Behauptung (6.166) wurde bereits mit Korollar 5.36 bewiesen. Wir müssen lediglich noch die Rechenaufwände sammeln, um (6.167) zu verifizieren.

Aus Abb. 5.13 sehen wir, dass für einen Quantenaddierer U_+ zur Addition zweier Zahlen $a, b < 2^L$ die Operationen U_s, U_c, U_c^* jeweils $O(L)$-mal ausführen müssen. Daher skaliert die Anzahl der Rechenschritte für $a, b \to \infty$ mit $S_{U_+}(L) \in O(L)$. Gleiches gilt für den Subtrahierer als Inverses des Addierers.

Aus Abb. 5.20 sieht man, dass der Quantenaddierer modulo N eine feste und von a, b und N unabhängige Anzahl von Addierern U_+ und Subtrahierern U_- braucht. Somit skaliert für $a, b, N \to \infty$ dann auch die Anzahl der Rechenschritte mit $S_{U_{+\%N}}(L) \in O(L)$.

Im in Definition 5.32 definierten Quantenmultiplikator $U_{\times c\%N}$ modulo N werden für $a, b, c, N < 2^L$ dann $O(L)$ Additionen U_+ ausgeführt. Somit gilt $S_{U_{\times c\%N}}(L) \in O(L^2)$.

In Abb. 5.22 sieht man, dass $A_{f_{b,N}}$ für $x < 2^L$ durch $O(L)$ Quantenmultiplikatoren $U_{\times \beta_j \% N}$ ausgeführt wird. Die Berechnung der dabei benötigten $\beta_j = b^{2^j} \bmod N$ für $j = 0, \ldots, L - 1$ kann mit klassischen Algorithmen folgendermaßen effizient ausgeführt werden. Wegen

$$b^{2^j} \bmod N \underbrace{=}_{(11.44)} \underbrace{\left(b^{2^{j-1}} \bmod N\right)^2}_{< N^2} \bmod N \qquad (6.168)$$

brauchen wir zur Berechnung der $b^{2^0} \bmod N, \ldots, b^{2^{L-1}} \bmod N$ lediglich L-mal Ausdrücke der Form $a \bmod N$ zu berechnen, bei denen $a < N^2$ gilt. Nach Lemma 11.2 brauchen wir für jeden dieser Ausdrücke dabei $O((\log_2 \max\{a, N\})^2) \in O(L^2)$ Schritte. Die Anzahl der Rechenschritte für $A_{f_{b,N}}$ skaliert daher insgesamt mit $S_{A_{f_{b,N}}}(L) \in O(L^3)$.

Schließlich sieht man aus Abb. 5.10, dass die in Korollar 5.36 benutzte Konstruktion für $U_{f_{b,N}}$ eine feste von x und N unabhängige Anzahl von Operationen $A_{f_{b,N}}$ und $A^*_{f_{b,N}}$ erfordert. Daher ist auch $S_{U_{f_{b,N}}}(L) \in O(L^3)$ für $x, N < 2^L$ und $L \to \infty$. $\qquad \Box$

Damit können wir die Aussage über die Effizienz des Shor-Algorithmus wie folgt formulieren.

Satz 6.9

Für die Faktorisierung einer ungeraden Zahl $N \in \mathbb{N}$ mit mindestens zwei verschiedenen Primfaktoren mit dem Shor-Algorithmus gilt für die Anzahl der in diesem Algorithmus benötigten Rechenschritte

$$S_{Shor}(N) \in O\big((\log_2 N)^3 \log_2 \log_2 N\big). \qquad (6.169)$$

Beweis Die für den Shor-Algorithmus relevanten Ereignisse und ihre Eintrittswahrscheinlichkeiten sind nochmals in Tab. 6.7 zusammengefasst.

Damit ergibt sich folgende Bilanzierung der benötigten Rechenschritte.

Shor Algorithmus mit Rechenaufwand

Eingabe: Eine ungerade natürliche Zahl N mit mindestens zwei verschiedenen Primfaktoren.

Schritt 1:   Wähle ein $b \in \mathbb{N}$ mit $b < N$ und bestimme $ggT(b, N)$. Für die Anzahl der hierfür benötigten Rechenschritte gilt nach (11.41)

$$S_{Shor1}(N) \in O\big((\log_2 N)^3\big) \qquad \text{für } N \to \infty. \qquad (6.170)$$

Tab. 6.7 Relevante Ereignisse im Faktorisierungsalgorithmus nach Shor und ihre Eintritswahrscheinlichkeiten

In Schritt	Ereignis	Beschreibung	Eintrittswahrscheinlichkeit
1.	$\mathfrak{E}_1$	b wurde so gewählt, dass r gerade ist und $(b^{\frac{r}{2}} + 1) \bmod N \neq 0$ gilt	$\mathbf{P}\{\mathfrak{E}_1\} \geq \frac{1}{2}$
2.	$\mathfrak{E}_2$	Bei der Messung des Inputregisters $\mathbb{H}^A$ wird der Zustand $|z\rangle^A$ für ein solches $z \in \{0, \dots, 2^L - 1\}$ gemessen, sodass $\exists l_z \in \{0, \dots, r-1\}$ mit $\left| \frac{z}{2^L} - \frac{l_z}{r} \right| < \frac{1}{2r^2}$ und $ggT(l,r) = 1$	$\mathbf{P}\{\mathfrak{E}_2\} > \frac{1}{10\log_2\log_2 N}$ für $r \geq 19$
2.	folgt aus $\mathfrak{E}_2$	Ein Teilkettenbruch $\frac{p_j}{q_j}$ von $\frac{z}{2^L}$ hat einen Nenner $q_j = r$, der Periode von $f_{b,N}$ ist	$\mathbf{P}\{\mathfrak{E}_2\} > \frac{1}{10\log_2\log_2 N}$ für $r \geq 19$
3.	$\mathfrak{E}_1 \cap \mathfrak{E}_2$	Es wurde $b < N$ so ausgewählt, dass ein $r = q_j$ gefunden wurde, welches eine gerade Periode von $f_{b,N}$ ist und für das gilt $(b^{\frac{r}{2}} + 1) \bmod N \neq 0$	$\mathbf{P}\{\mathfrak{E}_1 \cap \mathfrak{E}_2\} > \frac{1}{20\log_2\log_2 N}$ für $r \geq 19$

Falls

$ggT(b, N) > 1$: Ist $ggT(b, N)$ ein nichttrivialer Faktor von N, und wir sind fertig. Gehe zur Ausgabe und gib $ggT(b, N)$ und $\frac{N}{ggT(b,N)}$ aus.

$ggT(b, N) = 1$: Gehe zu Schritt 2.

Schritt 2: Bestimme die Periode r der Funktion

$$
\begin{aligned}
f_{b,N} : \mathbb{N}_0 &\longrightarrow \mathbb{N}_0 \\
n &\longmapsto f_{b,N}(n) := b^n \mod N \, .
\end{aligned}
\tag{6.171}
$$

Dazu werten wir zunächst $f_{b,N}$ 20-mal durch direktes Ausrechnen aus. Die Anzahl der dafür erforderlichen Rechenschritte ist nach (11.4) maximal von der Ordnung $O((\log_2 N)^2)$. Falls diese Auswertung eine Periode $r < 19$ ergibt, fahren wir mit der Fallunterscheidung nach (6.172) fort. Andernfalls nutzen wir den in Satz 6.4 beschriebenen Quantenalgorithmus. Die Anzahl der hierfür benötigten Rechenschritte ist nach (6.61) zusammen mit Proposition 6.8 von der Ordnung $O((\log_2 N)^3)$. Insgesamt ist daher

$$S_{Shor2}(N) \in O\big((\log_2 N)^3\big) \qquad \text{für } N \to \infty \, . \tag{6.172}$$

Falls

r ungerade: Starte erneut mit Schritt 1.

r gerade: Gehe zu Schritt 3.

Schritt 3: Bestimme $ggT(b^{\frac{r}{2}} + 1, N)$. Für die Anzahl der hierfür benötigten Rechenschritte gilt nach (11.41)

$$S_{Shor3}(N) \in O\big((\log_2 N)^3\big) \qquad \text{für } N \to \infty \, . \tag{6.173}$$

Falls

$ggT(b^{\frac{r}{2}} + 1, N) = N$: Starte erneut mit Schritt 1.

$ggT(b^{\frac{r}{2}} + 1, N) < N$: Wir haben mit $ggT(b^{\frac{r}{2}} + 1, N)$ einen nichttrivialen Faktor von N gefunden.

Berechne $ggT(b^{\frac{r}{2}} - 1, N)$ als weiteren nichttrivialen Faktor von N. Gehe zur Ausgabe und gib $ggT(b^{\frac{r}{2}} \pm 1)$ aus.

Ausgabe: Zwei nichttriviale Faktoren von N.

Wie wir aus Tab. 6.7 sehen, gilt für die Wahrscheinlichkeit, dass b so gewählt wurde, dass das Ereignis $\mathfrak{E}_1 \cap \mathfrak{E}_2$ eintritt und somit Faktoren von N ermittelt werden

$$\mathbf{P}\left\{\mathfrak{E}_1 \cap \mathfrak{E}_2\right\} > \frac{1}{20 \log_2 \log_2 N}. \tag{6.174}$$

Um geeignete b, r mit einer Wahrscheinlichkeit nahe bei 1 zu finden, genügt es daher die Schritte 1 bis 3 etwa $20 \log_2 \log_2 N$-mal zu wiederholen.

Insgesamt wächst also die Anzahl der Schritte, um eine Faktorisierung mit an 1 angenäherter Wahrscheinlichkeit zu erhalten als Funktion von N in der Form

$$S_{Shor}(N) \in (S_{Shor1}(N) + S_{Shor2}(N) + S_{Shor3}(N))O(\log_2 \log_2 N)$$
$$\in \left(O\big((\log_2 N)^3\big) + O\big((\log_2 N)^3\big) + O\big((\log_2 N)^3\big)\right)O(\log_2 \log_2 N)$$
$$\in O\big((\log_2 N)^3 \log_2 \log_2 N\big) \qquad \text{für } N \to \infty \tag{6.175}$$

an. $\qquad\qquad\qquad\qquad\qquad\qquad\qquad\qquad\qquad\qquad\qquad\qquad\qquad\qquad\square$

Beispiel 6.1 **für den Shor Algorithmus**

Eingabe: Gegeben $N = 143$.

Schritt 1: Wir wählen $b = 7$ und finden $ggT(b, N) = 1$. Daher gehen wir zu Schritt 2.

Schritt 2: Die Auswertung von $f_{b,N}(x) = 7^x \bmod 143$ für $x = 0, \ldots, 20$ zeigt, dass die Periode r von $f_{b,N}$ größer als 20 ist. Wir setzen dann $L = \lfloor 2 \log_2 N \rfloor + 1 = 15$.

Falls wir einen Quantencomputer zur Verfügung hätten, würden wir in diesem den Anfangszustand in $\mathbb{H}^{\otimes L}$ vorbereiten, darauf $U_{f_{b,N}}$ und F anwenden und dann das Inputregister beobachten und ein z auslesen. Dabei hätte die Wahrscheinlichkeitsverteilung der z die in Abb. 6.4 gezeigte Form. Mit der Wahrscheinlichkeit (6.82) finden wir $z = 7646$. Damit ergibt sich für die Kettenbruchdarstellung von $\frac{z}{2^L}$ aus (6.105)

$$\frac{z}{2^L} = [0; 4, 3, 1, 1, 272, 2]. \tag{6.176}$$

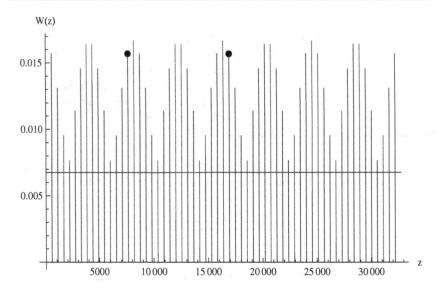

Abb. 6.4 Wahrscheinlichkeit $W(z)$, ein $z \in \{0, \ldots, 2^L - 1 = 32.767\}$ im Inputregister zu beobachten. Die *horizontale Linie* zeigt den Wert der Grenzwahrscheinlichkeit $W_{\min}$ aus (6.102). Die *vertikalen Linien* zeigen die isolierten z-Werte, deren Wahrscheinlichkeiten größer als $W_{\min}$ sind. Für alle anderen $z \in \{0, \ldots, 32.767\}$ sind die Wahrscheinlichkeiten kleiner als 10^{-6}. Die beiden Punkte zeigen die beiden z-Werte 7646 und 16.930, die in dem fiktiven Durchlauf des Algorithmus im Inputregister beobachtet wurden

Für die Teilkettenbrüche aus (6.110) finden wir damit als mögliche Kandidaten für $\frac{l_z}{r}$

$$\frac{p_1}{q_1}, \ldots, \frac{p_6}{q_6} = \frac{1}{4}, \frac{3}{13}, \frac{4}{17}, \frac{7}{30}, \frac{1908}{8177}, \frac{3823}{16.384}. \qquad (6.177)$$

Anwendung von $f_{b,N}$ auf die q_j aus (6.177) ergibt $f_{b,N}(q_j) \neq 1$ für alle diese q_j, d. h. keine dieser q_j ist die Periode von $f_{b,N}$.
Wir bereiten daher erneut einen Anfangszustand vor, wenden $U_{f_{b,N}}$ und F an und messen erneut das Inputregister. Diesmal finden wir $z = 16930$. Damit ergibt sich für die Kettenbruchdarstellung von $\frac{z}{2^L}$ aus (6.105)

$$\frac{z}{2^L} = [0; 1, 1, 14, 1, 1, 67, 1, 3]. \qquad (6.178)$$

Für die Teilkettenbrüche aus (6.110) finden wir damit als mögliche Kandidaten für $\frac{l_z}{r}$

$$\frac{p_1}{q_1}, \ldots, \frac{p_8}{q_8} = \frac{1}{1}, \frac{1}{2}, \frac{15}{29}, \frac{16}{31}, \frac{31}{60}, \frac{2093}{4051}, \frac{2124}{4111}, \frac{8465}{16.384}. \qquad (6.179)$$

Anwendung von $f_{b,N}$ auf die q_j aus (6.179) ergibt, dass $f_{b,N}(60) = 1$. Wir haben somit eine gerade Periode $r = q_5 = 60$ gefunden und gehen zu Schritt 3.

Schritt 3: In Schritt 2 haben wir 60 als die Periode von $f_{b,N}$ bestimmt. Wir bestimmen

$$ggT(7^{30} + 1, 143) = 13 \quad \text{und} \quad ggT(7^{30} - 1, 143) = 11. \quad (6.180)$$

Dies sind nichttriviale Faktoren von 143. In der Tat ist $143 = 13 \times 11$.

Ausgabe: Die Faktoren 11 und 13 von 143.

6.5 Grovers Suchalgorithmus

Der 1996 von Lov Grover in [21] entwickelte Suchalgorithmus beschreibt ein Verfahren, mit welchem bekannte Objekte („Stecknadeln") in einer großen, ungeordneten Menge („Heuhaufen") von N Objekten durch Ausführung von $O(\sqrt{N})$ Schritten mit Wahrscheinlichkeit $> \frac{1}{2}$ gefunden werden kann.

Bis dahin bekannte Verfahren benötigten $O(\frac{N}{2})$ Schritte, um mit einer Wahrscheinlichkeit $> \frac{1}{2}$ das gesuchte Objekt zu finden. Falls man etwa den zu einer Telefonnummer gehörigen Namen im Telefonbuch einer Stadt mit vier Mio. Einwohnern finden möchte, würde der Grover-Suchalgorithmus nach ca. 2000 Schritten den gesuchten Namen mit einer Wahrscheinlichkeit $> \frac{1}{2}$ liefern, während man mit den üblichen Verfahren dafür etwa zwei Mio. Schritte ausführen müsste.

Anschaulich besteht der Grover-Suchalgorithmus darin, dass die Objekte, in denen gesucht wird, als quantenmechanische Zustände, d. h. Vektoren in einem geeigneten Hilbert-Raum dargestellt werden und Operatoren konstruiert werden können, mit denen diese Zustände derart transformiert („gedreht") werden, dass ihre Projektion auf den Unterraum der gesuchten Objekte anwächst. Beobachtung dieser gedrehten Zustände liefern dann mit größerer Wahrscheinlichkeit Zustände, die gesuchten Objekten entsprechen. Im Nachfolgenden werden wir dieses Verfahren zunächst in Abschn. 6.5.1 mit bekannter Anzahl von gesuchten Objekten detaillierter darstellen, bevor wir dann in Abschn. 6.5.2 ein Verfahren vorstellen, mit dem man auch bei nicht bekannter Anzahl der gesuchten Objekte mit einer Wahrscheinlichkeit von mindestens 25 % bei der Suche erfolgreich ist.

6.5.1 Suchalgorithmus bei bekannter Anzahl von gesuchten Objekten

Wir nehmen an, dass sich die Objekte der ungeordneten Liste, in welcher wir suchen, durch Zahlen in $\{0, 1, \ldots, |L|\}$ identifizieren lassen. Falls die Mächtigkeit $|L|$ der Liste kleiner ist als 2^n, füllen wir sie mit $2^n - |L|$ Platzhalterobjekten auf, sodass wir oBdA von Suchen in der Menge $\{0, \ldots, 2^n - 1\}$ mit der Mächtigkeit $N := 2^n$

ausgehen können. Da jede Zahl $x \in \{0, \ldots, 2^n - 1\}$ eineindeutig einem Vektor der Rechenbasis von $\mathbb{H}^{\otimes n}$ entspricht, können wir die Suche in $\mathbb{H}^{\otimes n}$ durchführen, falls es uns gelingt, die gesuchten Objekte in diesem Hilbert-Raum geeignet zu identifizieren.

Die Menge der m gesuchten Objekte sei mit $\mathfrak{G}$ bezeichnet. Mit der Möglichkeit $m \geq 1$ lassen wir auch zu, dass nach mehr als einer „Stecknadel" gesucht wird.

Definition 6.10

Sei $\mathfrak{G}$ die Menge der gesuchten Objekte mit der Mächtigkeit $m \geq 1$. Für den Algorithmus zur Suche eines $x \in \mathfrak{G} \subset \{0, \ldots, 2^n - 1 = N - 1\}$ definieren wir das Input-/Outputregister als $\mathbb{H}^{I/O} = \mathbb{H}^{\otimes n}$. Weiterhin definieren wir die Komplementärmenge

$$\mathfrak{G}^{\perp} := \{0, \ldots N - 1\} \backslash \mathfrak{G} \tag{6.181}$$

sowie die Operatoren

$$P_{\mathfrak{G}} := \sum_{x \in \mathfrak{G}} |x\rangle\langle x| \tag{6.182}$$

$$P_{\mathfrak{G}^{\perp}} := \sum_{x \in \mathfrak{G}^{\perp}} |x\rangle\langle x| = \mathbf{1}^{\otimes n} - P_{\mathfrak{G}} \tag{6.183}$$

auf $\mathbb{H}^{I/O}$ und die Vektoren

$$|\Psi_{\mathfrak{G}}\rangle := \frac{1}{\sqrt{m}} \sum_{x \in \mathfrak{G}} |x\rangle \tag{6.184}$$

$$|\Psi_{\mathfrak{G}^{\perp}}\rangle := \frac{1}{\sqrt{N - m}} \sum_{x \in \mathfrak{G}^{\perp}} |x\rangle \tag{6.185}$$

in $\mathbb{H}^{I/O}$.

$P_{\mathfrak{G}}$ ist ein Projektor auf den Raum, der von den gesuchten Objekten $x \in \mathfrak{G}$ aufgespannt wird, denn

$$P_{\mathfrak{G}}^{*} = \left(\sum_{x \in \mathfrak{G}} |x\rangle\langle x| \right)^{*} = \sum_{x \in \mathfrak{G}} (|x\rangle\langle x|)^{*} = \sum_{x \in \mathfrak{G}} |x\rangle\langle x| = P_{\mathfrak{G}} \tag{6.186}$$

sowie

$$P_{\mathfrak{G}}^{2} = \sum_{x,y \in \mathfrak{G}} |x\rangle\langle x|y\rangle\langle y| = \sum_{x,y \in \mathfrak{G}} |x\rangle \delta_{xy} \langle y| = \sum_{x \in \mathfrak{G}} |x\rangle\langle x| = P_{\mathfrak{G}}. \tag{6.187}$$

Analog ist $P_{\mathcal{G}^\perp}$ der Projektor auf den Raum, der von Objekten außerhalb der gesuchten Menge $\mathcal{G}$ aufgespannt wird.

Der Zustand $|\Psi_{\mathcal{G}}\rangle$ ist eine gleichgewichtete Linearkombination der Vektoren $|x\rangle$ der Rechenbasis, die aus allen gesuchten Objekten $x \in \mathcal{G}$ gebildet wird. Eine Beobachtung (siehe Definition 5.24) dieses Zustandes würde mit Sicherheit ein gesuchtes Objekt feststellen.

Wegen $\mathcal{G} \cup \mathcal{G}^\perp = \{0, \ldots, 2^n - 1\}$ lässt sich jeder Zustand $|\Psi\rangle \in \mathbb{H}^{I/O}$ wie folgt darstellen:

$$|\Psi\rangle = \left(P_{\mathcal{G}^\perp} + P_{\mathcal{G}}\right)|\Psi\rangle = \sum_{x \in \mathcal{G}^\perp} \Psi_x |x\rangle + \sum_{x \in \mathcal{G}} \Psi_x |x\rangle. \qquad (6.188)$$

Eine Beobachtung (siehe Definition 5.24) des Zustands $|\Psi\rangle$ projiziert diesen Zustand auf ein $|x\rangle$. Ziel des Algorithmus ist es daher, Zustände $|\Psi\rangle$ zu erzeugen, für die die Wahrscheinlichkeit, ein $x \in \mathcal{G}$ zu beobachten, maximal wird. Dies geschieht ausgehend von einem Anfangszustand $|\Psi_0\rangle$ durch sukzessive Transformationen („Drehungen"), die den Anteil des zu beobachtenden $|\Psi\rangle$ in $\mathcal{G}$ erhöhen. Für die Wahrscheinlichkeit, bei Beobachtung von $|\Psi\rangle$ einen von den gesuchten $x \in \mathcal{G}$ erzeugten Zustand $|x\rangle$ zu finden, gilt

$$\mathbf{P}\{\text{Beobachtung von } |\Psi\rangle \text{ ergibt Zustand } |x\rangle \text{ mit } x \in \mathcal{G}\} = \sum_{x \in \mathcal{G}} |\Psi_x|^2 . \qquad (6.189)$$

Der Suchalgorithmus besteht daher aus der Konstruktion von Transformationen auf einem gegebenen Anfangszustand, die die rechte Seite von (6.189) maximieren.

Zunächst müssen wir aber Methoden einführen, mit denen wir Elemente von $\mathcal{G}$ als solche identifizieren können. Dazu nehmen wir an, dass wir mit wenigen, endlichen und von N unabhängigen Rechenschritten entscheiden können, ob ein gegebenes $x \in \{0, \ldots, N-1\}$ eines der gesuchten Objekte ist, d. h. wir nehmen an, dass es eine Funktion g gibt, die durch den Wert 1 anzeigt, ob x eines der gesuchten Objekte ist, aber andernfalls null liefert. Weiterhin nehmen wir an, dass diese Funktion mithilfe eines Operators implementiert werden kann, der ebenfalls mit wenigen, endlichen und von N unabhängigen Rechenschritten ausführbar ist.

Definition 6.11
Sei $\mathcal{G}$ die Menge der gesuchten Objekte mit der Mächtigkeit $m \geq 1$. Für den Algorithmus zur Suche eines $x \in \mathcal{G} \subset \{0, \ldots, 2^n - 1 = N - 1\}$ definieren wir die Funktion

$$g : \{0, \ldots, N-1\} \longrightarrow \{0, 1\}$$
$$x \longmapsto g(x) := \begin{cases} 0, & \text{falls } x \in \mathcal{G}^\perp \\ 1, & \text{falls } x \in \mathcal{G} \end{cases} \qquad (6.190)$$

als **Orakelfunktion** des Suchproblems. Mithilfe des Arbeitsregisters $\mathbb{H}^W = {}^!\mathbb{H}$ definieren wir auf $\mathbb{H}^{I/O} \otimes \mathbb{H}^W$ das **Orakel** $\widehat{U}_g$ durch folgende Wirkung auf Vektoren der Rechenbasis

$$\widehat{U}_g \left(|x\rangle \otimes |y\rangle \right) := |x\rangle \otimes |y \oplus g(x)\rangle . \tag{6.191}$$

Durch lineare Fortsetzung ist $\widehat{U}_g$ dann auf beliebigen Vektoren in $\mathbb{H}^{I/O} \otimes \mathbb{H}^W$ definiert.

Dabei soll das Orakel $\widehat{U}_g$ effizient, d. h. mit endlichen, von N unabhängigen Rechenschritten, ausführbar sein. Mit $\widehat{U}_g$ können wir dann gemäß der Definition 5.18 und Proposition 5.19 einen Operator auf dem Teilsystem $\mathbb{H}^{I/O}$ implementieren. Es stellt sich dann heraus, dass der so implementierte Operator eine Spiegelung an $\mathbb{G}^\perp$ ist, die wir mit $R_{\mathbb{G}^\perp}$ bezeichnen.

Lemma 6.12
Für das Orakel $\widehat{U}_g$ und den Zustand

$$|\omega_i\rangle = |\omega_f\rangle = |-\rangle := \frac{|0\rangle - |1\rangle}{\sqrt{2}} \tag{6.192}$$

im Arbeitsregister $\mathbb{H}^W$ ergibt sich für beliebige $|\Psi\rangle \in \mathbb{H}^{I/O}$

$$\widehat{U}_g \left(|\Psi\rangle \otimes |-\rangle \right) = \left(R_{\mathbb{G}^\perp} |\Psi\rangle \right) \otimes |-\rangle \tag{6.193}$$

Dabei ist

$$R_{\mathbb{G}^\perp} |\Psi\rangle = \sum_{x \in \mathbb{G}^\perp} \Psi_x |x\rangle - \sum_{x \in \mathbb{G}} \Psi_x |x\rangle \tag{6.194}$$
$$= (\mathbf{1}^{\otimes n} - 2P_{\mathbb{G}}) |\Psi\rangle$$

und stellt eine Spiegelung an $\mathbb{G}^\perp$ dar.

Beweis Mit (6.190) und (6.191) ergibt sich

$$\widehat{U}_g \left(|x\rangle \otimes |0\rangle \right) = \begin{cases} |x\rangle \otimes |0\rangle, & \text{falls } x \in \mathbb{G}^\perp \\ |x\rangle \otimes |1\rangle, & \text{falls } x \in \mathbb{G} \end{cases} \tag{6.195}$$

$$\widehat{U}_g \left(|x\rangle \otimes |1\rangle \right) = \begin{cases} |x\rangle \otimes |1\rangle, & \text{falls } x \in \mathbb{G}^\perp \\ |x\rangle \otimes |0\rangle, & \text{falls } x \in \mathbb{G}. \end{cases} \tag{6.196}$$

Auf den Zuständen

$$|x\rangle \otimes |-\rangle = |x\rangle \otimes \left(\frac{|0\rangle - |1\rangle}{\sqrt{2}}\right) \tag{6.197}$$

in $\mathbb{H}^{I/O} \otimes \mathbb{H}^W$ wirkt $\widehat{U}_g$ daher folgendermaßen

$$\widehat{U}_g\,(|x\rangle \otimes |-\rangle) = \left\{ \begin{array}{ll} |x\rangle \otimes |-\rangle, & \text{falls } x \in \mathcal{G}^\perp \\ -|x\rangle \otimes |-\rangle, & \text{falls } x \in \mathcal{G} \end{array} \right. = (-1)^{g(x)}|x\rangle \otimes |-\rangle. \tag{6.198}$$

Zusammen mit (6.188) folgt daher für ein $|\Psi\rangle \in \mathbb{H}^{I/O}$

$$\widehat{U}_g\,(|\Psi\rangle \otimes |-\rangle) = \left(\sum_{x \in \mathcal{G}^\perp} \Psi_x|x\rangle - \sum_{x \in \mathcal{G}} \Psi_x|x\rangle\right) \otimes |-\rangle \tag{6.199}$$

$$= \left((P_{\mathcal{G}^\perp} - P_{\mathcal{G}})|\Psi\rangle\right) \otimes |-\rangle.$$

Mit $P_{\mathcal{G}^\perp} + P_{\mathcal{G}} = \mathbf{1}^{\otimes n}$ folgt dann auch (6.194). In (6.199) sieht man, dass die Wirkung von $\widehat{U}_g$ auf $|\Psi\rangle \otimes |-\rangle$ einer *Spiegelung von* $|\Psi\rangle$ *an* $\mathcal{G}^\perp$ entspricht, d. h. der Anteil $P_{\mathcal{G}}|\Psi\rangle$ von $|\Psi\rangle$ in $\mathcal{G}$ wird durch Anwendung von $\widehat{U}_g$ in die Gegenrichtung $-P_{\mathcal{G}}|\Psi\rangle$ umgekehrt. $\qquad\square$

Zu Beginn des Suchalgorithmus müssen wir das Input-/Outputregister und das Gesamtsystem entsprechend initialisieren.

Definition 6.13
Sei $\mathcal{G}$ die Menge der gesuchten Objekte mit der Mächtigkeit $m \geq 1$. Für den Algorithmus zur Suche eines $x \in \mathcal{G} \subset \{0, \ldots, 2^n - 1 = N - 1\}$ definieren wir den Anfangszustand im Input-/Outputregister als

$$|\Psi_0\rangle := \frac{1}{\sqrt{N}} \sum_{x=0}^{N-1} |x\rangle \in \mathbb{H}^{I/O} \tag{6.200}$$

und

$$\theta_0 := \arcsin\left(\sqrt{\frac{m}{N}}\right) \in \left[0, \frac{\pi}{2}\right]. \tag{6.201}$$

Mithilfe von $|\Psi_0\rangle$ definieren wir noch den Operator

$$R_{\Psi_0} := 2|\Psi_0\rangle\langle\Psi_0| - \mathbf{1}^{\otimes n} \tag{6.202}$$

auf $\mathbb{H}^{I/O}$ sowie den Anfangszustand im Gesamtsystem

$$|\widehat{\Psi}_0\rangle := |\Psi_0\rangle \otimes |-\rangle \in \mathbb{H}^{I/O} \otimes \mathbb{H}^W. \tag{6.203}$$

Die Vorbereitung des Input-/Outputregisters im Zustand $|\Psi_0\rangle$ kann mit der in Abschn. 5.3.1 beschriebenen Methode mithilfe der Hadamard-Transformation wie in (5.154) gezeigt ausgeführt werden.

Übung 6.5 Man zeige, dass

$$|\Psi_0\rangle = \cos\theta_0 |\Psi_{\mathfrak{G}^\perp}\rangle + \sin\theta_0 |\Psi_{\mathfrak{G}}\rangle \qquad (6.204)$$

gilt und dass R_{Ψ_0} eine *Spiegelung an* $|\Psi_0\rangle$ ist.
Zur Lösung siehe 6.5 im Kap. 13 Lösungen.   ◄

Die Transformation, die den Anteil von $|\Psi_0\rangle$ in $\mathfrak{G}$ erhöht, ist folgendermaßen definiert.

Definition 6.14
Die **Grover-Iteration** ist definiert als der Operator

$$\widehat{G} := \left(R_{\Psi_0} \otimes \mathbf{1} \right) \widehat{U}_g \qquad (6.205)$$

auf $\mathbb{H}^{I/O} \otimes \mathbb{H}^W$.

Wie wir nun weiter zeigen, transformiert die Grover-Iteration $\widehat{G}$ separable Zustände in $\mathbb{H}^{I/O} \otimes \mathbb{H}^W$ der Form $|\widehat{\Psi}_j\rangle = |\Psi_j\rangle \otimes |-\rangle$ in separable Zustände $|\widehat{\Psi}_{j+1}\rangle = |\Psi_{j+1}\rangle \otimes |-\rangle$ der gleichen Form. Aus Proposition 5.19 wissen wir, dass dann das Teilsystem im Input-/Outputregister $\mathbb{H}^{I/O}$ durch die reinen Zustände $|\Psi_j\rangle$ beschrieben wird. Wir können uns daher im Weiteren auf die Betrachtung des Input-/Outputregisters beschränken. Außerdem zeigen wir noch, dass im Input-/Outputregister $\mathbb{H}^{I/O}$ die wiederholte Ausführung von $\widehat{G}$ anschaulich jeweils *einer Drehung um* $2\theta_0$ *in* $\mathbb{H}^{I/O}$ *in Richtung* $\mathfrak{G}$ entspricht. Durch mehrfaches Anwenden von $\widehat{G}$ wächst also der Anteil von $\mathfrak{G}$ im resultierenden Zustand und somit die Wahrscheinlichkeit, eines der gesuchten Objekte bei einer Messung zu finden. Wir fassen dies in Proposition 6.15 zusammen.

Proposition 6.15
Für $j \in \mathbb{N}_0$ *sei*

$$|\widehat{\Psi}_j\rangle := \widehat{G}^j |\widehat{\Psi}_0\rangle. \qquad (6.206)$$

Dann ist für alle $j \in \mathbb{N}_0$

$$|\widehat{\Psi}_j\rangle = |\Psi_j\rangle \otimes |-\rangle \qquad (6.207)$$

> *mit* $|\Psi_j\rangle \in \mathbb{H}^{I/O}$ *und*
>
> $$|\Psi_j\rangle = \cos\theta_j |\Psi_{\mathfrak{G}\perp}\rangle + \sin\theta_j |\Psi_{\mathfrak{G}}\rangle, \qquad (6.208)$$
>
> *wobei*
>
> $$\theta_j = (2j+1)\theta_0. \qquad (6.209)$$

Beweis Wir zeigen dies durch Induktion in j, die bei $j = 0$ verankert wird. Aus der Definition von $|\widehat{\Psi}_0\rangle$ in (6.203) und dem Ergebnis (6.204) wissen wir, dass (6.207)–(6.209) für $j = 0$ bereits erfüllt sind.

Für den Induktionsschritt von j nach $j + 1$ gelte nun für ein $j \in \mathbb{N}_0$

$$|\widehat{\Psi}_j\rangle = \big(\cos\theta_j |\Psi_{\mathfrak{G}\perp}\rangle + \sin\theta_j |\Psi_{\mathfrak{G}}\rangle\big) \otimes |-\rangle \qquad (6.210)$$

mit $\theta_j = (2j+1)\theta_0$. Dann ist

$$
\begin{aligned}
|\widehat{\Psi}_{j+1}\rangle =\ & \widehat{G}|\widehat{\Psi}_j\rangle \\
=\ & (R_{\Psi_0} \otimes 1)\widehat{U}_g\big[\big(\cos\theta_j |\Psi_{\mathfrak{G}\perp}\rangle + \sin\theta_j |\Psi_{\mathfrak{G}}\rangle\big) \otimes |-\rangle\big] \\
\underbrace{=}_{(6.193)}\ & (R_{\Psi_0} \otimes 1)\big[\big(\cos\theta_j |\Psi_{\mathfrak{G}\perp}\rangle - \sin\theta_j |\Psi_{\mathfrak{G}}\rangle\big) \otimes |-\rangle\big] \\
\underbrace{=}_{(6.203)}\ & \big((2|\Psi_0\rangle\langle\Psi_0| - \mathbf{1}^{\otimes n})\big(\cos\theta_j |\Psi_{\mathfrak{G}\perp}\rangle - \sin\theta_j |\Psi_{\mathfrak{G}}\rangle\big)\big) \otimes |-\rangle \\
=\ & \big(\cos\theta_j \big(2|\Psi_0\rangle\langle\Psi_0|\Psi_{\mathfrak{G}\perp}\rangle - |\Psi_{\Psi_{\mathfrak{G}\perp}}\rangle\big) \\
& - \sin\theta_j \big(2|\Psi_0\rangle\langle\Psi_0|\Psi_{\mathfrak{G}}\rangle - |\Psi_{\mathfrak{G}}\rangle\big)\big) \otimes |-\rangle \\
=\ & |\Psi_{j+1}\rangle \otimes |-\rangle
\end{aligned} \qquad (6.211)
$$

mit

$$
\begin{aligned}
|\Psi_{j+1}\rangle =\ & \cos\theta_j \big(2|\Psi_0\rangle \underbrace{\langle\Psi_0|\Psi_{\mathfrak{G}\perp}\rangle}_{=\cos\theta_0} - |\Psi_{\mathfrak{G}\perp}\rangle\big) - \sin\theta_j \big(2|\Psi_0\rangle \underbrace{\langle\Psi_0|\Psi_{\mathfrak{G}}\rangle}_{=\sin\theta_0} - |\Psi_{\mathfrak{G}}\rangle\big) \\
\underbrace{=}_{(6.204)}\ & \cos\theta_j \big(2\big(\cos\theta_0 |\Psi_{\mathfrak{G}\perp}\rangle + \sin\theta_0 |\Psi_{\mathfrak{G}}\rangle\big)\cos\theta_0 - |\Psi_{\mathfrak{G}\perp}\rangle\big) \\
& - \sin\theta_j \big(2\big(\cos\theta_0 |\Psi_{\mathfrak{G}\perp}\rangle + \sin\theta_0 |\Psi_{\mathfrak{G}}\rangle\big)\sin\theta_0 - |\Psi_{\mathfrak{G}}\rangle\big) \\
=\ & \big(\cos\theta_j \underbrace{(2\cos^2\theta_0 - 1)}_{=\cos 2\theta_0} - \sin\theta_j \underbrace{2\cos\theta_0\sin\theta_0}_{=\sin 2\theta_0}\big)|\Psi_{\mathfrak{G}\perp}\rangle \\
& + \big(\cos\theta_j \underbrace{2\cos\theta_0\sin\theta_0}_{=\sin 2\theta_0} + \sin\theta_j \underbrace{(1 - 2\sin^2\theta_0)}_{=\cos 2\theta_0}\big)|\Psi_{\mathfrak{G}}\rangle
\end{aligned} \qquad (6.212)
$$

$$
\begin{aligned}
&= \big(\cos\theta_j \cos 2\theta_0 - \sin\theta_j \sin 2\theta_0\big)|\Psi_{\mathfrak{G}^\perp}\rangle \\
&\quad + \big(\cos\theta_j \sin 2\theta_0 + \sin\theta_j \cos 2\theta_0\big)|\Psi_{\mathfrak{G}}\rangle \\
&= \cos(\theta_j + 2\theta_0)|\Psi_{\mathfrak{G}^\perp}\rangle + \sin(\theta_j + 2\theta_0)|\Psi_{\mathfrak{G}}\rangle \\
&= \cos\theta_{j+1}|\Psi_{\mathfrak{G}^\perp}\rangle + \sin\theta_{j+1}|\Psi_{\mathfrak{G}}\rangle
\end{aligned}
$$

und somit letztlich

$$
\theta_{j+1} = \theta_j + 2\theta_0 = (2j+1)\theta_0 + 2\theta_0 = (2(j+1)+1)\theta_0 . \tag{6.213}
$$

Damit sind auch (6.207)–(6.209) für $j+1$ gezeigt.   □

Die Folge solcherart konstruierter $|\Psi_j\rangle$ zusammen mit der Geometrie ihrer Erzeugung ist in Abb. 6.5 an einem Beispiel illustriert.

Wie in Proposition 6.15 gezeigt, erzeugen j Grover-Iterationen aus $|\Psi_0\rangle \otimes |-\rangle$ wieder einen separablen Zustand $|\Psi_j\rangle \otimes |-\rangle$. Der Zustand im Input-/Outputregister $\mathbb{H}^{I/O}$ ist daher der reine Zustand $|\Psi_j\rangle$. Die Wahrscheinlichkeit, bei der Beobachtung des Input-/Outputregisters im Zustand $|\Psi_j\rangle$ einen Zustand $|x\rangle$ zu finden, sodass x ein Element der gesuchten Menge $\mathfrak{G}$ ist, wird durch die Projektion von $|\Psi_j\rangle$ auf den von $\mathfrak{G}$ aufgespannten Teilraum gegeben.

$$
\mathbf{P}\left\{\begin{array}{l} \text{Beobachtung von } |\Psi_j\rangle \text{ ergibt} \\ \text{einen Zustand } |x\rangle \text{ mit } x \in \mathfrak{G} \end{array}\right\} = \big\|P_{\mathfrak{G}}|\Psi_j\rangle\big\|^2 = \sin^2\theta_j , \tag{6.214}
$$

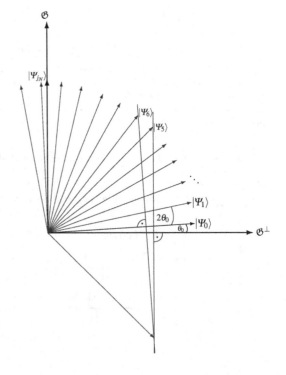

Abb. 6.5 Geometrie der Grover-Iteration im Input-/Outputregister mit $m = 5, N = 2^{10}, j_N = 11$. Der illustrierte Übergang von $|\Psi_5\rangle$ zu $|\Psi_6\rangle$ verdeutlicht, dass $\widehat{G}$ im Teilsystem I/O durch eine Spiegelung zuerst an $\mathfrak{G}^\perp$ und dann an $|\Psi_0\rangle$ bewirkt wird. Der Vektor entlang $\mathfrak{G}$ wäre ein Zustand, der ganz im Unterraum der gesuchten Objekte liegt. Man sieht aber, dass $|\Psi_{j_N}\rangle$ dem sehr nahe kommt

wobei im letzten Schritt (6.208) verwendet wurde. Ziel der weiteren Überlegungen ist daher, die Anzahl der Anwendungen j von $\widehat{G}$ auf $|\widehat{\Psi}_0\rangle$ zu bestimmen, die die in (6.214) gegebene Wahrscheinlichkeit $\sin^2 \theta_j$ eines der gesuchten Elemente in $\mathfrak{G}$ zu finden maximiert. Das folgende Lemma gibt eine Untergrenze dieser Wahrscheinlichkeit, wenn wir j so bestimmen, dass θ_j in größtmöglicher Nähe von $\frac{\pi}{2}$ zu liegen kommt.

Lemma 6.16
Wenn wir die Grover-Iteration $\widehat{G}$ genau

$$j_N := \left\lfloor \frac{\pi}{4 \arcsin\left(\sqrt{\frac{m}{N}}\right)} \right\rfloor \tag{6.215}$$

-mal auf $|\widehat{\Psi}_0\rangle$ anwenden und dann den Zustand $|\Psi_{j_N}\rangle$ im Input-/Output-register beobachten, gilt für die Wahrscheinlichkeit, in dem Teilsystem $\mathbb{H}^{I/O}$ dabei einen Zustand $|x\rangle$ mit $x \in \mathfrak{G}$ zu finden,

$$\mathbf{P}\left\{ \begin{array}{c} \textit{Beobachtung von } |\Psi_j\rangle \textit{ ergibt} \\ \textit{einen Zustand } |x\rangle \textit{ mit } x \in \mathfrak{G} \end{array} \right\} \geq 1 - \frac{m}{N}. \tag{6.216}$$

Beweis Wegen $\theta_0 = \arcsin\left(\sqrt{\frac{m}{N}}\right)$ ist die Wahl (6.215) gleichbedeutend mit

$$j_N = \left\lfloor \frac{\pi}{4\theta_0} \right\rfloor. \tag{6.217}$$

Mit dieser Wahl ist

$$j_N \leq \frac{\pi}{4\theta_0} < j_N + 1 \tag{6.218}$$

und somit

$$-\theta_0 \leq \frac{\pi}{2} - (2j_N + 1)\theta_0 < \theta_0, \tag{6.219}$$

was

$$\frac{\pi}{2} - \theta_0 < \theta_{j_N} \leq \frac{\pi}{2} + \theta_0 \tag{6.220}$$

impliziert. Für die Wahrscheinlichkeit, dass durch Beobachtung von $|\Psi_j\rangle$ ein $x \in \mathfrak{G}$ festgestellt wird, ergibt sich dann

$$\left\| P_{\mathfrak{G}} |\Psi_{j_N}\rangle \right\|^2$$
$$= \sin^2 \theta_{j_N}$$
$$\underbrace{\geq}_{(6.220)} \sin^2\left(\frac{\pi}{2} + \theta_0\right) = 1 - \cos^2\left(\frac{\pi}{2} + \theta_0\right)$$

$$= 1 - \sin^2 \theta_0 \qquad (6.221)$$

$$\underbrace{=}_{(6.201)} 1 - \frac{m}{N}. \qquad \square$$

Aus (6.215) erkennt man, dass zwar die Anzahl j_N der Grover-Iterationen mit wachsender Zahl m der gesuchten Objekte abnimmt, d. h. je mehr Objekte gefunden werden können, desto weniger Rechenschritte werden benötigt. Auf den ersten Blick mag es aber verwunderlich erscheinen, dass ebenso die Wahrscheinlichkeit, in (6.216) ein gesuchtes Objekt zu finden, mit wachsender Zahl m der verfügbaren zu findenden Objekte abnimmt. Der Grund für beides ist, dass θ_0 eine wachsende Funktion von m ist und daher zwar weniger Grover-Iterationen um jeweils $2\theta_0$ gebraucht werden, aber auch, wie aus (6.220) ersichtlich, der mögliche Abstand von θ_{j_N} zu $\frac{\pi}{2}$ anwächst und die untere Grenze von $\sin^2 \theta_{j_N}$ geringer wird. Für $m \ll N$ ist dieser Effekt aber minimal.

Um zu sehen, wie die Anzahl der Grover-Iterationen mit einer großen, wachsenden Anzahl N der Objekte, in denen gesucht werden muss, skaliert, nutzen wir, dass die Taylor-Entwicklung von $\arcsin(y)$ um $y = 0$ durch

$$\arcsin(y) = y + \sum_{k=1}^{\infty} \frac{\prod_{l=1}^{k}(2l-1)}{\prod_{j=1}^{k}(2j)} \frac{y^{2k+1}}{2k+1}, \qquad (6.222)$$

gegeben ist, woraus folgt, dass

$$\lim_{N \to \infty} \sqrt{N} \arcsin\left(\sqrt{\frac{m}{N}}\right) = \sqrt{m} \qquad (6.223)$$

und somit

$$\lim_{N \to \infty} \frac{j_N}{\sqrt{N}} = \frac{\pi}{4\sqrt{m}}, \qquad (6.224)$$

was schließlich

$$j_N \in O\left(\sqrt{\frac{N}{m}}\right) \qquad \text{für } N \to \infty \qquad (6.225)$$

zur Folge hat, d. h. die optimale Anzahl j_N der Drehungen skaliert für $N \to \infty$ mit $O\left(\sqrt{\frac{N}{m}}\right)$.

Bei bekannter Mächtigkeit m von $\mathfrak{G}$ besteht der Grover'sche Suchalgorithmus zur Suche eines Objekts $x \in \mathfrak{G}$ in einer Gesamtmenge der Mächtigkeit $N = 2^n$ dann aus den folgenden Schritten.

Grover-Algorithmus bei bekannter Anzahl von gesuchten Objekten

Schritt 1: In $\mathbb{H}^{I/O} \otimes \mathbb{H}^W = {}^{\P}\mathbb{H}^{\otimes n} \otimes {}^{\P}\mathbb{H}$ bereite das Gesamtsystem im Zustand $|\widehat{\Psi}_0\rangle = |\Psi_0\rangle \otimes |-\rangle$ mit

$$|\Psi_0\rangle = \frac{1}{\sqrt{N}} \sum_{x=0}^{N-1} |x\rangle \qquad (6.226)$$

vor. Die Anzahl der benötigten Rechenoperationen für Schritt 1 skaliert
für $N \to \infty$ mit

$$S_{Grover1}(N) \in O(1) \,. \tag{6.227}$$

Schritt 2: Mit $\theta_0 = \arcsin\left(\sqrt{\frac{m}{N}}\right)$ wende die Transformation $\widehat{G} = (R_{\psi_0} \otimes \mathbb{1})\widehat{U}_g$

$$j_N = \left\lfloor \frac{\pi}{4\theta_0} \right\rfloor \tag{6.228}$$

-mal auf $|\widehat{\Psi}_0\rangle$ an, um das Gesamtsystem in den Zustand

$$|\widehat{\Psi}_{j_N}\rangle = \widehat{G}^{j_N}|\widehat{\Psi}_0\rangle \tag{6.229}$$

zu transformieren. Die Anzahl der benötigten Rechenoperationen für
Schritt 2 skaliert für $N \to \infty$ mit

$$S_{Grover2}(N) \in O\left(\sqrt{\frac{N}{m}}\right) \,. \tag{6.230}$$

Schritt 3: Messe das Teilsystem $\mathbb{H}^{I/O}$ und lese den durch den beobachteten Zu-
stand $|x\rangle$ gegebenen Wert $x \in \{0, \ldots, N-1\}$ aus. Die Anzahl der
benötigten Rechenoperationen für Schritt 3 skaliert für $N \to \infty$ mit

$$S_{Grover3}(N) \in O(1) \,. \tag{6.231}$$

Schritt 4: Teste durch Auswerten von $g(x)$, ob $x \in \mathfrak{G}$. Die Anzahl der benötigten
Rechenoperationen für Schritt 4 skaliert für $N \to \infty$ mit

$$S_{Grover4}(N) \in O(1) \,. \tag{6.232}$$

Die Anzahl der insgesamt benötigten Rechenoperationen für einen Durchlauf des
Algorithmus, welcher ein gesuchtes Objekt $x \in \mathfrak{G}$ mit einer Erfolgswahrscheinlichkeit $> 1 - \frac{m}{N}$ findet, skaliert für $N \to \infty$ daher mit

$$S_{Grover}(N) = \sum_{i=1}^{4} S_{Groveri}(N) \in O\left(\sqrt{\frac{N}{m}}\right) \,. \tag{6.233}$$

Insgesamt haben wir daher folgenden Satz.

Satz 6.17
*Sei $\mathfrak{G} \subset \{0, \ldots, 2^n - 1 = N - 1\}$ eine Menge der Mächtigkeit $m \geq 1$,
deren Elemente wir durch eine Orakelfunktion wie in (6.190) und das entsprechende Orakel $\widehat{U}_g$ wie in (6.191) durch eine von N unabhängige Anzahl*

an Rechenschritten identifizieren können. Dann führt die Suche innerhalb von
$\{0, \dots, N-1\}$ *mit dem Grover'schen Suchalgorithmus zum Auffinden eines*
Objekts in $\mathfrak{G}$ *mit einer Wahrscheinlichkeit*

$$\mathbf{P}\{\text{Der Algorithmus findet ein } x \in \mathfrak{G}\} \geq 1 - \frac{m}{N}. \tag{6.234}$$

Die Anzahl der für den Algorithmus benötigten Rechenschritte skaliert als
Funktion von N mit

$$S_{Grover}(N) \in O\left(\sqrt{\frac{N}{m}}\right). \tag{6.235}$$

Insbesondere gilt für den Fall $\frac{m}{N} < \frac{1}{2}$ somit für die Auffindwahrscheinlichkeit

$$\mathbf{P}\{\text{Der Algorithmus findet ein } x \in \mathfrak{G}\} > \frac{1}{2}. \tag{6.236}$$

Andererseits brauchen wir im Fall $\frac{m}{N} \geq \frac{1}{2}$ keinen besonderen Algorithmus, sondern
können durch einfaches Suchen eines der gesuchten $m \geq \frac{N}{2}$ Objekte mit einer
Wahrscheinlichkeit $\geq \frac{1}{2}$ finden.

Man beachte, dass die Bestimmung der optimalen Anzahl j_N der Grover-Iterationen $\widehat{G}$ die Kenntnis sowohl von N als auch m voraussetzt, d. h. wir müssen nicht
nur wissen, in wie vielen Objekten N wir zu suchen haben, sondern auch, wie viele
mögliche Lösungen m es gibt.

6.5.2   Suchalgorithmus bei unbekannter Anzahl von gesuchten Objekten

Allerdings gibt es erweiterte Versionen des Algorithmus [59], die auch ohne die
Kenntnis der Mächtigkeit m von $\mathfrak{G}$ ausgeführt werden können. Zur Formulierung
einer dieser Versionen benötigen wir vorab noch einige Resultate.

Übung 6.6 Sei $J \in \mathbb{N}$ und $\alpha \in \mathbb{R}$. Man zeige

$$\sum_{j=0}^{J-1} \cos((2j+1)\alpha) = \frac{\sin(2J\alpha)}{2\sin\alpha}. \tag{6.237}$$

Zur Lösung siehe 6.6 im Kap. 13 Lösungen.   ◀

Lemma 6.18
Sei $N \in \mathbb{N}$ die Anzahl der Objekte, in denen es eine unbekannte – aber von null verschiedene – Anzahl $m \in \mathbb{N}$ von gesuchten Objekte gibt, und sei $\theta_0 \in [0, \frac{\pi}{2}]$ so, dass $\sin^2 \theta_0 = \frac{m}{N}$. Sei weiterhin $J \in \mathbb{N}$, j eine aus $\{0, \ldots, J-1\}$ beliebig und mit gleich verteilter Wahrscheinlichkeit $\frac{1}{J}$ ausgewählte ganze Zahl und $|\widehat{\Psi}_j\rangle$ nach j Grover-Iterationen aus $|\widehat{\Psi}_0\rangle$ wie in Proposition 6.15 beschrieben konstruiert. Dann ist die Wahrscheinlichkeit für das Ereignis

$$\mathfrak{E}_3 := \left\{ \begin{array}{c} \text{Auslesen des Input-/Outputregisters} \\ \text{ergibt ein gesuchtes Objekt } x \in \mathfrak{G} \end{array} \right\} . \tag{6.238}$$

gegeben durch

$$\mathbf{P}\{\mathfrak{E}_3\} = \frac{1}{2} - \frac{\sin(4J\theta_0)}{4J\sin(2\theta_0)} . \tag{6.239}$$

Insbesondere ist im Fall $J \geq \frac{1}{\sin(2\theta_0)}$

$$\mathbf{P}\{\mathfrak{E}_3\} \geq \frac{1}{4} . \tag{6.240}$$

Beweis Man hat bei einer zufälligen Auswahl von j

$$\mathbf{P}\{\mathfrak{E}_3\} = \sum_{j=0}^{J-1} \mathbf{P} \left\{ \begin{array}{c} j \text{ wurde} \\ \text{ausgewählt} \end{array} \right\} \mathbf{P} \left\{ \begin{array}{c} \text{Auslesen von } |\Psi_j\rangle \text{ in } \mathbb{H}^{I/O} \\ \text{ergibt ein gesuchtes Objekt} \\ x \in \mathfrak{G} \end{array} \right\} . \tag{6.241}$$

Dabei ist wegen der Gleichverteilungsannahme und wegen des Ergebnisses (6.214) sowie Proposition 6.15

$$\mathbf{P} \left\{ \begin{array}{c} j \text{ wurde} \\ \text{ausgewählt} \end{array} \right\} = \frac{1}{J}$$

$$\mathbf{P} \left\{ \begin{array}{c} \text{Auslesen von } |\Psi_j\rangle \text{ in } \mathbb{H}^{I/O} \\ \text{ergibt ein gesuchtes Objekt} \\ x \in \mathfrak{G} \end{array} \right\} = \sin^2 \theta_j = \sin^2((2j+1)\theta_0) \tag{6.242}$$

$$= \frac{1 - \cos(2(2j+1)\theta_0)}{2}$$

und somit

$$\mathbf{P}\{\mathfrak{S}_3\} = \sum_{j=0}^{J-1} \frac{1}{J} \left(\frac{1 - \cos(2(2j+1)\theta_0)}{2} \right)$$

$$= \frac{1}{2} - \frac{1}{2J} \sum_{j=0}^{J-1} \cos(2(2j+1)\theta_0) \qquad (6.243)$$

$$\underset{(6.237)}{=} \frac{1}{2} - \frac{\sin(4J\theta_0)}{4J \sin(2\theta_0)} .$$

Damit ist (6.239) gezeigt.

Falls $J \geq \frac{1}{\sin(2\theta_0)}$ ist, folgt

$$\sin(4J\theta_0) \leq 1 \leq J \sin(2\theta_0) \qquad (6.244)$$

und daher

$$\frac{\sin(4J\theta_0)}{4J \sin(2\theta_0)} \leq \frac{1}{4} , \qquad (6.245)$$

was zusammen mit (6.243) die Behauptung (6.240) impliziert.   □

Falls wir wissen, dass es mindestens eine Lösung $x \in \mathfrak{S} \neq \emptyset$ gibt, aber die genaue Mächtigkeit von $\mathfrak{S}$ nicht kennen, liefert folgende Variante des Grover-Such-algorithmus ein Verfahren mit einer Mindestwahrscheinlichkeit von $\frac{1}{4}$, ein gesuchtes Objekt $x \in \mathfrak{S} \neq \emptyset$ zu finden. Sei wiederum $\{0, \ldots, 2^n - 1\}$ die Menge, in der wir suchen, und demnach $N = 2^n$ die Mächtigkeit dieser Menge.

Modifizierter Grover-Algorithmus bei unbekannter Mächtigkeit von $\mathfrak{S} \neq \emptyset$

Schritt 1: Wähle ein $x \in \{0, \ldots, N-1\}$ zufällig aus und teste, ob $x \in \mathfrak{S}$. Falls nicht, gehe zu Schritt 2. Andernfalls haben wir bereits ein gesuchtes Objekt gefunden. Die Anzahl der hierfür benötigten Rechenoperationen skaliert für $N \to \infty$ mit

$$S_{\widetilde{Grover1}}(N) \in O(1) . \qquad (6.246)$$

Schritt 2: In $\mathbb{H}^{I/O} \otimes \mathbb{H}^W = {}^1\mathbb{H}^{\otimes n} \otimes {}^1\mathbb{H}$ bereite das Gesamtsystem im Zustand $|\widehat{\Psi}_0\rangle = |\Psi_0\rangle \otimes |-\rangle$ mit

$$|\Psi_0\rangle = \frac{1}{\sqrt{N}} \sum_{x=0}^{N-1} |x\rangle \qquad (6.247)$$

vor. Die Anzahl der benötigten Rechenoperationen für Schritt 2 skaliert für $N \to \infty$ mit

$$S_{\widetilde{Grover2}}(N) \in O(1) . \qquad (6.248)$$

Schritt 3: Setze $J := \left\lfloor \sqrt{N} \right\rfloor + 1$ und wähle eine ganze Zahl $j \in [0, J-1]$ zufällig und mit gleich verteilter Wahrscheinlichkeit $\frac{1}{J}$ aus. Wende j-mal die Grover-Iteration $\widehat{G} = (R_{\Psi_0} \otimes \mathbf{1})\widehat{U}_g$ auf $|\widehat{\Psi}_0\rangle$ an, um das Gesamtsystem in den Zustand

$$|\widehat{\Psi}_j\rangle = \widehat{G}^j |\widehat{\Psi}_0\rangle \qquad (6.249)$$

zu transformieren. Die Anzahl der benötigten Rechenoperationen für Schritt 3 skaliert für $N \to \infty$ wegen $j \leq \left\lfloor \sqrt{N} \right\rfloor$ mit

$$S_{\widetilde{Grover3}}(N) \in O\left(\sqrt{N}\right). \qquad (6.250)$$

Schritt 4: Beobachte das Input-/Outputregister $\mathbb{H}^{I/O}$ und lese den durch den beobachteten Zustand $|x\rangle$ gegebenen Wert $x \in \{0, \ldots, N-1\}$ aus. Die Anzahl der benötigten Rechenoperationen für Schritt 4 skaliert für $N \to \infty$ mit

$$S_{\widetilde{Grover4}}(N) \in O(1). \qquad (6.251)$$

Schritt 5: Teste, ob $x \in \mathfrak{G}$. Die Anzahl der benötigten Rechenoperationen für Schritt 5 skaliert für $N \to \infty$ mit

$$S_{\widetilde{Grover5}}(N) \in O(1). \qquad (6.252)$$

Falls es ein gesuchtes Objekt in $\{0, \ldots, N-1\}$ gibt, können wir Effizienz und Erfolgswahrscheinlichkeit des modifizierten Grover-Suchalgorithmus wie folgt formulieren.

Satz 6.19

Sei $\mathfrak{G} \subset \{0, \ldots, 2^n - 1 = N-1\}$ eine nichtleere Menge, deren Elemente wir durch eine Orakelfunktion wie in (6.190) und das entsprechende Orakel $\widehat{U}_g$ wie in (6.191) durch eine von N unabhängige Anzahl an Rechenschritten identifizieren können. Dann führt die Suche innerhalb von $\{0, \ldots, N-1\}$ mit dem modifizierten Grover'schen Suchalgorithmus zum Auffinden eines Objekts in $\mathfrak{G}$ mit einer Wahrscheinlichkeit

$$\mathbf{P}\{Der\ Algorithmus\ findet\ ein\ x \in \mathfrak{G}\} \geq \frac{1}{4}. \qquad (6.253)$$

Die Anzahl der für diesen Algorithmus benötigten Rechenschritte skaliert als Funktion von N mit

$$S_{\widetilde{Grover}}(N) \in O\left(\sqrt{N}\right). \qquad (6.254)$$

Beweis Wir zeigen zunächst die Aussage über die Erfolgswahrscheinlichkeit und bilanzieren die Rechenschritte am Ende des Beweises.

Sei $m \in \mathbb{N}$ die unbekannte Anzahl von gesuchten Objekten. Wir unterscheiden zwei Fälle:

Fall 1: $m > \frac{3N}{4}$ In diesem Fall hat die rein zufällige Auswahl eines $x \in \{0, \ldots, N-1\}$ im Schritt 1 bereits eine Erfolgswahrscheinlichkeit von mindestens $\frac{3}{4} > \frac{1}{4}$.

Fall 2: $1 \leq m \leq \frac{3N}{4}$ In diesem Fall gilt für θ_0 mit $\sin^2 \theta_0 = \frac{m}{N} > 0$ zunächst

$$
\frac{1}{\sin(2\theta_0)} = \frac{1}{2\sin\theta_0\cos\theta_0} = \frac{1}{2\sqrt{\sin^2\theta_0(1-\sin^2\theta_0)}}
$$
$$
= \frac{N}{2\sqrt{m(N-m)}} . \tag{6.255}
$$

Aus der Fallvoraussetzung $1 \leq m \leq \frac{3N}{4}$ folgt sowohl $\frac{1}{4m} \leq \frac{1}{4}$ als auch $\frac{4}{3} \leq \frac{N}{m}$. Ersteres hat $1 - \frac{1}{4m} \geq \frac{3}{4}$ zur Folge, und daher gilt

$$
1 \leq \left(1 - \frac{1}{4m}\right)\frac{N}{m}
$$
$$
\Rightarrow \qquad 4m^2 \leq (4m-1)N
$$
$$
\Rightarrow \qquad N \leq 4mN - 4m^2 = 4m(N-m)
$$
$$
\Rightarrow \qquad \frac{1}{2\sqrt{m(N-m)}} \leq \frac{1}{\sqrt{N}} \tag{6.256}
$$
$$
\Rightarrow \qquad \frac{N}{2\sqrt{m(N-m)}} \leq \sqrt{N} \leq \left\lfloor \sqrt{N} \right\rfloor + 1 = J
$$
$$
\underset{(6.255)}{\Rightarrow} \qquad \frac{1}{\sin(2\theta_0)} \leq J .
$$

Damit sind für das in Schritt 3 des modifizierten Algorithmus verwendete $J = \left\lfloor \sqrt{N} \right\rfloor + 1$ die Voraussetzungen für (6.240) in Lemma 6.18 gegeben, und die Erfolgswahrscheinlichkeit für einen Durchlauf der Schritte 1 bis 5 im Fall $1 \leq m \leq \frac{3N}{4}$ ist ebenfalls mindestens $\geq \frac{1}{4}$.

Die Anzahl der insgesamt benötigten Rechenoperationen für einen Durchlauf des modifizierten Grover-Algorithmus skaliert für $N \to \infty$ mit

$$
S_{\widetilde{Grover}}(N) = \sum_{i=1}^{5} S_{\widetilde{Groveri}}(N) = O\left(\sqrt{N}\right). \tag{6.257}
$$

$\square$

Im Fall $m \geq 1$ ist nach Satz 6.19 die Misserfolgswahrscheinlichkeit bei einem Durchlauf des Suchalgorithmus kleiner als $\frac{3}{4}$. Bei s Suchdurchläufen ist sie kleiner als $\left(\frac{3}{4}\right)^s$ und somit nach 20 Suchen bereits kleiner als 0,32 %.

Falls nicht bekannt ist, ob überhaupt eine Lösung existiert, d. h. falls auch $m = 0$ zugelassen ist, und wir nach s Suchen keine Lösung gefunden haben, können wir daher lediglich aussagen, dass es mit einer Wahrscheinlichkeit von $1 - \left(\frac{3}{4}\right)^s$ keine Lösung gibt.

Nachwort

In den vorausgehenden Kapiteln haben wir versucht, die für die Quanteninformatik nützliche oder gar erforderliche Theorie und Mathematik bereitzustellen. Wie wir dort gesehen haben, beruht die theoretische Quanteninformatik auf der Ausnutzung physikalischer Phänomene der Quantenmechanik in Kombination mit geeignet adaptierten Resultaten der Mathematik.

Die physikalischen Phänomene der Quantenmechanik sind lange vor der Ankunft der Quanteninformatik ausgiebig untersucht und experimentell getestet worden. In der Tat ist es eine vermutlich nicht unberechtigte und weitverbreitete Meinung, dass die Quantenmechanik die am besten getestete physikalische Theorie überhaupt ist. Am Beispiel des EPR-Paradoxons zeigt sich aber auch, dass ein gewisses Unbehagen ob des scheinbar kontraintuitive Charakters der Quantenmechanik auch an prominenter Stelle zu finden war. Selbst Niels Bohr wird mit dem Satz zitiert, dass „jeder, der nicht von der Quantentheorie schockiert ist, sie nicht verstanden hat"

Vielleicht wäre es zu viel gesagt, heute von Unbehagen oder gar Schock zu sprechen, aber die Meinung, dass wir Quantenphänomene „nicht richtig verstehen" wird auch einem der Gründer der Quanteninformatik Richard Feynman nachgesagt. Solcherart epistemologische Verunsicherung wird von manch einem als unnütze Ablenkung empfunden – eine Haltung, die sich in der Maxime „Halt's Maul und rechne" ausdrückt. Und trotz dieses Schocks und des vermeintlichen Unverständnisses ist es eben auch gelungen, Theorie, Experiment und Anwendung der Quantenmechanik so erfolgreich weiterzuentwickeln, dass dies unser tägliches Leben enorm beeinflusst.

Noch bleibt abzuwarten, ob die Quanteninformatik ein weiterer Baustein in der Erfolgsgeschichte der Quantenmechanik sein wird. Die hier präsentierte Theorie zeichnet ein – zumindest in Teilen – Erfolg versprechendes Bild der Quanteninformatik. So haben wir z. B. gesehen, dass obwohl einerseits bestimmte, derzeit allseits übliche, Verfahren der Verschlüsselung (wie z. B. RSA) potenziell mithilfe von Quantencomputern aufgebrochen werden können, die Quantenmechanik andererseits wiederum Verfahren anbietet, mit denen man Lauschangriffe entdecken kann.

© Springer-Verlag Berlin Heidelberg 2016
W. Scherer, *Mathematik der Quanteninformatik*, DOI 10.1007/978-3-662-49080-8_7

Dennoch hat – von den Schwierigkeiten bei der physikalischen Implementierung ganz abgesehen – auch in der Theorie ein wenig Ernüchterung Einzug gehalten. Nach den Algorithmen von Shor und Grover sind kaum neue, wirklich anwendungsrelevante Algorithmen hinzugekommen, die Probleme wesentlich effizienter als klassische Verfahren lösen können. Das hat Shor in [27] dazu veranlasst, zu fragen, warum seitdem nicht mehr Algorithmen gefunden wurden. Eine der Antworten, die er dazu gibt, ist, dass möglicherweise die Phänomene der Quantenmechanik und ihre Nutzung in der Quanteninformatik noch nicht denjenigen hinreichend bekannt sind, die sich mit Algorithmen beschäftigen.

Die Hoffnung des Autors ist es, dass dieses Buch hier ein wenig zur Abhilfe beitragen kann und vielleicht einige Leserinnen und Leser zum Design neuer Algorithmen oder gar anderer Anwendungen befähigt.

Anhang A – Elementare Wahrscheinlichkeitstheorie

8

Zusammenfassung

Hier werden die elementaren Begriffe der Wahrscheinlichkeitstheorie angegeben. Beginnend mit der Definition eines messbaren Raums werden nacheinander Wahrscheinlichkeitsraum, Zufallsvariable, Verteilung, Erwartungswert, Varianz, Kovarianz und schließlich Korrelation definiert.

Definition 8.1

Sei Ω eine nichtleere Menge und $\mathcal{A} \subset \{A | A \subset \Omega\}$ eine Menge von Untermengen von Ω. $\mathcal{A}$ heißt σ-**Algebra** auf Ω, falls

$$\Omega \in \mathcal{A} \tag{8.1}$$

$$A \in \mathcal{A} \Rightarrow \Omega \setminus A \in \mathcal{A} \tag{8.2}$$

$$\bigcup_{n \in \mathbb{N}} A_n \in \mathcal{A} \qquad \text{für jede Folge } \{A_n\}_{n \in \mathbb{N}} \text{ mit } A_n \in \mathcal{A}. \tag{8.3}$$

Das Paar $(\Omega, \mathcal{A})$ heißt **messbarer Raum**. Ein **Maß** auf $(\Omega, \mathcal{A})$ ist eine Abbildung μ mit den Eigenschaften

$$\mu : \mathcal{A} \to [0, \infty] \tag{8.4}$$

$$\mu(\emptyset) = 0 \tag{8.5}$$

$$\mu \left(\bigcup_{n \in \mathbb{N}} A_n \right) = \sum_{n \in \mathbb{N}} \mu(A_n) \tag{8.6}$$

für jede Folge $\{A_n\}_{n \in \mathbb{N}}$ mit $A_n \in \mathcal{A}$ und $A_n \cap A_m = \emptyset, \forall n \neq m$.

Das Tripel $(\Omega, \mathcal{A}, \mu)$ heißt **Maßraum**. Seien $(\Omega_i, \mathcal{A}_i, \mu_i), i = 1, 2$ zwei messbare Räume. Eine Funktion $f : \Omega_1 \to \Omega_2$ heißt **messbar**, falls für alle

© Springer-Verlag Berlin Heidelberg 2016
W. Scherer, *Mathematik der Quanteninformatik*, DOI 10.1007/978-3-662-49080-8_8

$A \in \mathcal{A}_2$

$$f^{-1}(A) := \{\omega \in \Omega_1 \,|\, f(\omega) \in A\} \in \mathcal{A}_1. \tag{8.7}$$

Definition 8.2
Ein Maß $\mathbf{P}$ auf einem messbaren Raum $(\Omega, \mathcal{A})$ heißt **Wahrscheinlichkeitsmaß**, falls

$$\mathbf{P}(\Omega) = 1. \tag{8.8}$$

Das Tripel $(\Omega, \mathcal{A}, \mathbf{P})$ heißt **Wahrscheinlichkeitsraum**.

Definition 8.3
Sei $(\Omega, \mathcal{A}, \mathbf{P})$ ein Wahrscheinlichkeitsraum, μ ein Borel-Maß auf den Borel-Mengen $\mathcal{B}$ von $\mathbb{R}^n$ und $(\mathbb{R}^n, \mathcal{B}, \mu)$ der entsprechende Maßraum. Eine n-dimensionale **Zufallsvariable** Z ist eine messbare Abbildung

$$Z : \Omega \to \mathbb{R}^n. \tag{8.9}$$

Das Wahrscheinlichkeitsmaß

$$\mathbf{P}_Z := \mathbf{P} \circ Z^{-1} : \mathcal{B} \to [0,1] \tag{8.10}$$

auf $(\mathbb{R}^N, \mathcal{B})$ heißt **Wahrscheinlichkeitsverteilung** (oder auch einfach Verteilung) von Z. Falls die Bildmenge von Z abzählbar ist, d. h. falls es eine Indexmenge $I \subset \mathbb{N}$ gibt, sodass $Z(\Omega) = \{x_i\}_{i \in I}$, heißt Z **diskrete** Zufallsvariable. In diesem Fall wird aus $\mathbf{P}_Z$ die **diskrete Wahrscheinlichkeitsverteilung**

$$\begin{aligned}
\mathbf{P}_Z : \{\{x_i\}_{i \in I}\} &\longrightarrow [0,1] \\
\{x_j\} &\longmapsto \mathbf{P}\{Z = x_j\} := \mathbf{P} \circ Z^{-1}(\{x_j\}).
\end{aligned} \tag{8.11}$$

Definition 8.4
Sei Z Zufallsvariable auf dem Wahrscheinlichkeitsraum $(\Omega, \mathcal{A}, \mathbf{P})$. Der **Erwartungswert** ist definiert als

$$\mathbf{E}[Z] := \int_{\Omega} Z(\omega) d\mathbf{P}(\omega) = \int_{\mathbb{R}^n} x \, d\mathbf{P}_Z(x), \tag{8.12}$$

wobei $d\mathbf{P}_Z(x)$ oft auch (insbesondere in $\mathbb{R}$) als $\mathbf{P}\{Z \in [x, x + dx]\}$ geschrieben wird. Falls Z eine diskrete Zufallsvariable ist, wird der Erwartungswert durch

$$\mathbf{E}[Z] := \sum_{i \in I} x_i \mathbf{P}\{Z = x_i\} \tag{8.13}$$

gegeben.

Wie man aus den rechten Seiten von (8.12) und (8.13) sieht, kann man auf die Kenntnis von $\Omega, \mathbf{P}$ und $Z(\omega)$ verzichten, solange man die entsprechenden Wahrscheinlichkeiten $\mathbf{P}\{Z \in [x, x + dx]\}$ (bzw. im diskreten Fall $\mathbf{P}\{Z = x_i\}$) kennt.

Falls Z eine Zufallsvariable ist, so ist für jede Borel-messbare Funktion $f : \mathbb{R}^n \to \mathbb{R}^n$ auch $f \circ Z$ wiederum eine Zufallsvariable, und der Erwartungswert ist dann durch

$$\mathbf{E}[f(Z)] := \int_{\Omega} f(Z(\omega)) d\mathbf{P}(\omega) = \int_{\mathbb{R}^n} f(x) d\mathbf{P}_Z(x) \tag{8.14}$$

gegeben. Für diskrete Zufallsvariablen gilt entsprechend

$$\mathbf{E}[f(Z)] := \sum_{i \in I} f(x_i) \mathbf{P}\{Z = x_i\} . \tag{8.15}$$

Definition 8.5
Seien Z_1, Z_2 eindimensionale Zufallsvariablen. Die **Varianz** $\mathbf{Var}[Z_i]$, **Kovarianz** $\mathbf{Cov}[Z_1, Z_2]$ und **Korrelation** $\mathbf{Corr}[Z_1, Z_2]$ sind definiert als

$$\mathbf{Var}[Z_i] := \mathbf{E}\left[(Z_i - \mathbf{E}[Z_i])^2\right] \tag{8.16}$$
$$\mathbf{Cov}[Z_1, Z_2] := \mathbf{E}[(Z_1 - \mathbf{E}[Z_1])(Z_2 - \mathbf{E}[Z_2])] \tag{8.17}$$
$$\mathbf{Corr}[Z_1, Z_2] := \frac{\mathbf{Cov}[Z_1, Z_2]}{\sqrt{\mathbf{Var}[Z_1]\,\mathbf{Var}[Z_2]}} . \tag{8.18}$$

Wie man aus (8.14) sieht, benötigt man zur Berechnung des Erwartungswertes einer Funktion mehrerer Zufallsvariablen $Z_1, Z_2, \ldots$ deren *gemeinsame* Verteilung $\mathbf{P}\{Z_1 = x_1 \text{ und } Z_2 = x_2, \ldots\}$. Dies gilt insbesondere für die Berechnung von Kovarianz und Korrelation zweier Zufallsvariablen.

Anhang B – Elementare Rechenoperationen 9

Zusammenfassung

Hier werden die Algorithmen zur Addition und Subtraktion zweier Zahlen in der Binärdarstellung formal definiert.

Nachfolgendes Lemma formalisiert den Algorithmus zur Addition zweier Zahlen in der Binärdarstellung. Dies entspricht dem Schulbuchalgorithmus für Dezimalzahlen und wird mit dem in Abschn. 5.4.1 definierten Quantenaddierer implementiert. Die hier benutzten Funktionen $\lfloor \frac{a}{b} \rfloor$ und $a \bmod b$ sind in Definition 11.1 definiert. Die Binärsumme $a \overset{2}{\oplus} b = (a+b) \bmod 2$ wurde mit Definition 5.2 eingeführt.

Lemma 9.1

Seien $a, b \in \mathbb{N}_0, n \in \mathbb{N}$ mit $a, b < 2^n$ und den Binärdarstellungen

$$a = \sum_{j=0}^{n-1} a_j 2^j, \qquad b = \sum_{j=0}^{n-1} b_j 2^j \qquad (9.1)$$

mit $a_j, b_j \in \{0, 1\}$. Weiterhin sei $\hat{c}_0^+ := 0$ und

$$\hat{c}_j^+ := \left\lfloor \frac{a_{j-1} + b_{j-1} + \hat{c}_{j-1}^+}{2} \right\rfloor \qquad \text{für } j = 1, \ldots, n \qquad (9.2)$$

$$s_j := a_j \overset{2}{\oplus} b_j \overset{2}{\oplus} \hat{c}_j^+ \qquad \text{für } j = 0, \ldots, n-1. \qquad (9.3)$$

Dann gilt

$$a + b = \sum_{j=0}^{n-1} s_j 2^j + \hat{c}_n^+ 2^n. \qquad (9.4)$$

© Springer-Verlag Berlin Heidelberg 2016
W. Scherer, *Mathematik der Quanteninformatik*, DOI 10.1007/978-3-662-49080-8_9

Beweis Wir zeigen die Aussage durch Induktion in n. Für die Verankerung betrachten wir daher zunächst den Fall $n = 1$. Seien also $a = a_0, b = b_0 \in \{0, 1\}$ und $a_1 = 0 = b_1$. Dann ist

$$
\begin{aligned}
a + b &= a_0 + b_0 \underbrace{=}_{(11.2)} (a_0 + b_0) \mod 2 + \left\lfloor \frac{a_0 + b_0}{2} \right\rfloor 2 \\
&\underbrace{=}_{(5.5)} a_0 \overset{2}{\oplus} b_0 + \left\lfloor \frac{a_0 + b_0}{2} \right\rfloor 2 \tag{9.5} \\
&= s_0 + \hat{c}_1^+ 2 .
\end{aligned}
$$

Damit ist die Aussage für $n = 1$ bewiesen.

Für den Induktionsschritt von n nach $n + 1$ nehmen wir an, dass die Aussage für n gilt, d. h. es sei

$$
a + b = \sum_{j=0}^{n-1} s_j 2^j + \hat{c}_n^+ 2^n . \tag{9.6}
$$

Für $\tilde{a} = a + \tilde{a}_n 2^n$ und $\tilde{b} = a + \tilde{b}_n 2^n$ gilt dann für $j = 0, \ldots, n-1$

$$
\tilde{a}_j = a_j , \qquad \tilde{b}_j = b_j \tag{9.7}
$$

und somit

$$
\begin{aligned}
\tilde{a} + \tilde{b} &= a + b + (\tilde{a}_n + \tilde{b}_n) 2^n \\
&\underbrace{=}_{(9.6)} \sum_{j=0}^{n-1} s_j 2^j + \left(\tilde{a}_n + \tilde{b}_n + \hat{c}_n^+ \right) 2^n \\
&\underbrace{=}_{(11.2)} \sum_{j=0}^{n-1} s_j 2^j + \left((\tilde{a}_n + \tilde{b}_n + \hat{c}_n^+) \mod 2 + \left\lfloor \frac{\tilde{a}_n + \tilde{b}_n + \hat{c}_n^+}{2} \right\rfloor 2 \right) 2^n \\
&\tag{9.8} \\
&\underbrace{=}_{(5.5)} \sum_{j=0}^{n-1} s_j 2^j + \underbrace{(\tilde{a}_n \overset{2}{\oplus} \tilde{b}_n \overset{2}{\oplus} \hat{c}_n^+)}_{=s_n} 2^n + \underbrace{\left\lfloor \frac{\tilde{a}_n + \tilde{b}_n + \hat{c}_n^+}{2} \right\rfloor}_{=\hat{c}_{n+1}^+} 2^{n+1} \\
&= \sum_{j=0}^{n} s_j 2^j + \hat{c}_{n+1}^+ 2^{n+1} ,
\end{aligned}
$$

mit $\hat{c}_0^+ := 0$, und wegen (9.7) gilt für $j = 1, \ldots, n+1$

$$
\hat{c}_j^+ = \left\lfloor \frac{\tilde{a}_{j-1} + \tilde{b}_{j-1} + c_{j-1}^+}{2} \right\rfloor \qquad \text{für } j = 1, \ldots, n+1 \tag{9.9}
$$

$$
s_j = \tilde{a}_j \overset{2}{\oplus} \tilde{b}_j \overset{2}{\oplus} c_j^+ \qquad \text{für } j = 0, \ldots, n . \tag{9.10}
$$

Damit gilt die Aussage auch für $n + 1$. $\square$

Die in (9.2) definierten Summationsüberträge $\hat{c}_j^+$ lassen sich in einer Form berechnen, die den expliziten Gebrauch der Funktion $\lfloor \ \rfloor$ vermeidet und direkt durch den Quantenaddierer implementiert werden.

Korollar 9.2 (Binäre Addition)
Seien $a, b \in \mathbb{N}_0, n \in \mathbb{N}$ mit $a, b < 2^n$ und den Binärdarstellungen

$$a = \sum_{j=0}^{n-1} a_j 2^j, \qquad b = \sum_{j=0}^{n-1} b_j 2^j \qquad (9.11)$$

mit $a_j, b_j \in \{0, 1\}$. Weiterhin sei $c_0^+ := 0$ und

$$c_j^+ := a_{j-1}b_{j-1} \overset{2}{\oplus} a_{j-1}c_{j-1}^+ \overset{2}{\oplus} b_{j-1}c_{j-1}^+ \qquad \text{für } j = 1, \ldots, n \qquad (9.12)$$

$$s_j := a_j \overset{2}{\oplus} b_j \overset{2}{\oplus} c_j^+ \qquad \text{für } j = 0, \ldots, n-1. \qquad (9.13)$$

Dann gilt

$$a + b = \sum_{j=0}^{n-1} s_j 2^j + c_n^+ 2^n. \qquad (9.14)$$

Beweis Um die Aussage zu beweisen, genügt es wegen Lemma 9.1 zu zeigen, dass für $j = 0, \ldots, n$ gilt $c_j^+ = \hat{c}_j^+$. Wir zeigen dies durch Induktion in j. Für $j = 0$ gilt dies per Definition. Für den Induktionsschritt von $j-1$ nach j nehmen wir an, dass $c_{j-1}^+ = \hat{c}_{j-1}^+$. Dann bleibt zu zeigen, dass

$$c_j^+ = a_{j-1}b_{j-1} \overset{2}{\oplus} a_{j-1}c_{j-1}^+ \overset{2}{\oplus} b_{j-1}c_{j-1}^+ = \left\lfloor \frac{a_{j-1} + b_{j-1} + \hat{c}_{j-1}^+}{2} \right\rfloor = \hat{c}_j^+ \qquad (9.15)$$

ist. Die Überträge $\hat{c}_j^+$ können nur die Werte 0 oder 1 annehmen, da wir mit $\hat{c}_0^+ = 0$ beginnen und dann sukzessive $0 \leq \frac{a_{j-1}+b_{j-1}+\hat{c}_{j-1}^+}{2} \leq \frac{3}{2}$ haben. Den Beweis von (9.15) führen wir dann einfach, indem wir die linke und rechte Seite für alle acht möglichen Kombinationen auswerten und somit die Gleichheit verifizieren. Dies wird mit der in Tab. 9.1 gegebenen Wertetabelle gezeigt. $\square$

Nachfolgendes Lemma formalisiert nun den Algorithmus zur Subtraktion zweier Zahlen in der Binärdarstellung.

Tab. 9.1 Wertetabelle zum Beweis von (9.15)

			$c_j^+ =$	$\hat{c}_j^+ =$
a_{j-1}	b_{j-1}	$\hat{c}_{j-1}^+$	$a_{j-1}b_{j-1} \overset{2}{\oplus} a_{j-1}c_{j-1}^+ \overset{2}{\oplus} b_{j-1}c_{j-1}^+$	$\left\lfloor \frac{a_{j-1}+b_{j-1}+\hat{c}_{j-1}^+}{2} \right\rfloor$
0	0	0	0	0
0	0	1	0	0
0	1	0	0	0
0	1	1	1	1
1	0	0	0	0
1	0	1	1	1
1	1	0	1	1
1	1	1	1	1

Lemma 9.3

Seien $a, b \in \mathbb{N}_0, n \in \mathbb{N}$ mit $a, b < 2^n$ und ihren Binärdarstellungen wie in Lemma 9.1. Weiterhin sei $\hat{c}_0^- := 0$ und

$$\hat{c}_j^- := \left\lfloor \frac{b_{j-1} - a_{j-1} + \hat{c}_{j-1}^-}{2} \right\rfloor \qquad \text{für } j = 1, \dots, n \tag{9.16}$$

$$\hat{d}_j := \left(b_{j-1} - a_j + \hat{c}_j^-\right) \mod 2 \qquad \text{für } j = 0, \dots, n-1. \tag{9.17}$$

Dann gilt

$$b - a = \sum_{j=0}^{n-1} \hat{d}_j 2^j + \hat{c}_n^- 2^n . \tag{9.18}$$

Beweis Wir zeigen auch diese Aussage durch Induktion in n. Für die Verankerung betrachten wir daher zunächst den Fall $n = 1$. Seien also $a = a_0, b = b_0 \in \{0, 1\}$ und $a_1 = 0 = b_1$. Dann ist

$$b - a = b_0 - a_0 = (b_0 - a_0) \mod 2 + \left\lfloor \frac{b_0 - a_0}{2} \right\rfloor 2$$

$$= \hat{d}_0 + \hat{c}_1^- 2 . \tag{9.19}$$

Damit ist die Aussage für $n = 1$ bewiesen.

Für den Induktionsschritt von n nach $n + 1$ nehmen wir an, dass die Aussage für n gilt, d. h. es sei

$$b - a = \sum_{j=0}^{n-1} \hat{d}_j 2^j + \hat{c}_n^- 2^n . \tag{9.20}$$

Für $\tilde{a} = a + \tilde{a}_n 2^n$ und $\tilde{b} = a + \tilde{b}_n 2^n$ gilt dann für $j = 0, \ldots, n - 1$

$$\tilde{a}_j = a_j, \qquad \tilde{b}_j = b_j \tag{9.21}$$

und somit

$$
\begin{aligned}
\tilde{b} - \tilde{a} &= b - a + (\tilde{b}_n - \tilde{a}_n)2^n \\
&\underbrace{=}_{(9.20)} \sum_{j=0}^{n-1} \hat{d}_j 2^j + (\tilde{b}_n - \tilde{a}_n + \hat{c}_n^-)2^n \\
&\underbrace{=}_{(11.2)} \sum_{j=0}^{n-1} \hat{d}_j 2^j + \left((\tilde{b}_n - \tilde{a}_n + \hat{c}_n^-) \mod 2 + \left\lfloor \frac{\tilde{b}_n - \tilde{a}_n + \hat{c}_n^-}{2} \right\rfloor 2 \right) 2^n
\end{aligned}
$$

$$\tag{9.22}$$

$$
\begin{aligned}
&= \sum_{j=0}^{n-1} \hat{d}_j 2^j + \left(\underbrace{\left((\tilde{b}_n - \tilde{a}_n + \hat{c}_n^-) \mod 2 \right)}_{=\hat{d}_n} 2^n + \underbrace{\left\lfloor \frac{\tilde{b}_n - \tilde{a}_n + \hat{c}_n^-}{2} \right\rfloor}_{=\hat{c}_{n+1}^-} 2^{n+1} \right) \\
&= \sum_{j=0}^{n} \hat{d}_j 2^j + \hat{c}_{n+1}^- 2^{n+1},
\end{aligned}
$$

mit $\hat{c}_0^- := 0$, und wegen (9.21) gilt für $j = 1, \ldots, n + 1$

$$\hat{c}_j^- = \left\lfloor \frac{\tilde{b}_n - \tilde{a}_{j-1} + \hat{c}_{j-1}^-}{2} \right\rfloor \qquad \text{für } j = 1, \ldots, n+1 \tag{9.23}$$

$$\hat{d}_j = (\tilde{b}_n - \tilde{a}_j + \hat{c}_j^-) \mod 2 \qquad \text{für } j = 0, \ldots, n. \tag{9.24}$$

Damit gilt die Aussage auch für $n + 1$. $\qquad\square$

Anders als im Fall der Addition können die Überträge $\hat{c}_j^-$ bei der Subtraktion auch negativ werden. Insbesondere gibt im Falle zweier Zahlen $a, b < 2^n$ der höchste Übertrag $\hat{c}_n^-$ Auskunft darüber, ob $b \geq a$ oder $b < a$, wie Übung 9.1 zeigt.

Übung 9.1 Seien $a, b \in \mathbb{N}_0, n \in \mathbb{N}$ mit $a, b < 2^n$ und $\hat{c}_j^-, \hat{d}_j$ wie in Lemma 9.3 definiert. Dann gilt

1.

$$\hat{c}_j^- \in \{0, -1\} \tag{9.25}$$

und somit $\hat{c}_j^- = -\left| \hat{c}_j^- \right|$.

Tab. 9.2 Wertetabelle zum Beweis von (9.27) und (9.28)

				Beweis von (9.27)	Beweis von (9.28)	
a_{j-1}	b_{j-1}	$\hat{c}_{j-1}^-$	$\left|\hat{c}_j^-\right|$	$(1 \overset{2}{\oplus} b_{j-1})(a_{j-1} \overset{2}{\oplus} \left|\hat{c}_{j-1}^-\right|) \overset{2}{\oplus} a_{j-1}\left|\hat{c}_{j-1}^-\right|$	$\hat{d}_j$	$a_j \overset{2}{\oplus} b_j \overset{2}{\oplus} \left|\hat{c}_j^-\right|$
0	0	0	0	0	0	0
0	0	−1	1	1	1	1
0	1	0	0	0	1	1
0	1	−1	0	0	0	0
1	0	0	1	1	1	1
1	0	−1	1	1	0	0
1	1	0	0	0	0	0
1	1	−1	1	1	1	1

2. Insbesondere ist

$$\hat{c}_n^- = \begin{cases} 0 & \Leftrightarrow \quad b \geq a \\ -1 & \Leftrightarrow \quad b < a. \end{cases} \qquad (9.26)$$

Zur Lösung siehe 9.1 im Kap. 13 Lösungen.   ◄

Der Subtraktionsalgorithmus kann auch ohne negative Überträge formuliert werden. Als Vorbereitung dazu zeigen wir zunächst folgendes Lemma.

Lemma 9.4
Seien $a, b \in \mathbb{N}_0, n \in \mathbb{N}$ sowie $\hat{c}_j^-, \hat{d}_j$ wie in Lemma 9.3. Dann gilt

$$\left|\hat{c}_j^-\right| = \left(1 \overset{2}{\oplus} b_{j-1}\right)\left(a_{j-1} \overset{2}{\oplus} \left|\hat{c}_{j-1}^-\right|\right) \overset{2}{\oplus} a_{j-1}\left|\hat{c}_{j-1}^-\right| \in \{0, 1\} \qquad (9.27)$$

$$\hat{d}_j = a_j \overset{2}{\oplus} b_j \overset{2}{\oplus} \left|\hat{c}_j^-\right|. \qquad (9.28)$$

Beweis Am einfachsten beweist man beide Gleichungen (9.27) und (9.28) gleichzeitig durch die in Tab. 9.2 gegebene Wertetabelle, die man durch direktes Ausrechnen erhält.   □

Mit dem Ergebnis von Lemma 9.4 können wir nun den Subtraktionsalgorithmus in einer Form angeben, in der wir ihn im inversen Quantenaddierer wiederfinden.

Korollar 9.5 (Binäre Subtraktion)

Sei $n \in \mathbb{N}$ und $a, b \in \mathbb{N}_0$ mit ihren Binärdarstellungen wie in Lemma 9.1 und $c_0^- := 0$ sowie

$$c_j^- := \left(1 \overset{2}{\oplus} b_{j-1}\right)\left(a_{j-1} \overset{2}{\oplus} c_{j-1}^-\right) \overset{2}{\oplus} a_{j-1}c_{j-1}^- \quad \textit{für } j = 1, \ldots, n \quad (9.29)$$

$$d_j := a_j \overset{2}{\oplus} b_j \overset{2}{\oplus} c_j^- \quad \textit{für } j = 0, \ldots, n-1. \quad (9.30)$$

Dann gilt

$$\sum_{j=0}^{n-1} d_j 2^j = c_n^- 2^n + b - a \quad (9.31)$$

und

$$c_n^- = \begin{cases} 0 & \Leftrightarrow \quad b \geq a \\ 1 & \Leftrightarrow \quad b < a. \end{cases} \quad (9.32)$$

Beweis Aus (9.27) und (9.29) sieht man, dass $\left|\hat{c}_j^-\right|$ und c_j^- die gleiche Rekursionsvorschrift befolgen. Da beide mit dem Wert $\left|\hat{c}_0^-\right| = c_0^- = 0$ beginnen, gilt für alle $j = 1, \ldots, n$ dann

$$c_j^- = \left|\hat{c}_j^-\right| = -\hat{c}_j^-. \quad (9.33)$$

Daraus und aus (9.28) zusammen mit (9.30) folgt somit auch, dass für alle $j = 1, \ldots, n$ dann $d_j = \hat{d}_j$. Damit ergibt sich dann aus (9.18) und (9.33)

$$b - a = \sum_{j=0}^{n-1} d_j 2^j - c_n^- 2^n. \quad (9.34)$$

Nochmalige Anwendung von (9.33) auf (9.26) ergibt schließlich (9.32). $\qquad\square$

Anhang C – Landau-Symbole

10

Zusammenfassung

Hier werden die Landau-Symbole definiert und einige ihrer für unsere Zwecke nützliche Eigenschaften gezeigt.

Man klassifiziert die Wachstumsrate der Anzahl der Rechenoperationen in Algorithmen als Funktion der Eingabedaten üblicherweise mithilfe der Landau-Symbole. Die Eingabedaten zu den Algorithmen bestehen dabei zumeist aus natürlichen Zahlen N, deren Größe den Aufwand des Algorithmus reflektiert, d. h. je größer N, desto aufwendiger der Algorithmus. In den von uns hier vorgestellten Algorithmen ist N die Zahl, die es im Shor-Algorithmus zu faktorisieren gilt oder im Grover-Suchalgorithmus die Mächtigkeit der Menge, in der man sucht. Im Ersteren beschreibt man die Wachstumsraten der benötigten Rechenschritte meist als Funktion der *Inputlänge* $\log_2 N$ von N, d. h. als Funktion der Anzahl der zur Binärdarstellung von N benötigten Bits. Dagegen wird im Suchalgorithmus meist die Wachstumsrate der Rechenschritte als Funktion von N selbst angegeben.

Für die Landau-Symbole gilt hier folgende Definition.

Definition 10.1

Für Funktionen $f(n), g(n)$ auf $\mathbb{N}$ und im Grenzwert $n \to \infty$ ist das kleine Landau-Symbol $o(\cdot)$ definiert als

$$f(n) \in o(g(n)) \text{ für } n \to \infty \tag{10.1}$$
$$:\Leftrightarrow \forall \varepsilon \in \mathbb{R}_+, \exists M \in \mathbb{N} : \forall n > M : |f(n)| \leq \varepsilon |g(n)| .$$

© Springer-Verlag Berlin Heidelberg 2016
W. Scherer, *Mathematik der Quanteninformatik*, DOI 10.1007/978-3-662-49080-8_10

Für Funktionen $f(n), g(n)$ auf $\mathbb{N}$ und im Grenzwert $n \to \infty$ ist das große Landau-Symbol $O(\cdot)$ definiert als

$$f(n) \in O(g(n)) \text{ für } n \to \infty \qquad (10.2)$$
$$:\Leftrightarrow \exists C \in \mathbb{R}, M \in \mathbb{N} \; \forall n > M : |f(n)| \le C \, |g(n)| \,.$$

In der Literatur findet man neben dieser auch leicht abweichende bzw. verallgemeinerte Definitionen.

Beispiel 10.1 Durch Anwendung der L'Hospital'schen Regel zeigt man leicht

$$\forall m \in \mathbb{N}: \qquad \lim_{n \to \infty} \left| \frac{\ln n}{n^{\frac{1}{m}}} \right| = 0 = \lim_{n \to \infty} \left| \frac{n^m}{\exp(n)} \right|. \qquad (10.3)$$

Daraus ergibt sich für alle $m \in \mathbb{N}$:

$$\ln n \in o\left(n^{\frac{1}{m}} \right) \qquad (10.4)$$

$$n^m \in o(\exp(n)). \qquad (10.5)$$

Übung 10.1 Seien $f_i(n) \in O(g_i(n)), i = 1, 2$ für $n \to \infty$. Man zeige, dass dann für $n \to \infty$

1.
$$f_1(n) + f_2(n) \in O(|g_1(n)| + |g_2(n)|) \,. \qquad (10.6)$$

2.
$$f_1(n) f_2(n) \in O(g_1(n) g_2(n)) \,. \qquad (10.7)$$

3. Falls es ein $M \in \mathbb{N}$ gibt, sodass für alle $n > M$ gilt $|g_1(n)| < |g_2(n)|$, dann ist

$$f_1(n) + f_2(n) \in O(g_2(n)) \,. \qquad (10.8)$$

Zur Lösung siehe 10.1 im Kap. 13 Lösungen.   ◀

Anhang D – Modulare Arithmetik

Zusammenfassung

Hier werden die für elementare Kryptografie und Faktorisierung wesentlichen Ergebnisse der modularen Arithmetik hergeleitet. Beginnend mit einigen Definitionen und Notationen wird zunächst Euklids Algorithmus vorgestellt. Dann werden einige Resultate rund um die Ordnung modulo N, die Euler-Funktion, wie z. B. Fermats kleiner Satz, bewiesen. Diese und weitere Ergebnisse münden dann letztlich im Beweis für die Existenz der Primitivwurzel für Primzahlpotenzen. Diese Ergebnisse werden insbesondere im Zusammenhang mit dem Shor-Faktorisierungsalgorithmus benötigt. In diesem Kontext ist auch die Anzahl der benötigten Rechenschritte für einige hier vorgestellte Verfahren relevant, und wird daher hier ebenfalls angegeben.

Definition 11.1

Mit $\lfloor u \rfloor$ bezeichnen wir den **ganzen Anteil** einer Zahl $u \in \mathbb{R}$. Dieser ist definiert als

$$\lfloor u \rfloor := \max\{z \in \mathbb{Z} \,|\, z \le u\}. \tag{11.1}$$

Für $a \in \mathbb{Z}$ wird der **Rest von a nach der Division durch** $N \in \mathbb{N}$ mit $a \bmod N$ bezeichnet und ist definiert als

$$a \mod N := a - \left\lfloor \frac{a}{N} \right\rfloor N. \tag{11.2}$$

Übung 11.1 Sei $a, N \in \mathbb{N}$ mit $a > N$. Man zeige, dass

$$a \mod N < \min\left\{\frac{a}{2}, N\right\}. \tag{11.3}$$

Zur Lösung siehe 11.1 im Kap. 13 Lösungen. ◄

© Springer-Verlag Berlin Heidelberg 2016
W. Scherer, *Mathematik der Quanteninformatik*, DOI 10.1007/978-3-662-49080-8_11

Lemma 11.2

Der zur Berechnung von a mod N erforderliche Rechenaufwand ist

$$\text{Aufwand zur Berechnung von } a \mod N \in O\big((\log_2 \max\{a, N\})^2\big). \quad (11.4)$$

Beweis Der zur Berechnung von a mod N erforderliche Rechenaufwand ergibt sich wegen (11.2) aus dem Aufwand von Division ($O\big((\log_2 \max\{a, N\})^2\big)$) plus dem Aufwand von Multiplikation ($O\big((\log_2 \max\{a, N\})^2\big)$) plus dem Aufwand von Subtraktion ($O(\log_2 \max\{a, N\})$). Mit (10.8) ergibt sich daher

$$\text{Aufwand zur Berechnung von } a \mod N \in O\big((\log_2 \max\{a, N\})^2\big). \quad (11.5)$$

$\square$

Definition 11.3

Falls es für $a, b \in \mathbb{Z}$ ein $z \in \mathbb{Z}$ gibt, sodass $b = za$ ist b durch a teilbar, andernfalls nicht teilbar, und wir beschreiben dies durch folgende Notation:

$$a \mid b :\Leftrightarrow \exists z \in \mathbb{Z} : b = za \quad (11.6)$$
$$a \nmid b :\Leftrightarrow \forall z \in \mathbb{Z} : b \neq za. \quad (11.7)$$

Für ganze Zahlen $a_i \in \mathbb{Z}, i = 1, \ldots, n$ mit $\sum_{i=1}^{n} |a_i| \neq 0$ definieren wir deren **größten gemeinsamen Teiler** als

$$ggT(a_1, \ldots, a_n) := \max\{k \in \mathbb{Z} \mid \forall a_i : k \mid a_i\}. \quad (11.8)$$

Falls $\prod_{i=1}^{n} |a_i| \neq 0$ ist, definieren wir deren **kleinstes gemeinsame Vielfache** als

$$kgV(a_1, \ldots, a_n) := \min\{k \in \mathbb{N} \mid \forall a_i : a_i \mid k\}. \quad (11.9)$$

Für $a_1 \neq 0$ ist $ggT(a_1, 0) = a_1$. Falls $ggT(a, b) = 1$ ist, sagt man auch a und b sind **teilerfremd**.

Der erweiterte Euklid-Algorithmus bestimmt den größten gemeinsamen Teiler $ggT(a, b)$ zweier Zahlen $a, b \in \mathbb{N}$ und eine Lösung $x, y \in \mathbb{Z}$ von

$$ax + by = ggT(a, b). \quad (11.10)$$

folgendermaßen.

Satz 11.4 (Erweiterter Euklid-Algorithmus)
Seien $a, b \in \mathbb{N}$. Definiere

$$r_{-1} := \max\{a, b\} \ und \ r_0 := \min\{a, b\}$$
$$s_{-1} := 1 \qquad und \ s_0 := 0 \qquad (11.11)$$
$$t_{-1} := 0 \qquad und \ t_0 := 1$$

und für jedes $j \in \mathbb{N}$ mit $r_{j-1} > 0$

$$r_j := r_{j-2} \mod r_{j-1} \qquad (11.12)$$

$$s_j := s_{j-2} - \left\lfloor \frac{r_{j-2}}{r_{j-1}} \right\rfloor s_{j-1} \qquad (11.13)$$

$$t_j := t_{j-2} - \left\lfloor \frac{r_{j-2}}{r_{j-1}} \right\rfloor t_{j-1}. \qquad (11.14)$$

Dann ist $r_j < r_{j-1}$, und es existiert ein $n \in \mathbb{N}$, nachdem die Folge abbricht, d. h. für welches gilt

$$r_{n+1} = 0. \qquad (11.15)$$

Außerdem gilt

$$r_n = ggT(a, b) \qquad (11.16)$$
$$n \leq 2 \min\{\log_2 a, \log_2 b\} + 1 \qquad (11.17)$$
$$as_n + bt_n = ggT(a, b). \qquad (11.18)$$

Beweis Weil $u \mod v < v$ ist, folgt $0 \leq r_j < r_{j-1}$ aus der Definition (11.12) der r_j, d. h. diese nehmen mit zunehmendem j streng ab. Daher muss ein $n \in \mathbb{N}$ mit $n \leq \min\{a, b\}, r_n > 0$, aber $r_{n+1} = 0$ existieren. Damit ist (11.15) gezeigt.

Um (11.16) zu zeigen, zeigen wir zunächst durch absteigende vollständige Induktion, dass für alle $j = 0, \ldots, n+1$ ein $z_{n-j} \in \mathbb{N}$ existiert, sodass

$$r_{n-j} = z_{n-j} r_n. \qquad (11.19)$$

Zunächst die Induktionsverankerung. Sei nun $n \in \mathbb{N}$, sodass

$$r_n > 0 \ aber \ r_{n+1} = 0, \qquad (11.20)$$

dann folgt

$$0 = r_{n+1} \underbrace{=}_{(11.12)} r_{n-1} \mod r_n = r_{n-1} - \left\lfloor \frac{r_{n-1}}{r_n} \right\rfloor r_n, \qquad (11.21)$$

und somit existiert ein $z_{n-1} := \left\lfloor \frac{r_{n-1}}{r_n} \right\rfloor \in \mathbb{N}$ mit

$$r_{n-1} = z_{n-1} r_n . \tag{11.22}$$

Weiterhin ist nach Definition $r_n = r_{n-2} \bmod r_{n-1}$ und daher

$$r_{n-2} = r_n + \left\lfloor \frac{r_{n-2}}{r_{n-1}} \right\rfloor r_{n-1} = \left(\underbrace{1}_{=:z_n} + \left\lfloor \frac{r_{n-2}}{r_{n-1}} \right\rfloor z_{n-1} \right) r_n = z_{n-2} r_n \tag{11.23}$$

für ein $z_{n-2} \in \mathbb{N}$. Damit ist (11.19) für $j = 1, 2$ gezeigt und die absteigende Induktion verankert. Nun zum Induktionsschritt: Falls $z_{n-(j-1)}, z_{n-j} \in \mathbb{N}$ existieren, sodass

$$r_{n-(j-1)} = z_{n-(j-1)} r_n \tag{11.24}$$

$$r_{n-j} = z_{n-j} r_n , \tag{11.25}$$

zeigen wir die Existenz eines $z_{n-(j+1)} \in \mathbb{N}$ mit

$$r_{n-(j+1)} = z_{n-(j+1)} r_n. \tag{11.26}$$

Aus der Definition (11.12) von $r_{n-(j-1)}$ und den Annahmen (11.24) und (11.25) folgt

$$r_{n-(j+1)} = r_{n-(j-1)} + \left\lfloor \frac{r_{n-(j+1)}}{r_{n-j}} \right\rfloor r_{n-j} = \underbrace{\left(z_{n-(j-1)} + \left\lfloor \frac{r_{n-(j+1)}}{r_{n-j}} \right\rfloor z_{n-j} \right)}_{:=z_{n-(j+1)} \in \mathbb{N}} r_n$$

$$= z_{n-(j+1)} r_{n-1} . \tag{11.27}$$

Damit ist der Induktionsbeweis von (11.19) erbracht. Somit existieren $z_0, z_{-1} \in \mathbb{N}$, sodass

$$\min\{a, b\} = r_0 = z_0 r_n$$
$$\max\{a, b\} = r_{-1} = z_{-1} r_n , \tag{11.28}$$

und r_n ist gemeinsamer Teiler von a und b.

Sei nun g ein beliebiger gemeinsamer Teiler von a und b. Dann definiere $\tilde{a} := \frac{a}{g} \in \mathbb{N}$ und $\tilde{b} := \frac{b}{g} \in \mathbb{N}$ und der Algorithmus angewandt auf $\tilde{a}, \tilde{b}$ erzeugt $\tilde{r}_j := \frac{r_j}{g}$ und somit $\tilde{r}_n = \frac{r_n}{g} \in \mathbb{N}$, d. h. jeder beliebige gemeinsame Teiler von a und b teilt auch r_n. Daher ist r_n der größte gemeinsame Teiler von a und b. Damit ist (11.16) gezeigt.

Zum Beweis von (11.17) überlegt man sich zunächst, dass wegen $r_j < r_{j-1}$ dann die Abschätzung (11.3) aus Übung 11.1 angewandt auf die Definition (11.12) von r_j impliziert, dass

$$r_j < \min \left\{ \frac{r_{j-2}}{2}, r_{j-1} \right\} . \tag{11.29}$$

Wiederholte Anwendung davon ergibt

$$r_{2k-1} < \frac{r_{2k-3}}{2} < \cdots < \frac{r_{-1}}{2^k} = \frac{\max\{a,b\}}{2^k} \tag{11.30}$$

$$r_{2k} < \frac{r_{2k-2}}{2} < \cdots < \frac{r_0}{2^k} = \frac{\min\{a,b\}}{2^k}. \tag{11.31}$$

Wegen $r_{2k+1} < r_{2k} < r_{2k-1}$ hat man daher

$$r_{2k+1} < r_{2k} < \min\left\{\frac{a}{2^k}, \frac{b}{2^k}\right\} \tag{11.32}$$

und somit

$$r_j < \frac{\min\{a,b\}}{2^{\left\lfloor \frac{j}{2} \right\rfloor}}. \tag{11.33}$$

Daraus ergibt sich

$$\left\lfloor \frac{j}{2} \right\rfloor \geq \min\{\log_2 a, \log_2 b\} \quad \Rightarrow \quad r_j = 0. \tag{11.34}$$

Da n per Definition in (11.15) die größte Zahl ist, für die noch $r_n > 0$ gilt, muss

$$\left\lfloor \frac{n}{2} \right\rfloor < \min\{\log_2 a, \log_2 b\} \tag{11.35}$$

sein, woraus dann

$$n < 2\min\{\log_2 a, \log_2 b\} + 1 \tag{11.36}$$

folgt.

Um (11.18) zu beweisen, zeigen wir allgemein erneut durch zweistufige Induktion, dass

$$as_j + bt_j = r_j. \tag{11.37}$$

Die Induktionsverankerung ist durch $j = -1, 0$ gegeben, denn aus den Voraussetzungen (11.12)–(11.14) folgt

$$as_{-1} + bt_{-1} = a = r_{-1} \tag{11.38}$$

$$as_0 + bt_0 = b = r_0. \tag{11.39}$$

Zum Beweis des Induktionsschrittes von j nach $j + 1$ nehmen wir an, dass (11.37) für j und $j - 1$ gilt. Dann folgt

$$as_{j+1} + bt_{j+1} \underbrace{=}_{(11.13),(11.14)} a\left(s_{j-1} - \left\lfloor \frac{r_{j-1}}{r_j} \right\rfloor s_j\right) + b\left(t_{j-1} - \left\lfloor \frac{r_{j-1}}{r_j} \right\rfloor t_j\right)$$

$$= \underbrace{as_{j-1} + bt_{j-1}}_{=r_{j-1}} - \left\lfloor \frac{r_{j-1}}{r_j} \right\rfloor s_j \underbrace{\left(as_j + bt_j\right)}_{=r_j}$$

Tab. 11.1 Der erweiterte Euklid-Algorithmus für $a = 999$ und $b = 351$

j	r_j	s_j	t_j	$as_j + bt_j$
-1	$a = 999$	1	0	999
0	$b = 351$	0	1	351
1	$999 \bmod 351 = 297$	1	-2	297
2	$351 \bmod 297 = 54$	-1	3	54
3	$297 \bmod 54 = 27$	6	-17	27
4	$54 \bmod 27 = 0$	-13	37	0

Tab. 11.2 Der erweiterte Euklid-Algorithmus für $a = 999$ und $b = 352$

j	r_j	s_j	t_j	$as_j + bt_j$
-1	$a = 999$	1	0	999
0	$b = 352$	0	1	352
1	$999 \bmod 352 = 295$	1	-2	295
2	$352 \bmod 295 = 57$	-1	3	57
3	$295 \bmod 57 = 10$	6	-17	10
4	$57 \bmod 10 = 7$	-31	88	7
5	$10 \bmod 7 = 3$	37	-105	3
6	$7 \bmod 3 = 1$	-105	298	1
7	$3 \bmod 1 = 0$	352	-999	0

$$= \quad r_{j-1} - \left\lfloor \frac{r_{j-1}}{r_j} \right\rfloor r_j$$

$$\underbrace{=}_{(11.12)} \quad r_{j+1}. \qquad\qquad (11.40)$$

Damit ist (11.37) gezeigt, und die Behauptung (11.18) ergibt sich aus dem Fall $j = n$. □

Beispiel 11.1 Sei $a = 999$ und $b = 351$. Dann zeigt Tab. 11.1 die beim Durchlauf des Algorithmus erhaltenen Werte. Man findet $n = 3$ und $ggT(999, 351) = r_3 = 27$.

Falls andererseits $a = 999$ und $b = 352$, dann zeigt Tab. 11.2 die beim Durchlauf des Algorithmus erhaltenen Werte und somit $n = 6$ und $ggT(999, 352) = 1$.

Lemma 11.5

Es gilt

$$\text{Anzahl der zur Berechnung von } ggT(a, b) \atop \text{erforderlichen Rechenschritte} \in O\big((\log_2 \min\{a, b\})^3\big).$$

$$(11.41)$$

Beweis Aus Satz 11.4 sehen wir, dass wir zur Ermittlung von $ggT(a, b)$ mit dem Euklid-Algorithmus Ausdrücke der Form u mod v berechnen müssen. Die in jeder dieser Berechnungen erforderlichen Rechenschritte wachsen nach Lemma 11.2 mit $O\left((\log_2 \min\{a, b\})^2\right)$. Nach (11.17) skaliert die erforderliche Anzahl dieser Berechnungen mit $O(\log_2 \min\{a, b\})$. Insgesamt ergibt sich damit (11.41). $\square$

Übung 11.2 Man zeige, dass für $u, v, u_j \in \mathbb{Z}$ und $k, a, N \in \mathbb{N}$

(i)
$$u(v \mod N) \mod N = uv \mod N \tag{11.42}$$

(ii)
$$\left(\prod_{j=1}^{k}(u_j \mod N)\right) \mod N = \left(\prod_{j=1}^{k} u_j\right) \mod N \tag{11.43}$$

(iii)
$$(u^a \mod N)^k \mod N = u^{ak} \mod N \tag{11.44}$$

(iv)
$$\left(\sum_{j=1}^{k}(u_j \mod N)\right) \mod N = \left(\sum_{j=1}^{k} u_j\right) \mod N \, . \tag{11.45}$$

Zur Lösung siehe 11.2 im Kap. 13 Lösungen.   ◄

Wir zeigen als Nächstes folgendes nützliche Lemma.

Lemma 11.6
Seien $a, b, c \in \mathbb{Z}$, $N \in \mathbb{N}$, mit $c \neq 0$ und $ggT(N, c) = 1$, dann gilt

$$a \mod N = b \mod N \quad \Leftrightarrow \quad ac \mod N = bc \mod N \, . \tag{11.46}$$

Beweis Zunächst zeigen wir $\Rightarrow$:

$$a \mod N = b \mod N$$
$$\Leftrightarrow a - \left\lfloor \frac{a}{N} \right\rfloor N = b - \left\lfloor \frac{b}{N} \right\rfloor N$$
$$\Leftrightarrow ac = bc + \left(\left\lfloor \frac{a}{N} \right\rfloor - \left\lfloor \frac{b}{N} \right\rfloor\right) Nc$$
$$\Rightarrow ac \mod N = ac - \left\lfloor \frac{ac}{N} \right\rfloor N \tag{11.47}$$

$$= bc + \left(\left\lfloor \frac{a}{N} \right\rfloor - \left\lfloor \frac{b}{N} \right\rfloor \right) Nc - \left\lfloor \frac{bc + \left(\left\lfloor \frac{a}{N} \right\rfloor - \left\lfloor \frac{b}{N} \right\rfloor \right) Nc}{N} \right\rfloor N$$

$$= bc - \left\lfloor \frac{bc}{N} \right\rfloor N = bc \mod N.$$

Nun $\Leftarrow$: Sei $ac \mod N = bc \mod N$, dann gibt es ein $z \in \mathbb{Z}$, sodass

$$a - b = \frac{z}{c} N \in \mathbb{Z}. \tag{11.48}$$

Da c und N teilerfremd sind, muss somit $\frac{z}{c} \in \mathbb{Z}$ und daher $(a - b) \mod N = 0$ und somit $a \mod N = b \mod N$. $\square$

Die Äquivalenz (11.46) in Lemma 11.6 legt nahe, dass es so etwas wie ein multiplikatives Inverses gibt. In der Tat definiert man dies folgendermaßen.

Definition 11.7
Seien $b, N \in \mathbb{N}$ mit $ggT(b, N) = 1$. Das zu b **multiplikative Inverse modulo** N wird mit $b^{-1} \mod N$ bezeichnet und ist definiert als die Zahl $x \in \{1, \ldots, N - 1\}$, die
$$bx \mod N = 1 \tag{11.49}$$
erfüllt.

Das multiplikative Inverse ist eindeutig und lässt sich leicht aus dem erweiterten Euklid-Algorithmus bestimmen.

Lemma 11.8
Seien $b, N \in \mathbb{N}$ mit $ggT(b, N) = 1$ und $x, y \in \mathbb{Z}$ Lösung von

$$bx + Ny = ggT(b, N) = 1. \tag{11.50}$$

Dann ist $x \mod N$ das eindeutig bestimmte multiplikative Inverse von b modulo N.

Beweis Wir zeigen zunächst die Eindeutigkeit. Seien $u, v \in \{1, \ldots, N - 1\}$ zwei multiplikative Inverse zu b modulo N, d. h. es gelte $bu \mod N = 1 = bv \mod N$. Dann folgt aus $bu \mod N = bv \mod N$ wegen $ggT(b, N) = 1$ und (11.46), dass $u \mod N = v \mod N$ und da nach Voraussetzung $0 < u, v < N$ somit auch $u = v$.

Sei nun x, y die aus dem erweiterten Euklid-Algorithmus in Satz 11.4 mit (11.18) erhaltene Lösung von (11.50). Dann ist $0 < x \bmod N < N$, und man hat

$$b(x \bmod N) \bmod N \underbrace{=}_{(11.42)} bx \bmod N \underbrace{=}_{(11.50)} (1 - Ny) \bmod N$$

$$= 1. \qquad \qquad \square$$

Beispiel 11.2 Wenn wir in Beispiel 11.1 den Fall $b = 999$ und $N = 352$ betrachten, sehen wir aus Tab. 11.2, dass $x = -105$ und $y = 298$ die Gleichung $bx + Ny = 1$ erfüllen. Damit ist $x \bmod N = -105 \bmod 352 = 247$, und man hat $b(x \bmod N) \bmod N = 999 \times 247 \bmod 352 = 1$, d. h. 247 ist das multiplikative Inverse von 999 modulo 352.

Hilfreich zur Faktorbestimmung ist auch folgendes Lemma.

Lemma 11.9
Für $a, b, N \in \mathbb{N}$ gilt

$$ab \bmod N = 0 \Rightarrow ggT(a, N)\, ggT(b, N) > 1,$$

d. h. N hat mit a oder b gemeinsame Teiler. Ist insbesondere N Primzahl, so gilt

$$ab \bmod N = 0 \quad \Leftrightarrow \quad a \bmod N = 0 \; oder \; b \bmod N = 0. \tag{11.51}$$

Beweis Sei $ab \bmod N = 0$, dann gibt es ein $q \in \mathbb{N}$ mit $ab = qN$. Aus der Primfaktorzerlegung dieser Gleichung

$$\overbrace{p_1^{\alpha_1} \cdots p_s^{\alpha_s}}^{=a}\, \overbrace{p_1^{\beta_1} \cdots p_r^{\beta_r}}^{=b} = \overbrace{p_1^{\kappa_1} \cdots p_v^{\kappa_v}}^{=q}\, \overbrace{p_1^{\nu_1} \cdots p_u^{\nu_u}}^{=N} \tag{11.52}$$

sieht man, dass die Primfaktoren von N in denen von a oder b enthalten sein müssen und somit a oder b gemeinsame Teiler mit N haben müssen, d. h. $ggT(a, N) > 1$ oder $ggT(b, N) > 1$.

Falls N Primzahl ist und $N \mid ab$ gilt, dann ist N in a oder b als Primfaktor enthalten. Umgekehrt folgt obdA aus $a \bmod N = 0$, dass $N \mid a$ und somit $N \mid ab$.

$\square$

Definition 11.10
Die **Euler-Funktion** ϕ ist definiert als

$$\phi : \mathbb{N} \longrightarrow \mathbb{N}$$
$$n \longmapsto \phi(n) := \quad \text{Anzahl aller } r \in \mathbb{N}, 1 \leq r < n, \qquad (11.53)$$
$$\text{die mit } n \text{ teilerfremd sind, d. h.}$$
$$ggT(n, r) = 1 \text{ erfüllen.}$$

Beispiel 11.3 Für $n = 10$ hat man

$$ggT(1, 10) = ggT(3, 10) = ggT(7, 10) = ggT(9, 10) = 1 \qquad (11.54)$$

sowie

$$ggT(2, 10), ggT(4, 10), ggT(5, 10), ggT(6, 10), ggT(8, 10) > 1 \qquad (11.55)$$

und daher $\phi(10) = 4$.

Für Primzahlpotenzen ist die Euler-Funktion leicht anzugeben, wie folgendes Lemma zeigt.

Lemma 11.11
Sei p Primzahl und $k \in \mathbb{N}$. Dann gilt

$$\phi(p^k) = p^{k-1}(p - 1). \qquad (11.56)$$

Beweis In den $p^k - 1$ Zahlen $1, \ldots, p^k - 1$ sind die Vielfachen $1p, 2p, \ldots, (p^{k-1} - 1)p$ von p die einzigen, die gemeinsame Teiler mit p^k haben. Daher ist die Anzahl der mit p^k teilerfremden Zahlen aus $1, \ldots, p^k - 1$ durch $\phi(p^k) = p^k - 1 - (p^{k-1} - 1) = p^{k-1}(p - 1)$ gegeben. $\qquad \square$

Für Zahlen $N = pq$, die nur zwei einfache Primfaktoren $p, q \in \mathbb{P}$ haben (sogenannte **Halbprimzahlen**), ist die Kenntnis von $\phi(N)$ gleichbedeutend mit der Kenntnis der Primfaktoren p, q, wie das folgende Lemma zeigt.

Lemma 11.12
Seien $p > q$ Primzahlen und $N = pq$. Dann gilt

$$\phi(N) = (p - 1)(q - 1), \qquad (11.57)$$

und mit

$$S := N + 1 - \phi(N) \qquad (11.58)$$

$$D := \sqrt{S^2 - 4N} > 0 \qquad (11.59)$$

ist

$$p = \frac{S + D}{2} \qquad (11.60)$$

$$q = \frac{S - D}{2}. \qquad (11.61)$$

Beweis Da p, q verschiedene Primzahlen sind, haben von den $N - 1$ natürlichen Zahlen kleiner als $N = pq$ lediglich $1 \times q, 2 \times q, \ldots, (p - 1) \times q$ und $1 \times p, 2 \times p, \ldots, (q - 1) \times p$ gemeinsame Teiler mit N. Daher ist

$$\phi(N) = N - 1 - (p - 1) - (q - 1) = pq - (p + q) + 1 = (p - 1)(q - 1). \quad (11.62)$$

Damit ergibt sich

$$S = p + q \qquad (11.63)$$

$$D = p - q, \qquad (11.64)$$

und (11.60) sowie (11.61) folgen sofort. $\qquad\qquad\square$

Beispiel 11.4 Für $N = 10$ hat man $\phi(10) = 4$ und $S = 7, D = 3$ und somit $p = 5, q = 2$.

Es gilt der folgende Satz von Euler, der sowohl zum Beweis der Dechiffrierungsabbildung als auch später im Zusammenhang mit der Primfaktorisierung in Abschn. 6.4.2 nützlich ist.

Satz 11.13 (Euler)
Für $b, N \in \mathbb{N}$ teilerfremd ist

$$b^{\phi(N)} \mod N = 1. \qquad (11.65)$$

Beweis Zunächst definieren wir $a_j := r_j b \mod N$ für alle $r_j \in \mathbb{N}$ mit $1 \leq r_j < N$ und $ggT(r_j, N) = 1$ und

$$P := \left(\prod_{j=1}^{\phi(N)} a_j \right) \mod N. \qquad (11.66)$$

Aus (11.43) folgt

$$P = \left(b^{\phi(N)} \prod_{j=1}^{\phi(N)} r_j \right) \quad \mathrm{mod}\ N. \tag{11.67}$$

Für $j \neq k$ gilt $a_j \neq a_k$, denn angenommen, $a_j = a_k$, d. h. $r_j b\ \mathrm{mod}\ N = r_k b\ \mathrm{mod}$ N, und da b, N teilerfremd sind, mit Lemma 11.6 somit $r_j\ \mathrm{mod}\ N = r_k\ \mathrm{mod}\ N$ und damit wegen $1 \leq r_j, r_k < N$ schließlich $r_j = r_k$ und deshalb $j = k$. Somit gilt $a_j \neq a_k$ für $j \neq k$. Da r_j, N teilerfremd und b, N teilerfremd sind, sind auch $r_j b, N$ teilerfremd, d. h.

$$ggT(r_j b, N) = 1. \tag{11.68}$$

Angenommen, $a_j = r_j b\ \mathrm{mod}\ N$ habe einen gemeinsamen Teiler mit N, etwa $a_j = us$ und $N = vs$, dann existiert ein $k \in \mathbb{Z}$, sodass $us = r_j b + kvs$, was äquivalent zu $r_j b = (u - kv)s$ ist. Letzteres würde aber bedeuten, dass $r_j b$ und N den gemeinsamen Teiler s hätten, was aber im Widerspruch zu (11.68) steht. Daher sind alle a_j teilerfremd mit N, und es gibt $\phi(N)$ verschiedene a_j mit $1 \leq a_j < N$, d. h. die Menge der a_j ist lediglich eine Permutation der Menge der r_j, und somit gilt auch

$$P = \left(\prod_{j=1}^{\phi(N)} a_j \right) \quad \mathrm{mod}\ N = \left(\prod_{j=1}^{\phi(N)} r_j \right) \quad \mathrm{mod}\ N, \tag{11.69}$$

was mit (11.67) schließlich zu

$$\left(b^{\phi(N)} \prod_{j=1}^{\phi(N)} r_j \right) \quad \mathrm{mod}\ N = \left(\prod_{j=1}^{\phi(N)} r_j \right) \quad \mathrm{mod}\ N \tag{11.70}$$

führt. Da nun N und alle r_j teilerfremd sind, kann Lemma 11.6 auf (11.70) angewandt werden, um

$$b^{\phi(N)} \quad \mathrm{mod}\ N = 1, \tag{11.71}$$

zu erhalten, was zu beweisen war. $\qquad\qquad\qquad\qquad\qquad\qquad\qquad\qquad\square$

Beispiel 11.5 Für $b = 7$ und $N = 10$ hat man $ggT(7, 10) = 1, \phi(10) = 4$ und $7^4\ \mathrm{mod}\ 10 = 2401\ \mathrm{mod}\ 10 = 1$.

Als Korollar aus Satz 11.13 ergibt sich, was manchmal auch Fermats kleiner Satz genannt wird.

Korollar 11.14 (Fermats kleiner Satz)
Sei $b \in \mathbb{N}$, p Primzahl und $p \nmid b$. Dann gilt

$$b^{p-1} \quad \mathrm{mod}\ p = 1. \tag{11.72}$$

Beweis Für Primzahlen p ist, wie man sich leicht überzeugt, $\phi(p) = p - 1$, und (11.72) folgt daher sofort aus (11.65). □

Definition 11.15

Für $a, N \in \mathbb{N}$ mit $ggT(a, N) = 1$ definieren wir die **Ordnung von a modulo N** als

$$ord_N(a) := \min\{m \in \mathbb{N} | a^m \mod N = 1\}. \qquad (11.73)$$

Falls

$$ord_N(a) = \phi(N), \qquad (11.74)$$

heißt a **Primitivwurzel modulo N**.

Beispiel 11.6 Für $N = 3 \times 5 = 15$ ist $\phi(15) = 2 \times 4 = 8$, und mit $a = 7$ ist $ggT(7, 15) = 1$ sowie

m	1	2	3	4	5	6	7	8	9	10	11	...
$7^m \mod 15$	7	4	13	1	7	4	13	1	7	4	13	...

und somit $ord_{15}(7) = 4 < \phi(15)$. Für $N = 2 \times 5 = 10$ hat man dagegen $\phi(10) = 1 \times 4 = 4, ggT(7, 10) = 1$ sowie

m	1	2	3	4	5	6	7	8	9	10	11	...
$7^m \mod 10$	7	9	3	1	7	9	3	1	7	9	3	...

d. h. $ord_{10}(7) = 4 = \phi(10)$. Daher ist 7 Primitivwurzel modulo 10.

Folgende Resultate für die Ordnung und Primitivwurzel werden für uns im Weiteren von Nutzen sein.

Satz 11.16

Seien $a, b, N \in \mathbb{N}$ mit $ggT(a, N) = 1 = ggT(b, N)$. Dann gilt

1. *Für alle $k \in \mathbb{N}$*

$$a^k \mod N = 1 \Leftrightarrow ord_N(a) | k. \qquad (11.75)$$

2.

$$ord_N(a) | \phi(N). \qquad (11.76)$$

3. *Falls $ggT(ord_N(a), ord_N(b)) = 1$, dann gilt*

$$ord_N(ab) = ord_N(a) \, ord_N(b). \qquad (11.77)$$

4. *Falls a Primitivwurzel modulo N ist, d. h. auch noch $ord_N(a) = \phi(N)$
   erfüllt, dann gilt zusätzlich*
   (a)

$$\{d \in \{1, \ldots, N-1\} \mid ggT(d, N) = 1\}$$
$$= \{a^j \mod N \mid j = 1, \ldots, \phi(N)\}. \tag{11.78}$$

(b) *Falls $b = a^j \mod N$ für ein $j \in \mathbb{N}$, dann gilt*

$$ord_N(b) = ord_N\left(a^j\right) = \frac{\phi(N)}{ggT(j, \phi(N))}. \tag{11.79}$$

Beweis Sei $a, b, N \in \mathbb{N}$ mit $ggT(a, N) = 1 = ggT(b, N)$. Zunächst zeigen wir
$\Rightarrow$ in (11.75):

Sei $k \in \mathbb{N}$ mit $a^k \mod N = 1$. Dann muss $k \geq ord_N(a)$ gelten, da $ord_N(a)$
nach Definition die kleinste solche Zahl ist. Sei nun $c = k \mod ord_N(a)$, d. h.
$c \in \mathbb{N}_0$ mit $c < ord_N(a)$, und es gibt $l \in \mathbb{Z}$, sodass $k = ord_N(a) l + c$ und somit
$a^k = a^{ord_N(a)l+c} = \left(a^{ord_N(a)l}\right) a^c$. Damit folgt

$$
\begin{aligned}
1 &= a^k \mod N = \left(a^{ord_N(a)l}\right) a^c \mod N \\
&\underbrace{=}_{(11.43)} \left(a^{ord_N(a)l} \mod N\right)\left(a^c \mod N\right) \mod N \\
&\underbrace{=}_{(11.44)} \left(\underbrace{a^{ord_N(a)} \mod N}_{=1}\right)^l \left(a^c \mod N\right) \mod N \tag{11.80} \\
&= \left(a^c \mod N\right) \mod N \\
&\underbrace{=}_{(11.43)} a^c \mod N\,.
\end{aligned}
$$

Da nach Konstruktion $c < ord_N(a)$ und $ord_N(a)$ die kleinste Zahl $k \in \mathbb{N}$ mit
$a^k \mod N = 1$ ist, muss $c = 0$ sein und somit $ord_N(a) \mid k$.

Für die Umkehrrichtung $\Leftarrow$ in (11.75) sei nun $ord_N(a) \mid k$, d.h es gibt ein $l \in$
$\mathbb{N} : k = ord_N(a) l$ und somit

$$
\begin{aligned}
a^k \mod N &= \left(a^{ord_N(a)}\right)^l \mod N \\
&\underbrace{=}_{(11.44)} \left(\underbrace{a^{ord_N(a)} \mod N}_{=1}\right)^l \mod N = 1 \mod N \tag{11.81} \\
&= 1\,.
\end{aligned}
$$

Damit ist (11.75) gezeigt.

Nach dem Satz von Euler 11.13 ist $a^{\phi(N)} \mod N = 1$, und daher folgt (11.76)
aus (11.75).

Um (11.77) zu zeigen, bedenkt man zunächst, dass

$$(ab)^{ord_N(a)ord_N(b)} \mod N$$

$$\underbrace{=}_{(11.43)} \left(\left(a^{ord_N(a)ord_N(b)} \mod N \right) \left(b^{ord_N(b)ord_N(a)} \mod N \right) \right) \mod N$$

$$\underbrace{=}_{(11.43)} \left(\left(\underbrace{a^{ord_N(a)} \mod N}_{=1} \right)^{ord_N(b)} \mod N \right. \tag{11.82}$$

$$\left. \times \left(\underbrace{b^{ord_N(b)} \mod N}_{=1} \right)^{ord_N(a)} \mod N \right) \mod N$$

$$= \quad 1 \mod N = 1$$

und daher wegen (11.75)

$$ord_N(ab) \mid ord_N(a) \, ord_N(b) \,. \tag{11.83}$$

Analog ergibt sich aus

$$a^{ord_N(b)ord_N(ab)} \mod N$$

$$= \left(a^{ord_N(b)ord_N(ab)} \mod N \right) \left(\underbrace{b^{ord_N(b)} \mod N}_{=1} \right)^{ord_N(ab)} \mod N$$

$$\underbrace{=}_{(11.43)} (ab)^{ord_N(b)ord_N(ab)} \mod N \tag{11.84}$$

$$\underbrace{=}_{(11.43)} \left(\underbrace{(ab)^{ord_N(ab)} \mod N}_{=1} \right)^{ord_N(b)} \mod N$$

$$= 1$$

und daher wegen (11.75)

$$ord_N(a) \mid ord_N(b) \, ord_N(ab) \,. \tag{11.85}$$

Nach Voraussetzung sind aber $ord_N(a)$ und $ord_N(b)$ teilerfremd, weshalb dann

$$ord_N(a) \mid ord_N(ab) \,. \tag{11.86}$$

gelten muss. Indem man in (11.84) mit $b^{ord_N(a)ord_N(ab)} \mod N$ beginnt, erhält man ganz analog

$$ord_N(b) \mid ord_N(ab) \,. \tag{11.87}$$

Wiederum da $ord_N(a)$ und $ord_N(b)$ nach Voraussetzung teilerfremd sind, folgt aus (11.86) und (11.87)

$$ord_N(a) \, ord_N(b) \mid ord_N(ab) \,. \tag{11.88}$$

Dies zusammen mit (11.83) ergibt (11.77).

Sei nun a Primitivwurzel modulo N. Um (11.78) zu beweisen, zeigen wir zunächst die Inklusion

$$\{a^j \mod N \,|\, j = 1, \ldots, \phi(N)\} \subset \{d \in \{1, \ldots N - 1\} \,|\, ggT(d, N) = 1\}.$$
(11.89)

Anschließend zeigen wir, dass die Mengen gleiche Mächtigkeit haben und somit identisch sind.

Um die Inklusion zu verifizieren, zeigen wir, dass die Elemente von $\{a^j \mod N \,|\, j = 1, \ldots, \phi(N)\}$ die Eigenschaft $ggT(a^j \mod N, N) = 1$ haben. Sei dazu $l \in \mathbb{N}$ gemeinsamer Teiler von $a^j \mod N$ und N, d. h. es gibt $u, v \in \mathbb{N}$ mit

$$a^j \mod N = lu$$
(11.90)

$$N = lv.$$
(11.91)

Dann folgt $lu = a^j \mod N = a^j - \left\lfloor \frac{a^j}{N} \right\rfloor N = a^j - \left\lfloor \frac{a^j}{N} \right\rfloor lv$ und somit $l \,|\, a^j$, was wiederum $ggT(l, a) > 1$ impliziert. Damit müsste jeder Primfaktor von l in a enthalten sein. Solche Primfaktoren wären dann Teiler sowohl von a als auch wegen (11.91) von N. Nach Voraussetzung gilt aber $ggT(a, N) = 1$. Daher kann es vorgenannte Primfaktoren nicht geben, und es muss $l = 1$ sein. Damit ist $ggT(a^j \mod N, N) = 1$ und somit die Inklusion (11.89) gezeigt.

Bleibt noch zu zeigen, dass $\{a^j \mod N \,|\, j = 1, \ldots, \phi(N)\}$ in der Tat $\phi(N)$ verschiedene Elemente enthält. Sei $1 \leq i < j \leq \phi(N)$ und

$$a^j \mod N = a^i \mod N.$$
(11.92)

Da nach Voraussetzung $ggT(a, N) = 1$, folgt aus (11.92) mit Lemma 11.6

$$a^{j-i} \mod N = 1,$$
(11.93)

mit $0 < j - i < \phi(N)$, was im Widerspruch zu der Voraussetzung $ord_N(a) = \phi(N)$ steht. Daher enthält $\{a^j \mod N \,|\, j = 1, \ldots, \phi(N)\}$ genau $\phi(N)$ verschiedene Elemente, von denen jedes teilerfremd mit N ist, was schließlich die Gleichheit der Mengen in (11.78) ergibt.

In (11.79) zeigen wir zunächst, dass $b = a^j \mod N$

$$ord_N(b) = ord_N\left(a^j\right)$$
(11.94)

impliziert. Es gilt

$$1 = b^{ord_N(b)} \mod N = \left(a^j \mod N\right)^{ord_N(b)} \mod N$$

$$\underbrace{=}_{(11.44)} \left(a^j\right)^{ord_N(b)} \mod N.$$
(11.95)

Daher gilt $ord_N\left(a^j\right) \le ord_N(b)$. Umgekehrt folgt aus

$$1 = \left(a^j\right)^{ord_N\left(a^j\right)} \mod N \underbrace{=}_{(11.44)} \left(a^j \mod N\right)^{ord_N\left(a^j\right)} \mod N$$

$$= (b)^{ord_N\left(a^j\right)} \mod N \tag{11.96}$$

analog $ord_N(b) \le ord_N\left(a^j\right)$ und somit (11.94).

Für die rechte Gleichung in (11.79) wissen wir bereits, dass

$$ord_N\left(a^j\right) \mid \phi(N), \tag{11.97}$$

d. h. es gibt ein $m_1 \in \mathbb{N}$, sodass

$$m_1 ord_N\left(a^j\right) = \phi(N). \tag{11.98}$$

Weiterhin impliziert

$$1 = \left(a^j\right)^{ord_N\left(a^j\right)} \mod N = a^{ord_N\left(a^j\right)j} \mod N \tag{11.99}$$

wegen (11.75), dass

$$ord_N(a) \mid ord_N\left(a^j\right)j. \tag{11.100}$$

Wegen der Voraussetzung $ord_N(a) = \phi(N)$ folgt die Existenz eines $m_2 \in \mathbb{N}$, sodass

$$m_2\phi(N) = ord_N\left(a^j\right)j. \tag{11.101}$$

Einsetzen von (11.98) in (11.101) liefert

$$m_1 \mid j. \tag{11.102}$$

Insgesamt daher mit (11.98)

$$ord_N\left(a^j\right) = \frac{\phi(N)}{m_1}, \tag{11.103}$$

und m_1 teilt sowohl $\phi(N)$ als auch j. Dass m_1 der größte solche Teiler sein muss, sieht man folgendermaßen. Angenommen,

$$m_1 < \widehat{m} := ggT(j, \phi(N)), \tag{11.104}$$

dann ergäbe sich für

$$\widehat{r} := \frac{\phi(N)}{\widehat{m}} < \frac{\phi(N)}{m_1} = ord_N\left(a^j\right), \tag{11.105}$$

dass

$$(a^j)^{\widehat{r}} \mod N = (a^j)^{\frac{\phi(N)}{\widehat{m}}} \mod N = (a^{\phi(N)})^{\frac{j}{m}} \mod N$$

$$\underbrace{=}_{(11.44)} \Big(\underbrace{a^{\phi(N)} \mod N}_{=1} \Big)^{\frac{j}{m}} \mod N = 1 \,, \qquad (11.106)$$

was dem widerspricht, dass $ord_N (a^j)$ definitionsgemäß die kleinste Zahl $r \in \mathbb{N}$ mit der Eigenschaft $(a^j)^r \mod N = 1$ ist. Demzufolge ist $m_1 = ggT(j, \phi(N))$ und (11.79) gezeigt. $\qquad \square$

Bevor wir nun zunächst zum Existenzbeweis von Primitivwurzeln für Primzahlen kommen, beweisen wir noch zwei Lemmata, die in diesen Existenzbeweis eingehen.

Lemma 11.17
Sei p Primzahl, $k \in \mathbb{N}_0, \{f_j\}_{j=0,\dots,k} \subset \mathbb{Z}$ mit $p \nmid f_k$ und f das Polynom

$$f : \mathbb{Z} \longrightarrow \mathbb{Z}$$
$$x \longmapsto f(x) := \textstyle\sum_{j=0}^{k} f_j x^j \,. \qquad (11.107)$$

Dann gilt genau eine der folgenden Alternativen

1. *f hat maximal k verschiedene Nullstellen modulo p in $\{1, 2, \dots, p-1\}$, d. h. es gibt maximal k verschiedene natürliche Zahlen $n_j \in \{1, 2, \dots, p-1\}$ mit der Eigenschaft*

$$f(n_j) \mod p = 0 \,. \qquad (11.108)$$

2. *f ist das Nullpolynom modulo p, d. h.*

$$f(x) \mod p = 0 \quad \forall x \in \mathbb{Z} \,. \qquad (11.109)$$

Beweis Wir beweisen dies durch Induktion, die wir bei $k = 0$ verankern: Falls $f(x) = f_0 \neq 0$ mit $p \nmid f_0$, dann gilt $f_0 \mod p \neq 0$, und es gibt kein $x \in \mathbb{Z}$ mit $f(x) \mod p = 0$. Falls $f_0 = 0$, dann ist f das Nullpolynom.

Den Induktionsschritt machen wir von $k-1$ nach k: Die Aussage gelte also für alle Polynome bis zur Ordnung $k-1$. Falls f weniger als k Nullstellen modulo p in $\{1, 2, \dots, p-1\}$ hat, gilt die Aussage bereits. Andernfalls seien $n_1, n_2, \dots, n_k$ beliebig aus $\{1, 2, \dots, p-1\}$ ausgewählte k Nullstellen von f modulo p. Betrachte

$$g(x) := f(x) - f_k \prod_{j=1}^{k}(x - n_j) = \sum_{l=0}^{k-1} g_l x^l \,, \qquad (11.110)$$

denn nach Konstruktion ist g ein Polynom vom Grad $\leq k - 1$. Weiterhin gilt für jede der k ausgewählten Nullstellen $n_l \in \{n_1, \ldots, n_k\}$:

$$g(n_l) \mod p = \left[f(n_l) - f_k \prod_{j=1}^{k}(n_l - n_j) \right] \mod p = f(n_l) \mod p = 0.$$
(11.111)

Sei $m := \max\{l \in \{0, \ldots, k - 1\} | p \nmid g_l\}$ und

$$\tilde{g}(x) := \sum_{l=0}^{m} g_l x^l.$$
(11.112)

Dann gilt für alle $x \in \mathbb{Z}$

$$\tilde{g}(x) \mod p = g(x) \mod p,$$
(11.113)

und die Nullstellenmengen modulo p von $\tilde{g}$ und g stimmen überein. Daher hat $\tilde{g}$ mindestens k Nullstellen modulo p. Andererseits ist $\tilde{g}$ ein Polynom vom Grad $\leq k - 1$ und erfüllt nach Konstruktion die Induktionsvoraussetzung. Daher kann $\tilde{g}$ und wegen (11.113) somit g nur das Nullpolynom modulo p sein:

$$g(x) \mod p = 0 \quad \forall x \in \mathbb{Z}.$$
(11.114)

Mit (11.110) ergibt sich daher

$$f(x) \mod p = f_k \prod_{j=1}^{k}(x - n_j) \mod p \quad \forall x \in \mathbb{Z},$$
(11.115)

und für eine beliebige Nullstelle z von f modulo p gilt

$$0 = f(z) \mod p = f_k \prod_{j=1}^{k}(z - n_j) \mod p.$$
(11.116)

Da nach Voraussetzung $p \nmid f_k$, muss für einen der Faktoren in $\prod_{j=1}^{k}(z - n_j)$ gelten

$$(z - n_j) \mod p = 0.$$
(11.117)

Da $n_j \in \{1, 2, \ldots, p - 1\}$, folgt $z \mod p = n_j$, und z ist entweder eine der k aus $\{1, 2, \ldots, p-1\}$ ausgewählten Nullstellen oder unterscheidet sich von einer solchen um ein Vielfaches von p und liegt somit außerhalb von $\{1, 2, \ldots, p - 1\}$. $\square$

Lemma 11.18
Sei p Primzahl, $d \in \mathbb{N}$ mit $d \mid p - 1$ und h das Polynom

$$h : \mathbb{Z} \longrightarrow \mathbb{Z}$$
$$x \longmapsto h(x) := x^d - 1. \tag{11.118}$$

Dann hat h genau d Nullstellen modulo p in $\{1, 2, \ldots, p - 1\}$, d. h. es gibt genau d natürliche Zahlen $n_j \in \{1, 2, \ldots, p - 1\}$ mit der Eigenschaft

$$h(n_j) \mod p = 0. \tag{11.119}$$

Beweis Sei $k \in \mathbb{N}$ sodass $p - 1 = dk$ und

$$f(x) := \sum_{l=0}^{k-1} \left(x^d \right)^l. \tag{11.120}$$

Dann ist
$$g(x) := h(x) f(x) = x^{p-1} - 1. \tag{11.121}$$

Da $p - 1 = \phi(p)$ und nach dem Satz 11.13 von Euler $a^{\phi(p)} \mod p = 1$ für alle $a \in \{1, 2, \ldots, p - 1\}$, folgt, dass

$$z^{p-1} \mod p = 1 \qquad \forall z \in \{1, 2, \ldots, p - 1\}, \tag{11.122}$$

und somit ist $p - 1 = dk$ die Anzahl der Nullstellen modulo p des Polynoms g in $\{1, 2, \ldots, p - 1\}$. Da p Primzahl ist und $g = hf$, muss für jede der dk Nullstellen $n_j \in \{1, 2, \ldots, p - 1\}$ von g modulo p

$$h(n_j) \mod p = 0 \quad \text{oder} \quad f(n_j) \mod p = 0 \tag{11.123}$$

gelten. Das Polynom $g = hf$ hat also genau dk Nullstellen modulo p in $\{1, 2, \ldots, p - 1\}$. Dagegen hat nach Lemma 11.17 das Polynom h maximal d und das Polynom f maximal $d(k - 1)$ Nullstellen modulo p. Wenn wir die Anzahl der Nullstellen modulo p in $\{1, 2, \ldots, p-1\}$ der Polynome g, h, f mit N_g, N_h, N_f bezeichnen, gilt also

$$dk = N_g \leq N_h + N_f \leq d + d(k - 1) = dk, \tag{11.124}$$

was nur sein kann, wenn f genau $d(k - 1)$ und h genau d Nullstellen hat, was zu beweisen war. $\square$

Satz 11.19

Für jede ungerade Primzahl p gibt es mindestens eine Primitivwurzel modulo p, d. h. eine natürliche Zahl a, sodass

$$ord_p(a) = \phi(p). \tag{11.125}$$

Beweis Sei q Primfaktor von $p-1$, d. h. es gibt ein $k_q \in \mathbb{N}$ sodass $q^{k_q} \mid p-1$. Aus Lemma 11.18 wissen wir, dass das Polynom $h(x) := x^{q^{k_q}} - 1$ genau q^{k_q} Nullstellen modulo p in $\{1, 2, \ldots, p-1\}$ hat. Sei a_q eine dieser Nullstellen, d. h. es gelte

$$a_q^{q^{k_q}} - 1 \mod p = 0 \tag{11.126}$$

und somit

$$a_q^{q^{k_q}} \mod p = 1. \tag{11.127}$$

Da $a_q \in \{1, 2, \ldots, p-1\}$ und $ggT(a_q, p) = 1$, folgt aus (11.75) in Satz 11.16

$$ord_p(a_q) \mid q^{k_q}. \tag{11.128}$$

Falls diese Nullstelle a_q von f noch zusätzlich die Eigenschaft $ord_p(a_q) \mid q^j$ für ein $j \in \mathbb{N}$ mit $j < k_q$ hat, so ist $ord_p(a_q) \mid q^{k_q-1}$, und es gibt ein $n \in \mathbb{N}$ mit $q^{k_q-1} = ord_p(a_q) n$ und daher nach (11.75) in Satz 11.16

$$a_q^{q^{k_q-1}} \mod p = 1. \tag{11.129}$$

Das heißt $a_q \in \{1, 2, \ldots, p-1\}$ ist Nullstelle modulo p des Polynoms $f(x) := x^{q^{k_q-1}} - 1$. Nach Lemma 11.18 gibt es davon genau q^{k_q-1}. Von den q^{k_q} Nullstellen modulo p in $\{1, 2, \ldots, p-1\}$ von h können also maximal q^{k_q-1} auch Nullstellen von f sein. Das bedeutet, dass es von den q^{k_q} Nullstellen a_q von h maximal q^{k_q-1} solcher a_q gibt, die zusätzlich $ord_p(a_q) \mid q^j$ mit $j < k_q$ erfüllen. Daher verbleiben uns insgesamt $q^{k_q} - q^{k_q-1}$ Zahlen $a_q \in \{1, 2, \ldots, p-1\}$ zur Auswahl, sodass

$$ord_p(a_q) \mid q^{k_q} \quad \text{und} \quad ord_p(a_q) \nmid q^j \ \forall j < k_q. \tag{11.130}$$

Da q als Primzahl vorausgesetzt wurde, folgt für die $q^{k_q} - q^{k_q-1}$ der a_q, die (11.130) erfüllen

$$q^{k_q} = ord_p(a_q). \tag{11.131}$$

Sei nun

$$p - 1 = \prod_{q \in \mathbb{P}(p-1)} q^{k_q} \tag{11.132}$$

die Primfaktorzerlegung von $p - 1$ und

$$a := \prod_{q \in \mathbb{P}(p-1)} a_q. \tag{11.133}$$

Für beliebige $q_1, q_2 \in \mathbb{P}(p - 1)$ mit $q_1 \neq q_2$ gilt

$$ggT(ord_p\left(a_{q_1}\right), ord_p\left(a_{q_2}\right)) = ggT(q_1^{k_{q_1}}, q_2^{k_{q_2}}) = 1. \tag{11.134}$$

Daraus ergibt sich mit (11.77) in Satz 11.16

$$ord_p\left(a_{q_1} a_{q_2}\right) = ord_p\left(a_{q_1}\right) ord_p\left(a_{q_2}\right) = q_1^{k_{q_1}} q_2^{k_{q_2}} \tag{11.135}$$

und somit letztlich

$$
\begin{aligned}
ord_p(a) \underbrace{=}_{(11.133)} ord_p &\left(\prod_{q \in \mathbb{P}(p-1)} a_q \right) \underbrace{=}_{(11.135)} \prod_{q \in \mathbb{P}(p-1)} ord_p\left(a_q\right) \\
\underbrace{=}_{(11.131)} &\prod_{q \in \mathbb{P}(p-1)} q^{k_q} \\
= &\ p - 1 \\
\underbrace{=}_{(11.56)} &\ \phi(p).
\end{aligned}
\tag{11.136}
$$
$\qquad\square$

Damit ist gezeigt, dass jede ungerade Primzahl eine Primitivwurzel hat. Um schließlich zu zeigen, dass auch jede Potenz einer ungeraden Primzahl eine Primitivwurzel hat, benötigen wir noch folgendes Lemma.

Lemma 11.20

Sei p ungerade Primzahl, a Primitivwurzel von p mit der zusätzlichen Eigenschaft

$$a^{\phi(p)} \mod p^2 \neq 1. \tag{11.137}$$

Dann gilt für alle $k \in \mathbb{N}$

$$a^{\phi(p^k)} \mod p^{k+1} \neq 1. \tag{11.138}$$

Beweis Allgemein gilt nach dem Satz von Euler 11.13 für alle $k \in \mathbb{N}$

$$a^{\phi(p^k)} \mod p^k = 1, \tag{11.139}$$

d. h. für jedes $k \in \mathbb{N}$ gibt es ein $n_k \in \mathbb{N}$, sodass

$$a^{\phi(p^k)} = 1 + n_k p^k. \tag{11.140}$$

Wir zeigen die Aussage (11.138) durch Induktion über k. Die Induktionsverankerung ist für $k = 1$ durch (11.137) gegeben. Für den Induktionsschritt von k nach $k + 1$ nehmen wir an, dass (11.138) für k gilt, d. h. für alle $m \in \mathbb{N}$

$$a^{\phi(p^k)} \neq 1 + mp^{k+1}. \tag{11.141}$$

Aus (11.141) folgt für n_k in (11.140), dass $p \nmid n_k$. Nun ist nach Lemma 11.11

$$\phi(p^{k+1}) = p^{k+1} - p^k = p(p^k - p^{k-1}) = p\phi(p^k) \tag{11.142}$$

und daher

$$
\begin{aligned}
a^{\phi(p^{k+1})} &= a^{p\phi(p^k)} = \left(a^{\phi(p^k)}\right)^p \\
&\underbrace{=}_{(11.140)} (1 + n_k p^k)^p = \sum_{l=0}^{p} \binom{p}{l} (n_k p^k)^l \\
&= 1 + n_k p^{k+1} + \sum_{l=2}^{p} \binom{p}{l} n_k^l p^{kl},
\end{aligned}
\tag{11.143}
$$

wobei im ersten Summanden der letzten Gleichung der Binominialkoeffizient für $l = 1$ einen Faktor p beigesteuert hat. Dies impliziert

$$\frac{a^{\phi(p^{k+1})} - 1}{p^{k+2}} = \underbrace{\frac{n_k}{p}}_{\notin \mathbb{Z}} + \underbrace{\sum_{l=2}^{p} \binom{p}{l} n_k^l p^{k(l-1)-2}}_{\in \mathbb{N}} \tag{11.144}$$

und daher die Behauptung für $k + 1$:

$$a^{\phi(p^{k+1})} \mod p^{k+2} \neq 1. \tag{11.145}$$

$\square$

Schließlich zeigen wir noch, dass jede Potenz einer ungeraden Primzahl eine Primitivwurzel hat.

Satz 11.21
Sei p ungerade Primzahl, a Primitivwurzel modulo p. Dann gilt für alle $k \in \mathbb{N}$ entweder

$$ord_{p^k}(a) = \phi(p^k) \tag{11.146}$$

oder

$$ord_{p^k}(a + p) = \phi(p^k). \tag{11.147}$$

Beweis Wir unterscheiden zwei Fälle:

Fall 1:
$$a^{\phi(p)} \mod p^2 \neq 1. \tag{11.148}$$

Fall 2:
$$a^{\phi(p)} \mod p^2 = 1. \tag{11.149}$$

Betrachte zunächst Fall 1. Wir zeigen durch Induktion über k, dass in diesem Fall (11.146) gilt. Die Induktionsverankerung für $k = 1$ ergibt sich aus der Voraussetzung, dass a Primitivwurzel modulo p ist. Für den Induktionsschritt von k nach $k + 1$ nehmen wir an, dass (11.146) für k gilt. Per Definition 11.15 der Ordnung gilt

$$a^{ord_{p^{k+1}}(a)} \mod p^{k+1} = 1, \tag{11.150}$$

d. h. es gibt ein $n \in \mathbb{N}$, sodass

$$a^{ord_{p^{k+1}}(a)} = 1 + np^{k+1} = 1 + npp^k \tag{11.151}$$

und daher nach (11.75) in Satz 11.16

$$ord_{p^k}(a) \mid ord_{p^{k+1}}(a). \tag{11.152}$$

Nach Induktionsannahme ist $ord_{p^k}(a) = \phi(p^k) = p^{k-1}(p - 1)$ und somit

$$p^{k-1}(p - 1) \mid ord_{p^{k+1}}(a). \tag{11.153}$$

Andererseits folgt ebenfalls aus Satz 11.16

$$ord_{p^{k+1}}(a) \mid \phi(p^{k+1}) = p^k(p - 1). \tag{11.154}$$

Aus (11.153) und (11.154) folgt, dass es $n_1, n_2 \in \mathbb{N}$ gibt, sodass

$$n_1 p^{k-1}(p - 1) = ord_{p^{k+1}}(a) \tag{11.155}$$
$$ord_{p^{k+1}}(a) n_2 = p^k(p - 1), \tag{11.156}$$

was zusammen $n_1 n_2 p^{k-1}(p - 1) = p^k(p - 1)$ und daher $n_1 n_2 = p$ ergibt. Da p Primzahl ist, kann entweder nur

$$n_1 = 1 \text{ und } n_2 = p \tag{11.157}$$
$$\text{oder}$$
$$n_1 = p \text{ und } n_2 = 1 \tag{11.158}$$

sein. Der Fall (11.157) hätte aber $ord_{p^{k+1}}(a) = p^{k-1}(p-1) \underbrace{=}_{(11.56)} \phi(p^k)$ und somit

$$a^{\phi(p^k)} \mod p^{k+1} = 1 \tag{11.159}$$

zur Folge. Dies ist aber wegen der Fallannahme (11.148) und den sich daraus ergebenden Folgerungen in Lemma 11.20 ausgeschlossen. Dagegen führt der Fall (11.158) zu $ord_{p^{k+1}}(a) = p^k(p-1) = \phi(p^{k+1})$, d. h. zur Aussage (11.146) für $k+1$.

Betrachte nun Fall 2, d. h. sei

$$a^{\phi(p)} \mod p^2 = 1. \tag{11.160}$$

Wir zeigen zunächst, dass $a + p$ Primitivwurzel modulo p ist und dann, dass es die Voraussetzung von Fall 1 erfüllt. Mit $r := ord_p(a + p)$ folgt, dass

$$r \le \phi(p) \tag{11.161}$$

und definitionsgemäß

$$(a + p)^r \mod p = 1. \tag{11.162}$$

Letzteres bedeutet, dass es ein $m \in \mathbb{N}$ gibt, sodass

$$\sum_{l=0}^{r} \binom{r}{l} a^{r-l} p^l = 1 + mp. \tag{11.163}$$

Dies wiederum führt zu

$$a^r = 1 + p\left(m - \sum_{l=1}^{r} \binom{r}{l} a^{r-l} p^{l-1}\right) \tag{11.164}$$

$$\underbrace{\phantom{m - \sum_{l=1}^{r} \binom{r}{l} a^{r-l} p^{l-1}}}_{\in \mathbb{N}}$$

und somit

$$a^r \mod p = 1. \tag{11.165}$$

Damit ist

$$r \ge ord_p(a) = \phi(p). \tag{11.166}$$

Aus (11.161), der Definition von r und (11.166), folgt

$$ord_p(a + p) = \phi(p), \tag{11.167}$$

d. h. $a + p$ ist neben a auch Primitivwurzel modulo p. Aus (11.160) folgt, dass es ein $n_3 \in \mathbb{N}$ gibt, sodass $a^{p-1} = 1 + n_3 p^2$, und daher gibt es auch ein $n_4 \in \mathbb{N}$, sodass

$$(a + p)^{p-1} = a^{p-1} + (p-1)a^{p-2}p + \sum_{l=2}^{p-1} \binom{p-1}{l} a^{p-1-l} p^l \tag{11.168}$$

$$\underset{(11.160)}{=} 1 + n_3 p^2 + p^2 a^{p-2} - pa^{p-2} + \sum_{l=2}^{p-1} \binom{p-1}{l} a^{p-1-l} p^l$$

$$= 1 + n_4 p^2 - pa^{p-2}.$$

Die Voraussetzung $a^{p-1} \bmod p = 1$ impliziert $p \nmid a^{p-2}$, und daher folgt aus (11.168)

$$(a + p)^{p-1} \quad \bmod p^2 \neq 1 , \tag{11.169}$$

d. h. $a + p$ ist eine Primitivwurzel modulo p, die (11.148) erfüllt und daher, wie im Fall 1 gezeigt, für alle $k \in \mathbb{N}$ auch Primitivwurzel modulo p^k. $\qquad\square$

Um für Shor's Faktorisierungsalgorithmus die Wahrscheinlichkeit abschätzen zu können, dass unsere Auswahl von b die Kriterien in (6.54) *nicht* erfüllt und wir ein neues b wählen müssen, benötigen wir schließlich noch folgendes Resultat.

Satz 11.22
Sei $N = \prod_{j=1}^{J} n_j$ *mit* $n_j \in \mathbb{N}$ *und* $ggT(n_i, n_j) = 1$ *falls* $i \neq j$. *Dann ist die Menge*

$$A := \{ a \in \{1, \ldots, N - 1\} \mid ggT(a, N) = 1 \} \tag{11.170}$$

identifizierbar mit der Menge

$$B := \{(b_1, \ldots, b_J) \mid \forall j \quad b_j \in \{1, \ldots, n_j - 1\} \text{ und } ggT(b_j, n_j) = 1\} \tag{11.171}$$

durch die Bijektion $g : A \to B$ *definiert durch*

$$g(a) := (a \quad \bmod n_1, \ldots, a \quad \bmod n_J) =: (g(a)_1, \ldots, g(a)_J). \tag{11.172}$$

Beweis Wir zeigen zunächst, dass $g(A) \subset B$. Per Definition ist $g(a)_j \in \{1, \ldots, n_j - 1\}$. Wir zeigen noch, dass für $a \in A$ gilt $ggT(g(a)_j, n_j) = 1$. Sei γ ein gemeinsamer Teiler von $g(a)_j$ und n_j. Dann gibt es $l, k \in \mathbb{N}$, sodass $\gamma l = g(a)_j = a - \left\lfloor \frac{a}{n_j} \right\rfloor \gamma k$ und somit $\frac{a}{\gamma} = l + \left\lfloor \frac{a}{n_j} \right\rfloor k \in \mathbb{N}$, d. h. γ teilt a, und weil γ nach Definition auch n_j teilt, teilt γ auch N. Dann ist γ ein gemeinsamer Teiler von a und N, was wegen $a \in A$ und der Definition von A dann $\gamma = 1$ impliziert. Damit ist $g(A) \subset B$ gezeigt.

Als Nächstes zeigen wir, dass g injektiv ist. Seien $a_1, a_2 \in A$ oBdA $a_1 \geq a_2$ und $g(a_1) = g(a_2)$. Dann folgt für alle $j \in \{1, \ldots, J\}$

$$a_1 \quad \bmod n_j = a_2 \quad \bmod n_j \tag{11.173}$$

und somit

$$a_1 - a_2 = \left(\left\lfloor \frac{a_1}{n_j} \right\rfloor - \left\lfloor \frac{a_2}{n_j} \right\rfloor \right) n_j , \tag{11.174}$$

d. h. jedes n_j teilt $a_1 - a_2 \in \mathbb{N}_0$, und weil $ggT(n_i, n_j) = 1$ für $i \neq j$, folgt daher, dass auch $N = \prod_{j=1}^{J} n_j$ ein Teiler von $a_1 - a_2 \geq 0$ sein muss. Daher gibt es $k \in \mathbb{N}_0$ mit

$$a_1 = a_2 + kN . \tag{11.175}$$

Da $a_1, a_2 \in A \subset \{1, \dots, N-1\}$, muss daher $k = 0$ und $a_1 = a_2$ sein, d.h. g ist injektiv.

Schließlich definieren wir ein $h : B \to A$ und zeigen, dass $g \circ h = id_B$. Für $\mathbf{b} := (b_1, \dots, b_J) \in B$ definieren wir $h(\mathbf{b})$ folgendermaßen. Sei $m_j := \frac{N}{n_j}$, dann gilt $ggT(m_j, n_j) = 1$, und wegen (11.18) in Satz 11.4 gibt es $x_j, y_j \in \mathbb{Z}$, sodass $m_j x_j + n_j y_j = 1$. Damit definieren wir

$$h(\mathbf{b}) := \left(\sum_{j=1}^{J} m_j x_j b_j \right) \mod N. \tag{11.176}$$

Zunächst zeigen wir, dass h trotz der Nichteindeutigkeit der x_j, y_j wohldefiniert ist. Sei also $\tilde{x}_j, \tilde{y}_j \in \mathbb{Z}$, sodass ebenfalls $m_j \tilde{x}_j + n_j \tilde{y}_j = 1$. Dann gilt für alle $k = 1, \dots, J$

$$\frac{1}{n_k} \left(\sum_{j=1}^{J} m_j (x_j - \tilde{x}_j) b_j \right) = \sum_{j \neq k} \underbrace{\frac{m_j}{n_k}}_{\in \mathbb{Z}} (x_j - \tilde{x}_j) b_j + \frac{1 - n_k y_k - (1 - n_k \tilde{y}_k)}{n_k} b_k \in \mathbb{Z}, \tag{11.177}$$

d.h. jedes n_k teilt $\sum_{j=1}^{J} m_j x_j b_j - \sum_{j=1}^{J} m_j \tilde{x}_j b_j$ für alle $k \in \{1, \dots, J\}$. Da $ggT(n_j, n_i) = 1$ ist, falls $i \neq j$, teilt daher auch $N = \prod_{j=1}^{J} n_j$ diese Differenz, und es gibt ein $z \in \mathbb{Z}$ mit

$$\sum_{j=1}^{J} m_j x_j b_j = \sum_{j=1}^{J} m_j \tilde{x}_j b_j + zN, \tag{11.178}$$

was

$$\left(\sum_{j=1}^{J} m_j x_j b_j \right) \mod N = \left(\sum_{j=1}^{J} m_j \tilde{x}_j b_j \right) \mod N \tag{11.179}$$

impliziert. Die rechte Seite in (11.176) ist also unabhängig von der Wahl der x_j, und $h(\mathbf{b})$ ist wohldefiniert für alle $\mathbf{b} \in B$.

Als Nächstes zeigen wir $h(B) \subset A$. Analog zu (11.177) hat man für alle $\mathbf{b} \in B$ und $k = 1, \dots, J$

$$\frac{1}{n_k} (h(\mathbf{b}) - b_k) = \frac{1}{n_k} \left(\left(\sum_{j=1}^{J} m_j x_j b_j \right) \mod N - b_k \right) \tag{11.180}$$

$$\underset{(11.2)}{=} \sum_{j \neq k} \underbrace{\frac{m_j}{n_k} x_j b_j}_{\in \mathbb{Z}} + \underbrace{\frac{m_k x_k - 1}{n_k} b_k}_{\in \mathbb{Z}}$$

$$- \left\lfloor \frac{\sum_{j=1}^{J} m_j x_j b_j}{N} \right\rfloor \frac{N}{n_k} \in \mathbb{Z},$$

d. h. für jedes $k = 1, \ldots, J$ gibt es ein $z_k \in \mathbb{Z}$ mit

$$h(\mathbf{b}) = b_k + z_k n_k. \tag{11.181}$$

Dann ist jeder gemeinsame Teiler v von $h(\mathbf{b})$ und n_k auch ein gemeinsamer Teiler von b_k und n_k. Wegen $\mathbf{b} \in B$ muss daher $v = 1$ sein und somit

$$ggT(h(\mathbf{b}), n_k) = 1. \tag{11.182}$$

Weiterhin ist nach Definition (11.176) dann $h(\mathbf{b}) \in \{0, 1, \ldots, N-1\}$. Den Fall $h(\mathbf{b}) = 0$ können wir ausschließen, denn, falls es ein $z \in \mathbb{Z}$ mit $\sum_{j=1}^{J} m_j x_j b_j = zN$ gäbe, wäre für jedes $k = 1, \ldots, J$

$$\frac{1 - n_k y_k}{n_k} b_k = \frac{m_k x_k b_k}{n_k} = z \frac{N}{n_k} - \sum_{j \neq k} \frac{m_j}{n_k} x_j b_j \in \mathbb{Z}. \tag{11.183}$$

Somit wäre n_k ein Teiler von b_k, was aber für $\mathbf{b} \in B$ ausgeschlossen ist. Daher ist $h(\mathbf{b}) \in \{1, \ldots, N-1\}$ mit $ggT(h(\mathbf{b}), n_j) = 1$ für alle j und somit $h(\mathbf{b}) \in A$.

Aus (11.181) und $b_k < n_k$ folgt auch, dass

$$g(h(\mathbf{b}))_k = g(b_k + z_k n_k)_k = (b_k + z_k n_k) \mod n_k = b_k. \tag{11.184}$$

Somit ist $g \circ h = id_B$ und g daher auch surjektiv, insgesamt also bijektiv. $\qquad \square$

Anhang E – Kettenbrüche

Zusammenfassung

Im Nachfolgenden werden die für den Shor-Algorithmus zur schnellen Faktorisierung benötigten Aspekte von Kettenbrüchen dargestellt. Ausgehend von der Definition wird die Endlichkeit der Kettenbruchentwicklung für rationale Zahlen gezeigt sowie Eigenschaften von Teilkettenbrüchen. Schließlich wird das für den Faktorisierungsalgorithmus zentrale Ergebnis bewiesen, dass für eine rationale Zahl, die hinreichend nahe bei einer anderen rationalen Zahl liegt, die Erstere ein Teilkettenbruch der Zweiten sein muss.

Definition 12.1

Sei $a_0 \in \mathbb{Z}$ und $\{a_j\}_{j \in \mathbb{N}}$ eine Folge natürlicher Zahlen. Ein regelmäßiger **Kettenbruch** ist ein (möglicherweise unendlich) fortgesetzter Bruch der Form

$$a_0 + \cfrac{1}{a_1 + \cfrac{1}{a_2 + \cfrac{1}{\ddots\, a_j + \cfrac{1}{\ddots}}}} =: [a_0; a_1, \ldots, a_j, \ldots]. \qquad (12.1)$$

Wir nennen $\{a_j\}_{j \in \mathbb{N}_0}$ die den Kettenbruch $[a_0; a_1, \ldots,]$ definierende **Kettenbruchfolge**. Ein Kettenbruch heißt endlich, falls die Folge $\{a_j\}$ abbricht, d. h. falls er durch

$$a_0 + \cfrac{1}{a_1 + \cfrac{1}{a_2 + \cfrac{1}{\ddots + \frac{1}{a_n}}}} = [a_0; a_1, a_2, \ldots, a_n] \qquad (12.2)$$

für ein $n \in \mathbb{N}$ gegeben ist.

© Springer-Verlag Berlin Heidelberg 2016
W. Scherer, *Mathematik der Quanteninformatik*, DOI 10.1007/978-3-662-49080-8_12

Für jedes $x \in \mathbb{R}$ definieren wir eine Kettenbruchfolge $\{a_j\}$ durch folgende Konstruktion. Falls $x = 0$ ist, besteht $\{a_j\}$ nur aus $\{a_0 = 0\}$. Falls $x \neq 0$ ist, definiere die Folge $\{f_j\}$ durch

$$f_0 := \frac{1}{x} \in \mathbb{R} \tag{12.3}$$

und für $j \in \mathbb{N}$, falls $f_{j-1} \neq 0$,

$$f_j := \frac{1}{f_{j-1}} - \left\lfloor \frac{1}{f_{j-1}} \right\rfloor \in [0, 1[. \tag{12.4}$$

Falls $f_j = 0$, ist $\{f_j\}$ endlich und endet mit f_{j-1}. Die x zugehörige Kettenbruchfolge $\{a_j\}_{j \in \mathbb{N}_0}$ ist dann durch

$$a_j := \left\lfloor \frac{1}{f_j} \right\rfloor \tag{12.5}$$

gegeben. Falls $f_j = 0$ ist, endet sie mit a_{j-1}.

Kettenbrüche können allgemeiner definiert werden, indem jede 1 in (12.1) durch eine Zahl b_j einer Folge $\{b_j\}_{j \in \mathbb{N}} \subset \mathbb{Z}$ ersetzt wird. Da wir uns hier aber nur mit regelmäßigen Kettenbrüchen befassen, werden wir den Zusatz „regelmäßig" im Nachfolgenden weglassen.

Man beachte, dass für die sich aus einem $x < 0$ ergebenden Folgen $\{f_j\}, \{a_j\}_{j \in \mathbb{N}_0}$ lediglich $a_0, f_0 < 0$ sind. Für $j \in \mathbb{N}$ ist per Definition

$$f_j = \frac{1}{f_{j-1}} - \left\lfloor \frac{1}{f_{j-1}} \right\rfloor \geq 0 \tag{12.6}$$

und somit auch $a_j = \left\lfloor \frac{1}{f_j} \right\rfloor \geq 0$. Aus (12.4) und (12.5) folgt

$$f_j = \frac{1}{a_j + f_{j+1}} = \frac{1}{a_j + \frac{1}{a_{j+1}+f_{j+2}}} = \frac{1}{a_j + \frac{1}{a_{j+1}+\frac{1}{a_{j+2}+\cdots}}}, \tag{12.7}$$

und zusammen mit (12.3) ergibt sich daher die Kettenbruchapproximation von x

$$x = a_0 + f_1 = a_0 + \frac{1}{a_1 + f_2} = a_0 + \frac{1}{a_1 + \frac{1}{a_2+f_3}} = a_0 + \frac{1}{a_1 + \frac{1}{a_2+\frac{1}{a_3+\cdots}}}. \tag{12.8}$$

Beispiel 12.1 Eine Kettenbruchentwicklung approximiert reelle Zahlen relativ schnell. So ist etwa

$$\sqrt{2} = [1; 2, 2, 2, 2, 2, 2, \ldots] = [1; 2, 2, 2, 2, 2, 2] + 1.23789\cdots \times 10^{-05} \,. \quad (12.9)$$

Satz 12.2
Die für ein $x \in \mathbb{R}$ in (12.3)–(12.5) konstruierte Kettenbruchfolge $\{a_j\}_{j \in \mathbb{N}_0}$ bricht genau dann ab, wenn x rational ist, d. h.

$$x = [a_0; a_1, \ldots, a_n] \quad \Leftrightarrow \quad x \in \mathbb{Q} \,. \quad\quad (12.10)$$

Beweis ⇒: Sei

$$x = a_0 + \cfrac{1}{a_1 + \cfrac{1}{a_2 + \cfrac{1}{\cdots + \frac{1}{a_n}}}} \quad\quad (12.11)$$

und definiere für $j = n, n-1, \ldots, 1$

$$p_n := a_n \quad\quad (12.12)$$

$$q_n := 1 \quad\quad (12.13)$$

$$\frac{p_{j-1}}{q_{j-1}} := a_{j-1} + \frac{1}{\frac{p_j}{q_j}} = \frac{a_{j-1} p_j + q_j}{p_j} = a_{j-1} + \cfrac{1}{a_j + \cfrac{1}{a_{j+1} + \cfrac{1}{\cdots + \frac{1}{a_n}}}} \,. \quad (12.14)$$

Dann ist $\frac{p_n}{q_n} = a_n \in \mathbb{Q}$ und offensichtlich auch $p_{j-1}, q_{j-1} \in \mathbb{Z}$ für $j = n-1, \ldots, 1$, sodass schließlich $\mathbb{Q} \ni \frac{p_0}{q_0} = a_0 + \frac{1}{\frac{p_1}{q_1}} = \cdots = x$.

⇐: Sei nun umgekehrt $x = \frac{p}{q} \in \mathbb{Q}$. Der Fall $x = 0$ ist trivial. Sei daher $x \neq 0$ und seien $\{a_j\}, \{f_j\}$ die in (12.3)–(12.5) definierten Folgen des Kettenbruchalgorithmus. Definiere

$$r_{-1} := p \in \mathbb{Z} \backslash \{0\}, \qquad r_0 := q \in \mathbb{N}, \quad\quad (12.15)$$

sodass

$$f_0 = \frac{1}{x} = \frac{q}{p} = \frac{r_0}{r_{-1}} \in \mathbb{Q} \,. \quad\quad (12.16)$$

Wir zeigen nun per Induktion, dass es dann eine Folge r_j mit der Rekursion

$$r_{j+1} = r_{j-1} \mod r_j \quad\quad (12.17)$$

für $j \in \mathbb{N}_0$ gibt, sodass

$$f_j = \frac{r_j}{r_{j-1}} \in \mathbb{Q}. \tag{12.18}$$

Die Induktionsverankerung ist mit (12.16) gegeben. Wir führen den Induktionsschritt von j nach $j+1$. Sei daher (12.18) für ein $j \in \mathbb{N}_0$ gegeben. Dann folgt

$$f_{j+1} = \underbrace{\frac{1}{f_j} - \left\lfloor \frac{1}{f_j} \right\rfloor}_{\geq 0} = \frac{r_{j-1}}{r_j} - \left\lfloor \frac{r_{j-1}}{r_j} \right\rfloor = \frac{r_{j-1} \mod r_j}{r_j} = \frac{r_{j+1}}{r_j}. \tag{12.19}$$

Dabei gilt $0 \leq r_{j+1} = r_{j-1} \mod r_j < r_j$, d. h. die $\{r_j\}_{j \in \mathbb{N}_0}$ sind eine streng fal-
lende Folge nichtnegativer Zahlen. Daraus ergibt sich einerseits $f_{j+1} \in \mathbb{Q}_{\geq 0}$ und
andererseits, dass nach endlich vielen Schritten n schließlich $r_{n+1} = 0$ sein muss.
Letzteres impliziert $f_{n+1} = 0$ und bedeutet, dass der Kettenbruchalgorithmus mit
n endet und $x = [a_0; a_1, \ldots, a_n]$ ist. $\square$

Korollar 12.3
Seien $p, q \in \mathbb{N}$ und

$$\frac{p}{q} = [a_0; a_1, \ldots, a_n] \tag{12.20}$$

*die endliche Kettenbruchdarstellung der rationalen Zahl $\frac{p}{q}$. Dann gilt für die
Anzahl n der in der Kettenbruchdarstellung zu berechnenden a_j*

$$n < 2 \min\{\log_2 q, \log_2 p\} + 1. \tag{12.21}$$

Beweis Die Kettenbruchentwicklung bricht ab, sobald erstmals $f_j = 0$ wird. Wir
sehen aus (12.19), dass $f_j = 0$ gleichbedeutend ist mit $r_j = 0$, wobei die r_j durch
$r_{-1} = p, r_0 = q$ und für $j \in \mathbb{N}$ mit $r_{j-1} > 0$ wie in (11.11) im Euklid-Algorithmus
(siehe Satz 11.4) durch die Rekursion

$$r_j = r_{j-2} \mod r_{j-1} \tag{12.22}$$

gegeben sind. Daraus ergibt sich mithilfe von (11.3) aus Übung 11.1 ebenso wie in
(11.29)

$$r_j < \min\left\{\frac{r_{j-2}}{2}, r_{j-1}\right\}. \tag{12.23}$$

Wir können daher hier genau die gleiche Argumentation wie nach ((11.29) anwenden. Da n wegen (12.20) die größte Zahl ist, für die noch $r_n > 0$ gilt, muss
entsprechend (11.36) hier dann

$$n < 2 \min\{\log_2 q, \log_2 p\} + 1 \tag{12.24}$$

sein. $\square$

Beispiel 12.2 Als Beispiel für die Kettenbruchentwicklung einer rationalen Zahl betrachte man etwa

$$\frac{67}{47} = [1; 2, 2, 1, 6] = 1 + \cfrac{1}{2 + \cfrac{1}{2 + \cfrac{1}{1 + \frac{1}{6}}}} \tag{12.25}$$

Satz 12.4

Sei $a_0 \in \mathbb{Z}$ und $\{a_j\}_{j \in \mathbb{N}}$ eine Folge natürlicher Zahlen. Dann gilt für die mit $\{a_j\}_{j \in \mathbb{N}_0}$ konstruierten Kettenbrüche Folgendes:

1. *Für alle $j \in \mathbb{N}_0$ gibt es ein $p_j \in \mathbb{Z}, q_j \in \mathbb{N}$, sodass*

$$\frac{p_j}{q_j} = [a_0; \ldots, a_j]. \tag{12.26}$$

2. *Für $j \geq 2$ gilt die Rekursionsvorschrift*

$$p_j = a_j p_{j-1} + p_{j-2} \tag{12.27}$$
$$q_j = a_j q_{j-1} + q_{j-2}. \tag{12.28}$$

3. *Die Folge $\{q_j\}_{j \in \mathbb{N}_0}$ hat nur positive Elemente und wächst schneller als die Fibonacci-Folge $b_0 = 0, b_1 = 1, \{b_j = b_{j-1} + b_{j-2}\}_{j \geq 2}$. Falls $a_0 \geq 1$ ist, gilt Gleiches auch für die Folge $\{p_j\}_{j \in \mathbb{N}_0}$.*

Beweis 1. folgt direkt aus Satz 12.2, da die Kettenbrüche $[a_0; a_1, \ldots, a_j]$ endlich sind.

2. zeigen wir durch Induktion. Zur Verankerung zeigen wir (12.27) und (12.28) für $j = 0, 1, 2$. Mit den zusätzlichen Definitionen $p_{-1} = 1 = q_{-2}$ und $p_{-2} = 0 = q_{-1}$ erhält man

$$\frac{p_0}{q_0} = a_0$$

$$\Rightarrow \begin{cases} p_0 = a_0 = a_0 p_{-1} + p_{-2} \\ q_0 = 1 = a_0 q_{-1} + q_{-2} \end{cases}$$

$$\frac{p_1}{q_1} = a_0 + \frac{1}{a_1} = \frac{a_1 a_0 + 1}{a_1}$$

$$\Rightarrow \begin{cases} p_1 = a_1 a_0 + 1 = a_1 p_0 + p_{-1} \\ q_1 = a_1 = a_1 q_0 + q_{-1} \end{cases} \tag{12.29}$$

$$\frac{p_2}{q_2} = a_0 + \cfrac{1}{a_1 + \frac{1}{a_2}} = \frac{a_2(a_1a_0 + 1) + a_0}{a_2a_1 + 1}$$

$$\Rightarrow \begin{cases} p_2 = a_2(a_1a_0 + 1) + a_0 = a_2p_1 + p_0 \\ q_2 = \quad\quad a_2a_1 + 1 \quad\quad = a_2q_1 + q_0. \end{cases}$$

Sei nun für ein $j \geq 2$

$$\frac{p_j}{q_j} = [a_0; a_1, \ldots, a_j] \tag{12.30}$$

mit

$$p_j = a_j p_{j-1} + p_{j-2} \tag{12.31}$$
$$q_j = a_j q_{j-1} + q_{j-2}. \tag{12.32}$$

Dann definieren wir eine Funktion $g_j : \mathbb{N} \to \mathbb{Q}$ durch

$$g_j(m) := \frac{m p_{j-1} + p_{j-2}}{m q_{j-1} + q_{j-2}} = [a_0; a_1, \ldots, a_{j-1}, m]. \tag{12.33}$$

Damit wird

$$\frac{p_{j+1}}{q_{j+1}} = [a_0; a_1, \ldots, a_{j-1}, a_j, a_{j+1}] = [a_0; a_1, \ldots, a_{j-1}, a_j + \frac{1}{a_{j+1}}]$$

$$= g_j \left(a_j + \frac{1}{a_{j+1}} \right) = \frac{\left(a_j + \frac{1}{a_{j+1}} \right) p_{j-1} + p_{j-2}}{\left(a_j + \frac{1}{a_{j+1}} \right) q_{j-1} + q_{j-2}} = \frac{p_j + \frac{1}{a_{j+1}} p_{j-1}}{q_j + \frac{1}{a_{j+1}} q_{j-1}}$$

$$= \frac{a_{j+1}p_j + p_{j-1}}{a_{j+1}q_j + q_{j-1}} \tag{12.34}$$

und der Induktionsschritt von j nach $j + 1$ ist verifiziert.

3. Mit $q_0 = 1, q_1 = a_1, a_j \in \mathbb{N}$ für $j \geq 1$ und (12.28) folgt sofort $q_j = a_j q_{j-1} + q_{j-2} \geq q_{j-1} + q_{j-2}$. Falls ein $a_j > 1$ ist, ist q_j echt größer als das j-te Element der Fibonacci-Folge, und somit gilt dies auch für alle nachfolgenden Elemente. Ebenso ergibt sich, falls $a_0 \geq 1$, dass $p_0 = a_0 \geq 1, p_1 = a_0a_1 + 1 > 1$ und mit (12.27), dass $p_j = a_j p_{j-1} + p_{j-2} \geq p_{j-1} + p_{j-2}$. $\quad\square$

Korollar 12.5

Sei $a_0 \in \mathbb{Z}$ und $\{a_j\}_{j\in\mathbb{N}}$ eine Folge natürlicher Zahlen. Sei weiterhin für alle $j \in \mathbb{N}_0$

$$\frac{p_j}{q_j} = [a_0; a_1, \ldots, a_j]. \tag{12.35}$$

Dann gilt:

1. *Für alle $j \in \mathbb{N}$*

$$p_j q_{j-1} - q_j p_{j-1} = (-1)^{j-1} \qquad (12.36)$$

   und

$$ggT(p_j, q_j) = 1. \qquad (12.37)$$

2. *Für $j > k \geq 0$*

$$\frac{p_k}{q_k} - \frac{p_j}{q_j} = (-1)^j \sum_{l=0}^{j-k-1} \frac{(-1)^l}{q_{j-l}q_{j-l-1}}. \qquad (12.38)$$

3. *Für alle $k \in \mathbb{N}_0$*

$$\frac{p_{2k}}{q_{2k}} < \frac{p_{2k+2}}{q_{2k+2}} \qquad (12.39)$$

$$\frac{p_{2k+3}}{q_{2k+3}} < \frac{p_{2k+1}}{q_{2k+1}}. \qquad (12.40)$$

4. *Für alle $k \in \mathbb{N}_0$*

$$\frac{p_0}{q_0} < \frac{p_2}{q_2} < \cdots < \frac{p_{2k}}{q_{2k}} < \cdots < \frac{p_{2k+1}}{q_{2k+1}} < \cdots < \frac{p_3}{q_3} < \frac{p_1}{q_1}. \qquad (12.41)$$

Beweis 1. Für $j \in \mathbb{N}$

$$
\begin{aligned}
z_j \quad &:= \quad p_j q_{j-1} - q_j p_{j-1} \\
&\underset{(12.27)(12.28)}{=} \quad (a_j p_{j-1} + p_{j-2})q_{j-1} - (a_j q_{j-1} + q_{j-2})p_{j-1} \\
&= \quad p_{j-2}q_{j-1} - q_{j-2}p_{j-1} = -z_{j-1} = \cdots = (-1)^k z_{j-k} = \cdots \quad (12.42)\\
&= \quad (-1)^{j-1} z_1 = (-1)^{j-1}(p_1 q_0 - q_1 p_0) \\
&\underset{(12.29)}{=} \quad (-1)^{j-1}((a_1 a_0 + 1) - a_1 a_0) \\
&= \quad (-1)^{j-1}.
\end{aligned}
$$

Damit ist (12.36) gezeigt. Daraus ergibt sich (12.37) folgendermaßen. Sei

$$q_j = \tilde{q}_j \, ggT(q_j, p_j) \qquad (12.43)$$

$$p_j = \tilde{p}_j \, ggT(q_j, p_j). \qquad (12.44)$$

Mit (12.36) folgt

$$\mathbb{Z} \ni \tilde{p}_j q_{j+1} - \tilde{q}_j p_{j+1} = \frac{(-1)^{j+1}}{ggT(q_j, p_j)}, \tag{12.45}$$

was $ggT(q_j, p_j) = 1$, d. h. (12.37) zur Folge hat.

2. Weiterhin folgt mit (12.36) für $k \geq 0$

$$\frac{p_k}{q_k} - \frac{p_{k+1}}{q_{k+1}} = \frac{p_k q_{k+1} - q_k p_{k+1}}{q_k q_{k+1}} = \frac{(-1)^{k+1}}{q_k q_{k+1}} \tag{12.46}$$

und somit für $j > k$

$$\begin{aligned}
\frac{p_k}{q_k} - \frac{p_j}{q_j} &= \frac{p_k}{q_k} - \frac{p_{k+1}}{q_{k+1}} + \frac{p_{k+1}}{q_{k+1}} - \frac{p_{k+2}}{q_{k+2}} + \cdots + \frac{p_{j-1}}{q_{j-1}} - \frac{p_j}{q_j} \\
&= \frac{(-1)^{k+1}}{q_k q_{k+1}} + \frac{(-1)^{k+2}}{q_{k+1} q_{k+2}} + \cdots + \frac{(-1)^j}{q_{j-1} q_j} \\
&= (-1)^j \sum_{l=0}^{j-k-1} \frac{(-1)^l}{q_{j-l} q_{j-l-1}}.
\end{aligned} \tag{12.47}$$

3. Aus (12.38) und 3. in Satz 12.4 folgt

$$\begin{aligned}
\frac{p_{2k}}{q_{2k}} - \frac{p_{2k+2}}{q_{2k+2}} &= (-1)^{2k+2} \left(\frac{1}{q_{2k+2} q_{2k+1}} - \frac{1}{q_{2k+1} q_{2k}} \right) \\
&= \frac{1}{q_{2k+1}} \underbrace{\left(\frac{1}{q_{2k+2}} - \frac{1}{q_{2k}} \right)}_{<0} < 0
\end{aligned} \tag{12.48}$$

und daher (12.39). Analog zeigt man (12.40).

4. Die Ungleichungen für gerade Indizes folgen aus (12.39) und die für ungerade Indizes aus (12.40). Bleibt zum Beweis von (12.41) noch zu zeigen, dass für ein beliebiges $k \in \mathbb{N}_0$ der Quotient für $2k$ kleiner ist als der für $2k + 1$. Aus 3 in Satz 12.4 folgt $q_{2k} q_{2k+1} > 0$ für beliebige $k \in \mathbb{N}_0$. Damit ergibt sich die gewünschte Ungleichung aus (12.36) wie folgt

$$\frac{p_{2k+1}}{q_{2k+1}} - \frac{p_{2k}}{q_{2k}} = \frac{p_{2k+1} q_{2k} - p_{2k} q_{2k+1}}{q_{2k} q_{2k+1}} \underset{(12.36)}{=} \frac{1}{q_{2k} q_{2k+1}} > 0. \tag{12.49}$$

$\square$

Mit diesen Hilfsmitteln können wir nun das für den Shor-Algorithmus benötigte Resultat zeigen, dass, wenn eine positive rationale Zahl genügend nahe an einer zweiten positiven rationalen Zahl liegt, die erste rationale Zahl ein Kettenbruch der zweiten sein muss.

Satz 12.6

Seien $p_n, q_n \in \mathbb{N}$ und $\{a_0, \ldots, a_n\}$ die Kettenbruchfolge

$$[a_0; a_1, \ldots, a_n] = \frac{p_n}{q_n}$$

sowie $p, q \in \mathbb{N}$, sodass

$$\left| \frac{p_n}{q_n} - \frac{p}{q} \right| < \frac{1}{2q^2} . \tag{12.50}$$

Dann ist $\frac{p}{q}$ ein Teilkettenbruch von $\frac{p_n}{q_n}$, d. h. für ein $j \in \{0, 1, \ldots, n\}$ ist

$$\frac{p}{q} = [a_0; a_1, \ldots, a_j] = \frac{p_j}{q_j} . \tag{12.51}$$

Beweis Angenommen $q > q_n$, dann folgt aus (12.50)

$$|p_n q - q_n p| < \frac{q_n}{2q} \leq \frac{1}{2} , \tag{12.52}$$

und da $p_n q - q_n p \in \mathbb{Z}$ gilt, muss $p_n q = q_n p$ sein, somit $\frac{p}{q} = \frac{p_n}{q_n}$, und die Aussage des Satzes ist mit $j = n$ bewiesen.

Sei daher nun für ein $j \in \{0, \ldots, n-1\}$

$$q_j \leq q < q_{j+1} . \tag{12.53}$$

Wir zeigen zunächst, dass

$$\left| \frac{p_n}{q_n} - \frac{p_j}{q_j} \right| < \frac{1}{2q_j q} . \tag{12.54}$$

Dazu wählen wir $a, b \in \mathbb{Z}$ folgendermaßen

$$a = (-1)^{j+1} \left(q_{j+1} p - p_{j+1} q \right) \tag{12.55}$$

$$b = (-1)^{j+1} \left(p_j q - q_j p \right) . \tag{12.56}$$

Damit ergibt sich

$$\begin{aligned}
p_j a + p_{j+1} b &= (-1)^{j+1} \left(p_j q_{j+1} p - p_j p_{j+1} q + p_{j+1} p_j q - p_{j+1} q_j p \right) \\
&= (-1)^{j+1} \underbrace{\left(p_j q_{j+1} - p_{j+1} q_j \right)}_{\substack{= \\ (12.36)} (-1)^{j+1}} p \tag{12.57} \\
&= p .
\end{aligned}$$

Analog zeigt man

$$q_j a + q_{j+1} b = q \,. \tag{12.58}$$

Aus (12.37) in Korollar 12.5 wissen wir, dass

$$ggT(q_{j+1}, p_{j+1}) = 1 \,. \tag{12.59}$$

Dies wiederum schließt $a = 0$ aus, denn falls $a = 0$, folgt aus der Annahme (12.53) und (12.55), dass $p_{j+1} = \frac{q_{j+1}}{q} p > p$ und daher

$$\frac{p_{j+1}}{q_{j+1}} = \frac{p}{q} \tag{12.60}$$

mit $p_{j+1} > p$ und $q_{j+1} > q$, was wegen (12.59) nicht sein kann.

Daher hat man wegen $a \in \mathbb{Z}, |a| \geq 1$ und

$$\left| q \frac{p_n}{q_n} - p \right| = \left| (a q_j + b q_{j+1}) \frac{p_n}{q_n} - (a p_j + b p_{j+1}) \right|$$

$$= \left| a \underbrace{\left(q_j \frac{p_n}{q_n} - p_j \right)}_{=:c_j} + b \underbrace{\left(q_{j+1} \frac{p_n}{q_n} - p_{j+1} \right)}_{=:c_{j+1}} \right| \,. \tag{12.61}$$

Nach (12.41) in Korollar 12.5 ist für gerade $j \in \{0, \dots, n-1\}$

$$\frac{p_j}{q_j} < \frac{p_n}{q_n} \leq \frac{p_{j+1}}{q_{j+1}} \,, \tag{12.62}$$

während für ungerade j

$$\frac{p_{j+1}}{q_{j+1}} \leq \frac{p_n}{q_n} < \frac{p_j}{q_j} \,. \tag{12.63}$$

Damit ergibt sich

$$c_j c_{j+1} \leq 0. \tag{12.64}$$

Andererseits folgt aus (12.57), dass

$$b = \frac{p - p_j a}{p_{j+1}} \,, \tag{12.65}$$

sodass

$$a < 0 \Rightarrow b > 0. \tag{12.66}$$

Analog folgt aus (12.58), dass

$$a = \frac{q - q_{j+1} b}{q_j} \tag{12.67}$$

und mit $b \in \mathbb{Z}$ sowie $q < q_{j+1}$ somit

$$b > 0 \Rightarrow q < bq_{j+1} \Rightarrow a < 0. \qquad (12.68)$$

Aus (12.66) und (12.68) folgt $ab \leq 0$, und zusammen mit (12.64) folgt

$$(ac_j)(bc_{j+1}) \geq 0. \qquad (12.69)$$

Damit kann (12.61) wie folgt abgeschätzt werden:

$$\left| q \frac{p_n}{q_n} - p \right| = \left| ac_j + bc_{j+1} \right| \underbrace{=}_{(12.69)} \left| ac_j \right| + \left| bc_{j+1} \right|$$

$$\geq \left| ac_j \right| = |a| \, |c_j| \geq |c_j| = \left| q_j \frac{p_n}{q_n} - p_j \right|, \qquad (12.70)$$

was schließlich zu

$$\left| \frac{p_n}{q_n} - \frac{p_j}{q_j} \right| \underbrace{\leq}_{(12.70)} \frac{q}{q_j} \left| \frac{p_n}{q_n} - \frac{p}{q} \right| \underbrace{<}_{(12.50)} \frac{q}{q_j} \frac{1}{2q^2} = \frac{1}{2q_j q} \qquad (12.71)$$

führt. Letztendlich erhalten wir dann

$$\left| \frac{p}{q} - \frac{p_j}{q_j} \right| = \left| \frac{p}{q} - \frac{p_n}{q_n} + \frac{p_n}{q_n} - \frac{p_j}{q_j} \right|$$

$$\leq \left| \frac{p}{q} - \frac{p_n}{q_n} \right| + \left| \frac{p_n}{q_n} - \frac{p_j}{q_j} \right| \qquad (12.72)$$

$$\underbrace{<}_{(12.50),(12.71)} \frac{1}{2q^2} + \frac{1}{2q_j q},$$

Multiplikation mit qq_j ergibt aus (12.72)

$$\left| pq_j - qp_j \right| < \frac{q_j}{2q} + \frac{1}{2} \underbrace{\leq}_{(12.53)} 1, \qquad (12.73)$$

d. h. $\left| pq_j - qp_j \right| < 1$, was wegen $pq_j - qp_j \in \mathbb{Z}$ schließlich

$$\frac{p}{q} = \frac{p_j}{q_j} \qquad (12.74)$$

zur Folge hat.   □

Anhang F – Lösungen

13

13.1 Lösungen zu Übungen aus Kap. 2

2.1

1.
$$\langle a\psi|\varphi\rangle = \overline{\langle\varphi|a\psi\rangle} = \overline{a\langle\varphi|\psi\rangle}$$
$$= \overline{a}\,\overline{\langle\varphi|\psi\rangle} = \overline{a}\langle\psi|\varphi\rangle \tag{13.1}$$

2. $\Rightarrow$: $\langle\psi|\varphi\rangle = 0$ für alle $\varphi\in\mathbb{H}$ impliziert insbesondere $\langle\psi|\psi\rangle = 0$, was $\psi = 0$ zur Folge hat.
$\Leftarrow$: Sei $\psi = 0$ und $\xi,\varphi\in\mathbb{H}$ beliebig. Dann ist $\psi = 0\xi$ und

$$\langle\psi|\varphi\rangle = \langle 0\xi|\varphi\rangle = 0\langle\xi|\varphi\rangle = 0\,. \tag{13.2}$$

3. Mit $||\psi||^2 = \langle\psi|\psi\rangle$ für alle $\psi\in\mathbb{H}$ folgt

$$\frac{1}{4}\Big[\,||\psi+\varphi||^2 - ||\psi-\varphi||^2 + \mathrm{i}\,||\psi-\mathrm{i}\varphi||^2 - \mathrm{i}\,||\psi+\mathrm{i}\varphi||^2\,\Big]$$
$$= \frac{1}{4}\Big[\langle\psi+\varphi|\psi+\varphi\rangle - \langle\psi-\varphi|\psi-\varphi\rangle \tag{13.3}$$
$$+ \mathrm{i}\langle\psi-\mathrm{i}\varphi|\psi-\mathrm{i}\varphi\rangle - \mathrm{i}\langle\psi+\mathrm{i}\varphi|\psi+\mathrm{i}\varphi\rangle\Big]$$
$$= \frac{1}{4}\Big[\langle\psi|\psi\rangle + \langle\psi|\varphi\rangle + \langle\varphi|\psi\rangle + \langle\varphi|\varphi\rangle$$
$$- \langle\psi|\psi\rangle + \langle\psi|\varphi\rangle + \langle\varphi|\psi\rangle - \langle\varphi|\varphi\rangle$$
$$+ \mathrm{i}\langle\psi|\psi\rangle + \langle\psi|\varphi\rangle - \langle\varphi|\psi\rangle + \mathrm{i}\langle\varphi|\varphi\rangle$$
$$- \mathrm{i}\langle\psi|\psi\rangle + \langle\psi|\varphi\rangle - \langle\varphi|\psi\rangle - \mathrm{i}\langle\varphi|\varphi\rangle\Big]$$
$$= \frac{1}{4}\Big[4\langle\psi|\varphi\rangle\Big] = \langle\psi|\varphi\rangle\,.$$

© Springer-Verlag Berlin Heidelberg 2016
W. Scherer, *Mathematik der Quanteninformatik*, DOI 10.1007/978-3-662-49080-8_13

Abb. 13.1 Grafische Darstellung von $\varphi - \frac{\langle \psi | \varphi \rangle}{\|\psi\|^2} \psi \in \mathbb{H}_{\psi^\perp}$

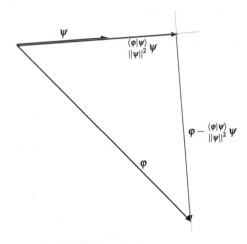

2.2 Wegen

$$\left\langle \psi \,\middle|\, \varphi - \frac{\langle \psi | \varphi \rangle}{\|\psi\|^2} \psi \right\rangle = \langle \psi | \varphi \rangle - \frac{\langle \psi | \varphi \rangle}{\|\psi\|^2} \langle \psi | \psi \rangle = 0 \qquad (13.4)$$

ist $\varphi - \frac{\langle \psi | \varphi \rangle}{\|\psi\|^2} \psi \in \mathbb{H}_{\psi^\perp}$. Grafisch ist dies in Abb. 13.1 dargestellt.
Weiterhin ist

$$\|a\varphi\| = \sqrt{\langle a\varphi | a\varphi \rangle} = \sqrt{\bar{a}a \langle \varphi | \varphi \rangle} = \sqrt{\bar{a}a} \sqrt{\langle \varphi | \varphi \rangle}$$
$$= |a| \, \|\varphi\| \,. \qquad (13.5)$$

2.3
1. Sei $\psi = \sum_j a_j e_j$. Dann ist $\langle e_k | \psi \rangle = \langle e_k | \sum_j a_j e_j \rangle = \sum_j a_j \underbrace{\langle e_k | e_j \rangle}_{=\delta_{jk}} = a_k$

und somit $\psi = \sum_j \langle e_j | \psi \rangle e_j$.
2.

$$\|\psi\|^2 = \langle \psi | \psi \rangle = \left\langle \sum_j \langle e_j | \psi \rangle e_j \,\middle|\, \sum_k \langle e_k | \psi \rangle e_k \right\rangle$$

$$= \sum_j \overline{\langle e_j | \psi \rangle} \left\langle e_j \,\middle|\, \sum_k \langle e_k | \psi \rangle e_k \right\rangle = \sum_j \sum_k \overline{\langle e_j | \psi \rangle} \langle e_k | \psi \rangle \underbrace{\langle e_j | e_k \rangle}_{\delta_{jk}}$$

$$(13.6)$$

$$= \sum_j \overline{\langle e_j | \psi \rangle} \langle e_j | \psi \rangle = \sum_j |\langle e_j | \psi \rangle|^2 \,.$$

3. Schließlich ist für $\varphi \in \mathbb{H}_{\psi^{\perp}}$

$$\|\varphi + \psi\|^2 = \langle \varphi + \psi | \varphi + \psi \rangle = \langle \varphi | \varphi \rangle + \underbrace{\langle \varphi | \psi \rangle}_{=0} + \underbrace{\langle \psi | \varphi \rangle}_{=0} + \langle \psi | \psi \rangle$$

$$= \|\varphi\|^2 + \|\varphi\|^2. \tag{13.7}$$

2.4 Für $\psi = 0$ oder $\varphi = 0$ sind beide Seiten der Relation gleich null, und somit ist die Ungleichung wahr. Sei nun $\psi \neq 0 \neq \varphi$. Dann ist

$$0 \leq \left\| \varphi - \frac{\langle \psi | \varphi \rangle}{\|\psi\|^2} \psi \right\|^2 = \left\langle \varphi - \frac{\langle \psi | \varphi \rangle}{\|\psi\|^2} \psi \,\middle|\, \varphi - \frac{\langle \psi | \varphi \rangle}{\|\psi\|^2} \psi \right\rangle$$

$$= \|\varphi\|^2 - \left\langle \varphi \,\middle|\, \frac{\langle \psi | \varphi \rangle}{\|\psi\|^2} \psi \right\rangle - \left\langle \frac{\langle \psi | \varphi \rangle}{\|\psi\|^2} \psi \,\middle|\, \varphi \right\rangle + \left\| \frac{\langle \psi | \varphi \rangle}{\|\psi\|^2} \psi \right\|^2 \tag{13.8}$$

$$= \|\varphi\|^2 - \frac{|\langle \psi | \varphi \rangle|^2}{\|\psi\|^2}$$

und daher $|\langle \psi | \varphi \rangle|^2 \leq \|\varphi\|^2 \|\psi\|^2$.

2.5
1. Zunächst überlegt man sich, dass $(A^*)^* = A$ ist, denn für beliebige $|\psi\rangle, |\varphi\rangle \in \mathbb{H}$ hat man $\langle \psi | (A^*)^* \varphi \rangle = \overline{\langle (A^*)^* \varphi | \psi \rangle} = \overline{\langle \varphi | A^* \psi \rangle} = \langle A^* \psi | \varphi \rangle = \langle \psi | A \varphi \rangle$. Daher gilt $\langle \psi | (A^*)^* \varphi - A\varphi \rangle = 0$ für beliebige $|\psi\rangle$. Mit (2.12) ergibt sich daraus, dass $(A^*)^* |\varphi\rangle = A |\varphi\rangle$ für alle $|\varphi\rangle$ ist.
2. In den linearen Abbildungen

$$\langle A\psi| : \mathbb{H} \longrightarrow \mathbb{C}$$
$$\varphi \longmapsto \langle A\psi | \varphi \rangle$$
$$\langle \psi | A^* : \mathbb{H} \longrightarrow \mathbb{C}$$
$$\varphi \longmapsto \langle \psi | A^* \varphi \rangle \tag{13.9}$$

ist daher $\langle A\psi | \varphi \rangle = \langle (A^*)^* \psi | \varphi \rangle = \langle \psi | A^* \varphi \rangle$ und somit $\langle A\psi | = \langle \psi | A^*$.
3. Sei $\{|e_j\rangle\}$ ONB in $\mathbb{H}$. Die Behauptung (2.39) folgt dann aus

$$A_{jk}^* \underbrace{=}_{(2.36)} \langle e_j | A^* e_k \rangle = \langle (A^*)^* e_j | e_k \rangle = \langle A e_j | e_k \rangle \underbrace{=}_{(2.6)} \overline{\langle e_k | A e_j \rangle}$$

$$\underbrace{=}_{(2.36)} \overline{A_{kj}}. \tag{13.10}$$

2.6 Wir zeigen, dass aus der Unitarität von U folgt, dass $U^*U = \mathbb{1}$. Dann, dass dies $\|U\psi\| = \|\psi\|$ impliziert und dies wiederum die Unitarität von U zur Folge hat.

Sei also U unitär, d. h. es gelte

$$\langle U\psi | U\varphi \rangle = \langle \psi | \varphi \rangle \quad \forall |\psi\rangle, |\varphi\rangle \in \mathbb{H}$$

$$\underbrace{\Rightarrow}_{(2.32)} \langle \psi | U^* U \varphi \rangle = \langle \psi | \varphi \rangle \quad \forall |\psi\rangle, |\varphi\rangle \in \mathbb{H}$$

$$\Rightarrow \quad \langle \psi | U^* U \varphi - \varphi \rangle = 0 \quad \forall |\psi\rangle, |\varphi\rangle \in \mathbb{H} \qquad (13.11)$$

$$\underbrace{\Rightarrow}_{(2.12)} U^* U |\varphi\rangle - |\varphi\rangle = 0 \quad \forall |\varphi\rangle \in \mathbb{H}$$

$$\Rightarrow \quad U^* U = \mathbf{1}.$$

Sei nun $U^* U = \mathbf{1}$. Für beliebige $|\psi\rangle \in \mathbb{H}$ folgt dann

$$||U\psi|| = \sqrt{\langle U\psi | U\psi \rangle} = \sqrt{\langle \psi | U^* U \psi \rangle} = \sqrt{\langle \psi | \psi \rangle} = ||\psi||. \qquad (13.12)$$

Sei nun $||U\psi|| = ||\psi||$ für alle $|\psi\rangle \in \mathbb{H}$. Dann ergibt sich mit zweifacher Nutzung von (2.13) für beliebige $|\psi\rangle, |\varphi\rangle \in \mathbb{H}$

$$\langle U\psi | U\varphi \rangle$$

$$\underbrace{=}_{(2.13)} \frac{1}{4} \left[||U\psi + U\varphi||^2 - ||U\psi - U\varphi||^2 + \mathrm{i} ||U\psi - \mathrm{i}U\varphi||^2 - \mathrm{i} ||U\psi + \mathrm{i}U\varphi||^2 \right]$$

$$= \frac{1}{4} \left[||U(\psi + \varphi)||^2 - ||U(\psi - \varphi)||^2 + \mathrm{i} ||U(\psi - \mathrm{i}\varphi)||^2 - \mathrm{i} ||U(\psi + \mathrm{i}\varphi)||^2 \right]$$

$$= \frac{1}{4} \left[||\psi + \varphi||^2 - ||\psi - \varphi||^2 + \mathrm{i} ||\psi - \mathrm{i}\varphi||^2 - \mathrm{i} ||\psi + \mathrm{i}\varphi||^2 \right]$$

$$\underbrace{=}_{(2.13)} \langle \psi | \varphi \rangle, \qquad (13.13)$$

d. h. U ist per Definition 2.6 unitär.

2.7 Sei $A|\psi\rangle = \lambda |\psi\rangle$ für ein $|\psi\rangle \neq 0$ in $\mathbb{H}$.

1. Die linearen Abbildungen

$$\langle \psi | A^* : \mathbb{H} \longrightarrow \mathbb{C}$$
$$\varphi \longmapsto \langle \psi | A^* \varphi \rangle$$
$$\overline{\lambda} \langle \psi | : \mathbb{H} \longrightarrow \mathbb{C}$$
$$\varphi \longmapsto \overline{\lambda} \langle \psi | \varphi \rangle \qquad (13.14)$$

sind wegen $\langle \psi | A^* \varphi \rangle = \langle (A^*)^* \psi | \varphi \rangle = \langle A\psi | \varphi \rangle = \langle \lambda \psi | \varphi \rangle = \overline{\lambda} \langle \psi | \varphi \rangle$ identisch.

2. Mit $|\psi\rangle \neq 0$ hat man für einen selbstadjungierten Operator A

$$
\begin{aligned}
\lambda\langle\psi|\psi\rangle = \langle\psi|A\psi\rangle = \langle A^*\psi|\psi\rangle = \langle A\psi|\psi\rangle = \langle\lambda\psi|\psi\rangle \\
= \overline{\lambda}\langle\psi|\psi\rangle
\end{aligned}
\tag{13.15}
$$

und somit $\overline{\lambda} = \lambda$.

3. Sei $U|\psi\rangle = \lambda|\psi\rangle$ für ein $|\psi\rangle \neq 0$ in $\mathbb{H}$ und U unitär, d. h. $U^*U = \mathbf{1}$. Dann ist wegen (13.11)

$$
\||\psi\|| = \||U\psi\|| = \||\lambda\psi\|| = |\lambda|\,\||\psi\||
\tag{13.16}
$$

und somit $|\lambda| = 1$.

2.8 Sei P Projektor und $P|\psi_j\rangle = \lambda_j|\psi\rangle$ mit $\||\psi_j\|| = 1$. Da $P^* = P$, sind alle Eigenwerte λ_j reell. Aus $P^2 = P$ folgt außerdem $\lambda_j^2 = \langle\psi|P^2\psi_j\rangle = \langle\psi|P\psi\rangle = \lambda_j$. Daher ist $\lambda_j = 0$ oder 1, und mit (2.43) folgt $P = \sum_j |\psi_j\rangle\lambda_j\langle\psi_j| = \sum_{j:\lambda_j=1} |\psi_j\rangle\langle\psi_j|$.

2.9

1. Aus $U|e_j\rangle = |\tilde{e}_j\rangle$ folgt $U_{kj} = \langle e_k|Ue_j\rangle = \langle e_k|\tilde{e}_j\rangle$ und daher

$$
\begin{aligned}
(UU^*)_{kl} &= \sum_j U_{kj}U_{jl}^* = \sum_j U_{kj}\overline{U_{lj}} = \sum_j \langle e_k|\tilde{e}_j\rangle\overline{\langle e_l|\tilde{e}_j\rangle} \\
&= \sum_j \langle e_k|\tilde{e}_j\rangle\langle\tilde{e}_j|e_l\rangle = \langle e_k|\sum_j \tilde{e}_j\langle\tilde{e}_j|e_l\rangle\rangle = \langle e_k|e_l\rangle \\
&\underbrace{\hspace{5cm}}_{=|e_l\rangle} \\
&= \delta_{kl}.
\end{aligned}
\tag{13.17}
$$

2.

$$
\begin{aligned}
\mathrm{Tr}(AB) = \sum_j (AB)_{jj} = \sum_{j,k} A_{jk}B_{kj} = \sum_{j,k} B_{kj}A_{jk} = \sum_k (AB)_{kk} \\
= \mathrm{Tr}(BA).
\end{aligned}
\tag{13.18}
$$

3.

$$
\begin{aligned}
\sum_j \langle\tilde{e}_j|A\tilde{e}_j\rangle &= \sum_j \langle Ue_j|AUe_j\rangle = \sum_j \langle e_j|U^*AUe_j\rangle = \sum_j (U^*AU)_{jj} \\
&= \sum_{j,k,l} U_{jk}^* A_{kl} U_{lj} \\
&= \sum_{k,l} A_{kl} \sum_j U_{lj}U_{jk}^* = \sum_{k,l} A_{kl} \sum_j \underbrace{(UU^*)_{lk}}_{=\delta_{lk}} = \sum_k A_{kk} \\
&= \sum_k \langle e_k|Ae_k\rangle.
\end{aligned}
\tag{13.19}
$$

4. Für alle A gelte $\mathrm{Tr}(AB) = 0$. Definiere A^{rs} als den Operator, für dessen j, k-tes Matrixelement gelte $(A^{rs})_{jk} = \delta_{rj}\delta_{sk}$. Dann ist für jedes r, s

$$0 = \mathrm{Tr}(A^{rs}B) = \sum_{j,k}(A^{rs})_{jk}B_{kj} = \sum_{j,k}\delta_{rj}\delta_{sk}B_{kj}$$

$$= B_{rs}, \tag{13.20}$$

mithin $B = 0$.

2.10

1. Zunächst hat man

$$\sigma_1^2 = \begin{pmatrix} 0 & 1 \\ 1 & 0 \end{pmatrix}\begin{pmatrix} 0 & 1 \\ 1 & 0 \end{pmatrix} = \begin{pmatrix} 1 & 0 \\ 0 & 1 \end{pmatrix} = \mathbf{1} \tag{13.21}$$

und findet analog $\sigma_2^2 = \mathbf{1} = \sigma_3^2$. Weiterhin ist

$$\sigma_1\sigma_2 = \begin{pmatrix} 0 & 1 \\ 1 & 0 \end{pmatrix}\begin{pmatrix} 0 & -i \\ i & 0 \end{pmatrix} = i\begin{pmatrix} 1 & 0 \\ 0 & -1 \end{pmatrix} = i\sigma_3 = i\varepsilon_{123}\sigma_3 \tag{13.22}$$

$$\sigma_2\sigma_1 = \begin{pmatrix} 0 & -i \\ i & 0 \end{pmatrix}\begin{pmatrix} 0 & 1 \\ 1 & 0 \end{pmatrix} = -i\begin{pmatrix} 1 & 0 \\ 0 & -1 \end{pmatrix} = -i\sigma_3 = i\varepsilon_{213}\sigma_3 \tag{13.23}$$

$$\sigma_1\sigma_3 = \begin{pmatrix} 0 & 1 \\ 1 & 0 \end{pmatrix}\begin{pmatrix} 1 & 0 \\ 0 & -1 \end{pmatrix} = -i\begin{pmatrix} 0 & -i \\ i & 0 \end{pmatrix} = -i\sigma_2 = i\varepsilon_{132}\sigma_2 \tag{13.24}$$

$$= -\sigma_3\sigma_1 \tag{13.25}$$

$$\sigma_2\sigma_3 = \begin{pmatrix} 0 & -i \\ i & 0 \end{pmatrix}\begin{pmatrix} 1 & 0 \\ 0 & -1 \end{pmatrix} = i\begin{pmatrix} 0 & 1 \\ 1 & 0 \end{pmatrix} = i\sigma_1 = i\varepsilon_{231}\sigma_1 \tag{13.26}$$

$$= -\sigma_2\sigma_3 \tag{13.27}$$

Daraus und aus $\sigma_j^2 = \mathbf{1}$ ergibt sich $\sigma_j\sigma_k = \delta_{jk}\mathbf{1} + i\varepsilon_{jkl}\sigma_l$.

2. Damit folgt

$$[\sigma_j, \sigma_k] = \sigma_j\sigma_k - \sigma_k\sigma_j = \delta_{jk}\mathbf{1} + i\varepsilon_{jkl}\sigma_l - \underbrace{\delta_{kj}}_{\delta_{jk}}\mathbf{1} - i\underbrace{\varepsilon_{kjl}}_{-\varepsilon_{jkl}}\sigma_l = 2i\varepsilon_{jkl}\sigma_l. \tag{13.28}$$

3. Erneut mit $\sigma_j\sigma_k = \delta_{jk}\mathbf{1} + i\varepsilon_{jkl}\sigma_l$ folgt

$$\{\sigma_j, \sigma_k\} = \sigma_j\sigma_k + \sigma_k\sigma_j = \delta_{jk}\mathbf{1} + i\varepsilon_{jkl}\sigma_l + \delta_{kj}\mathbf{1} + i\underbrace{\varepsilon_{kjl}}_{=-\varepsilon_{jkl}}\sigma_l = 2\delta_{jk}\mathbf{1}. \tag{13.29}$$

2.11 Zur Bestimmung der Eigenwerte lösen wir

$$\det\left(\sigma_x - \lambda\mathbf{1}\right) = \det\begin{pmatrix} -\lambda & 1 \\ 1 & -\lambda \end{pmatrix} = \lambda^2 - 1 = 0 \tag{13.30}$$

und finden $\lambda_\pm = \pm 1$. Sei $|\uparrow_x\rangle = \begin{pmatrix} v_1^+ \\ v_2^+ \end{pmatrix}$ Eigenvektor zum Eigenwert $\lambda_+ = +1$

und $|\downarrow_x\rangle = \begin{pmatrix} v_1^- \\ v_2^- \end{pmatrix}$ Eigenvektor zum Eigenwert $\lambda_- = -1$, d. h. es gelte

$$\sigma_x\begin{pmatrix} v_1^\pm \\ v_2^\pm \end{pmatrix} = \begin{pmatrix} 0 & 1 \\ 1 & 0 \end{pmatrix}\begin{pmatrix} v_1^\pm \\ v_2^\pm \end{pmatrix} = \begin{pmatrix} v_2^\pm \\ v_1^\pm \end{pmatrix} = \lambda_\pm\begin{pmatrix} v_1^\pm \\ v_2^\pm \end{pmatrix}. \tag{13.31}$$

Dann ist $v_1^\pm = \pm v_2^\pm$, und mit der Normierungsbedingung $(v_1^\pm)^2 + (v_2^\pm)^2 = 1$ erhält man

$$|\uparrow_x\rangle = \frac{1}{\sqrt{2}}\begin{pmatrix} 1 \\ 1 \end{pmatrix} = \frac{|0\rangle + |1\rangle}{\sqrt{2}}, \qquad |\downarrow_x\rangle = \frac{1}{\sqrt{2}}\begin{pmatrix} 1 \\ -1 \end{pmatrix} = \frac{|0\rangle - |1\rangle}{\sqrt{2}} \tag{13.32}$$

als Eigenvektoren und somit

$$|\langle\uparrow_x|0\rangle|^2 = \frac{1}{2} = |\langle\downarrow_x|0\rangle|^2. \tag{13.33}$$

2.12 Für σ_x haben wir als Lösung der Übung 2.11 die Eigenwerte $+1, -1$ und Eigenvektoren $|\uparrow_x\rangle = \frac{1}{\sqrt{2}}\begin{pmatrix} 1 \\ 1 \end{pmatrix}, |\downarrow_x\rangle = \frac{1}{\sqrt{2}}\begin{pmatrix} 1 \\ -1 \end{pmatrix}$ bestimmt. Damit wird

$$\begin{aligned} \sigma_x &= |\uparrow_x\rangle(+1)\langle\uparrow_x| + |\downarrow_x\rangle(-1)\langle\downarrow_x| \\ &= \frac{1}{\sqrt{2}}\begin{pmatrix} 1 \\ 1 \end{pmatrix}\frac{1}{\sqrt{2}}(1,1) - \frac{1}{\sqrt{2}}\begin{pmatrix} 1 \\ -1 \end{pmatrix}\frac{1}{\sqrt{2}}(1,-1) \\ &= \frac{1}{2}\begin{pmatrix} 1 & 1 \\ 1 & 1 \end{pmatrix} - \frac{1}{2}\begin{pmatrix} 1 & -1 \\ 1 & -1 \end{pmatrix} = \begin{pmatrix} 0 & 1 \\ 1 & 0 \end{pmatrix}. \end{aligned} \tag{13.34}$$

2.13 Sei $\rho = |\psi\rangle\langle\psi|$ und

$$A = \sum_k |e_k\rangle\lambda_k\langle e_k| \tag{13.35}$$

eine Observable mit den Eigenwerten $\{\lambda_k\}$ und $\{|e_k\rangle\}$ eine ONB aus den zugehörigen Eigenvektoren sowie P_λ der Projektor auf den Eigenraum zu einem $\lambda \in \{\lambda_k\}$.

Erwartungswert

$$\langle A \rangle_\rho \underbrace{=}_{(2.109)} \mathrm{Tr}(\rho A) = \mathrm{Tr}(|\psi\rangle\langle\psi|A) \underbrace{=}_{(13.35)} \mathrm{Tr}(|\psi\rangle\langle\psi|\sum_k |e_k\rangle\lambda_k\langle e_k|)$$

$$= \sum_k \mathrm{Tr}(|\psi\rangle\langle\psi|e_k\rangle\lambda_k\langle e_k|) = \sum_{k,j}\langle e_j|\psi\rangle\langle\psi|e_k\rangle\lambda_k\underbrace{\langle e_k|e_j\rangle}_{=\delta_{jk}}$$

$$= \sum_k \lambda_k\,|\langle e_k|\psi\rangle|^2 \underbrace{=}_{(13.35)} \langle\psi|A\psi\rangle \tag{13.36}$$

$$\underbrace{=}_{(2.56)} \langle A \rangle_\psi$$

Messwertwahrscheinlichkeit

$$\mathbf{P}_\rho(\lambda) \underbrace{=}_{(2.110)} \mathrm{Tr}(\rho P_\lambda) = \mathrm{Tr}(|\psi\rangle\langle\psi|P_\lambda) \underbrace{=}_{\text{Def. 2.8}} \mathrm{Tr}(|\psi\rangle\langle\psi|P_\lambda^2)$$

$$\underbrace{=}_{(2.53)} \mathrm{Tr}(P_\lambda|\psi\rangle\langle\psi|P_\lambda) \underbrace{=}_{(2.50)} \sum_k \langle e_k|P_\lambda\psi\rangle\langle\psi|P_\lambda e_k\rangle \tag{13.37}$$

$$\underbrace{=}_{\text{Def. 2.8}} \sum_k \langle e_k|P_\lambda\psi\rangle\langle P_\lambda\psi|e_k\rangle = \langle P_\lambda\psi|\underbrace{\sum_k |e_k\rangle\langle e_k|P_\lambda\psi\rangle)}_{=P_\lambda|\psi\rangle}$$

$$= \langle P_\lambda\psi|P_\lambda\psi\rangle = ||P_\lambda\psi||^2$$

$$\underbrace{=}_{(2.59)} \mathbf{P}_\psi(\lambda)$$

Projektion Aus (13.37) sehen wir, dass

$$\mathrm{Tr}(\rho P_\lambda) = ||P_\lambda\psi||^2 \tag{13.38}$$

und somit

$$\frac{P_\lambda\rho P_\lambda}{\mathrm{Tr}(\rho P_\lambda)} = \frac{P_\lambda|\psi\rangle\langle\psi|P_\lambda}{||P_\lambda\psi||^2} \underbrace{=}_{\text{Def. 2.8}} \frac{P_\lambda|\psi\rangle\langle P_\lambda\psi|}{||P_\lambda\psi||^2} \tag{13.39}$$

$$= \rho\left(\frac{P_\lambda|\psi\rangle}{||P_\lambda\psi||}\right),$$

d. h. $\frac{P_\lambda\rho P_\lambda}{\mathrm{Tr}(\rho P_\lambda)}$ ist der Dichteoperator des reinen Zustands $\frac{P_\lambda|\psi\rangle}{||P_\lambda\psi||}$.

Zeitentwicklung Hier sei $\rho(t_0) = |\psi(t_0)\rangle\langle\psi(t_0)|$ der Anfangszustand und $\rho(t) = |\psi(t)\rangle\langle\psi(t)|$. Dann ist

$$\rho(t) \underbrace{=}_{(2.113)} U(t, t_0)\rho(t_0)U(t, t_0)^* = U(t, t_0)|\psi\rangle\langle\psi|U(t, t_0)^*$$

$$= |U(t, t_0)\psi(t_0)\rangle\langle U(t, t_0)\psi(t_0)| \tag{13.40}$$

$$\underbrace{=}_{(2.77)} \rho(|\psi(t)\rangle),$$

d. h. $\rho(t)$ ist der Dichteoperator des reinen Zustands $|\psi(t)\rangle = U(t, t_0)|\psi(t_0)\rangle$.

2.14 Zunächst ist

$$\rho = |\uparrow_x\rangle\frac{2}{5}\langle\uparrow_x| + |0\rangle\frac{3}{5}\langle 0|$$

$$= \frac{1}{\sqrt{2}}\begin{pmatrix} 1 \\ 1 \end{pmatrix}\frac{2}{5}\frac{1}{\sqrt{2}}(1, 1) + \begin{pmatrix} 1 \\ 0 \end{pmatrix}\frac{3}{5}(1, 0)$$

$$= \frac{1}{5}\begin{pmatrix} 1 & 1 \\ 1 & 1 \end{pmatrix} + \frac{3}{5}\begin{pmatrix} 1 & 0 \\ 0 & 0 \end{pmatrix} = \frac{1}{5}\begin{pmatrix} 4 & 1 \\ 1 & 1 \end{pmatrix}. \tag{13.41}$$

Offensichtlich ist $\text{Tr}(\rho) = 1$. Zur Bestimmung der Eigenwerte $q_{1,2}$ lösen wir

$$\det(\rho - \lambda\mathbf{1}) = \det\left(\frac{1}{5}\begin{pmatrix} 4-\lambda & 1 \\ 1 & 1-\lambda \end{pmatrix}\right) = \lambda^2 - \lambda + \frac{3}{25} = 0 \tag{13.42}$$

und finden $q_\pm = \frac{1}{2} \pm \frac{\sqrt{13}}{10}$. Seien $|e_\pm\rangle = \begin{pmatrix} u_\pm \\ v_\pm \end{pmatrix}$ die Eigenvektoren zu den Eigenwerten q_i, d. h.

$$\frac{1}{5}\begin{pmatrix} 4 & 1 \\ 1 & 1 \end{pmatrix}\begin{pmatrix} u_\pm \\ v_\pm \end{pmatrix} = \frac{1}{5}\begin{pmatrix} 4u_\pm + v_\pm \\ u_\pm + v_\pm \end{pmatrix} = q_\pm\begin{pmatrix} u_\pm \\ v_\pm \end{pmatrix}. \tag{13.43}$$

Als Lösung davon findet man nach Normierung

$$|e_\pm\rangle = \frac{1}{\sqrt{26 \mp 6\sqrt{13}}}\begin{pmatrix} 2 \\ \pm\sqrt{13} - 3 \end{pmatrix}. \tag{13.44}$$

Damit ergibt sich

$$|e_+\rangle q_+ \langle e_+| + |e_-\rangle q_- \langle e_-|$$

$$= \frac{\frac{1}{2} + \frac{\sqrt{13}}{10}}{26 - 6\sqrt{13}} \begin{pmatrix} 2 \\ \sqrt{13} - 3 \end{pmatrix} (2, \sqrt{13} - 3)$$

$$+ \frac{\frac{1}{2} - \frac{\sqrt{13}}{10}}{26 + 6\sqrt{13}} \begin{pmatrix} 2 \\ -\sqrt{13} - 3 \end{pmatrix} (2, -\sqrt{13} - 3)$$

$$= \frac{\frac{1}{2} + \frac{\sqrt{13}}{10}}{26 - 6\sqrt{13}} \begin{pmatrix} 4 & 2\sqrt{13} - 6 \\ 2\sqrt{13} - 6 & 22 - 6\sqrt{13} \end{pmatrix}$$

$$+ \frac{\frac{1}{2} - \frac{\sqrt{13}}{10}}{26 + 6\sqrt{13}} \begin{pmatrix} 4 & -2\sqrt{13} - 6 \\ -2\sqrt{13} - 6 & 22 + 6\sqrt{13} \end{pmatrix} \qquad (13.45)$$

$$= \frac{\left(\frac{1}{2} + \frac{\sqrt{13}}{10}\right)\left(26 + 6\sqrt{13}\right)}{26^2 - 36 \times 13} \begin{pmatrix} 4 & 2\sqrt{13} - 6 \\ 2\sqrt{13} - 6 & 22 - 6\sqrt{13} \end{pmatrix}$$

$$+ \frac{\left(\frac{1}{2} - \frac{\sqrt{13}}{10}\right)\left(26 - 6\sqrt{13}\right)}{26^2 + 36 \times 13} \begin{pmatrix} 4 & -2\sqrt{13} - 6 \\ -2\sqrt{13} - 6 & 22 + 6\sqrt{13} \end{pmatrix}$$

$$= \dots$$

$$\vdots$$

$$= \frac{1}{10} \begin{pmatrix} 8 & 2 \\ 2 & 2 \end{pmatrix}$$

$$= \rho.$$

Schließlich ist

$$\rho - \rho^2 = \frac{1}{5} \begin{pmatrix} 4 & 1 \\ 1 & 1 \end{pmatrix} - \left(\frac{1}{5} \begin{pmatrix} 4 & 1 \\ 1 & 1 \end{pmatrix}\right)^2 = \frac{1}{25} \begin{pmatrix} 20 & 5 \\ 5 & 5 \end{pmatrix} - \frac{1}{25} \begin{pmatrix} 17 & 5 \\ 5 & 2 \end{pmatrix}$$

$$= \frac{1}{25} \begin{pmatrix} 3 & 0 \\ 0 & 3 \end{pmatrix}. \qquad (13.46)$$

Sei nun $\varphi = \begin{pmatrix} \varphi_1 \\ \varphi_2 \end{pmatrix} \in \mathbb{H} \backslash \{0\}$ beliebig. Dann ist

$$\langle \varphi | (\rho - \rho^2) \varphi \rangle = (\varphi_1, \varphi_2) \frac{1}{25} \begin{pmatrix} 3 & 0 \\ 0 & 3 \end{pmatrix} \begin{pmatrix} \varphi_1 \\ \varphi_2 \end{pmatrix} = 3 \frac{(\varphi_1)^2 + (\varphi_2)^2}{25}$$

$$> 0 \qquad \forall \varphi \in \mathbb{H} \backslash \{0\} \qquad (13.47)$$

und somit $\rho > \rho^2$.

2.15 Seien $\varphi, \psi \in \mathbb{H}$. Man hat einerseits

$$\begin{aligned}
\rho_{\varphi+\psi} &= (|\varphi\rangle + |\psi\rangle)(\langle\varphi| + \langle\psi|) \\
&= |\varphi\rangle\langle\varphi| + |\varphi\rangle\langle\psi| + |\psi\rangle\langle\varphi| + |\psi\rangle\langle\psi|
\end{aligned} \tag{13.48}$$

und andererseits

$$\begin{aligned}
\rho_{\varphi+e^{i\alpha}\psi} &= \left(|\varphi\rangle + |e^{i\alpha}\psi\rangle\right)\left(\langle\varphi| + \langle e^{i\alpha}\psi|\right) \\
&= \left(|\varphi\rangle + e^{i\alpha}|\psi\rangle\right)\left(\langle\varphi| + e^{-i\alpha}\langle\psi|\right) \\
&= |\varphi\rangle\langle\varphi| + e^{-i\alpha}|\varphi\rangle\langle\psi| + e^{i\alpha}|\psi\rangle\langle\varphi| + |\psi\rangle\langle\psi|,
\end{aligned} \tag{13.49}$$

sodass

$$\rho_{\varphi+e^{i\alpha}\psi} - \rho_{\varphi+\psi} = \left(e^{-i\alpha} - 1\right)|\varphi\rangle\langle\psi| + \left(e^{i\alpha} - 1\right)|\psi\rangle\langle\varphi|. \tag{13.50}$$

2.16 Allgemein gilt für die Wahrscheinlichkeit, den Eigenwert λ_i von $A = \sum_j |e_j\rangle\lambda_j\langle e_j|$ im Zustand ρ zu messen,

$$\langle P_{e_i}\rangle_\rho = \mathrm{Tr}(P_{e_i}\rho). \tag{13.51}$$

Für reine Zustände ρ_ψ wird daraus

$$\langle P_{e_i}\rangle_{\rho_\psi} = |\langle e_i|\psi\rangle|^2. \tag{13.52}$$

Mit $A = \sigma_z$ hat man $\lambda_1 = +1, \lambda_2 = -1, |e_1\rangle = |0\rangle = \begin{pmatrix} 1 \\ 0 \end{pmatrix}, |e_2\rangle = |1\rangle = \begin{pmatrix} 0 \\ 1 \end{pmatrix}$.

1. Mit $|\psi\rangle = |\uparrow_x\rangle = \frac{|0\rangle+|1\rangle}{\sqrt{2}}$ wird aus (13.52)

$$\langle P_{e_1}\rangle_{\rho_{|\uparrow_x\rangle}} = |\langle e_1|\uparrow_x\rangle|^2 = \left|\langle 0|\frac{|0\rangle+|1\rangle}{\sqrt{2}}\rangle\right|^2 = \frac{1}{2}. \tag{13.53}$$

2. Mit $|\psi\rangle = |\downarrow_x\rangle = \frac{|0\rangle-|1\rangle}{\sqrt{2}}$ folgt ebenso

$$\langle P_{e_1}\rangle_{\rho_{|\downarrow_x\rangle}} = |\langle e_1|\downarrow_x\rangle|^2 = \left|\langle 0|\frac{|0\rangle-|1\rangle}{\sqrt{2}}\rangle\right|^2 = \frac{1}{2}. \tag{13.54}$$

3. Mit $|\psi\rangle = \frac{1}{\sqrt{2}}(|\uparrow_x\rangle + |\downarrow_x\rangle) = |0\rangle$ folgt ebenso aus (13.52)

$$\langle P_{e_1}\rangle_{\rho_{|0\rangle}} = |\langle e_1|0\rangle|^2 = |\langle 0|0\rangle|^2 = 1. \tag{13.55}$$

4. Schließlich hat man mit $\rho = \frac{1}{2}(|\uparrow_x\rangle\langle\uparrow_x| + |\downarrow_x\rangle\langle\downarrow_x|)$ und $|\uparrow_x\rangle =$
$\frac{1}{\sqrt{2}}(|0\rangle + |1\rangle) = \frac{1}{\sqrt{2}}\begin{pmatrix} 1 \\ 1 \end{pmatrix}$ sowie $|\downarrow_x\rangle = \frac{1}{\sqrt{2}}(|0\rangle - |1\rangle) = \frac{1}{\sqrt{2}}\begin{pmatrix} 1 \\ -1 \end{pmatrix}$

$$\rho = \frac{1}{2}\left(\frac{1}{\sqrt{2}}\begin{pmatrix} 1 \\ 1 \end{pmatrix}\frac{1}{\sqrt{2}}(1,1) + \frac{1}{\sqrt{2}}\begin{pmatrix} 1 \\ -1 \end{pmatrix}\frac{1}{\sqrt{2}}(1,-1)\right)$$

$$= \frac{1}{4}\left(\begin{pmatrix} 1 & 1 \\ 1 & 1 \end{pmatrix} + \begin{pmatrix} 1 & -1 \\ -1 & 1 \end{pmatrix}\right) = \frac{1}{2}\begin{pmatrix} 1 & 0 \\ 0 & 1 \end{pmatrix} \qquad (13.56)$$

$$= \frac{1}{2}\mathbf{1}.$$

Dann folgt aus (13.51)

$$\langle P_{e_1}\rangle_\rho = \mathrm{Tr}\left(P_{e_1}\frac{1}{2}\mathbf{1}\right) = \frac{1}{2}. \qquad (13.57)$$

2.17 Aus (2.83) in Übung 2.10 wissen wir, dass $\sigma_j\sigma_k = \delta_{jk}\mathbf{1} + \mathrm{i}\varepsilon_{jkl}\sigma_l$. Mithin ist

$$(\mathbf{a}\cdot\boldsymbol{\sigma})(\mathbf{b}\cdot\boldsymbol{\sigma}) = \sum_{j,k}a_jb_k\sigma_j\sigma_k = \sum_{j,k}a_jb_k\left(\delta_{jk}\mathbf{1} + \mathrm{i}\varepsilon_{jkl}\sigma_l\right)$$

$$= \left(\sum_{j,k}a_jb_k\delta_{jk}\right)\mathbf{1} + \mathrm{i}\sum_{j,k}a_jb_k\varepsilon_{jkl}\sigma_l \qquad (13.58)$$

$$= (\mathbf{a}\cdot\mathbf{b})\,\mathbf{1}$$
$$+ \mathrm{i}\,(a_1b_2\varepsilon_{123}\sigma_3 + a_2b_1\varepsilon_{213}\sigma_3$$
$$+ a_1b_3\varepsilon_{132}\sigma_2 + a_3b_1\varepsilon_{312}\sigma_2$$
$$+ a_2b_3\varepsilon_{231}\sigma_1 + a_3b_2\varepsilon_{321}\sigma_1)$$
$$= (\mathbf{a}\cdot\mathbf{b})\,\mathbf{1}$$
$$+ \mathrm{i}(a_1b_2 - a_2b_1)\sigma_3$$
$$+ \mathrm{i}(a_3b_1 - a_1b_3)\sigma_2$$
$$+ \mathrm{i}(a_2b_3 - a_3b_2)\sigma_1$$
$$= (\mathbf{a}\cdot\mathbf{b})\,\mathbf{1} + \mathrm{i}(\mathbf{a}\times\mathbf{b})\cdot\boldsymbol{\sigma}.$$

2.18 Man hat

$$\exp(\mathrm{i}\alpha A) = \sum_{n=0}^{\infty}\frac{(\mathrm{i}\alpha)^n}{n!}A^n$$

$$= \sum_{k=0}^{\infty}\frac{(\mathrm{i}\alpha)^{2k}}{2k!}\underbrace{A^{2k}}_{=1} + \sum_{n=j}^{\infty}\frac{(\mathrm{i}\alpha)^{2j+1}}{(2j+1)!}\underbrace{A^{2j+1}}_{=A}$$

$$= 1 \underbrace{\sum_{k=0}^{\infty} \frac{(i\alpha)^{2k}}{2k!}}_{=\cos\alpha} + A \underbrace{\sum_{n=j}^{\infty} \frac{(i\alpha)^{2j+1}}{(2j+1)!}}_{=i\sin\alpha} \tag{13.59}$$

$$= \cos\alpha \mathbf{1} + i\sin\alpha A \,.$$

2.19 Sei $\hat{\mathbf{n}} \in B_{\mathbb{R}^3}^1, \alpha, \beta \in \mathbb{R}$. Dann ist

$$D_{\hat{\mathbf{n}}}(\alpha) D_{\hat{\mathbf{n}}}(\beta) = \left(\cos\frac{\alpha}{2}\mathbf{1} - i\sin\frac{\alpha}{2}\hat{\mathbf{n}}\cdot\boldsymbol{\sigma} \right) \left(\cos\frac{\beta}{2}\mathbf{1} - i\sin\frac{\beta}{2}\hat{\mathbf{n}}\cdot\boldsymbol{\sigma} \right)$$

$$= \cos\frac{\alpha}{2}\cos\frac{\beta}{2}\mathbf{1} - \sin\frac{\alpha}{2}\sin\frac{\beta}{2}\underbrace{(\hat{\mathbf{n}}\cdot\boldsymbol{\sigma})^2}_{=1}$$

$$- i\left(\underbrace{\cos\frac{\alpha}{2}\sin\frac{\beta}{2} + \sin\frac{\alpha}{2}\cos\frac{\beta}{2}}_{=\sin\frac{\alpha+\beta}{2}} \right)\hat{\mathbf{n}}\cdot\boldsymbol{\sigma} \tag{13.60}$$

$$= \left(\underbrace{\cos\frac{\alpha}{2}\cos\frac{\beta}{2} - \sin\frac{\alpha}{2}\sin\frac{\beta}{2}}_{=\cos\frac{\alpha+\beta}{2}} \right)\mathbf{1} - i\sin\frac{\alpha+\beta}{2}\hat{\mathbf{n}}\cdot\boldsymbol{\sigma}$$

$$= \cos\frac{\alpha+\beta}{2}\mathbf{1} - i\sin\frac{\alpha+\beta}{2}\hat{\mathbf{n}}\cdot\boldsymbol{\sigma}$$

$$= D_{\hat{\mathbf{n}}}(\alpha+\beta) \,.$$

2.20 Aus Lemma 2.22 wissen wir bereits, dass es $\alpha, \beta, \gamma, \delta \in \mathbb{R}$ gibt, sodass U in der Standardbasis $\{|0\rangle, |1\rangle\}$ die Matrixdarstellung

$$U = e^{i\alpha} \begin{pmatrix} e^{-i\frac{\beta+\delta}{2}}\cos\frac{\gamma}{2} & -e^{i\frac{\delta-\beta}{2}}\sin\frac{\gamma}{2} \\ e^{i\frac{\beta-\delta}{2}}\sin\frac{\gamma}{2} & e^{i\frac{\beta+\delta}{2}}\cos\frac{\gamma}{2} \end{pmatrix} \tag{13.61}$$

hat. Andererseits ist

$$D_{\hat{\mathbf{z}}}(\delta) = \cos\frac{\delta}{2}\mathbf{1} - i\sin\frac{\delta}{2}\hat{\mathbf{z}}\cdot\boldsymbol{\sigma} = \cos\frac{\delta}{2}\mathbf{1} - i\sin\frac{\delta}{2}\sigma_z$$

$$= \begin{pmatrix} \cos\frac{\delta}{2} - i\sin\frac{\delta}{2} & 0 \\ 0 & \cos\frac{\delta}{2} + i\sin\frac{\delta}{2} \end{pmatrix} = \begin{pmatrix} e^{-i\frac{\delta}{2}} & 0 \\ 0 & e^{i\frac{\delta}{2}} \end{pmatrix} \tag{13.62}$$

sowie

$$D_{\hat{\mathbf{y}}}(\gamma) = \cos\frac{\gamma}{2}\mathbf{1} - i\sin\frac{\gamma}{2}\hat{\mathbf{y}}\cdot\boldsymbol{\sigma} = \cos\frac{\gamma}{2}\mathbf{1} - i\sin\frac{\gamma}{2}\sigma_y$$

$$= \begin{pmatrix} \cos\frac{\gamma}{2} & -\sin\frac{\gamma}{2} \\ \sin\frac{\gamma}{2} & \cos\frac{\gamma}{2} \end{pmatrix} \tag{13.63}$$

und daher

$$D_{\hat{z}}(\beta)D_{\hat{y}}(\gamma)D_{\hat{z}}(\delta) = \begin{pmatrix} e^{-i\frac{\beta}{2}} & 0 \\ 0 & e^{i\frac{\beta}{2}} \end{pmatrix} \begin{pmatrix} \cos\frac{\gamma}{2} & -\sin\frac{\gamma}{2} \\ \sin\frac{\gamma}{2} & \cos\frac{\gamma}{2} \end{pmatrix} \begin{pmatrix} e^{-i\frac{\delta}{2}} & 0 \\ 0 & e^{i\frac{\delta}{2}} \end{pmatrix}$$

$$= \begin{pmatrix} e^{-i\frac{\beta+\delta}{2}}\cos\frac{\gamma}{2} & -e^{i\frac{\delta-\beta}{2}}\sin\frac{\gamma}{2} \\ e^{i\frac{\beta-\delta}{2}}\sin\frac{\gamma}{2} & e^{i\frac{\beta+\delta}{2}}\cos\frac{\gamma}{2} \end{pmatrix}, \tag{13.64}$$

was zusammen mit (13.61) schließlich $U = e^{i\alpha}D_{\hat{z}}(\beta)D_{\hat{y}}(\gamma)D_{\hat{z}}(\delta)$ ergibt.

2.21

$$\sigma_x D_{\hat{y}}(\eta)\sigma_x = \sigma_x \left(\cos\frac{\eta}{2}\mathbf{1} - i\sin\frac{\eta}{2}\hat{\mathbf{y}}\cdot\boldsymbol{\sigma} \right)\sigma_x$$

$$= \cos\frac{\eta}{2}\underbrace{\sigma_x^2}_{=1} - i\sin\frac{\eta}{2}\underbrace{\sigma_x\sigma_y}_{=i\sigma_z}\sigma_x$$

$$= \cos\frac{\eta}{2}\mathbf{1} + \sin\frac{\eta}{2}\underbrace{\sigma_z\sigma_x}_{=i\sigma_y} = \cos\frac{\eta}{2}\mathbf{1} + i\sin\frac{\eta}{2}\sigma_y \tag{13.65}$$

$$= D_{\hat{y}}(-\eta).$$

Analog beweist man (2.201).

13.2 Lösungen zu Übungen aus Kap. 3

3.1 Sei $\{|e_a\rangle\}$ ONB in $\mathbb{H}^A$ und $\{|f_b\rangle\}$ ONB in $\mathbb{H}^B$ sowie

$$\{|\widetilde{e_a}\rangle := U^A|e_a\rangle = \sum_{a_1}\langle e_{a_1}|U^A e_a\rangle|e_{a_1}\rangle = \sum_{a_1}U^A_{a_1 a}|e_{a_1}\rangle\} \subset \mathbb{H}^A \tag{13.66}$$

$$\{|\widetilde{f_b}\rangle := U^B|f_b\rangle = \sum_{b_1}\langle f_{b_1}|U^B f_b\rangle|f_{b_1}\rangle = \sum_{b_1}U^B_{b_1 b}|f_{b_1}\rangle\} \subset \mathbb{H}^B \tag{13.67}$$

andere ONBs in $\mathbb{H}^A$ bzw. $\mathbb{H}^B$. Aus der Lösung (13.17) zu Übung 2.9 wissen wir, dass dann $U^A : \mathbb{H}^A \to \mathbb{H}^A$, $U^B : \mathbb{H}^B \to \mathbb{H}^B$ notwendigerweise unitär sind. Dann ist

$$|\Phi\rangle = \sum_{a_1,b_1}\Phi_{a_1 b_1}|e_{a_1}\otimes f_{b_1}\rangle$$

$$= \sum_{a,b}\widetilde{\Phi_{ab}}|\widetilde{e_a}\otimes\widetilde{f_b}\rangle$$

$$= \sum_{a,b}\widetilde{\Phi_{ab}}\sum_{a_1}U^A_{a_1 a}|e_{a_1}\rangle\otimes\sum_{b_1}U^B_{b_1 b}|f_{b_1}\rangle \tag{13.68}$$

$$= \sum_{a_1,b_1}\sum_{a,b}U^A_{a_1 a}U^B_{b_1 b}\widetilde{\Phi_{ab}}|e_{a_1}\otimes f_{b_1}\rangle,$$

woraus folgt

$$\Phi_{a_1 b_1} = \sum_{a,b} U^A_{a_1 a} U^B_{b_1 b} \widetilde{\Phi_{ab}}. \tag{13.69}$$

Analog ergibt sich

$$\Psi_{a_1 b_1} = \sum_{a,b} U^A_{a_1 a} U^B_{b_1 b} \widetilde{\Psi_{ab}} \tag{13.70}$$

und somit schließlich

$$\sum_{a_1,b_1} \overline{\Psi_{a_1 b_1}} \Phi_{a_1 b_1} = \sum_{a_1,b_1} \sum_{a,b} \overline{U^A_{a_1 a} U^B_{b_1 b} \widetilde{\Psi_{ab}}} \sum_{a_2,b_2} U^A_{a_1 a_2} U^B_{b_1 b_2} \widetilde{\Phi_{a_2 b_2}}$$

$$= \sum_{a,b} \sum_{a_2,b_2} \sum_{a_1,b_1} \overline{U^A_{a_1 a}} U^A_{a_1 a_2} \overline{U^B_{b_1 b}} U^B_{b_1 b_2} \overline{\widetilde{\Psi_{ab}}} \widetilde{\Phi_{a_2 b_2}} \tag{13.71}$$

$$= \sum_{a,b} \sum_{a_2,b_2} \underbrace{\left(\sum_{a_1} U^{A*}_{a a_1} U^A_{a_1 a_2} \right)}_{=\delta_{a a_2}} \underbrace{\left(\sum_{b_1} U^{B*}_{b b_1} U^B_{b_1 b_2} \right)}_{=\delta_{b b_2}} \overline{\widetilde{\Psi_{ab}}} \widetilde{\Phi_{a_2 b_2}}$$

$$= \sum_{a,b} \overline{\widetilde{\Psi_{ab}}} \widetilde{\Phi_{ab}},$$

d. h. $\langle \Psi | \Phi \rangle$ wie in (3.16) definiert hängt nicht von der Wahl der ONBs $\{e_a\} \subset \mathbb{H}^A$ und $\{f_b\} \subset \mathbb{H}^B$ ab.

3.2

$$\langle \Phi^+ | \Phi^+ \rangle = \frac{1}{2} \langle 00 + 11 | 00 + 11 \rangle \tag{13.72}$$

$$= \frac{1}{2} \Big(\underbrace{\langle 00|00 \rangle}_{=\langle 0|0 \rangle \langle 0|0 \rangle = 1} + \underbrace{\langle 11|00 \rangle}_{=\langle 1|0 \rangle \langle 1|0 \rangle = 0} + \underbrace{\langle 00|11 \rangle}_{=\langle 0|1 \rangle \langle 0|1 \rangle = 0} + \underbrace{\langle 11|11 \rangle}_{=\langle 1|1 \rangle \langle 1|1 \rangle = 1} \Big)$$

$$= 1.$$

$$\langle \Phi^+ | \Phi^- \rangle = \frac{1}{2} \langle 00 + 11 | 00 - 11 \rangle \tag{13.73}$$

$$= \frac{1}{2} \Big(\underbrace{\langle 00|00 \rangle}_{=1} - \underbrace{\langle 00|11 \rangle}_{=0} + \underbrace{\langle 11|00 \rangle}_{=0} - \underbrace{\langle 11|11 \rangle}_{=1} \Big)$$

$$= 0.$$

Analog zeigt man

$$\langle \Psi^- | \Psi^- \rangle = 1$$
$$\langle \Psi^\pm | \Psi^\pm \rangle = 1$$
$$\langle \Psi^+ | \Psi^- \rangle = 0 \tag{13.74}$$
$$\langle \Phi^\pm | \Psi^\pm \rangle = 0.$$

3.3 Allgemein hat man nach (3.68) für ein $|\Psi\rangle \in \mathbb{H}^A \otimes \mathbb{H}^B$

$$\rho^A(\Psi) = \sum_{a_1,a_2,b} \overline{\Psi_{a_2b}}\Psi_{a_1b}|e_{a_1}\rangle\langle e_{a_2}|, \tag{13.75}$$

wobei die $\{|e_{a_j}\rangle\}$ eine ONB in $\mathbb{H}^A$ sind. Mit $\mathbb{H}^A = \mathbb{H} = \mathbb{H}^B$, $|e_0\rangle = |0\rangle^A$, $|e_1\rangle = |1\rangle^A$ als ONB in $\mathbb{H}^A$ wird daraus

$$\begin{aligned}
\rho^A(\Psi) &= \left(\overline{\Psi_{00}}\Psi_{00} + \overline{\Psi_{01}}\Psi_{01}\right)|0\rangle^A\langle 0| \\
&+ \left(\overline{\Psi_{00}}\Psi_{10} + \overline{\Psi_{01}}\Psi_{11}\right)|1\rangle^A\langle 0| \\
&+ \left(\overline{\Psi_{10}}\Psi_{00} + \overline{\Psi_{11}}\Psi_{01}\right)|0\rangle^A\langle 1| \\
&+ \left(\overline{\Psi_{10}}\Psi_{10} + \overline{\Psi_{11}}\Psi_{11}\right)|1\rangle^A\langle 1|.
\end{aligned} \tag{13.76}$$

Für die Bell-Zustände

$$|\Phi^{\pm}\rangle = \frac{1}{\sqrt{2}}\left(|00\rangle \pm |11\rangle\right) \tag{13.77}$$

$$|\Psi^{\pm}\rangle = \frac{1}{\sqrt{2}}\left(|01\rangle \pm |10\rangle\right) \tag{13.78}$$

finden wir

$$\Phi_{00}^{\pm} = \pm\Phi_{11}^{\pm} = \Psi_{01}^{\pm} = \pm\Psi_{10}^{\pm} = \frac{1}{\sqrt{2}} \tag{13.79}$$

$$\Phi_{01}^{\pm} = \Phi_{10}^{\pm} = \Psi_{00}^{\pm} = \Psi_{11}^{\pm} = 0. \tag{13.80}$$

Einsetzen von (13.79) und (13.80) in (13.76) ergibt schließlich

$$\rho^A(\Phi^{\pm}) = \rho^A(\Psi^{\pm}) = \frac{1}{2}\left(|0\rangle^A\langle 0| + |1\rangle^A\langle 1|\right) = \frac{1}{2}\mathbf{1}^A. \tag{13.81}$$

Ganz analog findet man unter Benutzung von (3.70), dass

$$\rho^B(\Phi^{\pm}) = \rho^B(\Psi^{\pm}) = \frac{1}{2}\left(|0\rangle^B\langle 0| + |1\rangle^B\langle 1|\right) = \frac{1}{2}\mathbf{1}^B. \tag{13.82}$$

13.3 Lösungen zu Übungen aus Kap. 4

4.1 Mit

$$|\uparrow_x\rangle = \frac{1}{\sqrt{2}}\left(|0\rangle + |1\rangle\right) \tag{13.83}$$

$$|\downarrow_x\rangle = \frac{1}{\sqrt{2}}\left(|0\rangle - |1\rangle\right) \tag{13.84}$$

hat man

$$|\uparrow_x\rangle \otimes |\uparrow_x\rangle + |\downarrow_x\rangle \otimes |\downarrow_x\rangle = \frac{|0\rangle + |1\rangle}{\sqrt{2}} \otimes \frac{|0\rangle + |1\rangle}{\sqrt{2}} + \frac{|0\rangle - |1\rangle}{\sqrt{2}} \otimes \frac{|0\rangle - |1\rangle}{\sqrt{2}}$$

$$= \frac{1}{2} \left(|00\rangle + |01\rangle + |10\rangle + |11\rangle \right) \tag{13.85}$$

$$+ \frac{1}{2} \left(|00\rangle - |01\rangle - |10\rangle + |11\rangle \right)$$

$$= |00\rangle + |11\rangle.$$

4.2 Definitionsgemäß ist

$$|\uparrow_{\hat{n}}\rangle = \begin{pmatrix} e^{-i\frac{\phi}{2}} \cos\frac{\theta}{2} \\ e^{i\frac{\phi}{2}} \sin\frac{\theta}{2} \end{pmatrix} = e^{-i\frac{\phi}{2}} \cos\frac{\theta}{2}|0\rangle + e^{i\frac{\phi}{2}} \sin\frac{\theta}{2}|1\rangle \tag{13.86}$$

$$|\downarrow_{\hat{n}}\rangle = \begin{pmatrix} -e^{-i\frac{\phi}{2}} \sin\frac{\theta}{2} \\ e^{i\frac{\phi}{2}} \cos\frac{\theta}{2} \end{pmatrix} = -e^{-i\frac{\phi}{2}} \sin\frac{\theta}{2}|0\rangle + e^{i\frac{\phi}{2}} \cos\frac{\theta}{2}|1\rangle \tag{13.87}$$

und daher

$$|\uparrow_{\hat{n}}\downarrow_{\hat{n}}\rangle - |\downarrow_{\hat{n}}\uparrow_{\hat{n}}\rangle \tag{13.88}$$

$$= \left(e^{-i\frac{\phi}{2}} \cos\frac{\theta}{2}|0\rangle + e^{i\frac{\phi}{2}} \sin\frac{\theta}{2}|1\rangle \right) \otimes \left(-e^{-i\frac{\phi}{2}} \sin\frac{\theta}{2}|0\rangle + e^{i\frac{\phi}{2}} \cos\frac{\theta}{2}|1\rangle \right)$$

$$- \left(-e^{-i\frac{\phi}{2}} \sin\frac{\theta}{2}|0\rangle + e^{i\frac{\phi}{2}} \cos\frac{\theta}{2}|1\rangle \right) \otimes \left(e^{-i\frac{\phi}{2}} \cos\frac{\theta}{2}|0\rangle + e^{i\frac{\phi}{2}} \sin\frac{\theta}{2}|1\rangle \right)$$

$$= -e^{-i\phi} \cos\frac{\theta}{2} \sin\frac{\theta}{2}|00\rangle + \cos^2\frac{\theta}{2}|01\rangle - \sin^2\frac{\theta}{2}|10\rangle + e^{i\phi} \cos\frac{\theta}{2} \sin\frac{\theta}{2}|11\rangle$$

$$- \left(-e^{-i\phi} \cos\frac{\theta}{2} \sin\frac{\theta}{2}|00\rangle - \sin^2\frac{\theta}{2}|01\rangle + \cos^2\frac{\theta}{2}|10\rangle + e^{i\phi} \cos\frac{\theta}{2} \sin\frac{\theta}{2}|11\rangle \right)$$

$$= |01\rangle - |10\rangle.$$

4.3 Da $\hat{n}$ in dem Ergebnis (4.39) aus Übung 4.2 beliebig ist, können wir $\hat{n} = \hat{n}^A$ wählen und $|\Psi^-\rangle$ durch

$$|\Psi^-\rangle = \frac{1}{\sqrt{2}} \left(|\uparrow_{\hat{n}^A}\downarrow_{\hat{n}^A}\rangle - |\downarrow_{\hat{n}^A}\uparrow_{\hat{n}^A}\rangle \right) \tag{13.89}$$

darstellen. Mit $\Sigma_{\hat{n}^A}^A = \hat{n}^A \cdot \boldsymbol{\sigma}$ und $\Sigma_{\hat{n}^B}^B = \hat{n}^B \cdot \boldsymbol{\sigma}$ ergibt sich dann

$$\left\langle \Sigma_{\hat{n}^A}^A \otimes \Sigma_{\hat{n}^B}^B \right\rangle_{\Psi^-} = \langle \Psi^- | (\hat{n}^A \cdot \boldsymbol{\sigma} \otimes \hat{n}^B \cdot \boldsymbol{\sigma}) \Psi^- \rangle$$

$$= \frac{1}{\sqrt{2}} \langle \Psi^- | \underbrace{\hat{n}^A \cdot \boldsymbol{\sigma} |\uparrow_{\hat{n}^A}\rangle}_{=+|\uparrow_{\hat{n}^A}\rangle} \otimes \hat{n}^B \cdot \boldsymbol{\sigma} |\downarrow_{\hat{n}^A}\rangle$$

$$\underbrace{-\,\hat{\mathbf{n}}^A\cdot\boldsymbol{\sigma}|\!\downarrow_{\hat{\mathbf{n}}^A}\rangle}_{=-|\!\downarrow_{\hat{\mathbf{n}}^A}\rangle}\otimes\hat{\mathbf{n}}^B\cdot\boldsymbol{\sigma}|\!\uparrow_{\hat{\mathbf{n}}^A}\rangle\Big)$$

$$=\frac{1}{\sqrt{2}}\langle\Psi^-|\big(|\!\uparrow_{\hat{\mathbf{n}}^A}\rangle\otimes\hat{\mathbf{n}}^B\cdot\boldsymbol{\sigma}|\!\downarrow_{\hat{\mathbf{n}}^A}\rangle+|\!\downarrow_{\hat{\mathbf{n}}^A}\rangle\otimes\hat{\mathbf{n}}^B\cdot\boldsymbol{\sigma}|\!\uparrow_{\hat{\mathbf{n}}^A}\rangle\big)\rangle\,.\tag{13.90}$$

Im letzten Term können wir noch folgende Identität ausnutzen

$$\begin{aligned}\hat{\mathbf{n}}^B\cdot\boldsymbol{\sigma}|\!\downarrow_{\hat{\mathbf{n}}^A}\rangle&=\hat{\mathbf{n}}^B\cdot\boldsymbol{\sigma}\big(-\hat{\mathbf{n}}^A\cdot\boldsymbol{\sigma}\big)|\!\downarrow_{\hat{\mathbf{n}}^A}\rangle\\&=-\big(\hat{\mathbf{n}}^B\cdot\boldsymbol{\sigma}\big)\big(\hat{\mathbf{n}}^A\cdot\boldsymbol{\sigma}\big)|\!\downarrow_{\hat{\mathbf{n}}^A}\rangle\\&\underbrace{=}_{(2.161)}-\big((\hat{\mathbf{n}}^B\cdot\hat{\mathbf{n}}^A)\mathbf{1}+\mathrm{i}(\hat{\mathbf{n}}^B\times\hat{\mathbf{n}}^A)\cdot\boldsymbol{\sigma}\big)|\!\downarrow_{\hat{\mathbf{n}}^A}\rangle\,.\end{aligned}\tag{13.91}$$

Analog zeigt man

$$\hat{\mathbf{n}}^B\cdot\boldsymbol{\sigma}|\!\uparrow_{\hat{\mathbf{n}}^A}\rangle=\big((\hat{\mathbf{n}}^B\cdot\hat{\mathbf{n}}^A)\mathbf{1}+\mathrm{i}(\hat{\mathbf{n}}^B\times\hat{\mathbf{n}}^A)\cdot\boldsymbol{\sigma}\big)|\!\uparrow_{\hat{\mathbf{n}}^A}\rangle\,.\tag{13.92}$$

Einsetzen von (13.91) und (13.92) in (13.90) ergibt

$$\begin{aligned}\left\langle\Sigma^A_{\hat{\mathbf{n}}^A}\otimes\Sigma^B_{\hat{\mathbf{n}}^B}\right\rangle_{\Psi^-}&=\frac{-\hat{\mathbf{n}}^B\cdot\hat{\mathbf{n}}^A}{\sqrt{2}}\langle\Psi^-|\big(|\!\uparrow_{\hat{\mathbf{n}}^A}\rangle\otimes|\!\downarrow_{\hat{\mathbf{n}}^A}\rangle-|\!\downarrow_{\hat{\mathbf{n}}^A}\rangle\otimes|\!\uparrow_{\hat{\mathbf{n}}^A}\rangle\big)\rangle\\&\quad-\frac{\mathrm{i}}{\sqrt{2}}\langle\Psi^-|\big(|\!\uparrow_{\hat{\mathbf{n}}^A}\rangle\otimes(\hat{\mathbf{n}}^B\times\hat{\mathbf{n}}^A)\cdot\boldsymbol{\sigma}|\!\downarrow_{\hat{\mathbf{n}}^A}\rangle\big)\rangle\\&\quad+\frac{\mathrm{i}}{\sqrt{2}}\langle\Psi^-|\big(|\!\downarrow_{\hat{\mathbf{n}}^A}\rangle\otimes(\hat{\mathbf{n}}^B\times\hat{\mathbf{n}}^A)\cdot\boldsymbol{\sigma}|\!\uparrow_{\hat{\mathbf{n}}^A}\rangle\big)\rangle\\&\underbrace{=}_{(13.89)}-\hat{\mathbf{n}}^B\cdot\hat{\mathbf{n}}^A\underbrace{\langle\Psi^-|\Psi^-\rangle}_{=1}\\&\quad-\frac{\mathrm{i}}{2}\langle\uparrow_{\hat{\mathbf{n}}^A}\downarrow_{\hat{\mathbf{n}}^A}-\downarrow_{\hat{\mathbf{n}}^A}\uparrow_{\hat{\mathbf{n}}^A}|\uparrow_{\hat{\mathbf{n}}^A}\otimes(\hat{\mathbf{n}}^B\times\hat{\mathbf{n}}^A)\cdot\boldsymbol{\sigma}|\!\downarrow_{\hat{\mathbf{n}}^A}\rangle\rangle\\&\quad+\frac{\mathrm{i}}{2}\langle\uparrow_{\hat{\mathbf{n}}^A}\downarrow_{\hat{\mathbf{n}}^A}-\downarrow_{\hat{\mathbf{n}}^A}\uparrow_{\hat{\mathbf{n}}^A}|\downarrow_{\hat{\mathbf{n}}^A}\otimes(\hat{\mathbf{n}}^B\times\hat{\mathbf{n}}^A)\cdot\boldsymbol{\sigma}|\!\uparrow_{\hat{\mathbf{n}}^A}\rangle\rangle\\&\underbrace{=}_{(3.10)}-\hat{\mathbf{n}}^B\cdot\hat{\mathbf{n}}^A\\&\quad-\frac{\mathrm{i}}{2}\Big(\langle\downarrow_{\hat{\mathbf{n}}^A}|(\hat{\mathbf{n}}^B\times\hat{\mathbf{n}}^A)\cdot\boldsymbol{\sigma}|\!\downarrow_{\hat{\mathbf{n}}^A}\rangle\rangle\\&\quad+\langle\uparrow_{\hat{\mathbf{n}}^A}|(\hat{\mathbf{n}}^B\times\hat{\mathbf{n}}^A)\cdot\boldsymbol{\sigma}|\!\uparrow_{\hat{\mathbf{n}}^A}\rangle\rangle\Big)\,.\end{aligned}\tag{13.93}$$

Um nun

$$\left\langle\Sigma^A_{\hat{\mathbf{n}}^A}\otimes\Sigma^B_{\hat{\mathbf{n}}^B}\right\rangle_{\Psi^-}=-\hat{\mathbf{n}}^B\cdot\hat{\mathbf{n}}^A\tag{13.94}$$

zu verifizieren, zeigen wir, dass allgemein für $\hat{\mathbf{m}},\hat{\mathbf{n}}\in B^1_{\mathbb{R}^3}$

$$\langle\downarrow_{\hat{\mathbf{n}}}|\hat{\mathbf{m}}\cdot\boldsymbol{\sigma}\,\downarrow_{\hat{\mathbf{n}}}\rangle+\langle\uparrow_{\hat{\mathbf{n}}^A}|\hat{\mathbf{m}}\cdot\boldsymbol{\sigma}\,\uparrow_{\hat{\mathbf{n}}}\rangle=0\tag{13.95}$$

gilt. Mit $\hat{\mathbf{m}} = \hat{\mathbf{n}}^B \times \hat{\mathbf{n}}^A$ und $\hat{\mathbf{n}} = \hat{\mathbf{n}}^A$ folgt dann, dass der zweite Term in (13.93) verschwindet. Um (13.95) zu zeigen, betrachten wir zunächst $\hat{\mathbf{m}} \cdot \sigma |\uparrow_{\hat{\mathbf{n}}}\rangle$ in der ONB $\{|\uparrow_{\hat{\mathbf{n}}}\rangle, |\downarrow_{\hat{\mathbf{n}}}\rangle\}$:

$$\hat{\mathbf{m}} \cdot \sigma |\uparrow_{\hat{\mathbf{n}}}\rangle = a_{\hat{\mathbf{m}}} |\uparrow_{\hat{\mathbf{n}}}\rangle + b_{\hat{\mathbf{m}}} |\downarrow_{\hat{\mathbf{n}}}\rangle . \tag{13.96}$$

Falls $b_{\hat{\mathbf{m}}} = 0$ ist, gilt

$$\hat{\mathbf{m}} \cdot \sigma |\uparrow_{\hat{\mathbf{n}}}\rangle = a_{\hat{\mathbf{m}}} |\uparrow_{\hat{\mathbf{n}}}\rangle , \tag{13.97}$$

d. h. $a_{\hat{\mathbf{m}}}$ ist Eigenwert von $\hat{\mathbf{m}} \cdot \sigma$ zum Eigenvektor $|\uparrow_{\hat{\mathbf{n}}}\rangle$. Aus (2.17) folgt sofort, dass $(\hat{\mathbf{m}} \cdot \sigma)^2 = \mathbf{1}$ ist und daher sind die Eigenwerte von $\hat{\mathbf{m}} \cdot \sigma$ gleich ± 1. Der Eigenraum zum Eigenwert $-a_{\hat{\mathbf{m}}}$ ist eindimensional und orthogonal zum Eigenvektor $|\uparrow_{\hat{\mathbf{n}}}\rangle$ zum Eigenwert $a_{\hat{\mathbf{m}}}$. Daher ist dann

$$\hat{\mathbf{m}} \cdot \sigma |\downarrow_{\hat{\mathbf{n}}}\rangle = -a_{\hat{\mathbf{m}}} |\downarrow_{\hat{\mathbf{n}}}\rangle , \tag{13.98}$$

und (13.95) folgt aus (13.97) und (13.98).

Falls $b_{\hat{\mathbf{m}}} \neq 0$, haben wir aus (13.96) wegen $\langle \downarrow_{\hat{\mathbf{n}}} | \uparrow_{\hat{\mathbf{n}}} \rangle = 0$ zunächst

$$\langle \downarrow_{\hat{\mathbf{n}}} |\hat{\mathbf{m}} \cdot \sigma \downarrow_{\hat{\mathbf{n}}}\rangle = a_{\hat{\mathbf{m}}} . \tag{13.99}$$

Andererseits folgt wegen $(\hat{\mathbf{m}} \cdot \sigma)^2 = \mathbf{1}$ aus (13.96) auch

$$\begin{aligned}
|\uparrow_{\hat{\mathbf{n}}}\rangle &= a_{\hat{\mathbf{m}}}\hat{\mathbf{m}} \cdot \sigma |\uparrow_{\hat{\mathbf{n}}}\rangle + b_{\hat{\mathbf{m}}}\hat{\mathbf{m}} \cdot \sigma |\downarrow_{\hat{\mathbf{n}}}\rangle \\
&= a_{\hat{\mathbf{m}}}\big(a_{\hat{\mathbf{m}}}|\uparrow_{\hat{\mathbf{n}}}\rangle + b_{\hat{\mathbf{m}}}|\downarrow_{\hat{\mathbf{n}}}\rangle\big) + b_{\hat{\mathbf{m}}}\hat{\mathbf{m}} \cdot \sigma |\downarrow_{\hat{\mathbf{n}}}\rangle .
\end{aligned} \tag{13.100}$$

Indem wir auf beiden Seiten das Skalarprodukt mit $\langle \downarrow_{\hat{\mathbf{n}}} |$ nehmen, folgt daher wegen $b_{\hat{\mathbf{m}}} \neq 0$ und $\langle \downarrow_{\hat{\mathbf{n}}} | \uparrow_{\hat{\mathbf{n}}} \rangle = 0$

$$\langle \downarrow_{\hat{\mathbf{n}}} |\hat{\mathbf{m}} \cdot \sigma \downarrow_{\hat{\mathbf{n}}}\rangle = -a_{\hat{\mathbf{m}}} . \tag{13.101}$$

Aus (13.99) und (13.101) folgt (13.95) auch im Fall $b_{\hat{\mathbf{m}}} \neq 0$ und damit letztlich (13.94).

Alternativ kann man (13.94) auch durch explizites Ausrechnen unter Nutzung der Darstellungen von $\hat{\mathbf{n}}$, $|\uparrow_{\hat{\mathbf{n}}^A}\rangle$, $|\downarrow_{\hat{\mathbf{n}}^A}\rangle$, $\hat{\mathbf{n}}^A \cdot \sigma$ in (2.162)–(2.163) und (2.165)–(2.166) zeigen. Aber das ist auch nicht kürzer.

4.4 Da $\hat{\mathbf{n}}$ in dem Ergebnis (4.39) aus Übung 4.2 beliebig ist, können wir $\hat{\mathbf{n}} = \hat{\mathbf{n}}^A$ wählen und $|\Psi^-\rangle$ durch

$$|\Psi^-\rangle = \frac{1}{\sqrt{2}} \big(|\uparrow_{\hat{\mathbf{n}}^A}\downarrow_{\hat{\mathbf{n}}^A}\rangle - |\downarrow_{\hat{\mathbf{n}}^A}\uparrow_{\hat{\mathbf{n}}^A}\rangle\big) \tag{13.102}$$

darstellen. Mit $\Sigma_{\hat{\mathbf{n}}^A}^A = \hat{\mathbf{n}}^A \cdot \sigma$ ergibt sich dann

$$\begin{aligned}
\left\langle \Sigma_{\hat{\mathbf{n}}^A}^A \otimes \mathbf{1} \right\rangle_{\Psi^-} &= \langle \Psi^- |(\hat{\mathbf{n}}^A \cdot \sigma \otimes \mathbf{1})\Psi^-\rangle \\
&= \frac{1}{\sqrt{2}} \langle \Psi^- | \underbrace{\hat{\mathbf{n}}^A \cdot \sigma |\uparrow_{\hat{\mathbf{n}}^A}\rangle}_{=+|\uparrow_{\hat{\mathbf{n}}^A}\rangle} \otimes |\downarrow_{\hat{\mathbf{n}}^A}\rangle - \underbrace{\hat{\mathbf{n}}^A \cdot \sigma |\downarrow_{\hat{\mathbf{n}}^A}\rangle}_{=-|\downarrow_{\hat{\mathbf{n}}^A}\rangle} \otimes |\uparrow_{\hat{\mathbf{n}}^A}\rangle)
\end{aligned}$$

$$= \frac{1}{\sqrt{2}} \langle \Psi^- | \uparrow_{\hat{\mathbf{n}}^A} \downarrow_{\hat{\mathbf{n}}^A} + \downarrow_{\hat{\mathbf{n}}^A} \uparrow_{\hat{\mathbf{n}}^A} \rangle = \langle \Psi^- | \Psi^+ \rangle$$
$$= 0.$$

Analog zeigt man $\left\langle \mathbf{1} \otimes \Sigma^B_{\hat{\mathbf{n}}^B} \right\rangle_{\Psi^-} = 0$.

4.5 Mit

$$\Sigma_{\hat{\mathbf{n}}} = \hat{\mathbf{n}} \cdot \sigma \qquad (13.103)$$

$$\hat{\mathbf{m}} \cdot \sigma | \uparrow_{\hat{\mathbf{m}}} \rangle \underbrace{=}_{(2.164)} | \uparrow_{\hat{\mathbf{m}}} \rangle \qquad (13.104)$$

$$\left(\hat{\mathbf{m}} \cdot \sigma \right)^* = \hat{\mathbf{m}} \cdot \sigma \qquad (13.105)$$

hat man

$$\langle \Sigma_{\hat{\mathbf{n}}} \rangle_{|\uparrow_{\hat{\mathbf{m}}}} = \langle \uparrow_{\hat{\mathbf{m}}} | (\hat{\mathbf{n}} \cdot \sigma) \uparrow_{\hat{\mathbf{m}}} \rangle$$

$$\underbrace{=}_{(13.104)} \frac{1}{2} \Big[\langle (\hat{\mathbf{m}} \cdot \sigma) \uparrow_{\hat{\mathbf{m}}} | (\hat{\mathbf{n}} \cdot \sigma) \uparrow_{\hat{\mathbf{m}}} \rangle + \langle \uparrow_{\hat{\mathbf{m}}} | (\hat{\mathbf{n}} \cdot \sigma)(\hat{\mathbf{m}} \cdot \sigma) \uparrow_{\hat{\mathbf{m}}} \rangle \Big]$$

$$\underbrace{=}_{(13.105)} \frac{1}{2} \langle \uparrow_{\hat{\mathbf{m}}} | \big[(\hat{\mathbf{m}} \cdot \sigma)(\hat{\mathbf{n}} \cdot \sigma) + (\hat{\mathbf{n}} \cdot \sigma)(\hat{\mathbf{m}} \cdot \sigma) \big] \uparrow_{\hat{\mathbf{m}}} \rangle \qquad (13.106)$$

$$\underbrace{=}_{(2.161)} \frac{1}{2} \langle \uparrow_{\hat{\mathbf{m}}} | \big[(\hat{\mathbf{m}} \cdot \hat{\mathbf{n}}) \mathbf{1} + \mathrm{i}((\hat{\mathbf{m}} \times \hat{\mathbf{n}}) \cdot \sigma) + (\hat{\mathbf{n}} \cdot \hat{\mathbf{m}}) \mathbf{1} + \mathrm{i}((\hat{\mathbf{n}} \times \hat{\mathbf{m}}) \cdot \sigma) \big] \uparrow_{\hat{\mathbf{m}}} \rangle$$

$$= \hat{\mathbf{n}} \cdot \hat{\mathbf{m}} + \frac{\mathrm{i}}{2} \langle \uparrow_{\hat{\mathbf{m}}} | \big(\underbrace{[\hat{\mathbf{m}} \times \hat{\mathbf{n}} + \hat{\mathbf{n}} \times \hat{\mathbf{m}}]}_{=0} \cdot \sigma \big) \uparrow_{\hat{\mathbf{m}}} \rangle$$

$$= \hat{\mathbf{n}} \cdot \hat{\mathbf{m}}.$$

4.6 Mit

$$\rho = \sum_{a,b} |e_a \otimes f_b\rangle |\Psi_{ab}|^2 \langle e_a \otimes f_b|. \qquad (13.107)$$

hat man in (3.77) zunächst

$$\rho_{a_1 b_1, a_2 b_2} = \delta_{a_1 a_2} \delta_{b_1 b_2} |\Psi_{a_1 b_1}|^2. \qquad (13.108)$$

Aus (3.90) folgt dann

$$\rho^B(\rho)_{b_1 b_2} = \sum_a \rho_{a b_1, a b_2}$$

$$= \sum_a \delta_{aa} \delta_{b_1 b_2} |\Psi_{a b_1}|^2 \qquad (13.109)$$

$$= \delta_{b_1 b_2} \sum_a |\Psi_{a b_1}|^2$$

und somit schließlich

$$
\begin{aligned}
\rho^B(\rho) &= \sum_{b_1,b_2} |f_{b_1}\rangle \rho^B(\rho)_{b_1 b_2} \langle f_{b_2}| \\
&= \sum_{b_1,b_2} |f_{b_1}\rangle \delta_{b_1 b_2} \sum_a |\Psi_{ab_1}|^2 \langle f_{b_2}| \\
&= \sum_b |f_b\rangle \sum_a |\Psi_{ab}|^2 \langle f_b|.
\end{aligned}
\tag{13.110}
$$

13.4 Lösungen zu Übungen aus Kap. 5

5.1 Wir zeigen zunächst (5.32). Per Definition ist

$$
\begin{aligned}
\Lambda^1(V) &= \mathbf{1}^{\otimes 2} + |1\rangle\langle 1| \otimes (V - \mathbf{1}) \\
&= \mathbf{1} \otimes \mathbf{1} + |1\rangle\langle 1| \otimes V - |1\rangle\langle 1| \otimes \mathbf{1} \\
&= \big(|0\rangle\langle 0| + |1\rangle\langle 1|\big) \otimes \mathbf{1} + |1\rangle\langle 1| \otimes V - |1\rangle\langle 1| \otimes \mathbf{1} \\
&= |0\rangle\langle 0| \otimes \mathbf{1} + |1\rangle\langle 1| \otimes V.
\end{aligned}
\tag{13.111}
$$

Für (5.33) ist der Beweis mit den Projektoren $|0\rangle\langle 0|, \ldots$ ein mühsames Ausschreiben vieler Terme und daher relativ langwierig. Ein prägnanter Alternativbeweis ergibt sich mit der Nutzung der Matrixdarstellungen in der Rechenbasis. Darin hat man dann mit (13.111) zunächst

$$
\begin{aligned}
\Lambda^1(X) &= |0\rangle\langle 0| \otimes \mathbf{1} + |1\rangle\langle 1| \otimes X \\
&= \begin{pmatrix} 1 \\ 0 \end{pmatrix} (1,0) \otimes \begin{pmatrix} 1 & 0 \\ 0 & 1 \end{pmatrix} + \begin{pmatrix} 0 \\ 1 \end{pmatrix} (0,1) \otimes \begin{pmatrix} 0 & 1 \\ 1 & 0 \end{pmatrix} \\
&= \begin{pmatrix} 1 & 0 \\ 0 & 0 \end{pmatrix} \otimes \begin{pmatrix} 1 & 0 \\ 0 & 1 \end{pmatrix} + \begin{pmatrix} 0 & 0 \\ 0 & 1 \end{pmatrix} \otimes \begin{pmatrix} 0 & 1 \\ 1 & 0 \end{pmatrix} \\
&= \begin{pmatrix} 1 & 0 & 0 & 0 \\ 0 & 1 & 0 & 0 \\ 0 & 0 & 0 & 0 \\ 0 & 0 & 0 & 0 \end{pmatrix} + \begin{pmatrix} 0 & 0 & 0 & 0 \\ 0 & 0 & 0 & 0 \\ 0 & 0 & 0 & 1 \\ 0 & 0 & 1 & 0 \end{pmatrix} \\
&= \begin{pmatrix} 1 & 0 & 0 & 0 \\ 0 & 1 & 0 & 0 \\ 0 & 0 & 0 & 1 \\ 0 & 0 & 1 & 0 \end{pmatrix}.
\end{aligned}
\tag{13.112}
$$

Analog ergibt sich

$$\Lambda_1(X) = \mathbf{1} \otimes \mathbf{1} + (X - \mathbf{1}) \otimes |1\rangle\langle 1|$$

$$= \begin{pmatrix} 1 & 0 \\ 0 & 1 \end{pmatrix} \otimes \begin{pmatrix} 1 & 0 \\ 0 & 1 \end{pmatrix} + \begin{pmatrix} -1 & 1 \\ 1 & -1 \end{pmatrix} \otimes \begin{pmatrix} 0 & 0 \\ 0 & 1 \end{pmatrix}$$

$$= \begin{pmatrix} 1 & 0 & 0 & 0 \\ 0 & 1 & 0 & 0 \\ 0 & 0 & 1 & 0 \\ 0 & 0 & 0 & 1 \end{pmatrix} + \begin{pmatrix} 0 & 0 & 0 & 0 \\ 0 & -1 & 0 & 1 \\ 0 & 0 & 0 & 0 \\ 0 & 1 & 0 & -1 \end{pmatrix} \qquad (13.113)$$

$$= \begin{pmatrix} 1 & 0 & 0 & 0 \\ 0 & 0 & 0 & 1 \\ 0 & 0 & 1 & 0 \\ 0 & 1 & 0 & 0 \end{pmatrix}$$

und dann noch

$$H^{\otimes 2} = \frac{1}{\sqrt{2}} \begin{pmatrix} 1 & 1 \\ 1 & -1 \end{pmatrix} \otimes \frac{1}{\sqrt{2}} \begin{pmatrix} 1 & 1 \\ 1 & -1 \end{pmatrix} \qquad (13.114)$$

$$= \frac{1}{2} \begin{pmatrix} 1 & 1 & 1 & 1 \\ 1 & -1 & 1 & -1 \\ 1 & 1 & -1 & -1 \\ 1 & -1 & -1 & 1 \end{pmatrix} .$$

Mit (13.112) und (13.114) erhält man dann

$$H^{\otimes 2} \Lambda^1(X)\, H^{\otimes 2} = \frac{1}{4} \begin{pmatrix} 1 & 1 & 1 & 1 \\ 1 & -1 & 1 & -1 \\ 1 & 1 & -1 & -1 \\ 1 & -1 & -1 & 1 \end{pmatrix} \begin{pmatrix} 1 & 0 & 0 & 0 \\ 0 & 1 & 0 & 0 \\ 0 & 0 & 0 & 1 \\ 0 & 0 & 1 & 0 \end{pmatrix}$$

$$\cdot \begin{pmatrix} 1 & 1 & 1 & 1 \\ 1 & -1 & 1 & -1 \\ 1 & 1 & -1 & -1 \\ 1 & -1 & -1 & 1 \end{pmatrix}$$

$$= \begin{pmatrix} 1 & 0 & 0 & 0 \\ 0 & 0 & 0 & 1 \\ 0 & 0 & 1 & 0 \\ 0 & 1 & 0 & 0 \end{pmatrix} \underbrace{=}_{(13.113)} \Lambda_1^1(X) . \qquad (13.115)$$

Der Beweis von (5.34) ist wiederum einfacher in der Operatordarstellung. Mit (13.111) ergibt sich

$$
\begin{aligned}
\Lambda^1(M(\alpha)) &= |0\rangle\langle 0| \otimes \mathbf{1} + |1\rangle\langle 1| \otimes M(\alpha) \\
&= |0\rangle\langle 0| \otimes \mathbf{1} + |1\rangle\langle 1| \otimes e^{i\alpha}\mathbf{1} \\
&= \left(|0\rangle\langle 0| + e^{i\alpha}|1\rangle\langle 1|\right) \otimes \mathbf{1} = P(\alpha) \otimes \mathbf{1}.
\end{aligned}
\tag{13.116}
$$

5.2 Da man komplexe Zahlen an beliebige Faktoren eines Tensorproduktes anmultiplizieren kann, d. h. da für $c \in \mathbb{C}$ gilt

$$
\cdots \otimes c|\psi\rangle \otimes \cdots \otimes |\varphi\rangle \otimes \cdots = \cdots \otimes |\psi\rangle \otimes \cdots \otimes c|\varphi\rangle \otimes \ldots,
\tag{13.117}
$$

hat man

$$
S_{jk}^{(n)} \bigotimes_{l=n-1}^{0} |\psi_l\rangle
\tag{13.118}
$$

$$
\begin{aligned}
&= |\psi_{n-1}\ldots\psi_{j+1}\rangle \otimes |0\rangle\langle 0|\psi_j\rangle \otimes |\psi_{j-1}\ldots\psi_{k+1}\rangle \otimes |0\rangle\langle 0|\psi_k\rangle \otimes |\psi_{k-1}\ldots\psi_0\rangle \\
&\quad + |\psi_{n-1}\ldots\psi_{j+1}\rangle \otimes |1\rangle\langle 1|\psi_j\rangle \otimes |\psi_{j-1}\ldots\psi_{k+1}\rangle \otimes |1\rangle\langle 1|\psi_k\rangle \otimes |\psi_{k-1}\ldots\psi_0\rangle \\
&\quad + |\psi_{n-1}\ldots\psi_{j+1}\rangle \otimes |0\rangle\langle 1|\psi_j\rangle \otimes |\psi_{j-1}\ldots\psi_{k+1}\rangle \otimes |1\rangle\langle 0|\psi_k\rangle \otimes |\psi_{k-1}\ldots\psi_0\rangle \\
&\quad + |\psi_{n-1}\ldots\psi_{j+1}\rangle \otimes |1\rangle\langle 0|\psi_j\rangle \otimes |\psi_{j-1}\ldots\psi_{k+1}\rangle \otimes |0\rangle\langle 1|\psi_k\rangle \otimes |\psi_{k-1}\ldots\psi_0\rangle \\
&= |\psi_{n-1}\ldots\psi_{j+1}\rangle \otimes |0\rangle\langle 0|\psi_k\rangle \otimes |\psi_{j-1}\ldots\psi_{k+1}\rangle \otimes |0\rangle\langle 0|\psi_j\rangle \otimes |\psi_{k-1}\ldots\psi_0\rangle \\
&\quad + |\psi_{n-1}\ldots\psi_{j+1}\rangle \otimes |1\rangle\langle 1|\psi_k\rangle \otimes |\psi_{j-1}\ldots\psi_{k+1}\rangle \otimes |1\rangle\langle 1|\psi_j\rangle \otimes |\psi_{k-1}\ldots\psi_0\rangle \\
&\quad + |\psi_{n-1}\ldots\psi_{j+1}\rangle \otimes |0\rangle\langle 0|\psi_k\rangle \otimes |\psi_{j-1}\ldots\psi_{k+1}\rangle \otimes |1\rangle\langle 1|\psi_j\rangle \otimes |\psi_{k-1}\ldots\psi_0\rangle \\
&\quad + |\psi_{n-1}\ldots\psi_{j+1}\rangle \otimes |1\rangle\langle 1|\psi_k\rangle \otimes |\psi_{j-1}\ldots\psi_{k+1}\rangle \otimes |0\rangle\langle 0|\psi_j\rangle \otimes |\psi_{k-1}\ldots\psi_0\rangle \\
&= |\psi_{n-1}\ldots\psi_{j+1}\rangle \otimes |0\rangle\langle 0|\psi_k\rangle \otimes |\psi_{j-1}\ldots\psi_{k+1}\rangle \otimes |\psi_j\rangle \otimes |\psi_{k-1}\ldots\psi_0\rangle \\
&\quad + |\psi_{n-1}\ldots\psi_{j+1}\rangle \otimes |1\rangle\langle 1|\psi_k\rangle \otimes |\psi_{j-1}\ldots\psi_{k+1}\rangle \otimes |\psi_j\rangle \otimes |\psi_{k-1}\ldots\psi_0\rangle \\
&= |\psi_{n-1}\ldots\psi_{j+1}\rangle \otimes |\psi_k\rangle \otimes |\psi_{j-1}\ldots\psi_{k+1}\rangle \otimes |\psi_j\rangle \otimes |\psi_{k-1}\ldots\psi_0\rangle.
\end{aligned}
$$

Damit ist (5.56) gezeigt. Daraus ergibt sich sofort (5.57), da durch die zweite Anwendung von $S_{jk}^{(n)}$ die Qbits $|\psi_j\rangle$ und $|\psi_k\rangle$ rückvertauscht werden.

Da $S_{jk}^{(n)}$ nur auf die Faktorräume $\mathbb{H}_j$ und $\mathbb{H}_k$ wirkt und $S_{lm}^{(n)}$ nur auf die Faktorräume $\mathbb{H}_l$ und $\mathbb{H}_m$, folgt für $j, k \neq l, m$, dass $S_{jk}^{(n)} S_{lm}^{(n)} = S_{lm}^{(n)} S_{jk}^{(n)}$, d. h. es gilt (5.58). Aus dem gleichen Grund ergibt sich (5.59) direkt aus der sukzessiven Anwendung der $S_{n-1-j\,j}^{(n)}$ in $S^{(n)}$.

5.3 Zum Beweis von (5.87) hat man per Definition

$$T_{|x\rangle|y\rangle}(V)\, T_{|x\rangle|y\rangle}(W)$$

$$= \left(\sum_{\substack{z=0 \\ z\neq x,y}}^{2^n-1} |z\rangle\langle z| + v_{00}|x\rangle\langle x| + v_{01}|x\rangle\langle y| + v_{10}|y\rangle\langle x| + v_{11}|y\rangle\langle y| \right) \quad (13.119)$$

$$\left(\sum_{\substack{z=0 \\ z\neq x,y}}^{2^n-1} |z\rangle\langle z| + w_{00}|x\rangle\langle x| + w_{01}|x\rangle\langle y| + w_{10}|y\rangle\langle x| + w_{11}|y\rangle\langle y| \right) .$$

Unter Berücksichtigung der Tatsache, dass für Vektoren $|x\rangle, |y\rangle$ der Rechenbasis $\langle x|y\rangle = \delta_{xy}$ gilt, wird aus (13.119) dann

$$T_{|x\rangle|y\rangle}(V)\, T_{|x\rangle|y\rangle}(W) = \sum_{\substack{z=0 \\ z\neq x,y}}^{2^n-1} |z\rangle\langle z|$$

$$+ (v_{00}w_{00} + v_{01}w_{10})|x\rangle\langle x| + (v_{00}w_{01} + v_{01}w_{11})|x\rangle\langle y|$$

$$+ (v_{10}w_{00} + v_{11}w_{10})|y\rangle\langle x| + (v_{10}w_{01} + v_{11}w_{11})|y\rangle\langle y|$$

$$= \sum_{\substack{z=0 \\ z\neq x,y}}^{2^n-1} |z\rangle\langle z| \quad (13.120)$$

$$+ (VW)_{00}|x\rangle\langle x| + (VW)_{01}|x\rangle\langle y|$$

$$+ (VW)_{10}|y\rangle\langle x| + (VW)_{11}|y\rangle\langle y|$$

$$= T_{|x\rangle|y\rangle}(VW) .$$

Zum Beweis von (5.88) überlegt man sich, dass die Matrixdarstellung des zu V adjungierten Operators V^* durch

$$V^* = \begin{pmatrix} \overline{v_{00}} & \overline{v_{10}} \\ \overline{v_{01}} & \overline{v_{11}} \end{pmatrix} \quad (13.121)$$

gegeben ist und dass $|a\rangle\langle b|^* = |b\rangle\langle a|$ ist. Damit ergibt sich

$$T_{|x\rangle|y\rangle}(V)^* = \sum_{\substack{z=0 \\ z\neq x,y}}^{2^n-1} |z\rangle\langle z|^* + \overline{v_{00}}|x\rangle\langle x|^* + \overline{v_{01}}|x\rangle\langle y|^* + \overline{v_{10}}|y\rangle\langle x|^* + \overline{v_{11}}|y\rangle\langle y|^*$$

$$= \sum_{\substack{z=0 \\ z\neq x,y}}^{2^n-1} |z\rangle\langle z| + \overline{v_{00}}|x\rangle\langle x| + \overline{v_{01}}|y\rangle\langle x| + \overline{v_{10}}|x\rangle\langle y| + \overline{v_{11}}|y\rangle\langle y|$$

$$= T_{|x\rangle|y\rangle}(V^*) . \quad (13.122)$$

Zum Beweis von (5.89) nutzen wir (5.87) und (5.88)

$$T_{|x\rangle|y\rangle}(V)\, T_{|x\rangle|y\rangle}(V)^* \underbrace{=}_{(5.88)} T_{|x\rangle|y\rangle}(V)\, T_{|x\rangle|y\rangle}(V^*)$$

$$\underbrace{=}_{(5.87)} T_{|x\rangle|y\rangle}(VV^*) = T_{|x\rangle|y\rangle}(\mathbf{1})$$

$$= \mathbf{1}^{\otimes n}. \tag{13.123}$$

5.4 Sei

$$x = \sum_{j=0}^{2^n-1} x_j 2^j < \sum_{j=0}^{2^n-1} y_j 2^j = y \tag{13.124}$$

mit $x_j, y_j \in \{0,1\}$ und

$$L_{01} := \left\{ j \in \{0,\ldots,n-1\} \,\big|\, x_j = 0, y_j = 1 \right\} = \{h_1,\ldots,h_{|L_{01}|}\} \tag{13.125}$$

$$L_{10} := \left\{ j \in \{0,\ldots,n-1\} \,\big|\, x_j = 1, y_j = 0 \right\} = \{k_1,\ldots,k_{|L_{10}|}\}. \tag{13.126}$$

Die Menge L_{01} kann nicht leer sein, da sonst $x < y$ nicht erfüllt wäre. Setze $g^0 = x$ und für $l = 1, \ldots, |L_{01}|$

$$|g^l\rangle = \mathbf{1}^{\otimes n-h_l} \otimes X \otimes \mathbf{1}^{\otimes h_l-1} |g^{l-1}\rangle. \tag{13.127}$$

Danach setze für $l = 1, \ldots, |L_{10}|$

$$|g^{l+|L_{01}|}\rangle = \mathbf{1}^{\otimes n-k_l} \otimes X \otimes \mathbf{1}^{\otimes k_l-1} |g^{l+|L_{01}|-1}\rangle. \tag{13.128}$$

Die derart erzeugten $|g^l\rangle$ starten mit $|x\rangle$, ändern sich nach Konstruktion immer nur in einem Qbit, wobei sie alle solche Qbits durchlaufen, bei denen sich $|x\rangle$ von $|y\rangle$ unterscheidet. Daher bilden sie einen Gray-codierten Übergang von $|x\rangle$ nach $|y\rangle$.

5.5 Um die Behauptung zu beweisen, reicht es aus zu zeigen, dass $U_c^* U_c$ beliebige Vektoren der Rechenbasis in $\mathbb{H}^{\otimes 4}$ auf sich selbst abbildet. Dies ergibt sich mit (5.185) und (5.188) folgendermaßen.

$$U_c^* U_c \Big(|x_3\rangle \otimes |x_2\rangle \otimes |x_1\rangle \otimes |x_0\rangle \Big)$$

$$\underbrace{=}_{(5.185)} U_c^* \Big(|\underbrace{x_0(x_1 \overset{2}{\oplus} x_2) \overset{2}{\oplus} x_1 x_2 \overset{2}{\oplus} x_3}_{=x_3'}\rangle \otimes |\underbrace{x_1 \overset{2}{\oplus} x_2}_{=x_2'}\rangle \otimes |x_1\rangle \otimes |x_0\rangle \Big)$$

$$\underbrace{=}_{(5.188)} |(x_0 \overset{2}{\oplus} x_1)x_2' \overset{2}{\oplus} x_1 \overset{2}{\oplus} x_3'\rangle \otimes |x_1 \overset{2}{\oplus} x_2'\rangle \otimes |x_1\rangle \otimes |x_0\rangle$$

$$= \; |(x_0 \overset{2}{\oplus} x_1)(\underbrace{x_1 \overset{2}{\oplus} x_2}_{=x_2'}) \overset{2}{\oplus} x_1 \overset{2}{\oplus} \underbrace{x_0(x_1 \overset{2}{\oplus} x_2) \overset{2}{\oplus} x_1 x_2 \overset{2}{\oplus} x_3}_{=x_3'}\rangle$$

$$\otimes \; |\underbrace{x_1 \overset{2}{\oplus} x_1}_{=0} \overset{2}{\oplus} x_2\rangle \otimes |x_1\rangle \otimes |x_0\rangle \tag{13.129}$$

$$= \; |(x_0 x_1 \overset{2}{\oplus} x_0 x_2 \overset{2}{\oplus} x_1 \overset{2}{\oplus} x_1 x_2 \overset{2}{\oplus} x_1 \overset{2}{\oplus} x_0 x_1 \overset{2}{\oplus} x_0 x_2 \overset{2}{\oplus} x_1 x_2 \overset{2}{\oplus} x_3\rangle$$
$$\otimes \; |x_2\rangle \otimes |x_1\rangle \otimes |x_0\rangle$$

$$= \; |x_3\rangle \otimes |x_2\rangle \otimes |x_1\rangle \otimes |x_0\rangle \, .$$

5.6 Per Definition ist für einen beliebigen Vektor $|u\rangle$ aus der Rechenbasis

$$F|u\rangle = \frac{1}{2^{\frac{n}{2}}} \sum_{x,y=0}^{2^n-1} \exp\left(2\pi \mathrm{i} \frac{xy}{2^n}\right) |x\rangle \underbrace{\langle y|u\rangle}_{=\delta_{yu}} = \frac{1}{2^{\frac{n}{2}}} \sum_{x=0}^{2^n-1} \exp\left(2\pi \mathrm{i} \frac{xu}{2^n}\right) |x\rangle \, .$$

$$\tag{13.130}$$

Somit folgt für beliebige Vektoren $|u\rangle, |v\rangle$ aus der Rechenbasis

$$\langle Fu|Fv\rangle = \frac{1}{2^n} \langle \sum_{x=0}^{2^n-1} \exp\left(2\pi \mathrm{i} \frac{xu}{2^n}\right) |x\rangle | \sum_{y=0}^{2^n-1} \exp\left(2\pi \mathrm{i} \frac{yv}{2^n}\right) |y\rangle \rangle$$

$$= \frac{1}{2^n} \sum_{x,y=0}^{2^n-1} \exp\left(2\pi \mathrm{i} \frac{yv - xu}{2^n}\right) \underbrace{\langle x|y\rangle}_{=\delta_{xy}}$$

$$= \frac{1}{2^n} \sum_{x=0}^{2^n-1} \exp\left(2\pi \mathrm{i} x \frac{v-u}{2^n}\right) \tag{13.131}$$

$$= \frac{1}{2^n} \sum_{x=0}^{2^n-1} \left(\exp\left(2\pi \mathrm{i} \frac{v-u}{2^n}\right)\right)^x$$

$$= \begin{cases} 1 & \text{falls} \quad u = v \\ \frac{1 - \left(\exp\left(2\pi \mathrm{i} \frac{v-u}{2^n}\right)\right)^{2^n}}{1 - \exp\left(2\pi \mathrm{i} \frac{u-v}{2^n}\right)} = 0 & \text{falls} \quad u \neq v \end{cases}$$

$$= \delta_{uv} \, .$$

Für beliebige $|\varphi\rangle, |\psi\rangle \in \mathbb{H}^{\otimes n}$ gilt dann

$$\langle F\varphi|F\psi\rangle = \sum_{u,v=0}^{2^n-1} \overline{\varphi_u} \psi_v \underbrace{\langle Fu|Fv\rangle}_{=\delta_{uv}} = \sum_{u,v=0}^{2^n-1} \overline{\varphi_u} \psi_v = \langle \varphi|\psi\rangle \, , \tag{13.132}$$

und F ist nach Definition 2.6 unitär.

13.5 Lösungen zu Übungen aus Kap. 6

6.1 Wegen (2.83) hat man $\mathbf{1} = \mathbf{1}^2 = \sigma_x^2 = \sigma_z^2$. Mit der Definition der Pauli-Matrizen (2.82) und (2.39) verifiziert man leicht, dass $\mathbf{1}^* = \mathbf{1}, \sigma_x^* = \sigma_x, \sigma_z^* = \sigma_z$ und daher

$$
\sigma_z \sigma_x \big(\sigma_z \sigma_x \big)^* = \sigma_z \sigma_x \sigma_x^* \sigma_z^* = \sigma_z \sigma_x^2 \sigma_z
$$
$$
= \sigma_z^2 = \mathbf{1} . \tag{13.133}
$$

Somit gilt für jedes $U^A = \mathbf{1}, \sigma_x, \sigma_z, \sigma_z \sigma_x$ dann $U^A U^{A*} = \mathbf{1}^A$ und daher

$$
\big(U^A \otimes \mathbf{1}^B \big) \big(U^A \otimes \mathbf{1}^B \big)^* = \big(U^A \otimes \mathbf{1}^B \big) \big(U^{A*} \otimes \mathbf{1}^B \big)
$$
$$
= \big(U^A U^{A*} \otimes \mathbf{1}^B \big) = \mathbf{1}^A \otimes \mathbf{1}^B \tag{13.134}
$$
$$
= \mathbf{1}^{AB} .
$$

Weiterhin hat man

$$
\big(\sigma_x \otimes \mathbf{1}^B \big) | \Phi^+ \rangle = \big(\sigma_x \otimes \mathbf{1}^B \big) \frac{1}{\sqrt{2}} \big(|00\rangle + |11\rangle \big)
$$
$$
= \frac{1}{\sqrt{2}} \big(\sigma_x |0\rangle \otimes |0\rangle + \sigma_x |1\rangle \otimes |1\rangle \big) \tag{13.135}
$$
$$
= \frac{1}{\sqrt{2}} \big(|1\rangle \otimes |0\rangle + |0\rangle \otimes |1\rangle \big) = \frac{1}{\sqrt{2}} \big(|10\rangle + |01\rangle \big)
$$
$$
= | \Psi^+ \rangle
$$

und

$$
\big(\sigma_z \sigma_x \otimes \mathbf{1}^B \big) | \Phi^+ \rangle = \big(\sigma_z \sigma_x \otimes \mathbf{1}^B \big) \frac{1}{\sqrt{2}} \big(|00\rangle + |11\rangle \big)
$$
$$
= \frac{1}{\sqrt{2}} \big(\sigma_z \sigma_x |0\rangle \otimes |0\rangle + \sigma_z \sigma_x |1\rangle \otimes |1\rangle \big)
$$
$$
= \frac{1}{\sqrt{2}} \big(\sigma_z |1\rangle \otimes |0\rangle + \sigma_z |0\rangle \otimes |1\rangle \big) \tag{13.136}
$$
$$
= \frac{1}{\sqrt{2}} \big(- |1\rangle \otimes |0\rangle + |0\rangle \otimes |1\rangle \big) = \frac{1}{\sqrt{2}} \big(|01\rangle - |10\rangle \big)
$$
$$
= | \Psi^- \rangle .
$$

6.2 Sei r die Periode der Funktion $f_{b,N}(n) = b^n \bmod N$. Dann gilt nach Definition 6.3 der Periode für alle $n \in \mathbb{N}$ dass $f_{b,N}(n+r) = f_{b,N}(n)$. Insbesondere für $n = 0$ folgt somit

$$
b^r \bmod N = f_{b,N}(0+r) = f_{b,n}(0) = 1 . \tag{13.137}
$$

Nach Definition 11.15 der Ordnung von b modulo N ist $ord_N(b)$ die kleinste Zahl, die (13.137) erfüllt. Somit folgt

$$r \geq ord_N(b) \,. \tag{13.138}$$

Andererseits gilt für alle $n \in \mathbb{N}_0$

$$
\begin{aligned}
f_{b,N}(n + ord_N(b)) &= b^{n+ord_N(b)} \mod N \\
&\underbrace{=}_{(11.42)} b^n \left(b^{ord_N(b)} \mod N \right) \mod N \\
&\underbrace{=}_{\text{Def. 11.15}} b^n \mod N \tag{13.139} \\
&= f_{b,N}(n) \,.
\end{aligned}
$$

Da die Periode r wiederum die kleinste Zahl mit der Eigenschaft $f_{b,N}(n+r) = f_{b,N}(n)$ ist, folgt

$$r \leq ord_N(b) \,. \tag{13.140}$$

Aus (13.138) und (13.140) ergibt sich dann die Behauptung $r = ord_N(b)$.

6.3 Falls $\frac{2^L}{r} =: m \in \mathbb{N}$ folgt aus (6.70)

$$J = \left\lfloor m - \frac{1}{r} \right\rfloor = m - 1 \tag{13.141}$$

sowie aus (6.71)

$$R = 2^L - 1 \mod r = 2^L - 1 - \left\lfloor \frac{2^L - 1}{r} \right\rfloor r = 2^L - 1 - (m-1)r = r - 1 \,. \tag{13.142}$$

Weiterhin ist dann mit (6.73) für alle $k \in \mathbb{N}$ mit $0 \leq k \leq r - 1 = R$

$$J_k = J = m - 1 \,. \tag{13.143}$$

In (6.82) eingesetzt, ergibt dies

$$
\begin{aligned}
W(z) &= \begin{cases} \frac{1}{2^{2L}} \sum_{k=0}^{r-1} m^2, & \text{falls } \frac{z}{m} \in \mathbb{N} \\ \frac{1}{2^{2L}} \sum_{k=0}^{r-1} \left| \frac{1 - \exp\left(2\pi i \frac{z}{m} m\right)}{1 - \exp\left(2\pi i \frac{z}{m}\right)} \right|^2 & \text{sonst} \end{cases} \\
&= \begin{cases} \frac{r}{2^{2L}} \left(\frac{2^L}{r} \right)^2, & \text{falls } \frac{z}{m} \in \mathbb{N} \\ 0 & \text{sonst} \end{cases} \tag{13.144} \\
&= \begin{cases} \frac{1}{r}, & \text{falls } \frac{z}{m} \in \mathbb{N} \\ 0 & \text{sonst} \end{cases} \,.
\end{aligned}
$$

6.4 Für $n \in \mathbb{N}_0$ erhält man durch Vergleich der Imaginärteile von

$$\cos(n\alpha) + \mathrm{i}\sin(n\alpha) = \mathrm{e}^{\mathrm{i}n\alpha} = \left(\mathrm{e}^{\mathrm{i}\alpha}\right)^n = \left(\cos\alpha + \mathrm{i}\sin\alpha\right)^n \tag{13.145}$$

dass

$$\sin(n\alpha) = \sum_{l=0}^{\lfloor\frac{n}{2}\rfloor} (-1)^l \binom{n}{2l+1} \cos^{n-2l-1}\alpha \, \sin^{2l+1}\alpha \, . \tag{13.146}$$

Daraus ergibt sich

$$\frac{\sin(n\alpha)}{\sin\alpha} = \sum_{l=0}^{\lfloor\frac{n}{2}\rfloor} (-1)^l \binom{n}{2l+1} \cos^{n-2l-1}\alpha \, \sin^{2l}\alpha \tag{13.147}$$

und daher

$$\left(\frac{\sin(n\alpha)}{\sin\alpha}\right)' = \sum_{l=0}^{\lfloor\frac{n}{2}\rfloor} (-1)^{l+1} \binom{n}{2l+1} (n-2l-1)\cos^{n-2l-2}\alpha \, \sin^{2l+1}\alpha$$
$$+ \sum_{l=1}^{\lfloor\frac{n}{2}\rfloor} (-1)^l \binom{n}{2l+1} 2l \cos^{n-2l}\alpha \, \sin^{2l-1}\alpha \tag{13.148}$$

sowie

$$\left(\frac{\sin(n\alpha)}{\sin\alpha}\right)'' = \sum_{l=0}^{\lfloor\frac{n}{2}\rfloor} (-1)^l \binom{n}{2l+1} (n-2l-1)(n-2l-2)\cos^{n-2l-3}\alpha \, \sin^{2l+2}\alpha$$
$$- \sum_{l=0}^{\lfloor\frac{n}{2}\rfloor} (-1)^l \binom{n}{2l+1} (n-2l-1)(2l+1)\cos^{n-2l-1}\alpha \, \sin^{2l}\alpha$$
$$+ \sum_{l=1}^{\lfloor\frac{n}{2}\rfloor} (-1)^l \binom{n}{2l+1} 2l(2l-1)\cos^{n-2l+1}\alpha \, \sin^{2l-2}\alpha \tag{13.149}$$
$$- \sum_{l=1}^{\lfloor\frac{n}{2}\rfloor} (-1)^l \binom{n}{2l+1} 2l(n-2l)\cos^{n-2l-1}\alpha \, \sin^{2l}\alpha$$

An der Stelle $\alpha = 0$ erhält man daher

$$\frac{\sin(n\alpha)}{\sin\alpha}\Big|_{\alpha=0} = n$$
$$\left(\frac{\sin(n\alpha)}{\sin\alpha}\right)'\Big|_{\alpha=0} = 0 \tag{13.150}$$
$$\left(\frac{\sin(n\alpha)}{\sin\alpha}\right)''\Big|_{\alpha=0} = \frac{n}{3}(1-n^2) \, .$$

In $s(\alpha) = \frac{\sin(\alpha \widetilde{J}_k)}{\sin \alpha}$ ist $\widetilde{J}_k \in \mathbb{N}$ und $\widetilde{J}_k = J_k + 1 \geq \left\lfloor \frac{2^L - 1}{r} \right\rfloor > \left\lfloor 2^{\frac{L}{2}} - \frac{1}{r} \right\rfloor > 1$, da
wir von $L > 2$ ausgehen können. Daher ergibt sich aus (13.150)

$$s(0) = \widetilde{J}_k$$
$$s'(0) = 0 \tag{13.151}$$
$$s''(0) = \frac{\widetilde{J}_k}{3} \left(1 - \left(\widetilde{J}_k \right)^2 \right) < 0,$$

d. h. s hat bei $\alpha = 0$ ein Maximum. Dass s keine weiteren Extrema in $]0, \frac{\pi r}{2^{L+1}}[$ hat,
ergibt sich folgendermaßen. Zunächst erhält man durch direktes Ausrechnen

$$s'(\alpha) = \frac{\widetilde{J}_k \cos\left(\alpha \widetilde{J}_k \right) \sin \alpha - \sin\left(\alpha \widetilde{J}_k \right) \cos \alpha}{\sin^2 \alpha}. \tag{13.152}$$

Falls $\alpha \widetilde{J}_k = \frac{\pi}{2}$ ist, folgt $s'(\alpha) < 0$. Diese Stelle ist also kein weiteres Extremum.
Sei nun $\alpha \in]0, \frac{\pi r}{2^{L+1}}[$ und $\alpha \widetilde{J}_k \neq \frac{\pi}{2}$. Dann ist wegen (6.91) und (6.93)

$$\alpha < \frac{\pi}{2^{\frac{L}{2}+1}} \tag{13.153}$$
$$\alpha \widetilde{J}_k < \frac{\pi}{2} + \frac{\pi}{2^{\frac{L}{2}+1}}. \tag{13.154}$$

Daher gilt sowohl im Fall $\alpha \widetilde{J}_k < \frac{\pi}{2}$ als auch $\alpha \widetilde{J}_k > \frac{\pi}{2}$

$$\tan \alpha < \tan(\alpha \widetilde{J}_k) \tag{13.155}$$

und somit auch

$$(\widetilde{J}_k \tan \alpha)' = \widetilde{J}_k (1 + \tan^2 \alpha) < \widetilde{J}_k (1 + \tan^2(\alpha \widetilde{J}_k)) = \tan(\alpha \widetilde{J}_k)', \tag{13.156}$$

was wegen $\widetilde{J}_k \tan \alpha|_{\alpha=0} = \tan(\alpha \widetilde{J}_k)|_{\alpha=0}$ zu

$$\widetilde{J}_k \tan \alpha < \tan(\alpha \widetilde{J}_k) \tag{13.157}$$

und somit zu
$$\widetilde{J}_k \cos\left(\alpha \widetilde{J}_k \right) \sin \alpha < \sin\left(\alpha \widetilde{J}_k \right) \cos \alpha \tag{13.158}$$

führt. Letzteres ist wegen (13.152) mit $s'(\alpha) < 0$ äquivalent. Damit ist $s'(\alpha) < 0$ für
$\alpha \in]0, \frac{\pi r}{2^{L+1}}]$ gezeigt. Wegen $s(-\alpha) = s(\alpha)$ folgt sofort, dass andererseits $s'(\alpha) > 0$
für $\alpha \in [-\frac{\pi r}{2^{L+1}}, 0[$. Die Funktion $s(\alpha)$ nimmt also im Intervall $[-\frac{\pi r}{2^{L+1}}, \frac{\pi r}{2^{L+1}}]$ bei
$\alpha = 0$ ein Maximum an und fällt nach links und rechts von $\alpha = 0$ jeweils ab.
Sie ist daher innerhalb des Intervalls größer als an den Rändern $\pm \frac{\pi r}{2^{L+1}}$, und wegen
$s(-\alpha) = s(\alpha)$ können wir $\alpha_{min} = \frac{\pi r}{2^{L+1}}$ wählen. Schließlich ist noch im besagten
Intervall $s(\alpha) \geq 0$, sodass in diesem Intervall auch $s(\alpha)^2 \geq s(\alpha_{min})^2$.

6.5 Zum Beweis von (6.204) bedenkt man, dass (6.201)

$$\sin \theta_0 = \sqrt{\frac{m}{N}} \tag{13.159}$$

$$\cos \theta_0 = \sqrt{1 - \frac{m}{N}} \tag{13.160}$$

impliziert. Aus (6.200), (6.184) und (6.185) ergibt sich dann

$$\begin{aligned}
|\Psi_0\rangle &:= \frac{1}{\sqrt{N}} \sum_{x=0}^{N-1} |x\rangle \\
&= \frac{1}{\sqrt{N}} \left(\sqrt{N-m} |\Psi_{\mathcal{G}^\perp}\rangle + \sqrt{m} |\Psi_{\mathcal{G}}\rangle \right) \\
&= \underbrace{\sqrt{1 - \frac{m}{N}}}_{=\cos\theta_0} |\Psi_{\mathcal{G}^\perp}\rangle + \underbrace{\sqrt{\frac{m}{N}}}_{=\sin\theta_0} |\Psi_{\mathcal{G}}\rangle
\end{aligned} \tag{13.161}$$

Damit ist (6.204) gezeigt.

Wegen $\||\Psi_0\|| = 1$ ist für einen beliebigen Vektor $|\Psi\rangle \in \mathbb{H}^{I/O}$ die Zerlegung in einen Anteil $|\Psi^{\|\Psi_0}\rangle$ parallel und $|\Psi^{\perp\Psi_0}\rangle \in \mathbb{H}^{I/O}_{\Psi_0^\perp}$ orthogonal zu $|\Psi_0\rangle$ durch

$$|\Psi\rangle = \underbrace{|\Psi_0\rangle\langle\Psi_0|\psi\rangle}_{=|\Psi^{\|\Psi_0}\rangle} + \underbrace{(|\Psi\rangle - |\Psi_0\rangle\langle\Psi_0|\Psi\rangle)}_{=|\psi^{\perp\Psi_0}\rangle} \tag{13.162}$$

gegeben (siehe auch Übung 2.2). Für die Spiegelung von $|\Psi\rangle$ an $|\Psi_0\rangle$ erhält man dann

$$\begin{aligned}
|\Psi\rangle \text{ an } |\Psi_0\rangle \text{ gespiegelt} &:= |\Psi^{\|\Psi_0}\rangle - |\Psi^{\perp\Psi_0}\rangle \\
&\underset{(13.162)}{=} |\Psi\rangle - 2|\Psi^{\perp\Psi_0}\rangle = |\Psi\rangle - 2\left(|\Psi\rangle - |\Psi_0\rangle\langle\Psi_0|\Psi\rangle\right) \\
&= 2|\Psi_0\rangle\langle\Psi_0|\Psi\rangle - |\Psi\rangle \\
&= \left(2|\Psi_0\rangle\langle\Psi_0| - \mathbf{1}^{\otimes n}\right)|\Psi\rangle \\
&= R_{\Psi_0}|\Psi\rangle .
\end{aligned} \tag{13.163}$$

In Abb. 13.2 ist dies nochmals grafisch dargestellt.

6.6 Mit

$$\cos((2j+1)\alpha) = \frac{e^{i(2j+1)\alpha} + e^{-i(2j+1)\alpha}}{2} = \frac{e^{i\alpha}}{2}\left(e^{2i\alpha}\right)^j + \frac{e^{-i\alpha}}{2}\left(e^{-2i\alpha}\right)^j \tag{13.164}$$

Abb. 13.2 Veranschauli-
chung der Spiegelung von
$|\Psi\rangle$ an $|\Psi_0\rangle$

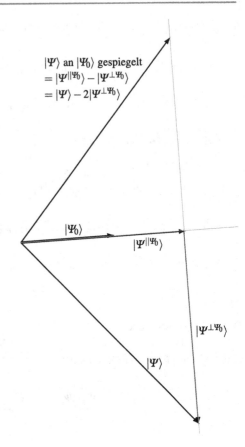

$|\Psi\rangle$ an $|\Psi_0\rangle$ gespiegelt
$= |\Psi^{\parallel\Psi_0}\rangle - |\Psi^{\perp\Psi_0}\rangle$
$= |\Psi\rangle - 2|\Psi^{\perp\Psi_0}\rangle$

$|\Psi_0\rangle$

$|\Psi^{\parallel\Psi_0}\rangle$

$|\Psi^{\perp\Psi_0}\rangle$

$|\Psi\rangle$

erhält man

$$\sum_{j=0}^{J-1}\cos((2j+1)\alpha) = \frac{e^{i\alpha}}{2}\underbrace{\sum_{j=0}^{J-1}\left(e^{2i\alpha}\right)^{j}}_{=\frac{1-\exp(i2J\alpha)}{1-\exp(i2\alpha)}} + \frac{e^{-i\alpha}}{2}\underbrace{\sum_{j=0}^{J-1}\left(e^{-2i\alpha}\right)^{j}}_{=\frac{1-\exp(-i2J\alpha)}{1-\exp(-i2\alpha)}}$$

$$= \frac{e^{i\alpha}}{2}\frac{1-e^{i2J\alpha}}{1-e^{i2\alpha}} + \frac{e^{-i\alpha}}{2}\frac{1-e^{-i2J\alpha}}{1-e^{-i2\alpha}}$$

$$= \frac{e^{iJ\alpha}}{2}\frac{e^{-iJ\alpha}-e^{iJ\alpha}}{e^{-i\alpha}-e^{i\alpha}} + \frac{e^{-iJ\alpha}}{2}\frac{e^{iJ\alpha}-e^{-iJ\alpha}}{e^{i\alpha}-e^{-i\alpha}}$$

$$= \frac{e^{iJ\alpha}+e^{-iJ\alpha}}{2}\frac{e^{iJ\alpha}-e^{-iJ\alpha}}{e^{i\alpha}-e^{-i\alpha}}$$

$$= \cos(J\alpha)\frac{\sin(J\alpha)}{\sin\alpha} = \frac{2\cos(J\alpha)\sin(J\alpha)}{2\sin\alpha}$$

$$= \frac{\sin(2J\alpha)}{2\sin\alpha}. \tag{13.165}$$

Tab. 13.1 Wertetabelle für $\hat{c}_{j+1}^-$ als Funktion der a_j, b_j und $\hat{c}_j^-$

a_j	b_j	$\hat{c}_j^-$	$\hat{c}_{j+1}^- = \left\lfloor \frac{b_j - a_j + \hat{c}_j^-}{2} \right\rfloor$
0	0	0	0
0	0	−1	−1
0	1	0	0
0	1	−1	0
1	0	0	−1
1	0	−1	−1
1	1	0	0
1	1	−1	−1

13.6 Lösungen zu Übungen aus Kap. 9

9.1

1. Wir zeigen $\hat{c}_j^- \in \{0, -1\}$ per Induktion. Die Verankerung ist mit $j = 0$ und $\hat{c}_0^- = 0$ gegeben.

   Für den Induktionsschritt von j nach $j + 1$ nehmen wir an, dass für j gelte $\hat{c}_j^- \in \{0, -1\}$. Dann sind die möglichen Werte für $\hat{c}_{j+1}^-$ als Funktion der möglichen Werte der a_j, b_j und $\hat{c}_j^-$ wie in der Tab. 13.1 gezeigt, und es gilt auch $\hat{c}_{j+1}^- \in \{0, -1\}$.

2. Zum Beweis von (9.26) bedenkt man, dass nach den Voraussetzungen $0 \le a, b, < 2^n$ und $\hat{d}_j \in \{0, 1\}$ sowie (9.18) folgt

$$-2^n < b - a = \underbrace{\sum_{j=0}^{n-1} \hat{d}_j 2^j}_{\ge 0} + \hat{c}_n^- 2^n < 2^n. \qquad (13.166)$$

Daher muss $\hat{c}_n^-$ im Fall $b \ge a$ den Wert 0 und im Fall $b < a$ den Wert −1 annehmen. Umgekehrt folgt wegen (13.166) für $\hat{c}_n^- = 0$ dann auch $b \ge a$ sowie für $\hat{c}_n^- = -1$ dann $b < a$.

13.7 Lösungen zu Übungen aus Kap. 10

10.1 Die Voraussetzung $f_i(n) \in O(g_i(n)), i = 1, 2$ bedeutet, dass es $C_i \in \mathbb{R}, M_i \in \mathbb{N}$ gibt, sodass

$$\forall n > M_i : \qquad |f_i(n)| \le C_i |g_i(n)| \qquad n \to \infty. \qquad (13.167)$$

Für $\hat{M} := \max\{M_1, M_2\}$ ist daher für alle $n > \hat{M}$:

1.

$$|f_1(n) + f_2(n)| \leq |f_1(n)| + |f_2(n)|$$
$$\leq C_1 |g_1(n)| + C_2 |g_2(n)| \tag{13.168}$$
$$\leq \max\{C_1, C_2\} \left(|g_1(n)| + |g_2(n)|\right)$$

und somit $f_1(n) + f_2(n) \in O(|g_1(n)| + |g_2(n)|)$.

2.

$$|f_1(n) f_2(n)| \leq |f_1(n)| \, |f_2(n)|$$
$$\leq C_1 |g_1(n)| \, C_2 |g_2(n)| \tag{13.169}$$
$$\leq C_1 C_2 |g_1(n) g_2(n)|$$

und somit $f_1(n) f_2(n) \in O(g_1(n) g_2(n))$.

3. Für $n > M$ ist nach Voraussetzung $|g_1(n)| < |g_2(n)|$ und daher

$$|f_1(n) + f_2(n)| \leq |f_1(n)| + |f_2(n)|$$
$$\leq C_1 |g_1(n)| + C_2 |g_2(n)| \tag{13.170}$$
$$\leq (C_1 + C_2) |g_2(n)|$$

und somit $f_1(n) + f_2(n) \in O(g_2(n))$.

13.8   Lösungen zu Übungen aus Kap. 11

11.1 Sei $a, N \in \mathbb{N}$ mit $a > N$. Man hat für beliebige $x \in \mathbb{R}$

$$0 \leq x - \lfloor x \rfloor < 1, \tag{13.171}$$

sodass $\frac{a}{N} - \lfloor \frac{a}{N} \rfloor < 1$ und somit zunächst

$$a \mod N = a - \left\lfloor \frac{a}{N} \right\rfloor N < N. \tag{13.172}$$

Andererseits überzeugt man sich leicht anhand einer grafischen Darstellung der Funktionen, dass $x \geq 1 \Rightarrow \frac{1}{2}x < \lfloor x \rfloor$ und somit wegen $a > N$ dann auch $\frac{1}{2}\frac{a}{N} < \lfloor \frac{a}{N} \rfloor$ gilt, woraus $\frac{a}{2} < \lfloor \frac{a}{N} \rfloor N$ und somit auch noch

$$a \mod N = a - \left\lfloor \frac{a}{N} \right\rfloor N < \frac{a}{2} \tag{13.173}$$

folgt.

11.2 Seien $u, v, u_j \in \mathbb{Z}$ und $k, a, N \in \mathbb{N}$. Zunächst zeigen wir (11.42).

$$u(v \mod N) \mod N \underset{(11.2)}{=} u(v \mod N) - \left\lfloor \frac{u(v \mod N)}{N} \right\rfloor N$$

$$\underset{(11.2)}{=} u\left(v - \left\lfloor \frac{v}{N} \right\rfloor N\right) - \left\lfloor \frac{u\left(v - \left\lfloor \frac{v}{N} \right\rfloor N\right)}{N} \right\rfloor N$$

$$= uv - u\left\lfloor \frac{v}{N} \right\rfloor N - \left\lfloor \frac{uv}{N} - u\left\lfloor \frac{v}{N} \right\rfloor \right\rfloor N \qquad (13.174)$$

$$= uv - u\left\lfloor \frac{v}{N} \right\rfloor N - \left\lfloor \frac{uv}{N} \right\rfloor N + u\left\lfloor \frac{v}{N} \right\rfloor N$$

$$= uv - \left\lfloor \frac{uv}{N} \right\rfloor N$$

$$\underset{(11.2)}{=} uv \mod N .$$

Wiederholte Anwendung von (11.42) ergibt dann (11.43):

$$\left(\prod_{j=1}^{k} (u_j \mod N)\right) \mod N \underset{(11.42)}{=} \left(\prod_{j=1}^{k-1} (u_j \mod N) u_k\right) \mod N$$

$$= \ldots \qquad (13.175)$$

$$= \left(\prod_{j=1}^{k} u_j\right) \mod N .$$

Mit $u_j = u$ folgt (11.44) als Spezialfall von (11.43). Zum Beweis von (11.45) genügt es, dies für u_1, u_2 zu zeigen. Die Behauptung folgt dann aus der wiederholten Anwendung der Aussage für u_1, u_2. Für die linke Seite hat man für u_1, u_2 definitionsgemäß

$$\left(u_1 \mod N + u_2 \mod N\right) \mod N$$

$$= \left(u_1 - \left\lfloor \frac{u_1}{N} \right\rfloor N + u_2 - \left\lfloor \frac{u_2}{N} \right\rfloor N\right) \mod N$$

$$= u_1 - \left\lfloor \frac{u_1}{N} \right\rfloor N + u_2 - \left\lfloor \frac{u_2}{N} \right\rfloor N - \left\lfloor \frac{u_1 - \left\lfloor \frac{u_1}{N} \right\rfloor N + u_2 - \left\lfloor \frac{u_2}{N} \right\rfloor N}{N} \right\rfloor N$$

$$= u_1 + u_2 - \left\lfloor \frac{u_1}{N} \right\rfloor N - \left\lfloor \frac{u_2}{N} \right\rfloor N - \left\lfloor \frac{u_1 + u_2}{N} - \left\lfloor \frac{u_1}{N} \right\rfloor - \left\lfloor \frac{u_2}{N} \right\rfloor \right\rfloor N \qquad (13.176)$$

$$= u_1 + u_2 - \left\lfloor \frac{u_1}{N} \right\rfloor N - \left\lfloor \frac{u_2}{N} \right\rfloor N - \left\{ \left\lfloor \frac{u_1 + u_2}{N} \right\rfloor - \left\lfloor \frac{u_1}{N} \right\rfloor - \left\lfloor \frac{u_2}{N} \right\rfloor \right\} N$$

$$= u_1 + u_2 - \left\lfloor \frac{u_1 + u_2}{N} \right\rfloor$$

$$= \left(u_1 + u_2\right) \mod N .$$

Literatur

1. Einstein, A., Podolsky, B., Rosen, N.: Can the Quantum Mechanical Description of Reality be considered complete? Physical Review **47**, 777 (1935)

2. Clauser, J.F., Horne, M.A., Shimony, A., Holt, R.A.: Proposed experiment to test local hidden-variable theories. Physical Review Letters **25**(15) (1969)

3. Bennett, C.H., Brassard, G.: Quantum Cryptography: Public Key Distribution and Coin Tossing. In: Proceedings of IEEE International Conference on Computers, Systems, and Signal Processing, Bangalore, India (1984)

4. Ekert, A.: Quantum Cryptography Based on Bell's Therorem. Physical Review Letters **67**, 661–663 (1991)

5. Planck, M.: Über das Gesetz der Energieverteilung im Normalspectrum. Annalen der Physik **4**(3), 553 (1901)

6. Einstein, A.: Über einen die Erzeugung und Verwandlung des Lichtes betreffenden heuristischen Gesichtspunkt. Annalen der Physik **17**, 132 (1905)

7. Schrödinger, E.: Die gegenwärtige Situation der Quantenmechanik. Naturwissenschaften **48**, 807–812, 823–828, 844–849 (1935)

8. Bell, J.S.: On the Problem of Hidden Variables in Quantum Mechanics. Review of Modern Physics **38**(3), 447–452 (1966)

9. Aspect, A., Dallibard, J., Roger, G.: Experimental Test of Bell's Inequalities Using Time-Varying Analyzers. Physical Review Letters **49**, 1804 (1982)

10. Wiener, N.: Cybernetics: or Control and Communication in the Animal and the Machine. The MIT Press (1948)

11. Shannon, C.E.: A mathematical theory of communication. Bell System Technical Journal **27**, 379–423, 623–656 (1948)

12. Feynman, R.: Simulating physics with computers. International Journal of Theoretical Physics **21**(6/7), 467–488 (1982)

13. Turing, A.: On computable numbers, with an application to the Entscheidungsproblem. Proceedings of the London Mathematical Society **42**, 230–265 (1936)

14. Benioff, P.: Quantum mechanical models of Turing machines that dissipate no energy. Physical Review Letters **48**(23), 1581–1585 (1982)

15. Wootters, W.K., Zurek, W.H.: A single quantum cannot be cloned. Nature **299**, 802 (1982)

16. Deutsch, D.: Quantum theory, the Church-Turing principle and the universal quantum computer. Proceedings of the Royal Society of London, Series A **400**(1818), 97–117 (1985)

© Springer-Verlag Berlin Heidelberg 2016

W. Scherer, *Mathematik der Quanteninformatik*, DOI 10.1007/978-3-662-49080-8

17. Deutsch, D.: Quantum computational networks. Proceedings of the Royal Society of London, Series A **425**(1868), 73–90 (1989)

18. Bennett, C.H., Brassard, G., Crepeau, C., Jozsa, R., Peres, A., Wootters, W.K.: Teleporting an unknown quantum state via dual classical and Einstein-Podolsky-Rosen channels. Physical Review Letters **70**(13), 1895–1899 (1993)

19. Shor, P.: Algorithms for quantum computation: Discrete logarithms and factoring. In: Proc. 35nd Annual Symposium on Foundations of Computer Science, S. 124–134. IEEE Computer Society Press (1994)

20. Shor, P.: Polynomial-time algorithms for prime factorization and discrete logarithms on a quantum computer. SIAM Journal on Computing **26**(5), 1484–1509 (1997)

21. Grover, L.K.: A fast quantum mechanical algorithm for database search. In: Proceedings of of the 28th Annual ACM Symposiium on Theory of Computing, S. 212–219 (1996)

22. Grover, L.: Quantum mechanics helps in searching for a needle in a haystack. Physical Review Letters **79**(2), 325–328 (1997)

23. Bouwmeester, D., Pan, J.W., Mattle, K., Eibl, M., Weinfurter, H., Zeilinger, A.: Experimental quantum teleportation. Nature **390**, 575–579 (1997)

24. Chuang, I.L., Gershenfeld, N., Kubinec, M.: Experimental implementation of fast quantum searching. Physical Review Letters **80**(15), 3408–3411 (1998)

25. Vandersypen, L.M.K., Breyta, G., Steffen, M., Yannoni, C.S., Sherwood, M.H., Chuang, I.L.: Experimental realization of Shor's quantum factoring algorithm using nuclear magnetic resonance. Nature **414**(6866), 883–887 (2001)

26. Ma, X.S., Herbst, T., Scheidl, T., Wang, D., Kropatschek, S., Naylor, W., Wittmann, B., Mech, A., Kofler, J., Anisimova, E., Makarov, V., Jennewein, T., Ursin, R., Zeilinger, A.: Quantum teleportation over 143 kilometres using active feed-forward. Nature **489**, 269–273 (2012)

27. Shor, P.: Why haven't more quantum algorithms been found? Journal of the ACM **50**(1), 87–90 (2003)

28. Calderbank, A., Shor, P.: Good quantum error-correcting codes exist. Physical Review A **54**(2), 10–1105 (1996)

29. Steane, A.M.: Error correcting codes in quantum theory. Physical Review Letters **77**(5), 793–797 (1997)

30. Barenco, A., Bennett, C.H., Cleve, R., DiVincenzo, D.P., Margolus, N., Shor, P., Sleator, T., Smolin, J.A., Weinfurter, H.: Elementary gates for quantum computation. Physical Review A **52**(5), 4083–4086 (1995)

31. DiVincenzo, D.P.: Two-bit gates are universal for quantum computation. Physical Review A **51**(2), 1015–1022 (1995)

32. Freedman, M., Kitaev, A., Larsen, M., Wang, Z.: Topological quantum computation. Bulletin of the American Mathematical Society **40**, 31 (2003)

33. Kitaev, A.: Fault-tolerant quantum computation by anyons. Annals of Physics **303**, 2 (2003)

34. Schwabl, F.: Quantenmechanik (QM I). Springer (2007)

35. Schwabl, F.: Quantenmechanik für Fortgeschrittene (QM II). Springer (2008)

36. Bouwmeester, D., Ekert, A., Zeilinger, A. (Hrsg.): The Physics of Quantum Information. Springer (2000)

37. Meyers, R.A. (Hrsg.): Encyclopedia of Complexity and Systems Science. Springer (2009)

38. Nayak, C., Simon, S.H., Stern, A., Freedman, M., Sarma, S.D.: Non-Abelian Anyons and Topological Quantum Computation. Reviews of Modern Physics **80**, 1083 (2008)

39. Werner, D.: Funktionalanalysis. Springer (2011)

40. Reed, M., Simon, B.: Methods of Modern Mathematical Physics I: Functional Analysis. Academic Press, New York City (1978)

41. Gleason, A.M.: Measures on the closed subspaces of a Hilbert space. Indiana University Mathematics Journal **6**, 885–893 (1957)

42. Peres, A.: Quantum Theory: Concepts and Methods. Kluwer Academic Publishers (1995)

43. Bell, J.S.: On the Einstein Podolsky Rosen Paradoxon. Physics **1**, 195–200 (1964)

44. Werner, R.: Quantum states with Einstein-Podolsky-Rosen correlations admitting hidden-variable model. Phys. Rev. A **40**, 4277 (1989)

45. Dieks, D.: Communication by EPR Devices. Physics Letters A **92**, 271 (1982)

46. Reck, M., Zeilinger, A., Bernstein, H.J., Bertani, P.: Experimental Realization of Any Discrete Unitary Operator. Physical Review Letters **73**(1), 58–61 (1994)

47. Vedral, A., Barenco, V., Ekert, A.: Quantum networks for elementary arithmetic operations. Physical Review A **54**, 147–153 (1996)

48. Jozsa, R.: Quantum Algorithms and the Fourier Transform. Proceedings of the Royal Society of London A **454**, 323–337 (1998)

49. Bennett, C., Wiesner, S.: Communication via one- and two-particle operators on Einstein-Podolsky-Rosen states. Physical Review Letters **69**(2881) (1992)

50. Bennet, C.H., Brassard, G., Ekert, A.K.: Quantum cryptography. Scientific American **70**, 26–33 (1992)

51. Rivest, R.L., Shamir, A., Adleman, L.M.: A method for obtaining digital signatures and public-key cryptosystems. Communications of the ACM **51**(2), 2738–2747 (1978)

52. Wikipedia. http://en.wikipedia.org/wiki/RSA_numbers

53. Kleinjung, T., Aoki, K., Franke, J., Lenstra, A.K., Thomé, E., Bos, J.W., Gaudry, P., Kruppa, A., Montgomery, P.L., Osvik, D., te Riele, H., Timofeev, A., Zimmermann, P. Factorization of a 768-Bit RSA Modulus. In: Rabin, T. (Hrsg.) Advances in Cryptology '96 CRYPTO 2010, Lecture Notes in Computer Science 6223, S. 333–350. Springer (2010) http://dx.doi.org/10.1007/978-3-642-14623-7_18

54. EMC Corporation. RSA-768 is Factored! http://www.emc.com/emc-plus/rsa-labs/historical/rsa-768-factored.htm

55. Lenstra Jr., L.A.K.H.W. (Hrsg.): The development of the number field sieve. No. 1554 in Lecture Notes in Mathematics. Springer (1993)

56. Pomerance, C.: A Tale of Two Sieves. Notices of the AMS **43**(12), 1476 (1996)

57. Crandall, R., Pomerance, C.: Prime Numbers: A Computational Perspective. Lecture Notes in Statistics. Springer (2006) https://books.google.co.uk/books?id=ZXjHKPS1LEAC

58. Rosser, J.B., Schoenfeld, L.: Approximate formulas for some functions of prime numbers. Illinois J. Math. **6**, 64–94 (1962)

59. Boyer, M., Brassard, G., P. Høyer, Tapp, A.: Tight bounds on quantum searching. Fortschritte der Physik **49**, 493–506 (1998)

Sachverzeichnis

A

Algorithmus
  Euklid-, 271
  Grover-, 244
Alice, 67
antilinear, 11
Arbeitsregister, 149
Arbeitsspeicher, 149
Auslesen eines Quantenregisters, 155

B

Basis
  Bell-, 66
  Rechen-, 65
BB84, 195
Bell-Basis, 66
Bell'sche
  Ungleichung, 94
    CHSH-Verallgemeinerung, 98
Bell'sches Telefon, 104
Binäraddition, 113
  faktorweise, 151
Binärbrüche, 182
Binärdarstellung, 63
binäre Exponentiation, 176
binäres Quantengatter, 116
Bloch-Darstellung, 45
Bob, 67
Bra-Vektor, 15

D

Dekohärenz, 39
Diagonaldarstellung, 31
diagonalisierbar, 18
dichte Quantenkodierung, 189
Dichteoperator, 32
  reduzierter, 74

Dualraum, 15

E

Eigenraum, 17
Eigenvektor, 17
Eigenwert, 17
Einheitsvektor, 12
Einstein-Podolsky-Rosen-Paradoxon, 88
EK91, 198
endlichdimensional, 13
entartet, 17
EPR
  Korrelation, 96
  Paradoxon, 88
Erwartungswert, 10
  einer Zufallsvariablen, 256
  quantenmechanisch
    im gemischten Zustand, 32
    im reinen Zustand, 20
Euklid-Algorithmus, 271
Euler
  Funktion, 278
  Satz von, 279

F

Fourier-Transformation
  diskrete, 181
  Quanten, 181
Funktion
  Euler-, 278
  messbar, 255

G

ganzer Anteil, 269
Gatter
  klassische, 112
    AND, 113

NOT, 113
OR, 113
Toffoli, 113
universelle, 112
XOR, 113
quantenmechanische, 116
binäre, 116
Hadamard, 119
NOT, 118
unäre, 116
universelle, 117
Gray-Code, 139
größter gemeinsamer Teiler, 270
Grover-Iteration, 240

H
Hadamard-
Gatter, 119
Transformation, 55
Halbprimzahlen, 278
Hamilton-Operator, 27
Hermitesch, 16
Hilbert-Raum, 11

I
inkohärent, 39
inkompatibel, 24
Interferenz, 23

K
Kettenbruch, 297
Kettenbruchfolge, 297
Ket-Vektor, 15
klassischer Rechenprozess, 111
klassisches
AND-Gatter, 113
NOT-Gatter, 113
OR-Gatter, 113
Toffoli-Gatter, 113
XOR-Gatter, 113
kleinste gemeinsame Vielfache, 270
kohärent, 39
Kommutator, 19
kompatibel, 24
kontrolliertes Quantengatter, 123
Korrelation, 257
EPR, 96
Kovarianz, 257

L
linear unabhängig, 12

M
Maß, 255

Wahrscheinlichkeits-, 256
Maßraum, 255
Matrix eines Operators, 16
Matrixdarstellung, 16
Matrixelement, 16
messbar
Funktion, 255
Raum, 255
Messung
scharfe, 23
Messung eines Quantenregisters, 155
Messwertwahrscheinlichkeit, 21
Mittelwert, 9
multiplikatives Inverse modulo N, 276

N
nichtentartet, 17
Norm, 11, 18
normiert, 12

O
Observable, 10, 20
ONB, 13
Operator, 15
adjungiert, 15
beschränkt, 18
diagonalisierbar, 18
Dichte, 32
Hamilton-, 27
Norm, 18
positiv, 18
selbstadjungiert, 15
unitär, 17
Orakel, 238
Ordnung modulo N, 281
orthogonal, 12
Orthonormalbasis, 13

P
Paradoxon
Einstein-Podolsky-Rosen, 88
EPR, 88
Pauli-Matrizen, 28
Phasenschieber, 118
bedingter, 185
Primitivwurzel modulo N, 281
Projektionspostulat, 26
Projektor, 18

Q
Qbit, 42
Qbitraum, 42
q-Register, 116
Quanten

Fourier-Transformation, 181
No-Cloning-Theorem, 108
Schaltkreis, 147
Quantenaddierer modulo N, 169
Quantengatter, 116
  binäre, 116
  kontrolliertes, 123
  unäre, 116
  universelle, 117
Quantenkopierer, 108
quantenmechanische Rechenprozess, 116
Quantenmultiplikator modulo N, 172
Quanten-NOT-Gatter, 118
Quantenparallelismus, 155
Quantenregister, 116
  Auslesen, 155
  Beobachtung, 155
  Messung, 155

R
Raum
  Hilbert-, 11
  messbar, 255
  Qbit, 42
  Wahrscheinlichkeits-, 256
Rechenbasis, 65
Rechenprozess
  klassisch, 111
  quantenmechanische, 116
relative Häufigkeit, 9
Rest nach Division, 269

S
Satz
  von Euler, 279
  von Gleason, 34
  von Pythagoras, 14
  von Riesz, 15
Schmidt-Zerlegung, 77
Schrödinger-Gleichung, 27
Schwarz'sche Ungleichung, 14
separabel, 81
separabler Zustand, 81
σ-Algebra, 255
Skalarprodukt, 11
Spektrum, 17
Spin, 28
Spindrehung, 46
Spur, 19
  Teil-, 71
Strahl, 22

Streuung, 23
Superpositionsprinzip, 22
Swapoperator, 121
  global, 127

T
Teilchen, 5
teilerfremd, 270
Teilspur, 71
Teleportation, 191

U
unäres Quantengatter, 116
Ungleichung
  Bell'sche, 94
  CHSH-Verallgemeinerung, 98
  Schwarz'sche, 14
unitär, 17
universelle Quantengatter, 117
Unschärferelation, 25
  Heisenberg'sche, 26

V
Varianz, 257
Verschlüsselung, 193
verschränkt, 81
  maximal, 84
Vertauschungsoperator, 127

W
Wahrscheinlichkeitsmaß, 256
Wahrscheinlichkeitsraum, 256
Wahrscheinlichkeitsverteilung, 256
  diskrete, 256
Wellenfunktion, 26
  Kollaps der, 26

X
X, 119

Z
Zeitentwicklung, 27
Zielqbit, 123
Zufallsvariable, 256
  diskrete, 256
Zustand, 10, 20
  gemischt, 33
  Produkt-, 81
  rein, 20
  verschränkter, 81
Zustandsvektor, 20

Printed in the United States
By Bookmasters